ダムと環境の科学 Ⅱ

ダム湖生態系と流域環境保全

大森浩二・一柳英隆 編著

京都大学学術出版会

口絵1　日本のダム（高知県・早明浦ダム）
日本のダムは山地につくられることが多く，ダム湖は細長く入り組んだ形をして，湖岸は急傾斜になることが多い．（写真：独立行政法人水資源機構　吉野川ダム統合管理事務所）

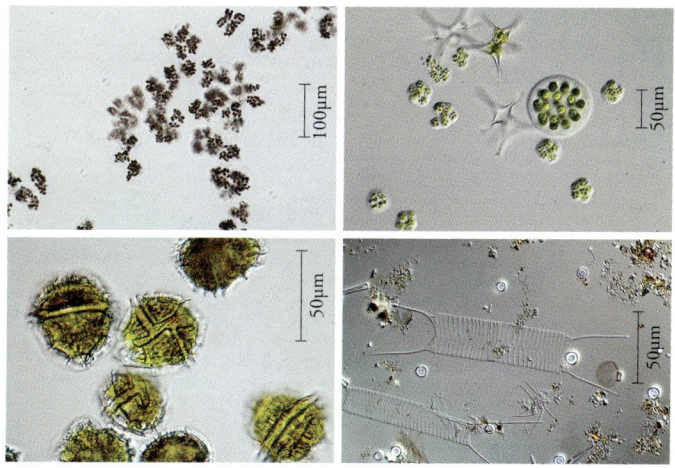

口絵2　ダム湖において代表的な植物プランクトン
左上：アオコをつくる藍藻 *Microcystis viridis*，左下：淡水赤潮をつくる渦鞭毛藻 *Peridinium volzii* f. *maeandricum*，右上：緑色の着色現象の原因となる緑藻 *Eudorina* sp.（球形）と *Staurastrum* sp.（突起形状），右下：貧栄養のダム湖で優占する珪藻 *Acanthoceras zachariasii*（うろこ状）と *Discostella* spp.（円盤形）（写真：辻　彰洋）

口絵3　試験湛水中のダム（佐賀県・嘉瀬川ダム）

湛水初期（上；2011年2月），常時満水位近くまで貯まったとき（下左；2011年8月），および試験湛水中に発生したアオコ（下右；2011年8月）．湛水域の植生は試験湛水前に一度伐採されるものの，一部は湛水までに再び発達する．湛水を始めてから数年間は植生や土壌から栄養塩が溶出し，その結果植物プランクトンの発生量が多く，アオコが発生することも多い〈第2章および補遺参照〉．（写真：一柳英隆）

口絵4　結氷するダム湖（群馬県・矢木沢ダム）

日本のダムのうち，中部の山岳地，東・北日本に位置するダムは冬期に表面が凍結し，湖水は年に2回循環することが多い．西・南日本のダムは年1回循環が多い．（写真：田中　靖）

口絵5　ダム湖への土砂の堆積（熊本県・清願寺ダム）

ダム湖には集水域から流下した土砂が堆積する．堆砂は，ダムの寿命に関係するだけでなく，ダム湖生態系にも影響を及ぼす．清願寺ダムは想定よりも多くの土砂が堆積したため，土砂の持ち出しが行われている．（写真：一柳英隆）

口絵6　ダム湖湖岸

日本のダム湖（とくにダム堤体近く）では，湖岸が急傾斜であることと水位変動によって植生が発達しない場合が多い．水位が下がったときには裸地となる．

口絵7　ダム湖の水位変動帯に発達する植生

水位が上がったときには赤矢印まで達する．ダム湖上流部の比較的平らな場所では，堆積土砂の粒度と土壌水分によって独特の植生が発達する場合がある〈第1章参照〉．

口絵8　ダムの水の流動

ダム湖はその形状のために複雑な水の流動をする場合がある．流木などの流下を防ぐために浮きをつなげた「網場」の流れ具合から湖水表層の動きを想像することができる．写真は左側がダム堤体．

口絵9　ダム下流の無水化と粗粒化

ダムでは下流に水が流されず無水となる場合がある．普段無水となった場合でも，洪水時には水が流されるため河床の細粒土砂が流送されて，大きな礫のみが残る．

このページの写真はすべて熊本県・市房ダム（写真：一柳英隆）

口絵 10　市房ダム（熊本県）における出水時流入水の中層貫入
写真手前から流れ込んだ濁水が矢印部でダム湖の中層に貫入するために，流入した濁水が途中で切れたように見える．流入した流木など森林性有機物は，この場所に蓄積することが多く，ダム湖への有機物や栄養塩の供給源となる〈第1章参照〉．（写真：一柳英隆）

口絵 12　大型ダムに設置された魚道（熊本県・瀬戸石ダム；堤高 26.5m）
赤矢印のところで魚は魚道に入り，折返しながら登り，青矢印のところから長いトンネルに入る．魚道の長さは394mあり，そのうち174mはトンネルである．大型ダムの魚道は，魚を効率的に移動させるためには多くの課題を抱えている〈コラム12参照〉．（写真：一柳英隆）

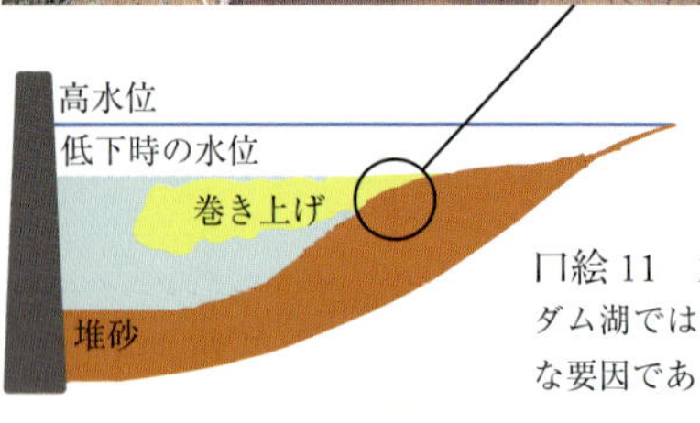

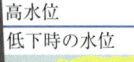

口絵 11　水位低下時のダム湖底からの底泥の巻き上げ
ダム湖では渇水時に濁水が発生することがあるが，底泥の巻き上げは主要な要因である〈第1章参照〉．（ダム水源地環境整備センター作成の図を改変）

口絵 13　アメリカの撤去されるダム
上：フォート・ハリファックスダム（ケネベック川）．写真中央のコンクリート構造物のところにあった堤体は 2008 年に取り除かれ，上流側（写真右側）にあったダム湖は消失した．ケネベック川では 1999 年にエドワーズダムも取り除かれている．
中：ヴィージーダム（ペノブスコット川）．タイセイヨウサケ保全のため，ダムは撤去される．ペノブスコット川流域のダム撤去事業では，ダム撤去後も発電量が減らないよう工夫されている．
下：コロンビア川にある魚道．コロンビア川には大小 60 ものダムがある．魚道の効率が悪いこと，電力確保が他手段（風力など）で可能になりつつあること，堆砂の浚渫がおいつかないことからダムの撤去が取りざたされている〈Part Ⅰ 補遺参照〉．（写真：森下郁子）

口絵14　アユ（左）と河床の石に付着する藻類をアユが摂食した「はみあと」（右）
アユなどの藻類食魚は，河床の礫表面を剥ぎ取ることにより，藻類の過剰な付着や細泥の蓄積を抑えている可能性がある〈第4章参照〉．（写真：鹿野雄一）

口絵15　ダム湖における魚類調査（刺し網による捕獲）の状況（上段）と日本のダム湖で多く確認される魚2種（左下：ウグイ，右下：ギンブナ）
ダム湖魚類相は，位置や経過年数，運用により影響される〈第6章参照〉．（写真：森下郁子（上段），鹿野雄一（下段））

口絵 16　ダム湖での出現頻度が高い水鳥（a：マガモ，b：カルガモ，c：オシドリ，d の右：カワウ（左はウミウ））と，自然湖沼には出現するもののダム湖では出現頻度が低い水鳥（e：キンクロハジロ，f：ホシハジロ）．

日本のダム湖では，キンクロハジロやホシハジロなど潜って採餌するカモ類が利用する浅水域が少ないことが，これらの種の少なさの一要因だと考えられる〈第 7 章参照〉．（写真：鹿野雄一）

口絵 17　天ヶ瀬ダム湖下流にあたる狭窄部の岩盤に巣造っているオオシマトビケラの巣群（左），その拡大（右上），およびオオシマトビケラ幼虫（右下）．

ダム下流では，流量の安定化や餌となるプランクトンの流下により造網性トビケラが高密度になることがあるが，オオシマトビケラはその典型的な種である〈Part I 補遺参照〉．（写真：森下郁子（左・右上），鳥居高明（右下））

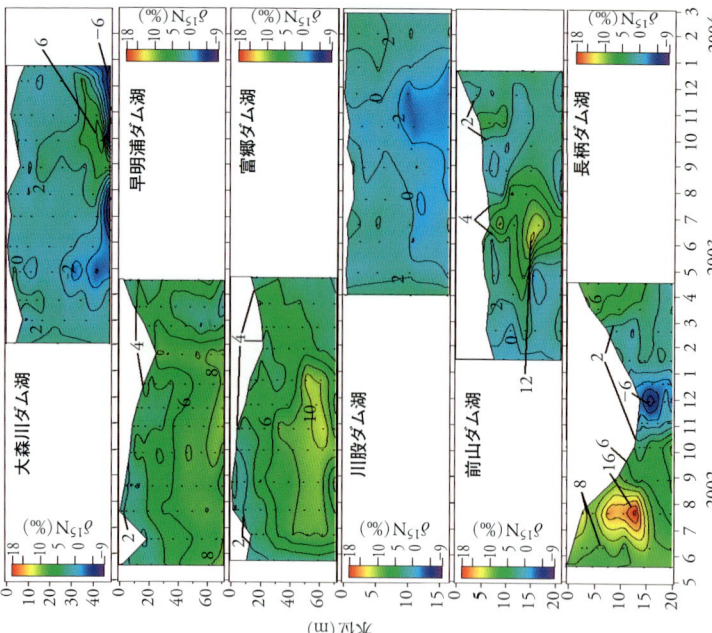

口絵 19 四国のダム湖における懸濁態有機窒素の安定同位体比 $\delta^{15}N$ 値の時系列変化

$\delta^{15}N$ は集水域に人家,農地がない大森川ダム湖,川股ダム湖では低い。集水域に人家や農地が少数存在する早明浦ダム湖,富郷ダム湖は若干高く,集水域に人口,農地が多い長柄ダム湖ではさらに高くなる。人為的な負荷の増大や微生物活性を反映していると考えられる(第9章参照)。(原図:山田佳裕)

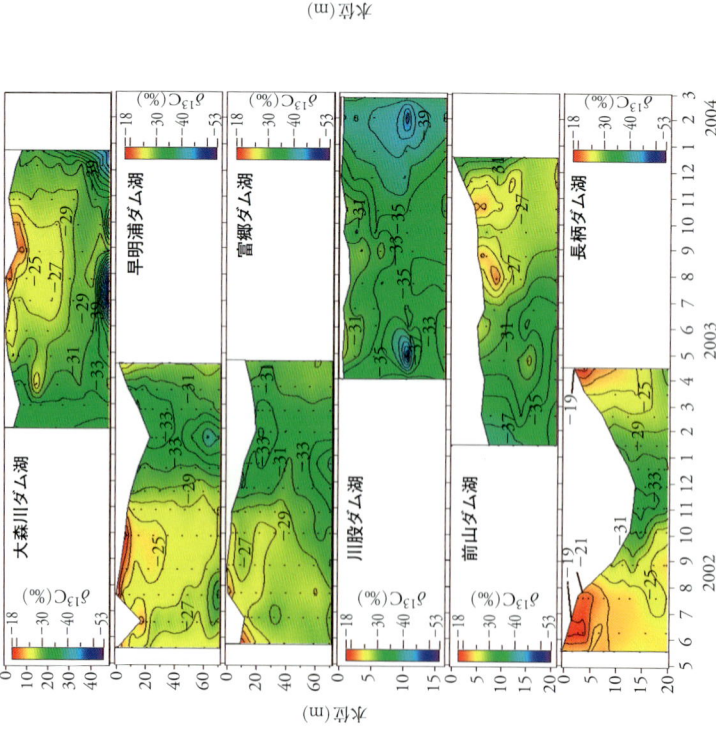

口絵 18 四国のダム湖における懸濁態有機炭素の安定同位体比 $\delta^{13}C$ 値の時系列変化

$\delta^{13}C$ は各ダムとも夏期の植物プランクトンの活性が高い時期に高くなる。光合成により炭酸のみかけの分別係数が小さくなっているためである(第9章参照)。(原図:山田佳裕)

はじめに

　日本列島の気候，特に降雨量の長期的傾向を見るとその平均値は徐々に減少しているにもかかわらず振れ幅は大きくなってきている．降雨量は減少しているが，降れば土砂降りとなる傾向が見られるようになってきたといえよう．このことは，将来にわたり，雨水の効率的利用が難しくなること，水害が増大する可能性があることを意味している．しかし，今後日本国内において，立地条件の良い場所がないことや環境保全，財政的・政策的理由により，新規ダムの建設は減少していくと考えられる．そのため，既存のダムを適正に管理し，効率的に運用すること，またそのための改造・再開発が今後重要な課題となってくる．結果として，ダム湖自体の健全性維持のための管理法も必要となってきている．また，2012年からは日本初の大ダム撤去となる熊本県球磨川荒瀬ダムの堤体撤去工事がはじまり，環境保全のためのダムの撤去なども視野に入ってきた．治水効果を持つダムの撤去の場合は，河道掘削など代替えの措置も必要であり，それらが財政的および環境保全上の問題を引き起こすこともある．また，今日認識されているように，既存ダムの適正管理や効率的運用，また，その改造を行うためには，個々のダムを個別に考えるのではなく，流域の中でのダム湖群として統合管理がなされる必要もある．しかし，具体的にどのような管理が必要かはこれからの課題である．

　流域環境の中に止水域であるダム湖があることにより引き起こされる環境問題群としては，富栄養化，カビ臭発生，堆砂などの止水域（ダム湖）環境に発生する問題と，下流河床のアーマーコート化（岩盤露出），下流環境の有機汚濁化，高温水・低温水の放流，濁水の長期化，河川環境の分断化など流域（上下流河川）環境に発生する問題がある（巻末付表1参照）．これらの環境問題群はそれ自身を引き起こす要因，つまり，ダム湖の形成を介して，相互に関係を持っている．

　本書の狙いは，ダム湖生態系の特性を理解し，そのダム湖がある河川の流域をどのように保全できるのか，どういう可能性があるのかを検討し，河川

はじめに

管理・流域管理の新たな道を提案することにある．ダム湖と同じく流域環境にあり河川と深く結びついている止水域といえば自然湖沼を挙げることができる．同じ流域流水環境に関係する両者が持つ流域環境への影響を比較考慮することにより，流域におけるダム湖のあり方もまた明らかになるであろう．流域にあたえる自然湖沼の影響が，ダム湖のあるべき姿の第一の基準となり，更にダム湖の影響を緩和していく上での重要な判断基準になると考えられる．まず，少なくとも流域への影響が自然湖沼と同じ程度になるようにダム湖を管理する必要がある．放流などダムオペレーションが，必要以上にダム湖の持つ影響を拡大している可能性を検討する必要があるだろう．両者における比較から，ダム湖が本来持っている本質的な構造的特性（湖沼遷移等）を明らかにし，この構造的違いが上記した「ダム湖の環境問題群」の遠因となっていないかどうかの検討を行う．

以上のような解析を通して，北米やヨーロッパの安定大陸につくられたダムに基づく従来のダム湖陸水学に対して，地球上におけるもう一つの典型的な地形である（湿潤）変動帯につくられている日本のダムに対するダム湖陸水学とはどのようなものとなるのか検討したい．この「湿潤変動帯におけるダム湖陸水学」の確立を目指すと共に，そのダムが流域環境に与える影響（環境科学的側面）の違いも検討することになる．また，今後進むであろう，典型的な湿潤変動帯である東南アジアの水資源開発においても，環境への影響を低減しながらの流域管理という重要な観点を提供できるものと考える．

本書は，以下の構成となっている．

Part I では，ダム湖と自然湖沼について，湖自身の物理学的・化学的・地形学的な特徴について比較検討する．この比較において象徴的なものは，富栄養湖化（＝湖沼遷移）の過程における両者の違いであり，具体的には富栄養湖に至る時間的な長さと遷移の最終段階の違いである．ダム湖の生息環境のまとめとしてのダム湖遷移過程を検討する．より一般的な観点から，湿潤変動帯に位置する日本のダム湖の特徴を明らかにする．

Part II では，ダム湖の生物群集について，どのような環境特性が群集組成に影響するかを，自然湖沼との違いを意識しながら，おもにダム湖間の比較

により解析する．まず，ダム湖の生物群集と生態系管理の関係を述べたうえで，プランクトン群集，魚類群集，水鳥群集を扱う．

Part Ⅲでは，Part Ⅰで取り上げる生息環境とPart Ⅱで取り上げるダム湖の生物群集との相互作用系としてダム湖生態系を捉え，その物質循環機能を扱う．ここでは，生産と分解，およびそのバランスを検討する．まず，一次生産の指標としてクロロフィルa（Chl a）濃度を用いて，それに対するリン濃度の影響，その関係性の自然湖沼との違いを扱う．次にダム湖生態系における物質循環プロセスを主に安定同位体比分析を用いて検討し，富栄養化の原因の解析を行う．また，ダム湖生態系およびその下流の河川生態系について，生態系を構成する機能群の構造と生産・分解機能をモデル化し解析する．モデル解析の中で，Part Ⅰで述べるダム湖の流動特性が持つ物質保持機能やPart Ⅱで述べる栄養カスケード効果の検証を行う．

また，生態系の持つ生産と分解のバランスに影響を与える要因を解析する．このバランスを次のPart Ⅳで扱う生態系の健全性の指標として用いる可能性を示す．

ここまでは，自然湖沼やダム湖単体とその直下流の河川環境についての検討である．最後のPart Ⅳでは，流域環境全体を保全するために，湖単体ではなく，流域に対する影響という観点で自然湖沼とダム湖の比較を行う．次に流域の中での複数のダム湖が持つ環境への影響をおもに水生生物の移動分断の観点から検討する．最後に，自然湖沼とダム湖の違いを一般化すると共に，本書全体のまとめとして，ダム湖が持つ環境への影響に対して今後どのようにすればよいか，流域生態系管理についての提案を行う．単なる対症療法を越えた本質的な問題解決への道筋を考える．その中でダム湖とは一体どのようなものであり，Part Ⅲで検討する生態系の健全性をはじめとして何を流域環境保全の基準とすべきかを見出していきたい．

なお，本書では，ダムの環境問題に関連する河川工学や河川生態学などの複数分野の相互理解のため，巻末に用語解説を付けた．用語解説ではキーワードおよび補足的に説明が必要な用語について扱い，掲載した用語は本文中でゴシックにしている．また，本文や図表に多くのダムの名称がでてくるが，ダムの位置や大きさなどの情報は巻末に付表2として掲載した．

はじめに

　本書の基本的な検討は，財団法人ダム水源地環境整備センターが事務局を務めた水源地生態研究会議における議論をもとにしている．水源地生態研究会議は，ダムが生み出す生態系を科学的に理解し，ダム湖およびダムが存在する河川管理のあり方を科学的に検討するための4委員会が統合的に議論する場として機能し，1998年から2008年までの10年間活動した．本書は，その4委員会の一つである貯水池生態研究委員会のメンバーを中心に執筆されている．この委員会の活動は，大きく二つの時期に分かれる．第一期（1998～2001）は，貯水池の健全性を生物指標で表現することを目的として，鳥類研究者である山岸　哲，森　貴久，江崎保男，中根周歩，中村雅彦，故 Navjot S. Sodhi，西海　功が研究を行った．第二期（2000～2008）では，貯水池の物質循環を直接扱う必要があるとの判断で，山岸　哲（鳥類），山田佳裕（物質循環，安定同位体比分析），大森浩二（生態系），森下郁子（ダム全般，魚類，底生動物），高村典子（プランクトン），天野邦彦（水質）により，ダム湖生態系の解析を行った．貯水池生態研究委員会の活動は，報告書としてまとめられている．本書は，その報告書をもとに最新の知見も織り込みながら，主として第二期のメンバーを中心に執筆されたものである．

大森浩二

目　次

口絵
はじめに　i

Part I　ダム湖の物理化学的特徴

第1章　物理的，地形学的特徴
〔大森浩二・山田佳裕・末次忠司・牛島　健・一柳英隆〕……………… 3
1.1　自然湖沼・ダム湖の定義〔大森・山田〕　3
1.2　自然湖沼・ダム湖の分布，地形的・物理的特性〔大森・一柳〕　4
　1.2.1　分布　4
　1.2.2　湖盆形態　4
　1.2.3　水位変動と沿岸帯形成　5
1.3　自然湖沼の成層化と物質循環〔山田・大森〕　7
　1.3.1　水温・光　7
　1.3.2　成層期と循環期　9
　1.3.3　溶存酸素量　10
1.4　集水域と流出量〔大森〕　11
　1.4.1　集水域　11
　1.4.2　流入量・湖水交換速度　12
1.5　堆砂特性〔末次〕　14
　1.5.1　ダム湖への堆砂プロセス　15
　1.5.2　ダム湖における堆砂実態　18
　1.5.3　堆砂に伴う貯水容量の減少と生態系への影響　19
　1.5.4　有機物等の堆積　20
1.6　濁水〔末次・牛島・大森〕　22
　1.6.1　ダム湖と自然湖沼における濁水の違い　23
　1.6.2　濁水の原因　25
　1.6.3　水位低下時の濁水　26
1.7　流入フロントの形成〔大森〕　26
1.8　ダム湖の普遍的な構造と日本のダム湖の特徴〔大森〕　28

目　次

第2章　水質と富栄養化〔山田佳裕・大森浩二・牛島　健〕 31
2.1　富栄養化と物質循環〔山田・大森〕 31
　2.1.1　湖沼の富栄養化と遷移 31
　2.1.2　湖沼の物質循環 34
2.2　ダム湖の水質の概要〔牛島〕 37
　2.2.1　ダム湖表層の水質 37
　2.2.2　ダム湖通過による水質の変化 37
2.3　自然湖沼とダム湖の違い〔牛島・大森〕 40
　2.3.1　沿岸域の攪乱 40
　2.3.2　ダム湖湛水直後の水質：水没農地等の影響 40
　2.3.3　ダム運用後の水質変化：ダム湖の遷移過程 43

❖コラム1　モデルによるアオコ発生予測〔大森浩二〕 48

第3章　湿潤変動帯におけるダム湖と自然湖沼〔大森浩二〕 51
3.1　自然湖沼とダム湖の違い 51
3.2　湖沼の遷移に関する比較 52
　3.2.1　短期的な物質循環過程 52
　3.2.2　長期的な物質循環過程：ダム湖の遷移 54
　3.2.3　日本の流域特性とダム湖：安定大陸と湿潤変動帯 55
3.3　まとめと今後の展望 57

補遺　ダム湖生態系の時間的変化〔森下郁子〕 60
誕生直後のダム湖とプランクトンの大発生／特異なダム湖の生態系／壮年期のダム湖の下流での生物学的現象／老年期を迎えたダム湖／アメリカのダムの昨今

Part Ⅱ　ダム湖生物群集の特徴と分類

第4章　ダム湖生物群集と生態系管理〔大森浩二〕 83
4.1　ダム湖生物群集を解析する意義 83
4.2　ダム湖生物群集とその相互作用 85
　4.2.1　湖沼の生物群集と生態系 85
　4.2.2　生物間相互作用とダム湖生態系 86
4.3　ダム湖生物群集と管理目標 90

❖コラム2　生態系とは？〔大森浩二〕 99

❖コラム3　栄養カスケード効果とバイオマニピュレーション〔大森浩二〕　102

第5章　ダム湖のプランクトン群集の特徴
〔高村典子・中川　惠・一柳英隆・辻　彰洋〕……………………………………………107
5.1　ダム湖におけるプランクトンの研究　107
5.2　ダム湖のプランクトン群集の解析　110
　5.2.1　既存プランクトンデータの概要　110
　5.2.2　植物プランクトンデータ　111
　5.2.3　動物プランクトンデータ　112
　5.2.4　環境データ　113
　5.2.5　解析に用いたプランクトンタクサの扱い　113
　5.2.6　プランクトン群集の座標付けと環境変数との対応　114
5.3　ダム湖プランクトンの座標付け　114
　5.3.1　植物プランクトン　114
　5.3.2　動物プランクトン（甲殻類：枝角類とカイアシ類）　121
　5.3.3　動物プランクトン（ワムシ類）　125
5.4　ダム湖のプランクトン種の分布傾度　127
5.5　より良きプランクトンモニタリングのために　129

❖コラム4　植物プランクトン種群の設定〔辻　彰洋〕　131
❖コラム5　植物プランクトン群集の計数：何を知るための計数なのか
〔高村典子・中川　惠〕　135

第6章　魚類相からみたダム湖の特性〔森下郁子〕……………………………………139
6.1　ダム湖を魚類相で評価する　139
　6.1.1　生物の指標で環境を評価する　139
　6.1.2　指標生物としての魚　140
　6.1.3　ハビタット評価のためのHIM　141
6.2　ダム湖魚類相のFHIMを用いた解析　145
　6.2.1　ダム湖魚類相の分析方法　145
　6.2.2　ダム湖の魚類相の特徴とそれに影響する要因　145
　6.2.3　魚類相からみたダム湖の類型化　146
　6.2.4　ダム湖上・下流での魚類相の違い　150
6.3　ダム湖の魚類相と今後の課題　151

❖コラム6　生物多様性時代のダム〔森下郁子〕　154

目　次

第7章　水鳥群集からみたダム湖の特徴〔山岸　哲〕 ……………………………… 157
7.1　ダム湖の水鳥群集研究の意義　157
7.2　水鳥の調査　158
　　7.2.1　水鳥類のカウント　158
　　7.2.2　ダム湖の環境特性　158
　　7.2.3　データの解析　159
7.3　水鳥群集とダム湖の特性との関係　164
7.4　水鳥群集とダム湖の操作　168
7.5　おわりに　169

Part III　ダム湖の物質循環

第8章　リン濃度とクロロフィルa濃度の関係からみたダム湖の特徴
　　　　　〔大森浩二〕 …………………………………………………………………… 175
8.1　湖沼におけるクロロフィルa濃度　175
8.2　ダム湖のクロロフィルa濃度特性解析　177
　　8.2.1　解析対象ダム　177
　　8.2.2　ダム湖の特性分類　178
8.3　ダム湖をどのように管理したらよいのか　186

❖コラム7　水質基準〔大森浩二〕　190
❖コラム8　日本のダム湖における植物プランクトン・動物プランクトン・魚類の関係
　　　　　〔一柳英隆・大森浩二〕　194

第9章　ダム湖における水質形成の特徴と安定同位体比を用いた富栄養化の
　　　　　解析〔山田佳裕〕 ……………………………………………………………… 199
9.1　安定同位体比を用いて富栄養化を解析する　199
9.2　ダム湖における物質循環調査　202
　　9.2.1　調査対象ダム　202
　　9.2.2　観測および分析　204
9.3　ダム湖の生元素分布と物質循環　205
　　9.3.1　元素の分布からみた富栄養化の分類と物質循環の特徴　205
　　9.3.2　ダム湖の水質に及ぼす水文環境の影響　211
　　9.3.3　ダム湖における炭素・窒素安定同位体比の分布　212
　　9.3.4　魚類の炭素・窒素安定同位体比を指標とした富栄養化の解析　214

9.4　新たな生態系の評価軸　217
❖コラム 9　生態系の健全性〔大森浩二〕　224

第 10 章　ダム湖物質循環のモデル解析と生態系の健全性〔大森浩二〕　227
10.1　生態系モデルをつくる目的　227
10.2　ダム湖生態系モデル　228
　10.2.1　ダム湖生態系モデルの構成　228
　10.2.2　ダム湖生態系モデル計算の結果　230
　10.2.3　ダム湖生態系モデルの結論：ダム湖の生物群集管理と流入フロント　236
10.3　河川生態系モデル　237
　10.3.1　河川生態系モデルの構成　237
　10.3.2　河川生態系モデル計算の結果　241
　10.3.3　河川生態系モデルの結論：下流河川環境の動態　242
10.4　流域生態系モデルによる解析　245
10.5　生態系の管理目標：ダム湖生態系と下流河川生態系の健全性　251
　10.5.1　ダム湖生態系の健全性　251
　10.5.2　下流河川生態系の健全性　253
　10.5.3　ダム湖生態系と下流河川生態系の管理　254
❖コラム 10　河川生態系〔大森浩二〕　257
❖コラム 11　レジームシフト〔大森浩二〕　262

Part IV　流域環境の保全

第 11 章　止水域が流域環境に与える影響〔大森浩二〕　269
11.1　流域環境の何に注目すべきか？　269
11.2　自然湖沼とダム湖の比較から何が明らかとなるのか？　270
11.3　自然湖沼とダム湖が流域に与える影響　272
　11.3.1　自然湖沼とダム湖の特性比較：データの比較　272
　11.3.2　流域環境に与える影響　283
11.4　まとめ：止水域による下流環境への複合的な影響　286

第 12 章　ダム湖群と流域の健全性〔大森浩二〕　289
12.1　河川の分断化と生息場所の改変　289
12.2　ダムによる河川分断化に対する河川生物絶滅リスク評価　292

目　次

   12.2.1　個体群存続確率分析　292
   12.2.2　流域全体の河川横断工作物による種個体群分断化に対する効果　294
   12.2.3　個体群および流域の大きさ　300
   12.2.4　対象生物種　301
   12.2.5　ダム湖による陸封化が個体群の存続確率に与える効果　306
   12.2.6　簡易 PVA 法とその吉野川での適用例　310
  12.3　ダム湖の富栄養化による下流河川の有機汚濁化および濁水の長期化　314
   12.3.1　ダム湖による周辺河川環境の改変　314
   12.3.2　重信川流域における解析　315
  12.4　河川生態系の機能に対する影響　322
  12.5　山・川・海の連携：湿潤変動帯における河川生態系の特徴と沿岸域に対する影響　324
  12.6　ダム問題群解決のためのフローチャート　327

❖コラム 12　大型ダムにおける魚道の課題〔一柳英隆〕　331
❖コラム 13　生態系の機能と生態系サービス〔大森浩二〕　334

第 13 章　流域の健全性回復と保全策〔大森浩二〕　337

  13.1　湿潤変動帯におけるダム湖環境問題群と環境保全　337
   13.1.1　環境保全目標　338
   13.1.2　生物群集の管理　340
   13.1.3　流域生態系の総合管理　341
  13.2　保全の対策　342
   13.2.1　ダム湖内の保全策とモニタリング　342
   13.2.2　河川・流域の保全策とモニタリング　345
  13.3　まとめ　349

❖コラム 14　ダム湖の水質対策〔一柳英隆〕　351
❖コラム 15　ダムやダム湖が流域の生物多様性を保全する？〔一柳英隆〕　353

おわりに　357
謝辞　361
付表　363
用語解説〔大森浩二・一柳英隆・山田佳裕〕　373
索引　387
編著者紹介　395

Part I

ダム湖の物理化学的特徴

　自然湖沼は，ダム湖と同じように流域内で河川と結びついている．両者が持つ流域環境への影響を比較することにより，流域におけるダム湖のあり方を検討することが可能になるであろう．ダム湖と自然湖沼の比較検討は過去にもしばしば行われてきた．しかし，多くはダム湖と湖沼自身の物理的・地形的な比較であり，湖沼の遷移過程という長期的な時間スケールでの比較はされてこなかった．Part Iでは，ダム湖と自然湖沼について，湖自身の物理学的・化学的・地形学的な特徴について比較検討し，富栄養湖化の過程における両者の違いを検討する．とくに，富栄養湖に至る時間的な長さと最終段階の比較は重要である．

　両者の比較から，ダム湖が本来持っている本質的な構造的特性を明らかにし，この構造的違いと「ダム湖が引き起こす環境問題群」（巻末付表1）の関連性を検討する．そこから，単なる対症療法を越えた本質的な問題解決への道筋を考える．その中でダム湖とは一体どのようなものであり，何を環境保全の基準とすべきかを検討する．

[前頁の写真]

徳山ダム（岐阜県，揖斐川水系）
　堤高 161m のロックフィルダム（岩石や土砂を積み上げることで堤体を建造する型式）．湛水面積 1,300ha．総貯水容量 660,000千m^3．
　日本で総貯水容量の最も大きなダム．2006年9月に試験湛水が開始され，2008年5月に試験湛水終了，管理に移行している．徳山ダムでは，上流域に残された良好な自然を保全するため，民有林を公有地化して管理しようとする試みが行われている．（写真：独立行政法人水資源機構　徳山ダム管理所）

第1章
物理的，地形学的特徴

1.1 自然湖沼・ダム湖の定義

　ダム湖と自然湖沼は，その生態系構造と機能の類似性が指摘され，その比較はダム湖を理解するための重要な道筋の一つとなっている．この章では，ダム湖の環境を明らかにするために，まず，よく知られている自然湖沼の生態系を支える物理学的・地形学的な特徴の比較検討を行う．

　ところで，湖とはどのように定義したらよいのであろうか？　湖は陸地のくぼみに水が溜まったもので，比較的広くて，深いものが湖と呼ばれている（日本陸水学会 2006）．専門的には，5m 以上の水深があり，湖岸の植生が中心部まで進入できないことが湖の定義となっており，これに当てはまらないものは沼と呼ばれている．ただし，実際に用いられる名称では湖と沼が明確に区別されているわけではなく（例えば，群馬県の赤城大沼は最深部 19m でも沼とされている），日本陸水学会による上述の広義の定義が現実的であろう．この定義によると，ダムによってせき止められた水域も湖として分類できる．

　ダムに関しては，堤高が 15m 以上のものをダムと呼ぶことになっており，それ以下のものは堰や堰堤と呼ばれている．このダム堤体（または堰堤）の上流側に形成される止水域がダム湖と呼ばれる．

1.2 自然湖沼・ダム湖の分布，地形的・物理的特性

1.2.1 分布

　日本全国における自然湖沼の数は867とされており（田中 1992），その56%が**火口湖**，**カルデラ湖**，火山活動による**堰止湖**等，火山に関係するものである．残りの半数が海岸に形成される**海跡湖**である．日本の自然湖沼の多くは火山地域と外洋に面した海岸に分布しており，瀬戸内海地域や四国には少ない．これに対して，古来より作られ利用されてきた農業用ため池は，九州北部から瀬戸内海地方の丘陵地帯や寡雨地帯に多い．また，約2,800のダムが日本全国に分布するが，多くはこのため池帯に集中している（内田 2003）．しかし，国土交通省や水資源開発機構が管理する約100の治水・利水・発電等を目的とするダム（巻末付表2参照）は，全国に広く分布する．本節では，これらのダムのデータを使用し議論を進める．

1.2.2 湖盆形態

　一般に，自然湖沼は湖岸からなだらかな傾斜で湖底へと続く湖盆形態を持っていると考えがちであるが，北米などの大湖沼とは異なり，日本の自然湖沼では，火口湖やカルデラ湖が多くこれらは急傾斜の湖岸を持ち，また，火山による堰止湖も急斜面に囲まれた盆地や平地という日本の地形に由来して，急傾斜を持つ湖盆形態を示すものが多い（新井 2007）．ダム湖の場合，河川，とくに山間部に建設されるため，一般に湖の断面がV字型の急傾斜を持つ湖盆形態を示すものが多くなる．一部，東北地方などで，釜房ダムや四十四田ダムのように湖岸からの緩やかな傾斜と中央の深部が複合する型の断面を持つものがあるのみである．一方，海岸に形成される海跡湖は，なだらかな一定の傾斜で湖底へと続く湖盆形態を持つものが多い（Arai 1997）．これに対応するものとして河口堰が挙げられるが，一般に水深も浅くなだらかな傾斜の湖盆形態を持ち，海跡湖の特徴と類似する．

第1章 物理的,地形学的特徴

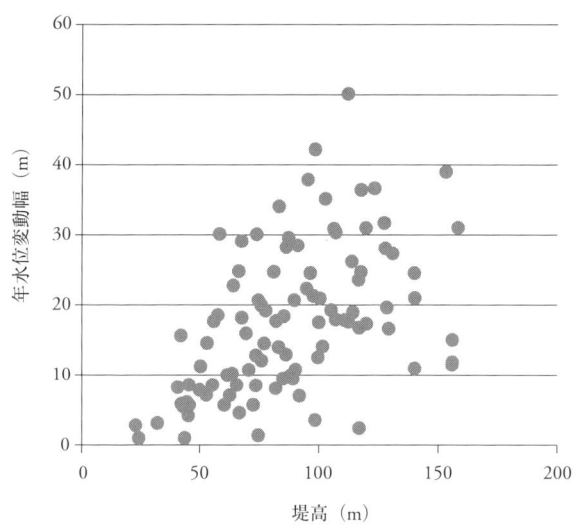

図1-1 ダム湖の堤高と年水位変動幅の関係
1993〜2007年の各年の水位変動幅の中央値を各ダムの代表値とした.

1.2.3 水位変動と沿岸帯形成

　自然湖沼では湖面の水が下流へと流れる．雨が降って流入が多くなれば，流出量も多くなるし，渇水で流入が少なくなれば流出も少なくなる．一般に自然湖沼では水位は数10cmから1〜2mしか変動しない(11.3.1項参照；ただし，自然湖沼を水利用のために水位管理する場合はこのかぎりではない)．一方，ダム湖は治水であれ，利水であれ，流量を調節するのが目的であるので，流入量と放流量に違いをもたらし，ダム湖の水位は変動することになる．図1-1は，国土交通省または水資源機構が管理する全国のダムの水位変動の大きさを示している．堤高は変動しうる水位変動幅と関係する．水位変動幅は最大で50mほどに達し，一般に自然湖沼と比較して大きい．また水位変動のダムによる違いも大きい．図1-2には，代表的な6ダムの水位変動を示した．これらのダムは，いずれも治水機能をもった多目的ダムである．三春ダムは**夏期制限水位方式**をとっており，普段は**常時満水位**326m(標高)に維持しているが，洪水の可能性がある夏期(このダムの場合には6月11日か

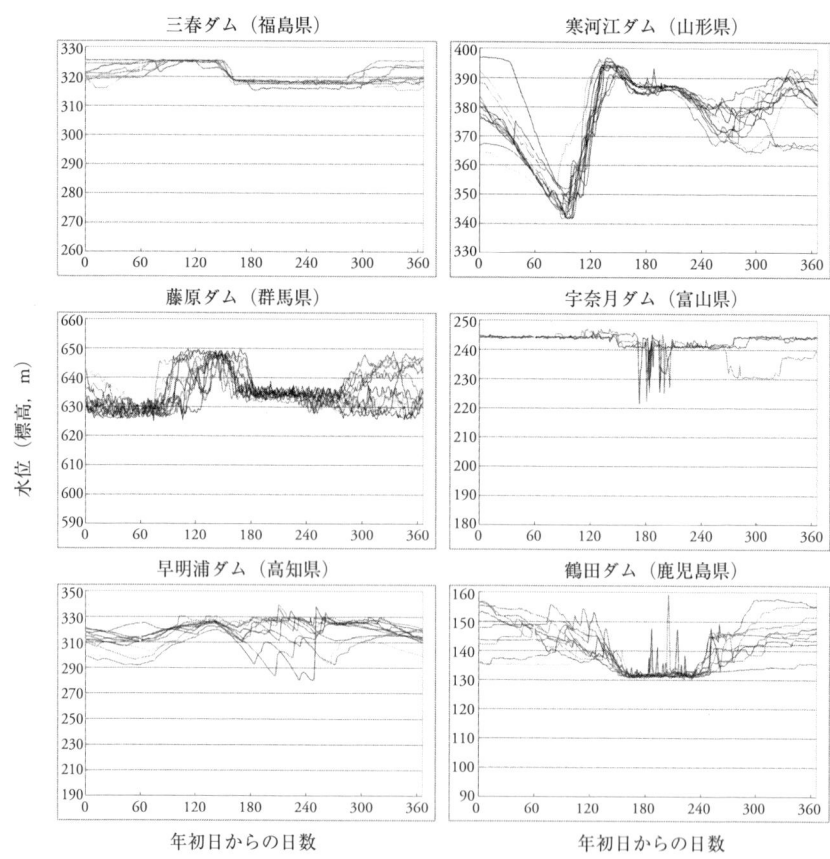

図 1-2　全国 6 ダムの年水位変動パターン

1993〜2007 年のデータがある年の変動を，各年を 1 ラインとして示した．横軸は 1 月 1 日を 1 日としたときの年通算日数．

ら 10 月 10 日）には，制限水位 318m まで下げ，治水のために洪水を溜め込める「ポケット」を作っている．寒河江ダムは多雪地帯にあり，冬の間発電などで水を利用し，水位が下がってあいた容量に春の融雪水が入り，水位が一気にあがる．藤原ダムは**揚水発電**に関連して水を出し入れするために，短い期間で水位が変動する．宇奈月ダムは，上流に位置する出し平ダムと**連携排砂**を行っているダムである．夏の降雨時に，水位を下げ，たまった土砂を

底部から排出する．このとき大きく水位が変動する．早明浦ダムは，下流部への水の供給のために，ある程度の流量を流す．そのため，夏期の降雨が少ない年に水位が大きく下がる場合があり，年によって変動が異なる．鶴田ダムは，鹿児島の台風経路にあり，夏にしばしば洪水を受ける．夏期に台風などによる出水を溜め込んだピークがしばしば認められる．このように，立地する地域や気候，その運用により，ダム湖の水位変動の大きさや季節性を含めたパターンは大きく異なる．

自然湖沼の湖盆形態から沿岸帯の形成に与える影響を考えると，火山性の成因を持つ湖沼は急傾斜の湖岸を持つとしても，狭くはなるが湖岸帯そのものを形成することが不可能となるわけではない．一方，ダム湖では，湖岸に植生がなく裸地化が問題視される．ダム湖には**沈水植物**や**浮葉植物**などの水生植物が繁茂することがほとんどない．しかし，大きな水位変動をするダム湖であっても，湖岸傾斜が緩やかな部分には水位低下後に比較的すみやかに植生が発達することがある（口絵7）．このことを考慮すると，ダム湖では沿岸帯の植生が発達しないが，その原因としてはダム湖岸が急傾斜であることとダム湖では治水・利水管理による大きな水位変動があることの両方が重要といえるであろう．

1.3　自然湖沼の成層化と物質循環

1.3.1　水温・光

水温は生物の生息にとって重要であるが，それと同様に水塊の構造や分布を決める大きな要因でもある．先にも述べたように，湖はくぼみに水が溜まったものであり，水深は深い．これは，湖水中の光環境に大きな影響を及ぼす．沿岸帯など水深が浅い場所では，太陽光は湖底までとどくため，水生植物や**付着藻類**を中心とした底生生物群集が生態系や物質循環を担うことになる．一方で，水深が深い場所では湖底まで光がとどかず，浅い場所とは全く異なった光環境と生態系となる．水深が深い場所の湖水は，光環境から鉛直方

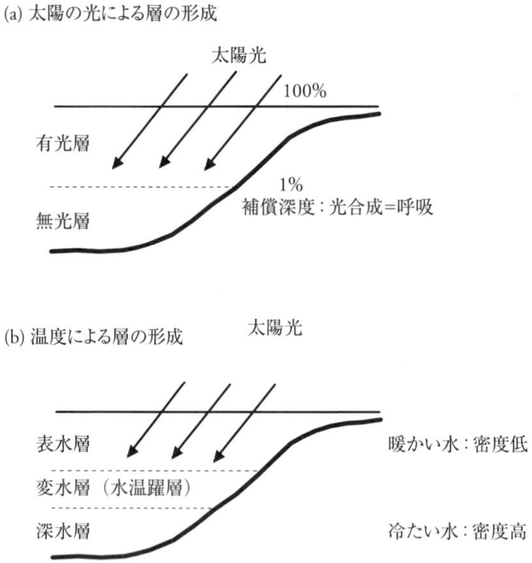

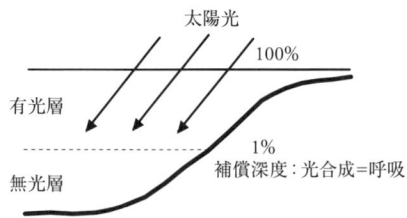

図1-3　湖における成層構造

向（上下）に大きく二つに分けられる．光がとどく水深までを有光層，とどかない層を無光層と呼び，光が1%にまで減衰する水深（補償深度）で区別される（図1-3(a)）．この水深では植物プランクトンの光合成と呼吸が等しくなっている．太陽光がとどくか否かは水温の分布に影響を及ぼすことになる．有光層には太陽光がとどくため，湖水は暖められる．また，大気と接しているので，気温の影響も直接受けるため，1年を通して大きく変動する．一方で，光のとどかない無光層は太陽光によって暖められず，気温の影響を受けることもない．そのため，1年を通して水温は低く，安定している．このように，湖の深い場所では，水温の層構造が出来ており，水深が浅く，1年を通して水温が変化する層を表水層，水深が深く，低水温で安定している層を深水層（中深水層）と呼んでいる．これらの層の間には水温が急激に変化する層が存在し，変水層または水温躍層と呼ばれている（図1-3(b)）．

1.3.2 成層期と循環期

　表水層と深水層では水温が大きく異なるため，結果としてそれぞれの水塊の密度も異なってくる．例えば，表水層の水温が高く，深水層の水温が低い時は上の水塊の密度が小さく，下の水塊の密度が大きくなるため，物理的に安定な層構造となる．このような層構造を成層と呼び，これが形成されている時を成層期と呼ぶ．この期間，表水層と深水層間の水の移動は起こらず，湖水の上下混合はみられない．逆に，水温が鉛直的に均一で明確な層構造がない時期を循環期と呼んでいる．

　日本では，太陽光の強さや気温の季節変動が大きいため，1年を通して，湖水の層構造も大きく変化する．関東以南の高標高地を除く地域では湖は結氷せず，冬の水温は4～10℃が一般的である．春から夏にかけて表水層は暖められ，湖水温は上昇し，高い時は30℃にも達する．成層化がはじまると湖水の上下混合がなくなるため，深水層の水温は冬のまま10℃以下で推移する．秋から冬にかけて，表水層の水温は低下し，深水層の水温と同じになると成層は解消され，湖水の全層循環（鉛直循環）が起こるようになる（循環期）．このように，年1回，湖水の全層循環が起こる湖は亜熱帯湖と呼ばれる．東北地方以北や標高の高い地域では，冬に湖は結氷する（口絵4参照）．湖のすべてが凍るのではなく，表面が氷結し，その下は水のままである．この時，氷の部分は0℃以下であるが，水の部分は0℃以上で，大抵は4℃程度である．水は4℃の時に密度がもっとも大きい．それゆえ，大気と接している湖の表面が冷やされて水温が4℃よりも低くなると，その水塊の密度は小さくなるため，物理的に安定な層構造が現れることになる．このような状態は，先の成層と対比して，逆成層と呼ばれている．湖水の鉛直循環が行われなくなるため，表水層の水は急激に冷やされ氷結し，深水層の水は4℃で一定となる．春に気温が上昇し，表水層が4℃になると，湖水全体が4℃になり，全層循環が行われる．夏にはまた表水層が暖められ，成層化が起こり，秋には再び4℃で全層循環が起こることになる．年2回全層循環が起こる湖は温帯湖と呼ばれている．湖沼ではこのような湖の水理構造に対応するように物質循環が成り立っており，その中で生物は生息している．

1.3.3 溶存酸素量

　生物の生息環境に大きな影響を及ぼし，また，生物活動の結果で増減するのが溶存酸素 (DO: Dissolved Oxygen) である（図1-4）．溶存酸素は水に溶けている分子状の酸素のことで，湖水1L中に溶けている量 mg/L で表される．または，気体は水温により，物理的に水に溶ける量の最大値（飽和酸素量）が変化するので，大気─水の平衡によって湖水に溶けうる酸素の最大値に対する実際の溶存酸素量の割合（飽和率＝(溶存酸素量／その温度の飽和酸素量)×100%）でも示される．溶存酸素は好気的環境に生息する生物にとって必要であるとともに，微生物が関与する生物・化学的プロセスを決める重要な物質である．そして，湖水の成層構造は溶存酸素の分布に影響を及ぼしているのである．

　湖への主要な酸素の供給は大気からで，消費は有機物の分解が主なものである．有機物濃度の少ない**貧栄養湖**では，分解に使われる酸素が少ないので，湖水中の溶存酸素はほぼ大気と平衡の状態にある．飽和率で表すとほぼ100%である．有機物量（**一次生産**量）が多い**富栄養湖**になると，湖内の溶存酸素の分布は大きな片寄りを示すようになる．植物プランクトンによる有機物の生産，すなわち光合成が活発に行われるようになると，多量の溶存酸素も生産されることになる．それゆえ，富栄養湖の表水層では，過飽和，つまり，大気との平衡状態になる飽和濃度を超えた溶存酸素が存在することになり，飽和率は100%以上の値を示すことになる．一方で，太陽の光がとどかない深水層では光合成は行われず，表水層から沈降してくる有機物（活性が衰えた植物プランクトン）のバクテリアによる分解が主要な物質循環のプロセスになる．そうすると，例えば，亜熱帯湖では春から秋にかけて湖水は成層しているため，深水層では冬の循環期以降は酸素が供給されないことになる．富栄養湖では，表水層で生産された多くの有機物が深水層へ沈降し，分解されるため，多くの溶存酸素が消費されることになる．水中の溶存酸素は，はじめに湖底付近から枯渇し，次第に深水層にも拡大する．富栄養化が著しい湖では水温躍層以深が0%になることもある．これは再び冬になって全層循環がはじまると解消される．

第 1 章　物理的，地形学的特徴

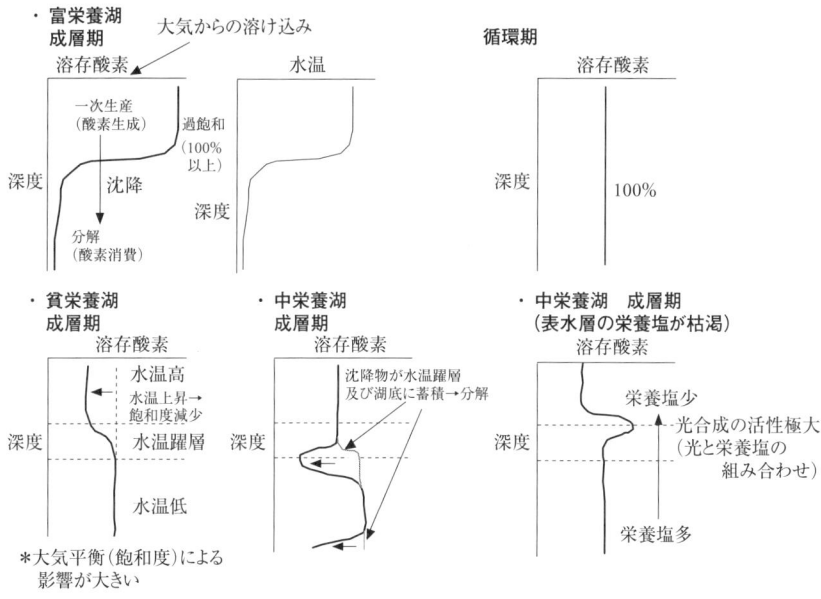

図 1-4　溶存酸素の鉛直分布

1.4 集水域と流出量

1.4.1 集水域

　北米では，ダム湖の**集水域**は自然湖沼と比べて大きく細長い形状をしているとされる（Thornton et al. 1990）．また，流入河川の**河川次数**もダム湖の方が高いとされている．日本の場合はどうであろうか．集水域の大きさについて，国土交通省や水資源開発機構が管理するダム（河口堰を除く）のうちのデータを揃えることができた約 50 基と規模の大きな約 20 の自然湖沼（海跡湖は除いている）とをデータに基づき比較する．ただし，集水域の比較を行う場合，湖の大きさにより集水域の大きさは当然変化するためにその補正を行う必要がある．ここでは，利用できるデータの都合上，湖の大きさとして貯水容量（ダム湖の場合，**総貯水容量**）を用いる．さて，単純に湖の貯水容量

Part I　ダム湖の物理化学的特徴

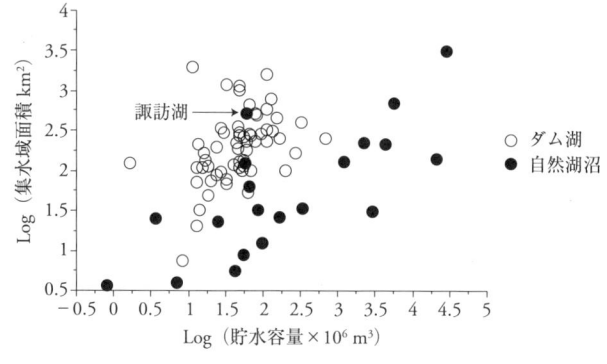

図 1-5　貯水容量と集水域面積の関係

に対する集水域の面積をプロットしてみると図 1-5 のようになる．全体として，両者間で集水域の大きさの範囲は変わらないが，自然湖沼の方に容量のかなり大きなものも存在することがわかる．このことは，日本最大の自然湖沼である琵琶湖 (275 億 m^3) に対して，日本最大の総貯水容量を誇る徳山ダム (6.6 億 m^3) でもその 40 分の 1 程度の規模でしかないことからも明らかである．自然湖沼とダム湖の二つのグループそれぞれの貯水容量と集水域面積との関係を示す傾きは両者とも同じであるが切片が異なり（共分散分析），同じ容量規模に対して，ダム湖の方がより大きな集水域面積をもつと結論できる．集水域面積 (W) を容量 (V) の 2/3 乗で割り，集水域面積/湖面積比 (= $W/V^{2/3}$) とすると容量の影響を除くことができ，この比が自然湖沼で 1.6，ダム湖で 15.7 となった (t 検定，$p<0.001$)．つまり，10 倍の差があるということである．ただし，例外は当然あって，その代表的なものが諏訪湖である．自然湖沼であるにもかかわらずダム湖の平均値と変わらない程度の集水域面積/湖面積比 (= $W/V^{2/3}$) を持っている．そのため，年間堆積速度は 1〜3cm にもなり，湖底はすでに 300m の堆積物で覆われ，平均水深 4m の浅い湖となっている（奥田ほか 1991）．

1.4.2　流入量・湖水交換速度

湖への流入水量は，自然湖沼かダム湖かにかかわらず，集水域面積と高い

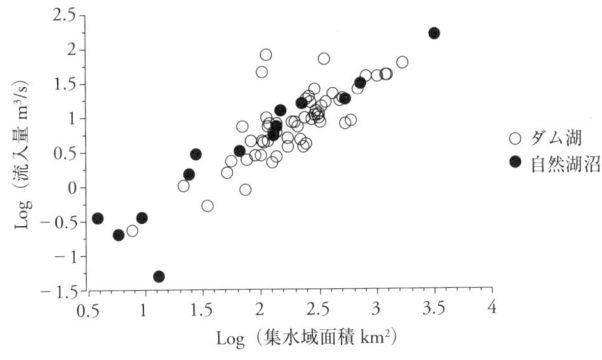

図 1-6　集水域面積と流入量の関係

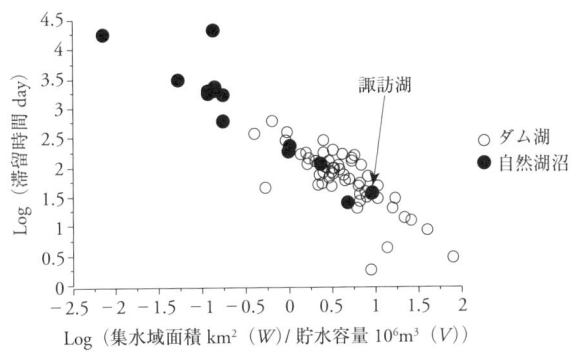

図 1-7　集水域面積 / 貯水容量と湖水交換速度の関係

相関を持つ（図 1-6）．また，この図からもわかるが，図 1-5 ですでに述べたように自然湖沼かダム湖かにかかわらずその集水域面積の範囲はほぼ一致する．ここで湖の容量を考慮して湖水交換速度（湖水回転率ともいう．ただし，ここでは滞留時間（＝湖水交換速度の逆数）をグラフの縦軸にしている）を計算し，集水域面積 / 容量比に対してプロットすると更に高い相関を得ることができる（図 1-7）．注意すべきは，自然湖沼とダム湖のデータ点がそれぞれ分離していることである．つまり，自然湖沼とダム湖の大きな違いの一つとしてよく挙げられる自然湖沼と比較してダム湖の湖水交換速度の方がかなり早いということと一致する．それは，やはり，ダム湖は自然湖沼と比べて相対

的に高い集水域面積/容量比を持つことに由来する．

Thornton et al. (1990) が示す北米の集水域面積と流入水量の関係と比べてみると同じ集水域面積に対して10倍ほど日本の流入水量の方が多くなる．ダム湖の貯水容量に対して，流入量がかなり多いのが日本の特徴といえよう．つまり，北米のダム湖が湖と河川のハイブリッドであるとすると，日本のダム湖はより河川的なハイブリッドだといえる．ただし，ここで注意しなければならないのはその流入パターンである．年間流入量の多くは洪水時に占められており，平水時の流入量はそれほど多くはない．つまり，河況係数（＝洪水時流量/平水時流量）が非常に大きく，後述するように，このことが日本のダム湖動態の特徴を形作ることになる．

1.5 堆砂特性

前節に述べたように，ダム湖は自然湖沼に比べて相対的に大きな集水域面積/容量比を持つことから，ダム湖への流入水量も相対的に多くなる．このことは，流域からの流出土砂量が集水域面積に比例すること（比堆砂量＝堆砂量/集水域面積$(W) = aW^{0.7}$，aは土砂生産量に関係する係数であり地質特性により異なる（芦田ほか 1983））を考慮すると，ダム湖への流入土砂量も自然湖沼に比べ相対的に多くなることが推定される．相対的な集水域面積が10倍程度異なると流入土砂量は，$10^{1.7}$倍＝約50倍の違いとなる．ダム湖の流入土砂量は，自然湖沼に比べて圧倒的に多いことがわかる．更に考慮する必要があるのは，湖内に流入した後の堆積状態である．湖内に流入した土砂は，自然湖沼では二次元的に広がり堆積するが，ダム湖では流入土砂は旧河道に沿って一次元的に堆積する（Thornton et al. 1990）．よって，ダム湖では流入部にかなり速く**デルタ**が形成され伸張していくのである（図1-8）．

また，日本などアジアモンスーン変動帯の河川が運搬する土砂量は，世界的に見ても桁違いに大きい（高橋 1990）．1年間に河川が運搬した土砂量を侵食速度（$m^3/km^2/year$）と呼ぶ．この値が100から1,000以上に及ぶ．日本ではとくに中部山岳河川で多いが，黒部川では6,872となる．この速度で土砂

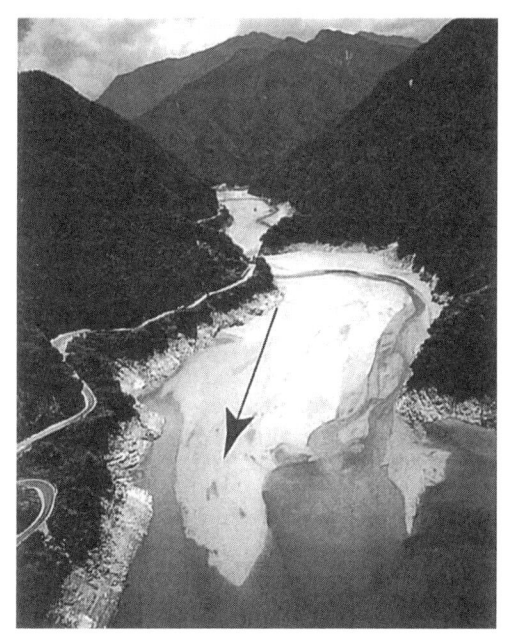

図 1-8 小渋ダムにおける堆砂状況
白くみえるのが堆積した土砂で,矢印は流れの方向を示す.(写真:国土交通省中部地方整備局 天竜川ダム統合管理事務所)

が日本のダム湖に堆積していくのである.これに対し,**安定大陸**河川では,侵食速度100以下,その山地河川でも100〜800程度である.

次に日本のダム湖における堆砂状況について述べる.

1.5.1 ダム湖への堆砂プロセス

ダムは河道を横断する構造物であるため,上流から流送されてきた土砂はダム湖に堆積し(図1-8),一部は放流等によって下流へ流れていく.貯水位の変動等に伴い,ダム湖のり面から土砂が流入してくる場合もある.特に山地域において豪雨や地震に伴う山腹・斜面崩壊が生ずると,大量の土砂が河川へ流入し,洪水により運搬され,ダム湖への堆砂を進行させる.河川ではなくダム湖で堆砂しやすいのは,ダム湖は河川に比べ水深が大きく,土粒子

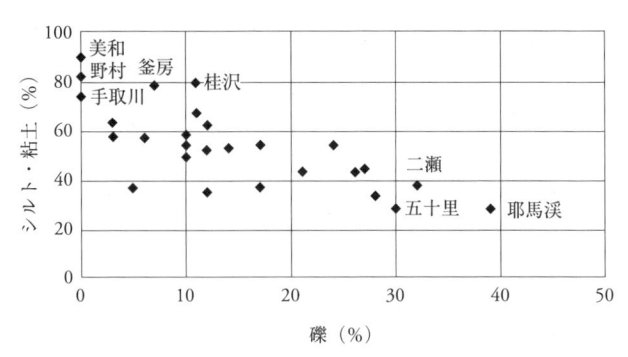

図1-9　27のダムにおける堆砂の粒度構成割合（櫻井・箱石・柏井（2007）に基づいて作図）

の沈降速度に対して土砂を下流へ流そうとする力が小さいためである．ダム湖における洪水時の土砂の動きでは，粒径が0.01～0.1mm程度の土砂が**浮遊砂**的な挙動（水中に浮いたり，沈んだりしながら流下する）をする点が河道と異なっている．河道では粒径0.1～1mm程度の土砂が浮遊砂的な挙動をとる．

　ダム湖における堆砂プロセスは流入する土砂の量と成分・貯水位により異なる．砂礫はダム湖中上流部に堆積するが，浮遊砂的挙動を示す細粒分はダム湖全体，特に下流部に堆積することが多い．独立行政法人土木研究所が調査した国土交通省が管理する27ダムの粒度調査結果によれば，砂成分が堆砂に占める割合は多くのダムで2～4割となり大きな差異はなかったが，耶馬渓ダム・二瀬ダム・五十里ダムなどは礫が多く，美和ダム・野村ダム・桂沢ダムなどはシルト・粘土の細粒分の堆砂が多いという特徴が見られた（図1-9）．一般的に細粒分が卓越するダムが多いので，堆砂当初は局所的ではなく，ダム湖全体に広く堆積する傾向がある．

　流入土砂量が多く，一定以上の堆砂量に達すると，ダム湖上流部に堆砂デルタが形成され，年々下流側へ進行していく．基本的に低水位がデルタの肩の高さとなり，平行に堆砂が進行していく．一方，大規模な土砂流入があると，堆砂デルタは下流へ進行するだけでなく，デルタ上面が上昇し，上流へも土砂の堆積が進行する背砂という現象が起こる（図1-10）．例えば，矢作ダムでは2000年9月の恵南豪雨に伴い，平均年堆砂量の9倍となる280

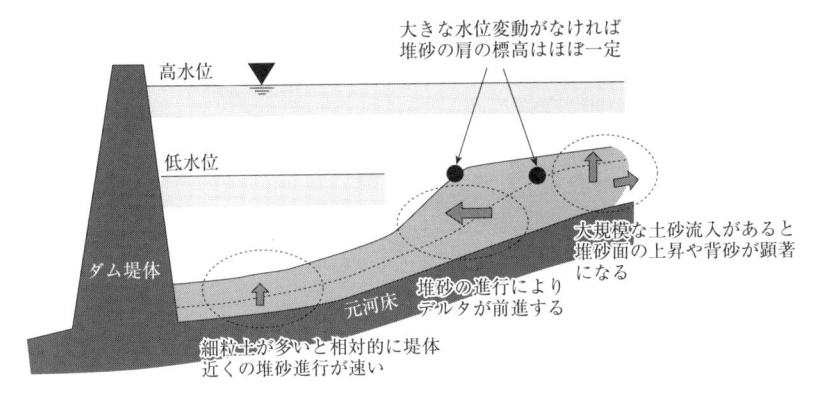

図中ラベル:
- 高水位
- 低水位
- ダム堤体
- 元河床
- 大きな水位変動がなければ堆砂の肩の標高はほぼ一定
- 大規模な土砂流入があると堆砂面の上昇や背砂が顕著になる
- 堆砂の進行によりデルタが前進する
- 細粒土が多いと相対的に堤体近くの堆砂進行が速い

図 1-10　堆砂プロセスの模式図

万 m^3 の土砂が流入した．その結果，デルタ前面が約 240m 前進したほか，貯水位上昇の影響もあって，デルタ上面が平均 4m，最大 9m 上昇し，上流側へは 2km 遡上した．上流側への土砂の堆積は，河床を高くし，流下能力や生態系に影響を及ぼすことになる．

ダム湖への堆砂は徐々に進む場合もあるが，矢作ダムのように，堆砂デルタを形成するような堆砂量が多いダムでは豪雨や地震により堆砂が段階的に進む．小渋ダムのように 1982 年，1983 年の連続出水により計約 450 万 m^3 の堆砂が生じたり，二風谷ダムのように 2003 年，2006 年という近い時期に計約 500 万 m^3 の堆砂が生じた例もあるが，通常は一度大規模な堆砂が発生しても，次の大規模堆砂までは数十年経過しているケースが多い．例えば，美和ダムでは約 250 万 m^3 の堆砂（1961 年）の 21 年後（1982 年）に約 430 万 m^3 堆砂し，丸山ダムでは約 300 万 m^3 の堆砂（1967 年）の 16 年後（1983 年）に約 300 万 m^3 堆砂した．

堆砂デルタの形状は，水塊の流入の仕方や干出した場合の植生の発達（植生の発達は，主に傾斜や粒度組成に依存する）に影響する．上記のような堆砂プロセスを経て明確な堆砂デルタが形成される場合がある一方，土砂流入量が少ない場合や相対的に細粒分の流入土砂が多い場合は，元河床に平行に土砂が堆積しているケースが多い（図 1-11）．例えば，明瞭な堆砂デルタを形成しているダムとしては，大雪ダム，石淵ダム，鳴子ダム，蘭原ダム，二瀬

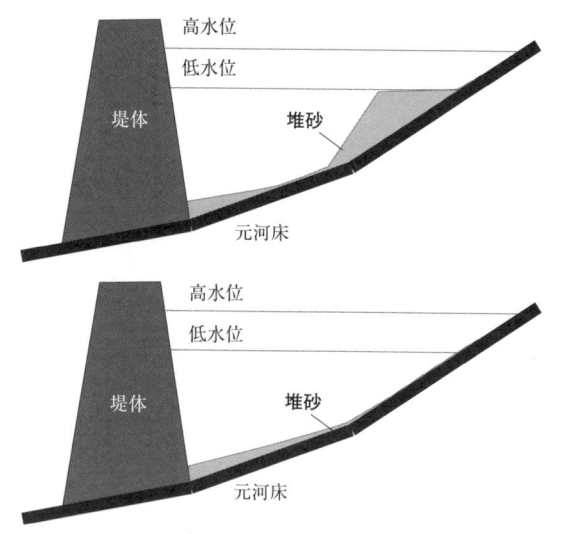

図 1-11　堆砂形状の違いの模式図
明瞭なデルタが形成される場合（上）とデルタが形成されず，元河床と比較的平行に堆砂する場合（下）．

ダム，佐久間ダム，小渋ダム，緑川ダムが挙げられ，元河床に平行に堆砂しているダムとしては，相俣ダム，藤原ダム，手取川ダム，菅沢ダム，野村ダム，大渡ダムが挙げられる．ほかに段差形状を持った元河床地形に従った形状の堆砂デルタ（御所ダム，浅瀬石川ダム，川治ダム），緩やかな勾配の堆砂デルタ（田瀬ダム，石手川ダム）などが形成される場合もある．

1.5.2　ダム湖における堆砂実態

国土交通省に資料が集められた全国約 970 ダムの堆砂率（ここでは，総貯水容量に占める堆砂量の割合で表す）は，1 割未満のダムが約 7 割ある一方，堆砂率 7 割以上が 31 ダムある．その中で堆砂量が多いダムは佐久間ダムで 1 億 2 千万 m^3，畑薙第一ダムや井川ダムで約 4 千万 m^3 堆砂しているが，いずれも中部地方に位置する発電ダムである．地方別に見れば，堆砂率が 30％以上のダム割合は全国で 14％であるのに対して，中部地方のダム群はこの 2.7 倍の 38％に達する．中部地方のダム群で堆砂が進行しているのは，

- プレート運動に伴う隆起が著しい（隆起速度が速いほど土砂生産量が多い）
- 中央**構造線**などの構造線が通過するとともに，構造線沿いに地質が脆弱な**変成帯**（三波川変成帯など）が分布している
- **荒廃地**面積が広い（これは上記要因の結果でもある）

などの理由で，流域からの土砂生産量が多いからである．

　国土交通省が所管するダム（国土交通省の直接管理，水資源機構管理または都道府県管理のダム．約410ダム）の堆砂率が約6%であるのに対して，国土交通省所管外の発電ダム（約330ダム）は堆砂が進行し，堆砂率は2倍の約12%である．発電ダムで堆砂量が多いのは，前者と異なり洪水調節容量を伴わないダムも多く，たとえ貯水池に堆砂したとしても，十分な貯水位が得られれば，発電には支障が少ないため堆砂対策がとられない結果である．

1.5.3　堆砂に伴う貯水容量の減少と生態系への影響

　ダム湖における堆砂は水域環境や生態系に直接的または間接的に影響を及ぼす．

　ダム湖という物理空間で見ると，堆砂に伴う貯水容量の減少は治水・利水機能の低下を招くが，ダム湖回転率（年間総流入量/貯水容量）を増大させ，長期的には富栄養化やダム湖下層の貧酸素化を起こしにくい要因となる．すなわち，環境や生態系にとっては河川に対する影響が小さい方向に導かれる．しかし，堆砂の上流側への進行は上流の河床を上昇させ，淵が消失するなど，魚類等にとっては悪い影響となる．また，堆砂の質の面から見ると，洪水とともに流入した有機物は湖底に堆積し，メタンガスを発生するなど，ダム湖水質を悪化させるし，下流への流下に伴って下流河川の懸濁物質（SS: Suspended Solids）の量や濁度に影響を及ぼす場合がある．

　堆砂が早く進む場合，貯水容量の減少に伴って，湖水の滞留時間が減少，すなわちダム湖回転率が増加する．特に総貯水容量が小さいダムほど，その影響が大きい．例えば，総貯水容量が60万m^3のダムに20万m^3の土砂が流入すると，ダム湖回転率α（年間総流入量/貯水容量）は1.5倍になる．ダム湖回転率αは水温の成層化と関係し，

- $\alpha \leqq 10 \rightarrow$ 滞留時間が長い（36日以上）ため，水温躍層を形成し，富栄養化を起こしやすい
- $\alpha \geqq 20 \rightarrow$ 滞留時間が短く（18日未満），貯水は混合されるため，水温躍層は形成されにくい

ということがわかっている．α が大きくなるほど，特に貯水容量が年間総流入量の 1/20 以下になると，富栄養化や貧酸素化を起こしにくくなる．貧酸素化に伴う堆積物の還元による鉄・マンガンのイオン態，メタンガス・硫化水素の発生，土粒子に吸着した栄養塩の溶出も少なくなる．なお，富栄養化については第2章で解説する．

ダム湖の空き容量は，空き容量＝総貯水容量－堆砂量と定義している．個別ダムで経年的な空き容量率（空き容量 / 総貯水容量×100）の推移を見ると，例えば丸山ダムでは堆砂の進行に伴って，20年間隔で見て，82％（1966年）→ 61％（1986年）→ 54％（2006年）と，最初の20年間で21％も空き容量率が減少している．

1.5.4　有機物等の堆積

ダム湖には洪水とともに土砂だけでなく，流木や樹木の葉なども大量に流入してくる．特に，日本の河川は上流域が森林であることが多く，河川生態系に対する森林生態系の影響が比較的大きい．吉野川流域での河川およびダム湖堆積物の炭素**安定同位体**比分析の例を示す．植物には光合成の機構が違うものがあり，その違いが炭素安定同位対比に現れる．森林性有機物を生産する多くの植物はC3植物であり，その炭素安定同位体比は$-23 \sim -30$‰を示すが，河川内の主要な生産者である付着藻類（微細藻類）では$-10 \sim -20$‰を示すことが分かっている（Fry and Sherr 1984）．吉野川，とくに本流では，$-26 \sim -28$‰程度のC3植物に近い値であり，下流域（第十堰）まで含めて水系全体で森林性有機物の含有量が高いと推定される（図1-12下図の黒丸）．同様に，愛媛県重信川水系全体の河川性懸濁態粒状有機物および堆積態有機物について，高い森林性有機物含有量を示す炭素安定同位体比の値が得られている（大森ら 未発表）．河川に対する森林生態系生産物の影響の大きさを示唆している．

第 1 章 物理的,地形学的特徴

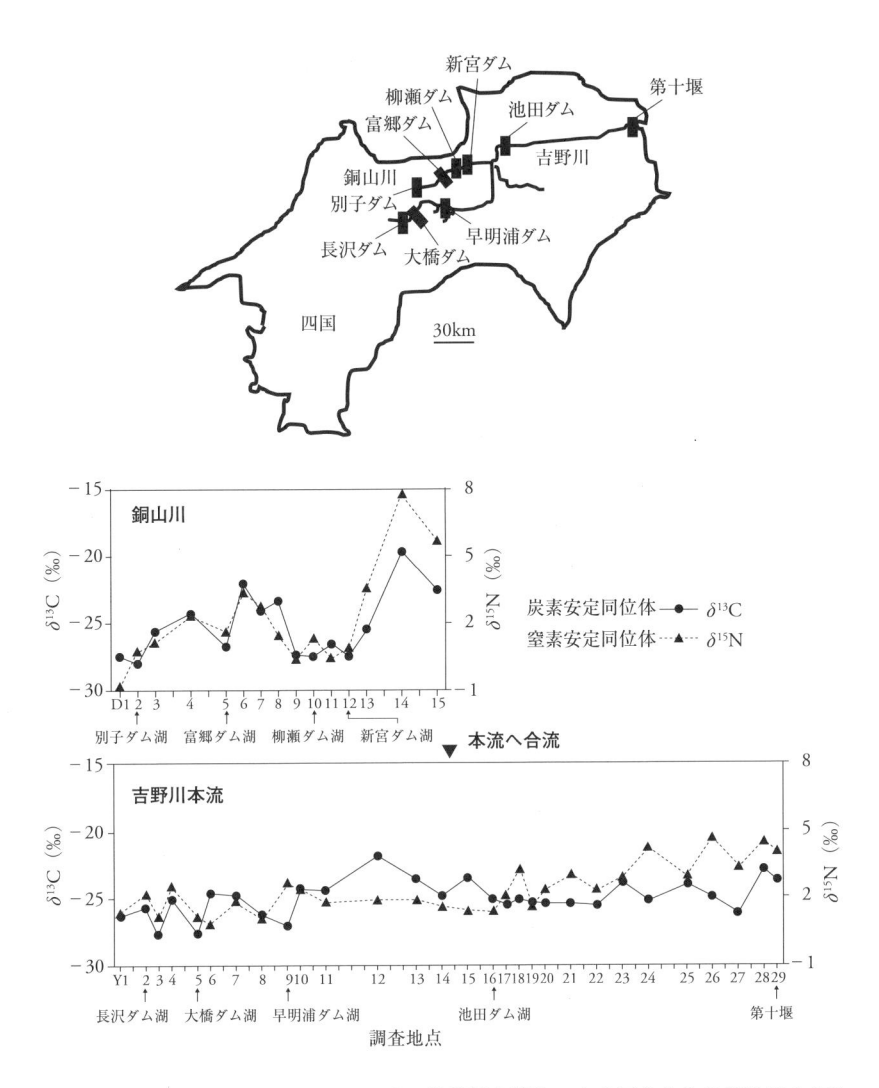

図 1-12 四国吉野川流域(上図)における堆積態有機物の安定同位体比分析結果(下図)
(山田・中島 2010 を改変)

吉野川本流の炭素安定同位体比は,$-26〜-28‰$程度であり,森林性有機物の割合が高いことを表している.窒素安定同位体比は下流ほど値が高くなっており,下流では人為負荷が大きくなっている可能性がある(第 9 章参照).

これら出水に伴ってダム湖へ入ってきた森林性有機物のうち比重が軽いものはダムからの放流に伴って，下流河川へ流出するが，比重が重いものは土砂とともに湖底に堆積する．または，流木のような非常に粗大で浮かぶものに関しては，ダム湖で捕捉されたものがダム管理者によって回収処理される．本来ダムがなければ，下流へ流下し，河川の自浄作用により有機物は分解される．しかし，ダム湖では湖底の堆積物中の葉などは攪拌が行われずに，貧酸素状態で分解されるため，腐食有機物となり，魚類等に影響を及ぼす．また，ダムから下流河道へ排出されると，高濃度なSSとなり，臭気も伴い下流環境を悪化させる．

　例えば，黒部川の出し平ダムでは1991年12月に日本で最初にフラッシング排砂を実施した（進藤 2003）．この排砂では約300万 m^3 という大量の堆砂が対象となり，洪水時土砂とともに堆砂の中に含まれる樹木・樹木の葉・腐食土等の有機物も排出された．土砂中に堆積した有機物は，運用開始後6年の間に嫌気分解してメタンガスを発生する腐食有機物に変質していた．このため，12月という流量の少ない時期に排砂が行われたことと，この有機物の影響により，排出されたSSは高濃度（最大約16万 mg/L）な濁水となり，黒部川や富山湾で漁業被害が発生したと指摘され，排砂被害訴訟にまでおよんだ．なお，2001年6月からは約7km下流の宇奈月ダムとの**連携排砂**が開始され，水質は改善されている．

1.6 濁　水

　ダム湖における濁水長期化も生態系に影響を及ぼすが，その発生原因は3通りあり，特に洪水に伴って発生する①の原因が多い．

①洪水時に大量の微細土砂がダム湖に流入し，沈降せずにダム湖内を浮遊する

②非洪水期に水温躍層が消滅し，循環状態となって，低層の高濁度層が浮上する

③貯水位の変動が大きい場合，湖岸の植生が不安定になり，湖岸から土砂

第 1 章 物理的，地形学的特徴

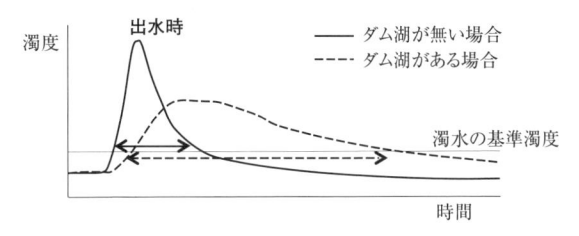

図 1-13 出水時における濁水の時間的変化のダム湖有無による違い
基準となる濁度以上の期間（矢印の範囲）は通常，ダム湖がある場合に長くなる．

が流出する
いずれの場合も細粒土砂が多いほど，また土砂の粒径が細かいほど，高濁度の期間が長くなる．濁水長期化の期間は，例えば，真名川ダムでは福井水害の豪雨（2004 年 7 月）に伴う土砂流出によって，濁度 100 度以上の濁水長期化が 4 か月におよんだし，川治ダムでは 1998 年～2001 年の間に，3 回も約 6 か月におよぶ濁水長期化が発生した．いずれのダムもダム湖回転率の値が年に 4 回以下と小さく，濁水長期化を起こしやすいダムである．こうした濁水長期化に伴って，付着藻類や底生動物の減少，魚類の忌避行動が起きる可能性がある．

1.6.1 ダム湖と自然湖沼における濁水の違い

一般に自然湖沼において，洪水等によって生じた河川の濁りは，洪水が終わると速やかに回復する．しかし，ダム湖では出水時の濁水を貯留し徐々に放流するため，下流河川の濁水が長期化することがある（図 1-13）．濁水長期化現象である．濁水長期化の「濁水」の目安としては，濁度 10 度以上を採用しているダムが多い．

一般に，自然湖沼やダム湖に濁水が流入すると清澄な湖水と混合するが，その後濁質は粒子の大きさ，形状等に応じて沈降するとともに，流入した清水により表層から徐々に濁度が低下する．このため，上層の水が溢れる形で下流河川に流出する自然湖沼では濁水長期化現象が生じにくい（図 1-14 上）．

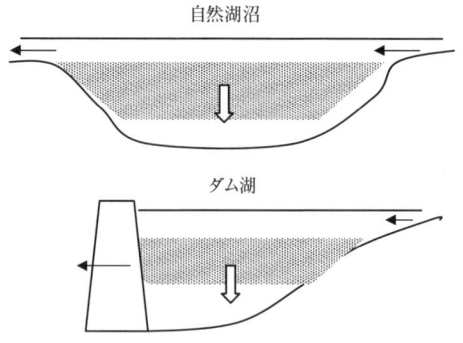

図 1-14 湖の中の濁水の分布
網掛けは濁水を表す．自然湖沼の場合（上図）とダム湖の場合（下図）．←は水の流れの方向，⇩は濁質の沈降を表す．

一方，発電や用水のために下層の水を放流するダム湖では，濁水の混合状態，濁質の沈降速度，下流への放流方法等により濁水の長期化現象が生じやすい（図1-14下）．

主に洪水が発生する夏季に成層が形成されるダム湖では，ダム湖容量と洪水規模により，洪水時の混合状態が異なる．その指標として，安藝・白砂（1974）は洪水時回転率 β を提案し，$\beta < 0.5$ を小規模洪水，$0.5 < \beta < 1$ を中規模洪水，$\beta > 1$ を大規模洪水としている．

$$\beta = 洪水総流入量 / 総貯水容量$$

通常，夏季に成層化するダム湖では，流入する濁水の密度は表層の密度よりも大きく，水温躍層から下層の密度よりも小さいため，小規模洪水では濁水は水温躍層上を流下し，中規模洪水では水温躍層よりも浅い部分で層状に濁水化する（図1-15）．このため，中小規模の洪水では濁質は取水口から放流されやすい．一方，ダム湖全体が混合する大規模洪水では水温躍層が破壊され，ダム湖全体が濁水化する．特に秋口の洪水では，微細粒子が十分沈降しないうちに循環期に入るため，濁水が翌春まで続くこともある．

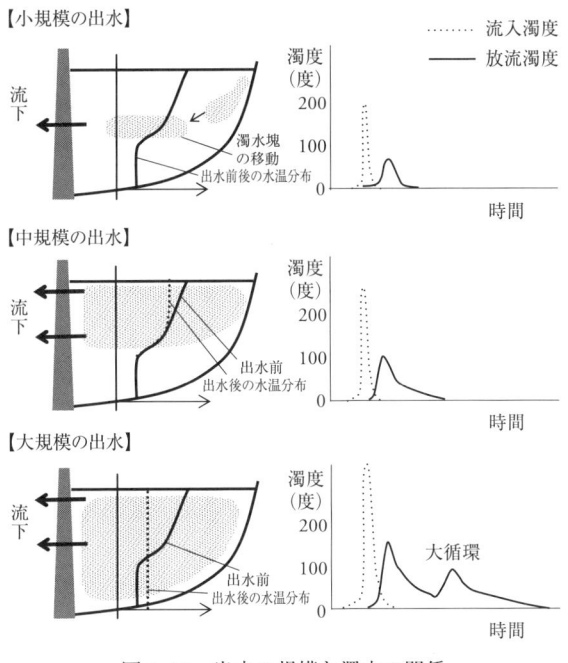

図1-15 出水の規模と濁水の関係

1.6.2 濁水の原因

一般に，細かい粒子や薄片状のものは沈降しにくい．球形粒子の沈降速度を表す**ストークス（Stokes）式**でみると，粘土と同程度の粒径（$1\,\mu m \sim 5\,\mu m$）の球形粒子は1日に約8cm～2mの沈降速度である．粒子が細かくなれば極端に沈降速度が遅くなり濁水長期化の原因となる．濁水長期化が発生しやすいのは以下の場合である．

・出水時流入濁質濃度が高い場合
・ダム湖流入端に微細土砂の堆積がある場合
・ダムの上流に崩壊地がある場合

図1-16に，**重荒廃地域**と**一般荒廃地域**の分布を示す．ダム上流域がこのいずれかの地域を含んでいる場合は濁水現象の発生の懸念があると考えられる．

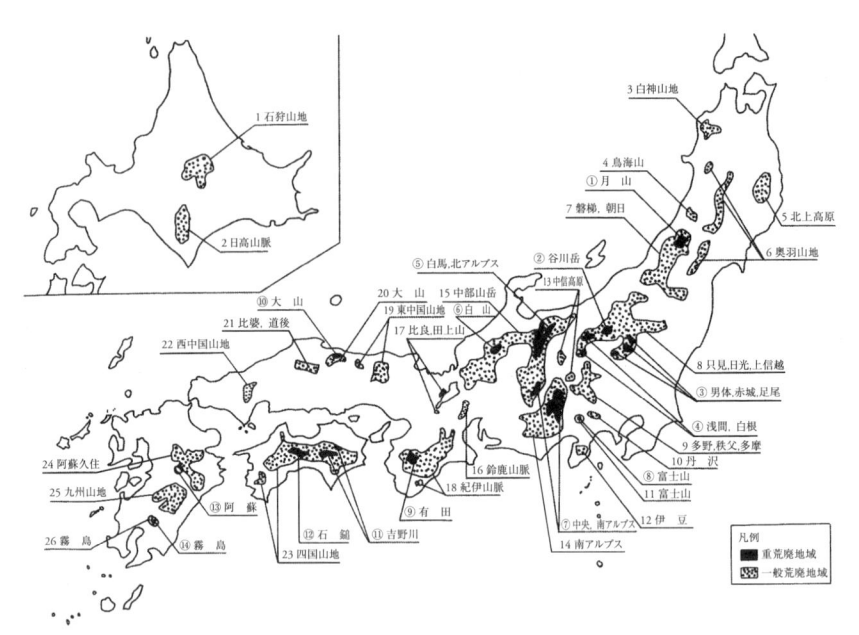

図 1-16 重荒廃地域と一般荒廃地域
丸囲み数字は重荒廃地域，丸無し数字は一般荒廃地域の名称を示す．（全国治水砂防協会 2008）

1.6.3 水位低下時の濁水

一般に治水や利水の機能をその目的に持つダム湖は自然湖沼に比べて水位変動が大きい．このため，ダム湖では，夏季に制限水位まで水位を低下させた際や利水補給により水位が低下した時，特に流入口に堆積した底泥からの巻き上げや湖岸侵食により濁水が発生することがある（口絵 11）．

1.7 流入フロントの形成

これまでに述べてきたように日本のダム湖の多くは河床勾配の急な山地渓流部につくられており，大陸河川におけるダム湖とは異なり，平水時には流水帯—遷移帯—止水帯のスケールの大きな構造は見られず，河川流入部と止

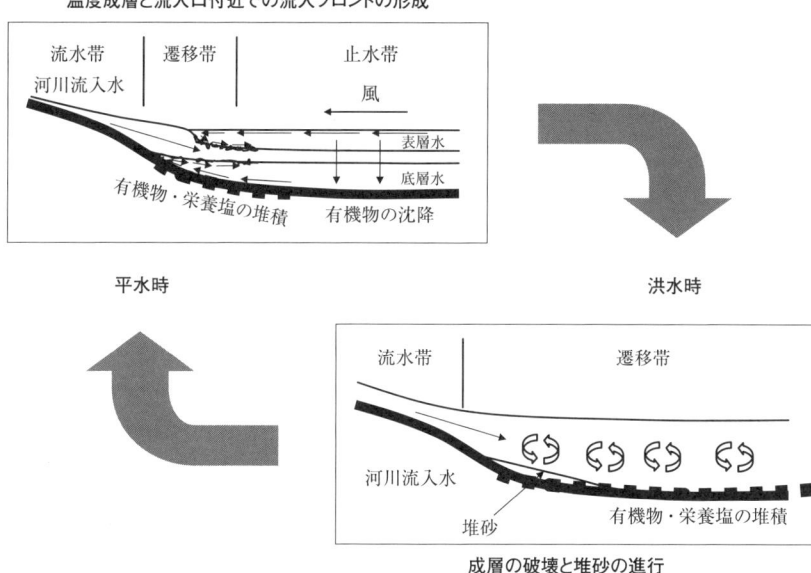

図 1-17 日本における平水時と出水時のダム湖内水塊動態に関する概念図

水帯の間に狭い遷移帯があるだけの構造となると考えられる．多くの場合，この狭い遷移帯に，温度成層期，表層水よりも流入河川水の水温が低いとき，または高濁度から密度が高くなるとき，流入河川水の中層貫入が起こる（Thornton et al. 1990；松尾ほか 1996）．その結果，流入河川水貫入地点に流入フロント（前線：境界）が形成される（口絵 10，図 1-17 左上）．ただし，ダム湖は激しい水位変動や流入量変動のため，その水平的位置は頻繁に移動することになる．

このように温度成層期には，河川流入部から河川水が止水帯中層へ貫入するが，その際，表水層と貫入層上面との境界面で乱流が生じて表面水を連行し流入口にフロントが形成される．また，低温深層水の連行も起こるであろう．このフロントの形成は，大陸河川のダム湖と同じものである．河川流入水の層の薄さおよび急傾斜による流れの速さから表層水と深層水の境界層の攪乱が起こり，深層水と流入水，流入水と表層水の物質の交換が起こると考えられる（Kennedy et al. 1982）．つまり，深層水は栄養塩を豊富に含みそれが

流入水を介して表層へ輸送される可能性がある．表層で増殖した植物プランクトンは，河川流入水中層貫入時の連行による表層水の沈み込みや下流側から上流へ向けての風により形成されたフロントへと集まる（松尾ほか 1996）．その一次生産者の遺骸はフロントから下流側の湖底へ堆積する．ダム湖全体が富栄養化し栄養塩の濃度が高くなるに従い，また，出水により，易分解性の有機堆積物がダム堤体までの湖底に堆積するようになると考えられる（図1-17 右下）．また，流域より流入した懸濁物質もフロントの周辺部にたまり，粒子に吸着された栄養塩類とともに沈降していく（James et al. 1987）．

以上のことから，流入口付近は，栄養塩の易分解性有機物化およびその湖底への堆積による物質のトラップとなっているといえよう．特にフロントの形成は，表層水の上流側フロントへの移流と植物プランクトンの集積作用をもっており，効果的な易分解性有機物ひいては堆積態の物質のトラップとなっていると考えられる．

1.8 ダム湖の普遍的な構造と日本のダム湖の特徴

これまでみてきたように，日本において集水域面積／湖面積比（$=W/V^{2/3}$）は，ダム湖の方が自然湖沼よりも 10 倍ほど大きく流入水も多い．それゆえ，ダム湖は，W/V の違いにより，その湖水の交換速度が自然湖沼に比べて早い．また，ダム湖は流入土砂量も多く，堆砂速度が速い．

湖岸傾斜が大きいだけでなく水位変動が大きいことから，沿岸帯（浅場）が多くの場合発達しない．その結果，ダム湖生態系は沿岸帯生態系を欠き，沖合い生態系が主たるものとなる．

ダム湖は出水時の濁水を貯留し徐々に放流するため，下流河川の濁水が長期化することがある．この濁水長期化現象は，比較的湖水交換速度が遅いダム湖で起こりやすい．しかし，湖水交換速度が更に遅い（つまり，貯水容量に対して流入水量が相対的に小さい）にもかかわらず自然湖沼一般では表層水が流出することから濁水の長期化は起きにくい．ダム湖水管理と濁水長期化との関連が示唆される．

Thornton et al. (1990) による流水帯，遷移帯，止水帯という区別は，特にダム湖において共通に見出せる，自然湖沼には一般にない特徴といってよいであろう．しかし，日本のダム湖の特徴をすべて表せているわけではない．本章前半部で示した約 50 の直轄ダムのうちその一割が，湖水交換日数が約 18 日以内 ($\alpha > 20$, 安藝・白砂 1974) のいわゆる**流れダム**に当たる．また，それ以外の**止まりダム**においても洪水時の流入量が，平水時に比べ非常に大きく (河況係数 = 洪水時流量 / 平水時流量が大きいこと)，ダム湖が一時的に流れダムになることも多い．つまり，流入量に対するダム湖容量の小ささや河況係数が大きいことがこれらの日本のダムの特徴を作り出している．大洪水時，一気に河川水が流入し成層を破壊する．流入水中に含まれる森林性の懸濁態有機物や栄養塩類は，ダム湖流入口に堆積する有機物や栄養塩類とともにダム湖全体に運ばれる．また，洪水後の平水時には典型的なしかも流水帯—遷移帯の規模が比較的小さい流水帯—遷移帯—止水帯パターンを示すと考えられる．この時，河川流入水とダム湖の表層水との密度差 (流入水がより高密度 (低温または高濁度)) がみられる日本のダム湖では，流入フロントの形成が起こり，ダム湖の流入口において物質の効率的な蓄積が進むと考えられる．また，堆砂も平水時は徐々に，洪水時に大きく進行し，徐々に貯水容量が少なくなっていく．以前にも述べたように，日本のダムは，河川と湖とのハイブリッドとしても，より河川に近い特性を持っているといえよう．

参照文献

安藝周一・白砂孝夫 (1974) 貯水池濁水現象の調査と解析 (その 1) (その 2)．『電力中央研究所技術第二研究所報告』．

Arai, T. (1997) Characteristics of basin morphology of lakes in Japan. *The Japanese Journal of Limnology* 58: 231-240.

新井　正 (2007) 風土としての日本の水：自然地理の視点から．*Journal of Geography* 116: 7-22.

芦田和夫・高橋　保・道上正規 (1983)『河川の土砂災害と対策』森北出版．

Fry, B. and Sherr, E.B. (1984) $\delta^{13}C$ measurements as indicators of carbon flow in marine and freshwater ecosystems. *Contributions in Marine Science* 27: 13-47.

James, W.F., Kennedy, R.H., Montgomery, R.H. and Nix, J. (1987) Seasonal and longitudinal

variations in apparent deposition rates within an Arkansas Reservoir. *Limnology and Oceanography* 32: 1169–1176.
Kennedy, R.H., Gunkel Jr., R.H. and Thornton, K.W. (1982) The establishment of water quality gradients in reservoirs. *Canadian Water Resources Journal* 7: 71–87.
松尾直規・山田正人・宗宮　巧（1996）貯水池上流端における流動特性と淡水赤潮現象との関係．『土木学会水工学講演会論文集』40: 575–581.
日本陸水学会（2006）『陸水の事典』講談社．
奥田節夫・倉田　亮・長岡正利・沢村和彦（1991）『理科年表読本：空からみる日本の湖沼』丸善．
櫻井寿之・箱石憲昭・柏井条介（2007）粒径を考慮した貯水池堆砂の予測手法．『土木技術資料』49: 42–47.
進藤裕之（2003）黒部川におけるダム排砂．『第3回世界水フォーラム　流域一貫の土砂管理セッション報告書』pp. 153-163，ダム水源地環境整備センター．
高橋　裕（1990）『河川工学』東京大学出版会．
田中正明（1992）『日本湖沼誌：プランクトンから見た富栄養化の現状』名古屋大学出版会．
天竜川ダム統合管理事務所（2005）『天竜川の流れと共に』国土交通省中部地方整備局天竜川ダム統合管理事務所．
Thornton, K.W., Kimmel, B.L. and Payne, F.E. (1990) *Reservoir Limnology: Ecological Perspectives*. John Wiley & Sons, Inc.
内田和子（2003）『日本のため池：防災と環境保全』海青社．
山田佳裕・中島沙知（2010）炭素・窒素安定同位体自然存在比からみた吉野川の水質汚濁．『応用生態工学会』13: 25–36.
全国治水砂防協会（2008）『砂防便覧』全国治水砂防協会．

第2章
水質と富栄養化

2.1 富栄養化と物質循環

2.1.1 湖沼の富栄養化と遷移

富栄養湖とは流域から窒素やリン等の物質が十分に供給され，それらを用いた有機物の生産が大きい湖をいう．**貧栄養湖**はその反対の湖である．このような分類は，1900年代初めのThienemannによる研究（ティーネマン 1977参照）からはじまり，湖水中の酸素（溶存酸素）を指標にすることで，「水深が深く，深水層でも飽和している」，「水深が浅く，深水層で減少している」といった点から湖が分類されてきた．湖盆形態が湖水中の栄養塩量や沿岸水生植物や植物プランクトン量に影響し，結果として溶存酸素や底生生物量に影響をすると考え，それをもとに湖が類型化された．その後，Naumannらの生産量にもとづく分類等（Naumann 1917）とあわせて，貧栄養型，富栄養型といった分類がなされるようになった．日本の湖沼では吉村（1937）による湖沼型があり（吉村 1976も参照），定量的な指標では窒素で0.15mg/L，リンで0.02mg/Lが貧栄養型と富栄養型の境界とされた．現在は，有機物量，栄養塩量，**クロロフィルa**（Chl a）量等をもとに富栄養湖，中栄養湖，貧栄養湖といった分類がなされている（コラム7参照）．

湖には長い年月の間に多くの物質が流入し，その環境は大きく変化する（図2-1）．湖沼の一生は一般的に，誕生したころは流入物の蓄積も少なく，

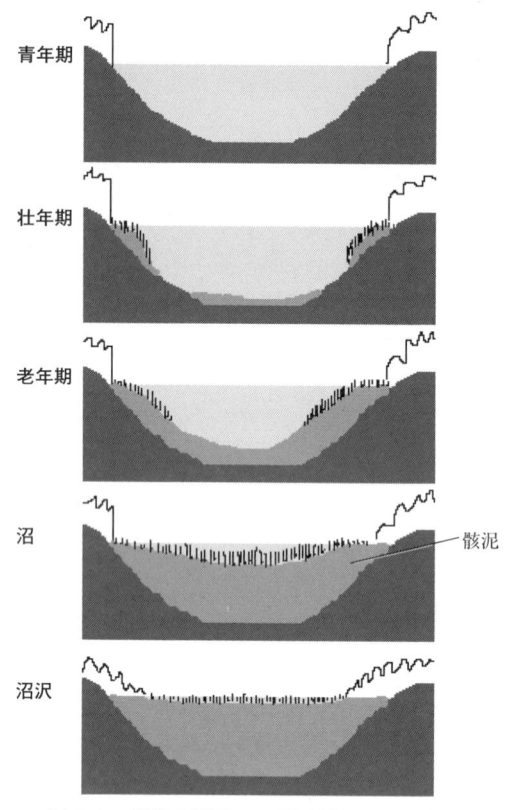

図 2-1 湖沼の遷移の一例（吉村 1976 を改変）

水中の物質濃度や生物も少ない．時間が経過すると流入物の蓄積が多くなり，湖底に土砂や有機物が蓄積して水深が浅くなるとともに，湖水中の物質濃度も高くなる．植物が必要とする栄養塩類も増加し，**一次生産**量が多くなる．このように，湖沼は一生の内に，物質的・生物生産的に貧栄養湖から富栄養湖に遷移する．最後には湿地や陸地になる．このような，栄養素の流入の増加による湖の肥沃化を富栄養化と呼ぶ．

これは，湖の遷移の一つの典型として考えられているが，実際には個々の湖の環境によって，その遷移は異なる．長期的には気候変動による気温の変

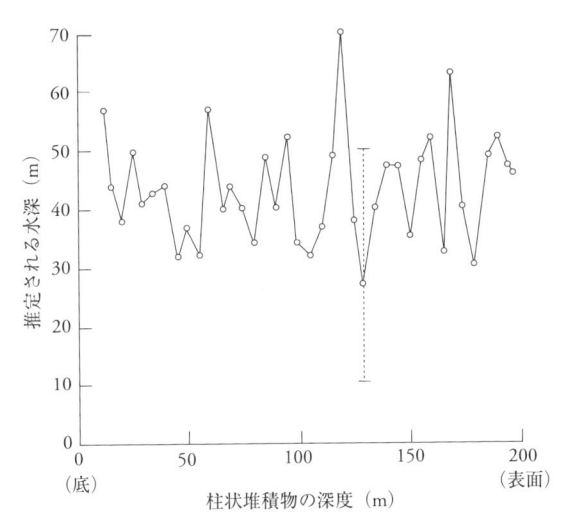

図 2-2 柱状堆積物の粒度組成から推定される琵琶湖の
水深の変遷（山本ほか 1973）

化，土砂の流入等が影響を及ぼす．

　琵琶湖は誕生から 600 万年を経た古い湖である．堀江らは 1967 年，1971 年に琵琶湖の水深 65m の湖盆から 12m 長および 200m 長の柱状堆積物を採取し，過去の琵琶湖の環境や生態系を明らかにしている（堀江 1973）．200m の試料は約 50 万年間の堆積物に相当すると見積もられている（藤 1973）．堆積物の粒度組成を調べると，その時の水深がわかる．土砂の流入量や湖流も関係するが，粗い粒子ほど速く沈降するといった性質から推定すると，琵琶湖は過去 50 万年間に，水深が 30m から 70m の間で頻繁に変動していたと考えられている（図 2-2）．また，堆積物中に含まれる高等植物の花粉を調べると，当時の気温が推定できる．暖かい場所を好む植物の花粉がみつかれば温暖期，寒い場所を好む植物の花粉がみつかれば寒冷期と解釈すると，琵琶湖では過去 50 万年に，最大で気温が平均から 2℃ほど高い温暖期と 5〜7℃ 低い寒冷期がそれぞれ数回あったことがわかった（藤 1973）．当然，このような気象変動は湖内の生物にも大きな影響を及ぼす．堆積物中の有機態の炭素量は温暖期と考えられる堆積物層で高くなった（中井 1973）．また，同じ

層の $\delta^{13}C$ も高く,炭素量と $\delta^{13}C$ は,よく似た変動傾向を示した(中井 1973). $\delta^{13}C$ は**安定同位体**である ^{12}C と ^{13}C の比率で,^{13}C が多いと $\delta^{13}C$ が高くなる.^{13}C に比べ ^{12}C は軽いため,光合成時 ^{12}C が優先的に藻類に取り込まれる.よって,藻類の $\delta^{13}C$ は HCO_3^{2-} より低くなる.光合成が活発な時には,多くの炭酸イオン HCO_3^{2-} が取り込まれるため,結果として藻類の $\delta^{13}C$ は活性が乏しい時に比べて高くなる.$\delta^{13}C$ が高い層では炭素量も多く,これに相当する年代では水中で活発な光合成が行われ,多くの有機物が生産されていたといえる.年代は温暖期と一致しており,暖かい時期には湖の生産性が上昇し,このような状態が,50 万年の間に数回あったと考えられている.湖を取りまく水文・気象環境は長い年月の間大きく変動し,それを反映するように湖の生態系も変化していたことがわかる.

これまで述べたように,湖の物質循環・生態系は,長い年月をかけて,環境の変化とともにゆっくりと変わっていくのだが,近年問題となっている富栄養化では,10 年,20 年といった短い期間で,湖は貧栄養湖から富栄養湖へと変化する.これには,人間活動が大きくかかわっており,「人為的富栄養化」と呼ばれている.「人為的富栄養化」は,深くて水の鉛直混合が乏しい貧栄養湖にも多くの物質を流入させることで有機物の生産量を増加させてしまう.このように人為的な影響がない場合の湖沼生態系では本来生じない現象が生じてしまうことに問題がある.ダム湖はまさにこれを具現化させたものである.次に,湖における物質の分布・循環から水深が深い富栄養湖の問題を具体的に考えてみる.

2.1.2 湖沼の物質循環

第 1 章で述べられているように,生物の生息環境に大きな影響を及ぼしたり,生物活動の結果で増減するのが溶存酸素である.ここでは,溶存酸素量は他の物質の動態に強く影響するために,もう一度その概要を述べておきたい.

有機物濃度の少ない貧栄養湖では,分解に使われる酸素が少ないので,湖水中の溶存酸素はほぼ大気平衡の状態にあり,飽和率はほぼ 100% である.富栄養湖の表水層では,光合成が活発なため,大気平衡による飽和濃度を超

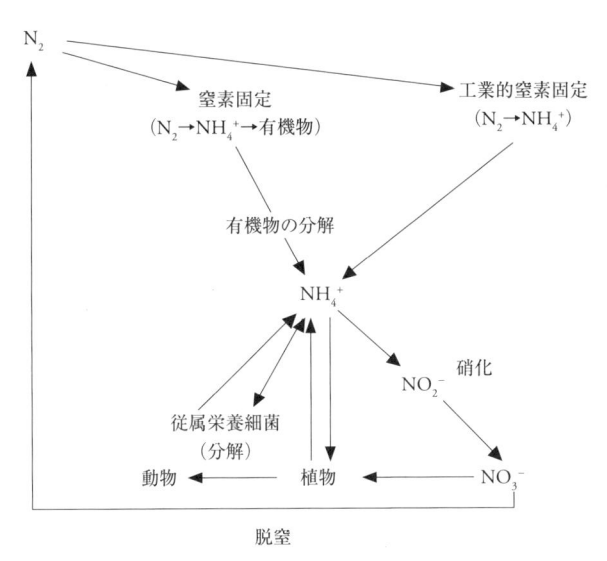

図 2-3　自然界における窒素の循環
N_2：窒素ガス，NH_4^+：アンモニウムイオン，NO_2^-：亜硝酸イオン，NO_3^-：硝酸イオン．

えた溶存酸素が存在することになり，飽和率は100％以上の値を示す．一方で，太陽の光がとどかない深水層では光合成は行われない．また，例えば，亜熱帯湖では春から秋にかけて湖水は成層しているため，酸素の供給もない．このような環境にある富栄養湖では，表水層で生産された多くの有機物が深水層へ沈降し，分解されると，水中の溶存酸素は枯渇してしまう．湖底付近の溶存酸素が無くなり，次第に深水層にも拡大する．富栄養が著しい湖では水温躍層以深が0％になることもある．

　溶存酸素は微生物が関与するプロセスに影響を及ぼすため，結果として湖内における窒素やリンの循環にも影響を与える．生態系での窒素の流入経路は，大気中のN_2（窒素ガス）を用いた窒素固定（N_2→アンモニウムイオンNH_4^+）か，降雨によってもたらされる硝酸イオンNO_3^-である（図2-3）．生物に取り込まれたあと，生物が死んで分解されることでNH_4^+となり，**硝化**を経てNO_3^-となる．生態系での利用を経て**脱窒**により，N_2となって大気中に戻る．窒素循環の主要なプロセスである硝化には酸素が必要で，脱窒

には酸素が少ない嫌気的環境が必要である．貧栄養湖では湖水中の窒素濃度は低く，溶存酸素が十分あるので，溶存態の窒素はほとんどが硝化され，NO_3^- として存在している．湖底の堆積物中の若干酸素が少ない場所で脱窒が起こっている．一方で，富栄養湖では湖水中の窒素濃度は高い．成層期の表水層では植物プランクトンによる活発な有機物の生産が行われており，溶存態の窒素は有機態へと変換されている．有機態となった窒素は沈降して，深水層へと運ばれる．深水層に溶存酸素がある時は有機物は好気的分解（分子状酸素を用いた分解）を受けたあと，貧栄養湖と同様に，硝化，脱窒といったプロセスを受けることになる．溶存酸素がなくなってくると，NO_3 が生成しないため，生成した NH_4^+ は硝化されずに湖水中にとどまることになる．結果として，脱窒が行われず，窒素が湖外へ除去されるプロセスが働かないことになる．

リンは，岩石が生態系への供給の源で，湖へはリン酸イオン PO_4^{3-} の形で供給される．溶存酸素が豊富な状態では湖水中の溶存金属は酸化数が大きな状態，例えば鉄だと 3 価の鉄イオン Fe^{3+} の状態で存在する．湖内に流入したリンは金属イオンと結合し，不溶な化合物となり，沈殿する．これは，沈降して湖底に堆積することになる．リンは水から除去されやすい性質をもっているといえよう．これが，溶存酸素の少ない状態になると，酸化数の大きな金属イオンは嫌気分解に用いられて，酸化数が小さくなる．すると水に溶けやすくなる．鉄の場合だと，Fe^{3+} が 2 価の鉄イオン Fe^{2+} となり，水に溶けやすくなる．結果として，リンとの化合物は溶解し，PO_4^{3-} が堆積していた湖底から湖水中に溶け出すことになり，植物プランクトンの有機物生産に利用される．

以上，湖沼における物質循環について概説した．湖沼への物質流入の負荷が物質循環に与える本質的な影響を知ることが，湖と人間活動との関係や人造湖であるダム湖のありかたについて考える時に必要になる．

2.2 ダム湖の水質の概要

2.2.1 ダム湖表層の水質

ダム湖の水質については，1980年に策定（1996年改訂）された，「ダム貯水池水質調査要領」（建設省河川局開発課 1996）に示された標準的な調査内容を基に，各ダム管理者において毎月1回，定期的に水質調査が実施されている．国土交通省および水資源機構が管理するダムについては，5年おきに定期報告書として，水質データ，水質障害，対策の状況等がまとめられている．ここでは，主に2003〜2007年の間に定期報告書用に取りまとめられ，かつそのとき各水質項目について3年以上のデータがある77ダムのデータを用いて，水質の特徴について整理したい．

図2-4に77ダム湖の水質の分布を示した．**湖沼型**でみると，貧栄養湖から富栄養湖・過栄養湖まで存在することになる（コラム7参照）．自然湖沼でも同様の傾向にあり，水質の面では大きく変わらないといえる．

2.2.2 ダム湖通過による水質の変化

ダム湖が出現することにより下流河川の水質は変化すると考えられる．図2-5は，流入河川の水質と放流水質について，各ダムの5か年平均値（**生物化学的酸素要求量**（BOD: Biochemical Oxygen Demand）と**化学的酸素要求量**（COD: Chemical Oxygen Demand）は年75%値の平均値）を比較したものである．BODおよびCODは，全般的に流入水よりも放流水で高い傾向が見られた．また，Chl a は，ばらつきは大きいものの，多くのダム湖において通過に伴い増加が見られた．以上の傾向は，ダム湖内で植物プランクトンによる一次生産が行われた結果と考えられる．栄養塩については，全リン（TP: Total Phosphorus）が低濃度域で流入≒放流，高濃度域では流入水の値が放流水を上回った．一般に流入河川においてリンが高濃度で検出されるのは高濁度を伴う出水時であり，濁質とともに供給されたリンはダム湖内で濁質とともに沈降する．使用した水質データは一般的な傾向を見るため通常時に実施する

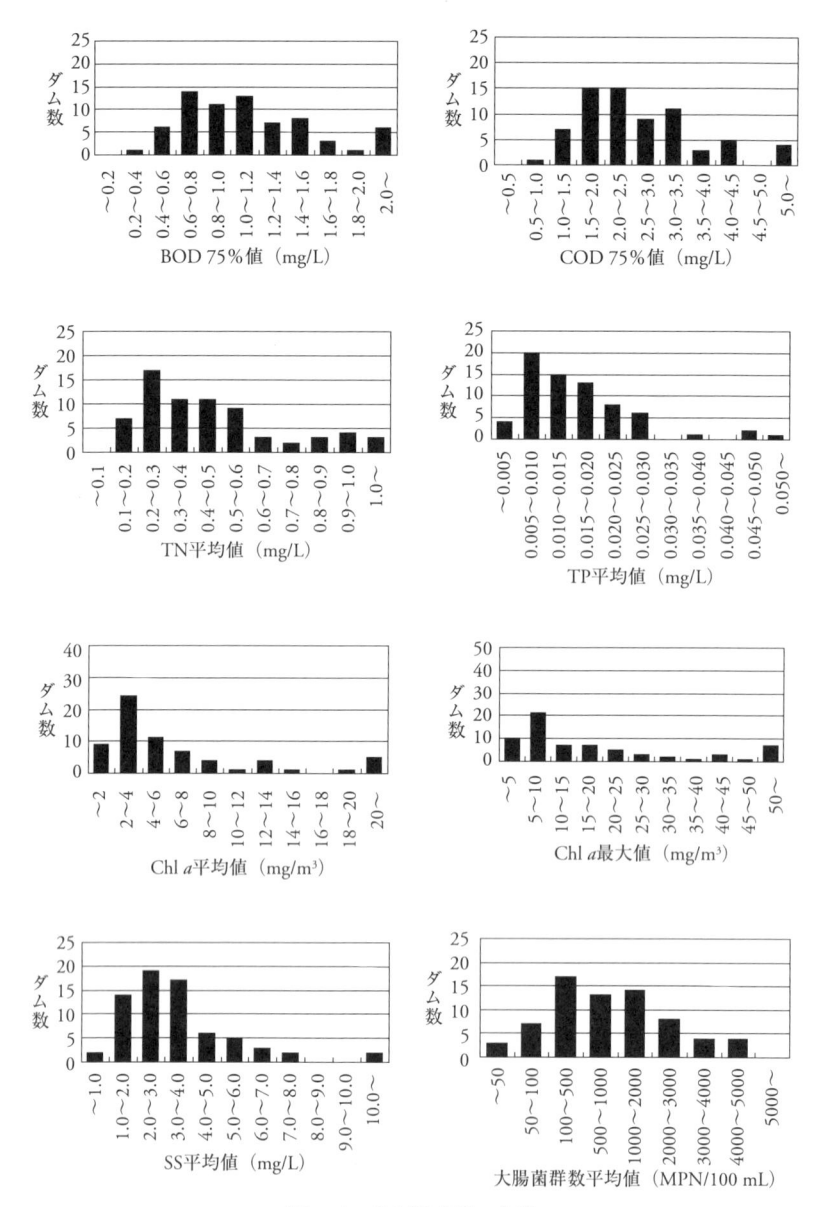

Part I　ダム湖の物理化学的特徴

図 2-4　ダム湖表層の水質

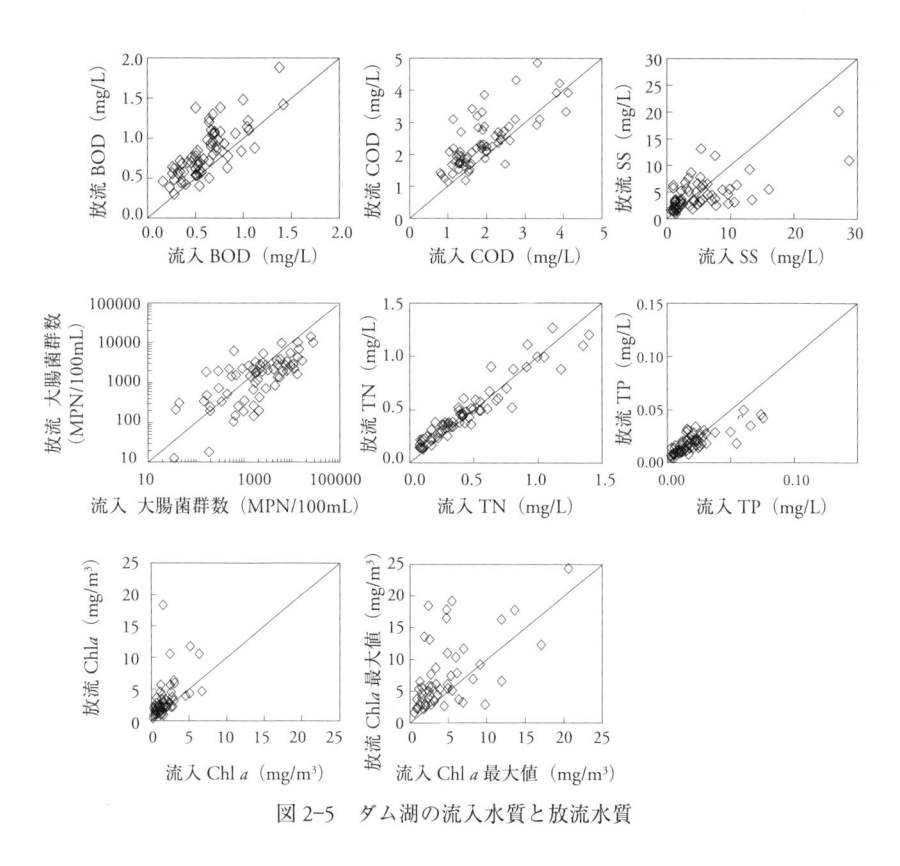

図 2-5　ダム湖の流入水質と放流水質

定期採水調査のものであるが，高濁度時の傾向も現れていると考えられる．全窒素（TN: Total Nitrogen）は概ね流入水と放流水が等しい．低濃度域では流入水の値よりも放流水の値がやや高くなるが，ダム湖内で窒素固定能を持つ藍藻類の増殖が影響している可能性も考えられる．

2.3 自然湖沼とダム湖の違い

2.3.1 沿岸域の攪乱

　自然湖沼もダム湖も湖としての基本的な物理化学的性質は似ていると考えてよい．違っているのはダム湖は治水・利水・発電等を目的につくられたものであり，湖水の流出がほぼ人為的に行われる点である（図1-2参照）．これが，ダム湖が持つ色々な問題を引き起こす主な原因となっている．

　人為的な湖水の流出は，湖の水位を不自然に変動させる．流出のさせ方によっては，水位変動が自然では考えられない程度に激しくなることもある．また，ダムは地形の特性から主に上流部の山間に建設されるため，自然湖沼に比べて湖盆の勾配が急である．また，水位変動も自然湖沼よりも激しく，沿岸帯の湖底環境は生物にとって不安定なものとなる．自然湖沼では沿岸帯はもっとも**生物群集**が発達している場所である．沿岸帯は湖底まで光が届くため，水生植物や底生生物が生育し，それをベースにさまざまな生物が存在している．この生物群集は流入してきた物質を循環，消費しており，沿岸帯は湖環境を考えるうえで重要な場所であるといえる．魚類等の大きな動物についても摂餌場所や産卵場所として，発達した沿岸植生は重要なものとなっている．しかし，ダム湖では沿岸帯湖底の攪乱のため，沿岸の生物群集が乏しくなる．水生植物等が行っていた一次生産は沖合いの植物プランクトンが担うことになる．これは湖水の富栄養化による有機物汚濁を促進させることになる．また，沿岸域の多様な生物群集がなくなり，プランクトン群集に特化させることで，**食物連鎖**をはじめとする生態系の構造は単純化されることになる．

2.3.2 ダム湖湛水直後の水質：水没農地等の影響

　自然湖沼とダム湖の相違の一つに，ダム湖によって農地や森林が水没することが挙げられる．一般に，ダム湖の**試験湛水**時は水質変化が大きく，一時的に富栄養化現象が発生する可能性が高い．この原因として，水没する草木

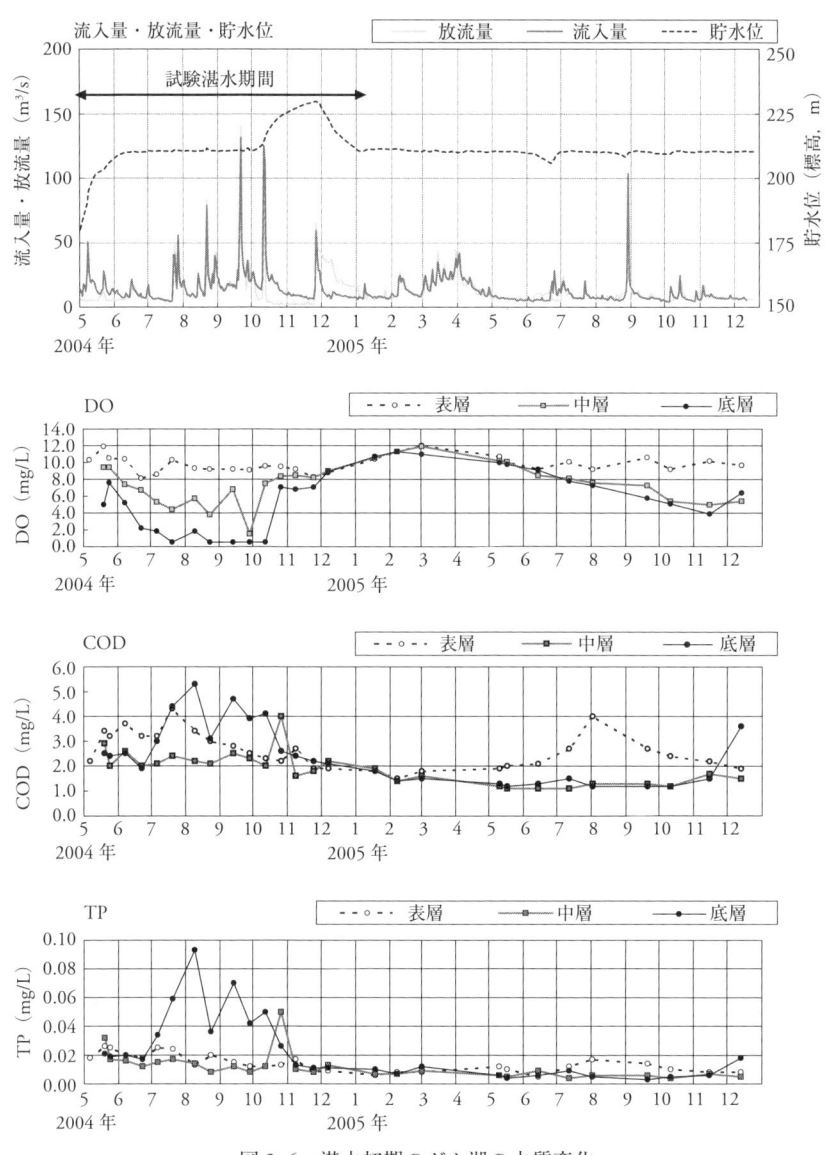

図2-6 湛水初期のダム湖の水質変化

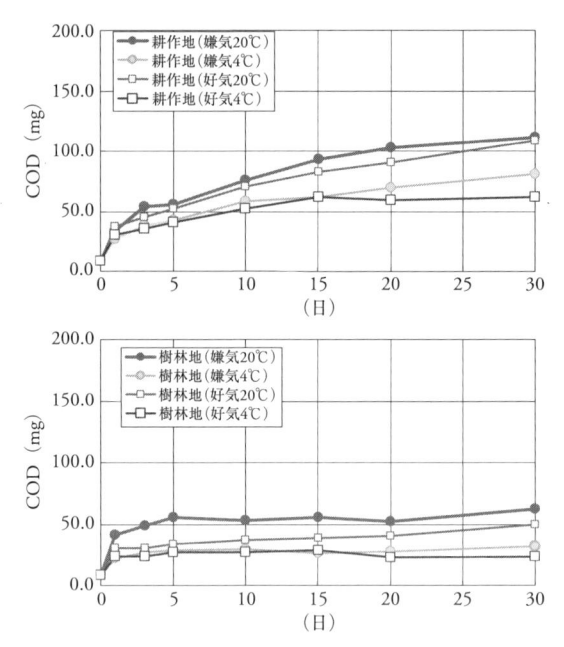

図 2-7　COD 溶出試験結果（上段：耕作地，下段：樹林地）
（草場・盛谷　2008 を改変）

や土壌などからの栄養塩の溶出や，湛水に伴う土壌の攪乱による有機物の流出等の影響が考えられている．さらに，これらの有機物の分解に伴う一時的なダム湖底層の貧酸素化や，貧酸素化に伴う底泥からの鉄，マンガン等の溶出の可能性も考えられる．近年試験湛水が行われ，水質等のデータが比較的充実している苫田ダム（岡山県）の試験湛水時の水質について図 2-6 に示す．

このダムの湛水区域は，水田および畑地の耕作地が 80％，樹林地が 20％，表層土壌は黒ボク土・褐色森林土である．試験湛水終了後は，夏季に植物プランクトンによる一次生産により表層の COD が高くなるが，試験湛水期間中は各層とも COD が高く，とくに底層の COD が高い．水没や湛水初期の攪乱により流入した有機物によるものと考えられる．また，底層および中層の溶存酸素量が低下し，底層の TP が増加している．試験湛水に伴い水没した有機物が分解されて酸素を消費し，底層の貧酸素化に伴って TP が溶出し

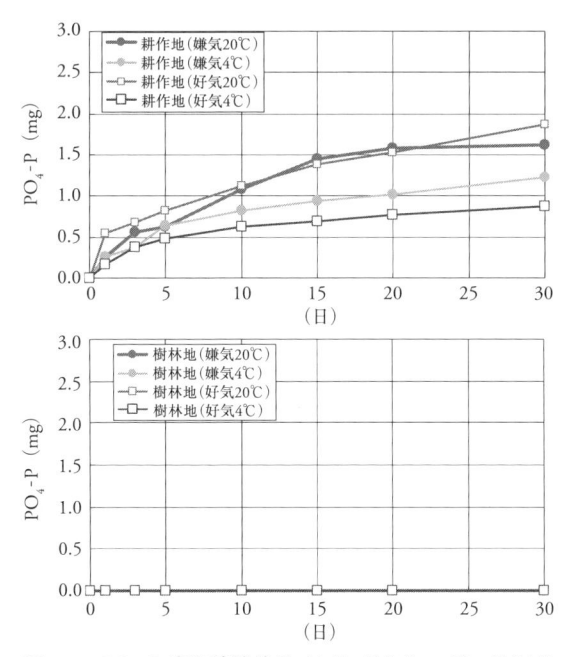

図 2-8　PO_4-P 溶出試験結果（上段：耕作地，下段：樹林地）
（草場・盛谷 2008 を改変）

ていると考えられる．

　水没地から溶出する有機物や栄養塩は，一般に水没地の土地利用や植生等により異なると考えられる．このダムについて現地の土壌を採取し溶出試験を行った例を図 2-7 と図 2-8 に示す．COD，リン酸態リン（PO_4-P）とも溶出試験結果は樹林地よりも耕作地の溶出量が大きく，とくに PO_4-P は樹林地でほとんど溶出しない結果となっている．

　このような有機物・栄養塩溶出のため，湛水後数年の間のダム湖のプランクトンの生産はかなり大きくなる（補遺参照）．

2.3.3　ダム運用後の水質変化：ダム湖の遷移過程

　試験湛水後，問題がなければ運用が開始されるがその運用期間全体を通して，ダム湖の水質は変化していくと考えられる．ここでは，データに基づき

その変化をみてみたい.

　運用からの経過年数（約20〜50年）および総貯水容量（2,000〜9,000万m^3）を元に芦別（これだけ小さく160万m^3），猿谷，釜房，玉川，桂沢，厳木，五十里，鹿ノ子，室生，小渋，新豊根，相俣，美利河，美和，矢作，柳瀬の各ダムについて，1993〜2008年のデータを元に経過年数と水質の変化との関係を解析した（図2-9）．ばらつきは大きいものの，これらのデータから，ダム運用開始とともに徐々に濁度が上昇し，30年ほど経過した後，今度は徐々に低下して行く傾向を見ることができる．この低下傾向の中で，ダム湖によりばらつきが大きくなる．運用後50年ほど経過しているダムの中でも，湖水容量の小さな芦別ダムや美和ダムの濁度はほぼ安定しているが，相対的に湖水容量の大きな桂沢ダムや小渋ダムなどでは上昇傾向が見られる．

　また，Chl a 濃度も濁度と同じように上昇し，30年ほど経過した後，今度は徐々に低下して行く．40年経過後では，濁度が高いとChl a 濃度が低下する関係もあり，ばらつきはあるものの全体として減少傾向にあるという点で濁度と異なる．

　栄養塩のうちTPは，濁度と強い相関を持ち（$r^2 = 0.617$, $p < 0.0001$），懸濁粒子とともにリンが供給されていることを裏付けている．まず上昇し30年経過後低下傾向にあるが，濁度同様にばらつきが大きい．一方，TNは，30年経過後微減傾向にあるが，その割合は小さく一定の値に収斂する印象を与える．

　濁度は，湖水容量，経過年数/湖水容量（これは遷移進行の指標になる），湖水交換日数と正の相関を持つ．単純に経過年数とではなく，経過年数/湖水容量の比と相関が高いことから，湖水容量が大きくなると遷移過程も変化すると考えられる．つまり，湖水容量が大きいと遷移過程の進行が遅くなり，濁度の上昇が経過年数に対して遅くなると推定される．

　TPと関係が深いのが濁度であり，さらに，湖水交換日数，Chl a 濃度と正の相関を持ち，湖水容量と負の相関を持っていた．湖水容量が大きく湖水が速く交換するとTPが低下することを示している．

　また，TN/TP比は10よりかなり大きく，一次生産は概ねリン制限であった（図2-10）．

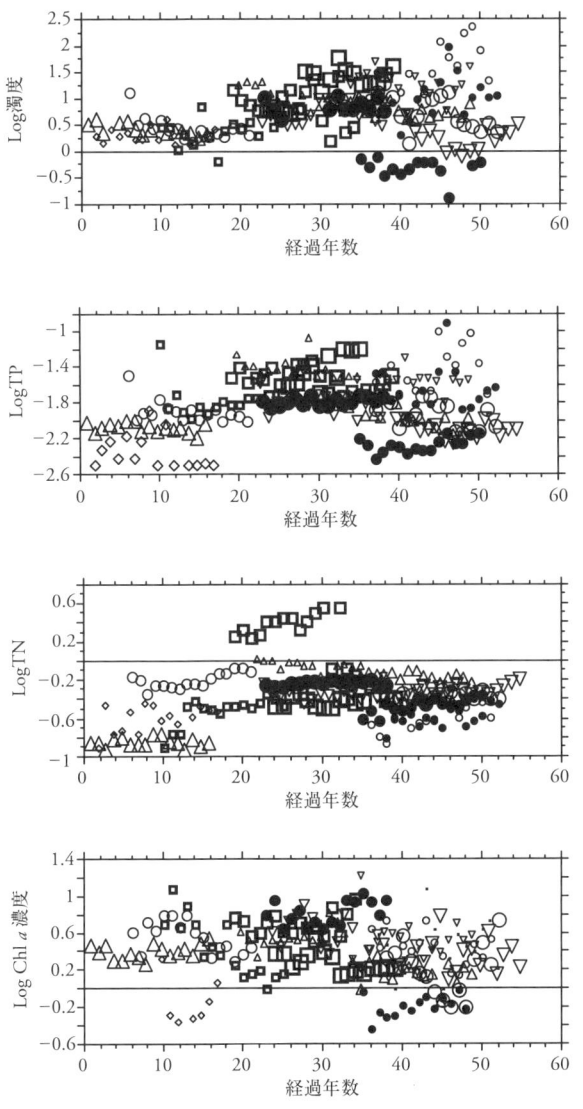

図 2-9　ダム湖における水質の長期的変遷

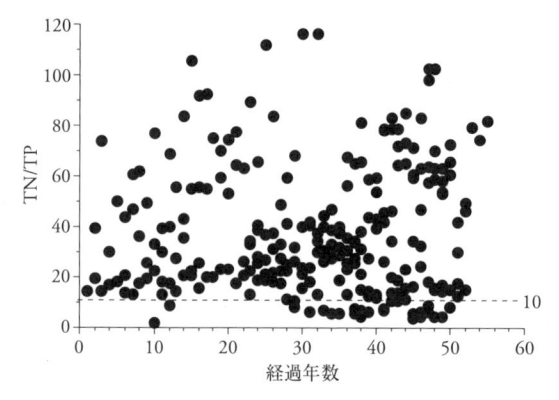

図2-10 ダム湖における TN/TP 比の長期的変遷

　以上のデータ解析においては，個別のダム湖で実施されているアオコ対策や濁水長期化対策は考慮していない．しかし，現時点においてこれらの対策が必ずしも100％効果的ともいえず，上記でみた変化は，ダム湖水質変化，すなわちダム湖の遷移の大まかな傾向と考えてよいであろう．

参照文献

藤　則雄（1973）びわ湖湖底堆積物の古生物学的研究 Ⅰ 花粉学的研究．『陸水学雑誌』34: 97-102.
堀江正治（1973）びわ湖古陸水研究の立案と経過．『陸水学雑誌』34: 49-54.
建設省河川局開発課（1996）『改訂ダム貯水池水質調査要領』ダム水源地環境整備センター．
草場哲哉・盛谷明弘（2008）試験湛水時におけるダム貯水池水質の調査・予測手法に関する研究．『平成19年度ダム水源地環境技術研究所報』pp. 3-12，ダム水源地環境整備センター．
中井信之（1973）びわ湖堆積物の炭素同位体組成と古環境．『陸水学雑誌』34: 89-96.
Naumann, E. (1917) Undersökningar öfver fytoplankton och under den pelagiska regionen försiggående gyttjeoch dybildningar iron vissa sydoch mellansvenska urbergsvatten. *Kungliga Svenska Vetenskaps-Akademiens Handlingar* 56: 1-163.
ティーネマン，A.（1977）『川と湖：その自然と文化』（石川文康訳），人文書院．
山本淳之・金成誠一・福尾義昭（1973）びわ湖湖底堆積物の粒度と圧密について．『陸水学雑誌』34: 63-74.

吉村信吉（1937）『湖沼学』三省堂.
吉村信吉（1976）『湖沼学（復刻増補版）』生産技術センター.

コラム1　モデルによるアオコ発生予測

　アオコ発生のモデルによる予測方法として，生態系モデルによるものと統計モデル（簡易予測手法）によるものに大別できる（梅田・和泉 2008）．前者の生態系モデルについては，Part Ⅲで詳しく述べるので，ここでは後者の統計モデルのうち，多くのダム湖に対して実用としてこれまで多く使用されてきた，Vollenweider モデルをまず説明する（Vollenweider and Kerekes 1980）．

Vollenweider モデル：湖水への流入や流出の定常状態を仮定した時の湖水中の平均リン濃度を推定する式である．
予測式：

$$C_p = \frac{L_p}{v_p + Z\alpha}$$

C_p：平均全リン濃度（g/m^3）
L_p：単位湖面積あたり全リンの年負荷量（g/m^2/year）
α　：回転率（回 / year）
Z　：平均水深（m）
v_p：リンのみかけの沈降速度（m/year）（通常 10 と仮定する）

　横軸に $Z\alpha$，縦軸に L_p をとり，各湖のデータをプロットすると，上式より傾き（＝C_p）が正の直線上に乗ることが予想される．また，平均全リン濃度（g/m^3）により，y 切片（＝10・C_p）が変化する．この C_p が 0.03（g/m^3）以上の領域に湖のデータ点が入った場合，富栄養湖と定義し，アオコの発生が起こる可能性が高いことを予測するものである．また，C_p が 0.01（g/m^3）以下の領域に湖のデータ点が入った場合，貧栄養湖と定義する．C_p が 0.01～0.03（g/m^3）の間に入る湖を中栄養湖とした．
　ただし，TP が 0.01～0.03mg/L のレベル，つまり，中栄養湖でアオコ発生の予測が困難であることが多い．

ロジスチック式を使った予測法

簡易手法の日本における例として，天野ら（2000）や草場・盛谷（2007）が挙げられる．ここでは草場・盛谷（2007）のロジスチック式を使った簡易予測法を紹介する．

アオコ発生確率 (p) を以下のようにおく．
予測式：

$$p = \frac{1}{1+e^{-z}}, \quad Z = a\mathrm{TP} + b\mathrm{TN} - c\alpha + dT_a - e$$

ここで，

TP：流入河川水の年平均全リン濃度 (mg/L)，TN：流入河川水の年平均全窒素濃度 (mg/L)，

α：回転率（回 / year），T_a：年平均気温（℃），a〜e：係数

回帰分析の結果，以下の式が得られている．

$$Z = 87.264\mathrm{TP} + 2.024\mathrm{TN} - 0.069\alpha + 0.225T_a - 7.003$$

流入河川水の年平均全リン濃度が高いほどアオコ発生確率は高くなる．他の要因に比べてもっとも高かった．また，流入河川水の年平均全窒素濃度が 0.6mg/L を超えると発生確率が高くなった．回転率が 20 回 / year（約 2 週間に一度湖水がすべて入れ替わる速度）以上だと発生確率は低かった．年平均気温が高いほど発生確率が高くなった．

Vollenweider モデルと比較して，ロジスチック回帰式を使った予測法は，日本のダム湖におけるアオコ発生予測の誤判定件数を大幅に低減していた．

参照文献

天野邦彦・安田佳哉・鈴木宏幸（2000）多目的ダム貯水池の水質と流入河川・貯水池特性との関連について．『ダム工学』38: 128-137.

草場智哉・盛谷明弘（2007）ダム貯水池の富栄養化（アオコ発生）の簡易的な予測手法の研究．『平成 18 年度ダム水源地環境技術研究所報』pp. 3-9，ダム水源地環境整備センター．

梅田　信・和泉恵之（2008）ダム湖の植物プランクトン予測. 『応用生態工学』11: 213-224.
Vollenweider, R.A. and Kerekes, J.J. (1980) *OECD Cooperative Programme on Monitoring of Inland Waters (Eutrophication Control)*. Synthesis Report.

第3章
湿潤変動帯におけるダム湖と自然湖沼

3.1 自然湖沼とダム湖の違い

　第1章では，ダム湖の地形や堆砂をふくめた物理的な性質，第2章では水質を中心とした化学的性質について，主に自然湖沼との比較から検討してきた．これまで述べてきた自然湖沼とダム湖との違いを自然条件と湖水管理の両側面から以下にまとめておきたい．括弧内の数字は，各項を説明している節や図番号を示している．

(A) 自然条件
- 集水域面積 / 湖面積比（$W/V^{2/3}$）は，ダム湖の方が自然湖沼よりも10倍ほど大きく流入水量も多い（1.4.1項，1.4.2項）．
- ダム湖は，集水域面積 / 容量比（W/V）の違いにより，湖水の交換速度が自然湖沼に比べて速い（1.4.2項）．
- 湖沼形態の違い（ダム湖の方が細長い）から，自然湖沼において流入水・土砂・有機物は二次元的に広がるが，ダム湖では一次元的に広がる（1.5節）．
- ダム湖は，集水域面積 / 容量比（W/V）および湖盆形態の違いにより，土砂の堆積速度（堆砂速度）が自然湖沼に比べて速い（1.5節）．
- ダム湖は，集水域面積 / 容量比（W/V）の違いにより，出水時，森林性有機物がより多く堆積し有機物・無機栄養塩類の供給源となっている

(1.5.4 項,口絵 18 参照).
- ダム湖は,流入部に流入水と表層水の密度差(温度・比重)が生じると流入フロントを形成する(1.7 節).

(B) 湖水管理
- 洪水および利水調節により水位変動が大きいダム湖には沿岸植生帯(浅場)が多くの場合ない(1.2.3 項).
- 自然湖沼の湖水の流出は基本として表層からであるが,ダム湖の場合は中層や表層から流出する(1.6.1 項,図 1-14 参照).濁水の長期化へと結びつく.
- ダム湖においては水位変動による流入口堆積物の再懸濁が起こりやすい.濁水の長期化へと結びつく(1.6.3 項).

以上に述べてきた自然湖沼とダム湖との違いが,次に述べる湖沼の遷移過程における違いの基礎となっていると考えられる.

3.2 湖沼の遷移に関する比較

日本において集水域面積/湖面積比($W/V^{2/3}$)は,ダム湖の方が自然湖沼よりも 10 倍ほど大きく流入水量も多い.それゆえ,ダム湖は,同じく集水域面積/容量比(W/V)の違いにより,その湖水の交換速度が自然湖沼に比べて速い.また,ダム湖は流入土砂量も多く(約 50 倍)堆砂速度が速い.また,日本の河川の場合河況係数(洪水時流量/平水時流量)が大きく 100 を超える場合も少なくない(高橋 1990).これが日本のダム湖の特徴であり,結果として,ダム湖の水塊構造に大きな影響を与える.

3.2.1 短期的な物質循環過程

Thornton et al. (1990) による流水帯—遷移帯—止水帯という構造は,流入水が湖内で二次元的に拡散する集水域面積(つまり流入水量)に対し相対的に大きな容量を持つ自然湖沼では一般になく,ダム湖において共通に見出せる

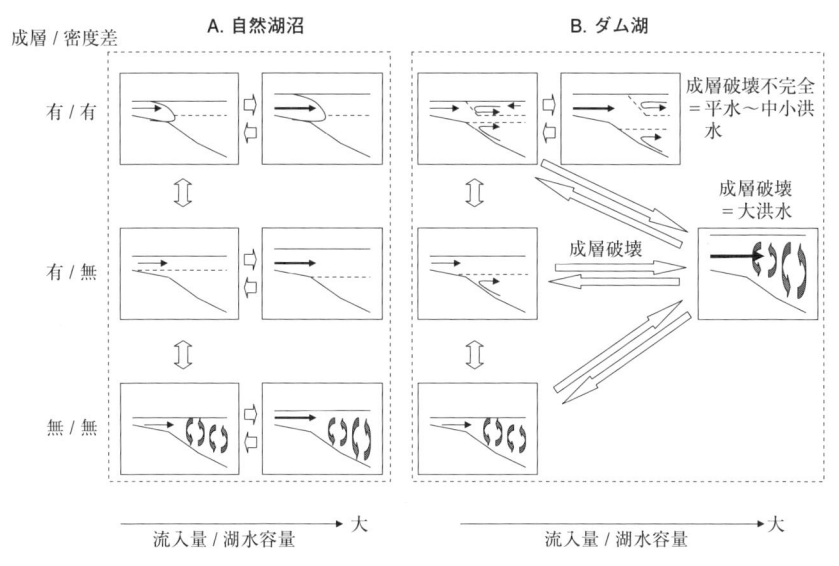

図 3-1　自然湖沼とダム湖における物理的水塊構造の比較
A：自然湖沼，B：ダム湖．左端の有／無は，温度成層の有無，流入河川水と表層水の密度差の有無をそれぞれ表している．よって，A，B図を通して，上段は温度成層があり密度差もある場合，中段は温度成層のみある場合，下段は温度成層も密度差も無い場合を示している．また，B図の上段左図から中図へは中小洪水時の水塊構造の変化を示し，上段左図から中段右図へは大洪水時の変化を示している．ダム湖では平水時〜中小洪水時に河川水が表層水の下にもぐり込むことで流入フロントを形成する．

特徴といってよいであろう．これに加えて，ダム湖は流入量に対するダム湖容量の小ささや河川の河況係数が大きいことが特徴として挙げられる（第1章参照）．洪水時，一気に河川水が流入し成層を破壊し（図3-1右図），流入水中に含まれる森林性の懸濁態有機物や栄養塩類（とくにリン）を，ダム湖流入口に堆積する有機物や栄養塩類とともにダム湖全体に運ぶ．また平水時あるいは中小洪水時には，河川流入水とダム湖の表層水との密度差（流入水がより高密度（低温または高濁度））から，流入フロントの形成が起こり，栄養塩類を多く含む底層水や表層水の連行により，ダム湖の流入口において有機物質の効率的な蓄積が進むと考えられる（図3-1右図）．

3.2.2 長期的な物質循環過程：ダム湖の遷移

ダム湖水質の長期的な変化について明らかなことは，ダム湖の運用開始直後にダム湖内の樹木伐採残渣や土壌中の残存有機物による一時的な富栄養化が引き起こされること，運用後，約20～50年の経過に伴う水質の変化については，第2章に述べた通りである（Part I 補遺も参照のこと）．

自然湖沼と同じく，流入河川からの湖内への堆砂は，平水時には徐々に，洪水時には大きく進行し，ダム湖の遷移を進行させる原動力となる．これと平行して，短期的物質循環過程として述べたように，平水時には流入フロントを通して，また，洪水時には大量の土砂および森林性有機物の流入により（平水時の水質が比較的良好であっても）栄養塩類の元となる有機物の蓄積が進行する．いわゆる富栄養湖化であるが，その後，堆砂による貯水容量の減少が富栄養湖化の遷移を退行させる．貯水容量が少なくなることは，ダム湖の湖水交換速度が高くなることを意味し，植物プランクトンの増殖を抑える結果となる．そこまで行く前に，動物プランクトンには速すぎ，植物プランクトンは増殖できる湖水交換速度の段階があり，一時的にアオコが出現しやすくなるかもしれない．

上記したようなダム湖の遷移段階を以下のようにまとめることができるであろう（図3-2）．

第Ⅰ期：初期富栄養湖化期
第Ⅱ期：安定期
第Ⅲ期：富栄養湖化期
第Ⅳ期：遷移退行期

このようにダム湖にも数十年レベルの長期的な遷移があるとすると，ダム湖の堆積土砂を取り除き遷移の逆行を行うことは，植物プランクトンの増殖しやすい富栄養湖化期へと戻ることを意味する．この際，遷移を駆動する原動力は堆砂であるので富栄養湖化期の伸びた分だけ個別のダムごとに遷移の全期間が伸びることになる．また，これまでダム湖への流入水質はそれほど悪くないという仮定で話を進めてきたが，水質が悪いと当然富栄養湖化期が前後に伸び長期化する．ただし，この場合堆砂過程は変わらないことからダ

```
                濁度
           _____
         _/           \__

              全リン濃度
           _____
         _/           \__

             全窒素濃度
           _____
         _/           \__

              Chl a 濃度
           _/\        /\__
```
　　　　　　　　　経過年数
第Ⅰ期：初期富栄養湖化期
　　　第Ⅱ期：安定期
　　　　　　第Ⅲ期：富栄養湖化期
　　　　　　　　　第Ⅳ期：遷移退行期

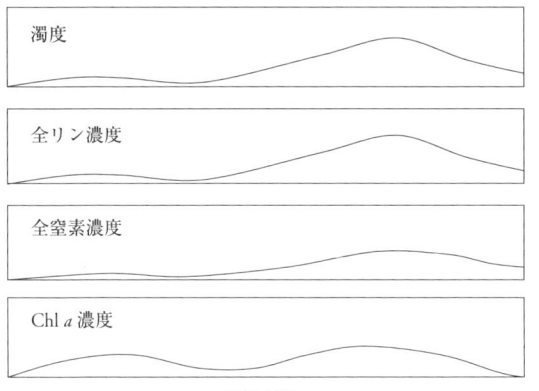

図 3-2　ダム湖水質の経年変化と遷移段階

ムごとの遷移の全期間は変わらない．よって，かなり堆砂の進んだ段階で第Ⅳ期の遷移退行期にはいるであろう．逆に，流入水質がかなり良い場合，進行した富栄養湖化期が無いこともあるかもしれない．運用後50年以上たったダム湖の最深部で堆積物コアを採取し，年代測定とともに炭素や窒素の量，およびその安定同位体比などの分析をする必要がある (2.1 節参照)．

　これまで何度も述べているように遷移を駆動する原動力は堆砂過程であるので，ダム湖の流域が**重荒廃地域**にあると土砂生産量が大きく堆砂の進行が早いことから，遷移の全期間が短くなる．逆に重荒廃地域でない場合は，遷移の全期間が長くなる．また，年堆砂量に対して総貯水容量が大きいと当然遷移の進行は遅くなり全期間は長くなる．

3.2.3　日本の流域特性とダム湖：安定大陸と湿潤変動帯

　前節において，日本のダム湖固有の湖沼遷移過程の存在の可能性を指摘した．その要因は，3.1 節で述べた (A) 自然条件であり，ここではその違いの由来を検討する．

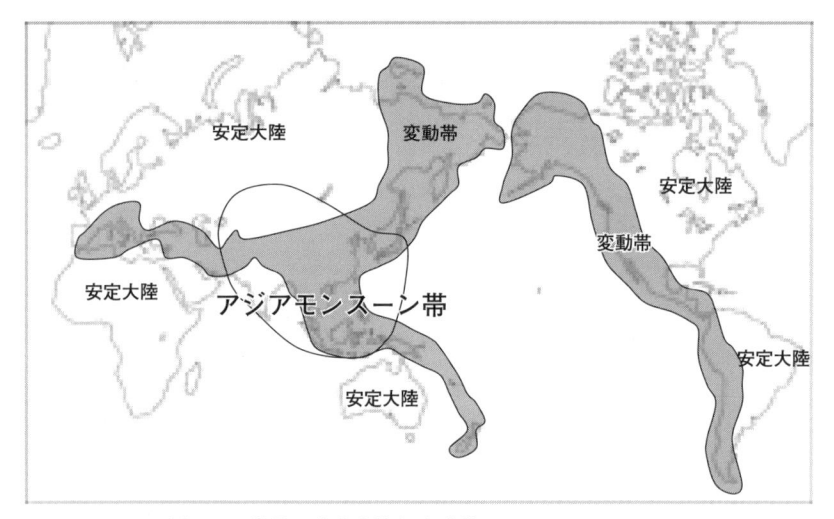

図3-3 世界の安定大陸と変動帯（Musiake 2001 を改変）

　まず，地質構造の違いをみてみる．プレートテクトニクス理論により，地球全体の地質は，**安定大陸（帯）**と**変動帯**に2分できることが明らかとなっている．北米大陸中・東部やシベリア・ヨーロッパ大陸等は，前者の安定大陸となるが，プレートのぶつかる環太平洋帯とアルプス・アフリカ東部・インドネシア等のアルプス―ヒマラヤ帯は後者の変動帯となり，山が険しくて地盤が弱く，土壌侵食に加え，山腹崩壊・地滑り・土石流などによる土砂生産量が多い地域となる（Musiake 2001）．このうち日本列島は環太平洋の変動帯に位置する（図3-3）．

　安定大陸の大河川は，構造平野の中の侵食性河谷を流れており，**氾濫原**は河道沿いに限られる．また，土砂生産は，構造平野の土壌侵食のみである．一方，変動帯では，河川は高い山脈から急流となり海へ流下する．安定大陸の河川とは異なり，比較的小さな流域面積をもち山間部盆地と周囲を山に囲まれた海岸に，急流により運ばれた多量の土砂による（洪水時は氾濫原となる）**沖積平野**が発達する．よって上流域の影響が中下流域，また，沿岸域に直接及ぶことになる．

　次に気候の違いをみてみよう．アジアを中心として季節的に卓越する風と

雨が，冬（陸から海）と夏（海から陸：このとき陸域に大量の雨を降らす）で交代する季節風を**モンスーン**と呼ぶ．アジア大陸東南部から熱帯にかけて広がるが，日本列島も温帯モンスーン域と呼ばれ似たような季節的気象変動を示す（安成 1996）．夏期（梅雨期）大量の雨が降るということである．流域単位面積あたりの河川流出量が比較的大きく，季節的変動は大きくなる．

　上記の両特徴を合わせたモンスーン（湿潤）変動帯の山間部を流れる河川をせき止めたものが日本のダム湖となる．流域面積あたりの河川流出量が多く，また，その季節的変動が大きい．同時に，河川経由の土砂生産量も大きくなる（高橋 1990）．このような特性から，先に推定されたダム湖固有の湖沼遷移過程が生じている可能性が高い．また，北米大陸などの安定大陸（帯）にあるダム湖との違いも生じていると考えられる．つまり，湿潤変動帯におけるダム湖という一般化が，日本のダム湖に対して可能であろう．流域面積が比較的小さいことなどから，湿潤変動帯にあるダム湖が流域環境に与える影響は，安定帯のダム湖に比べて相対的に大きくなるであろう．

3.3 まとめと今後の展望

　これまでの議論より自然湖沼とダム湖との本質的な違いは次の 2 点に集約できる．

　　(A) 湖内・長期的スケール：ダム湖固有の湖沼遷移過程（2.3.3 項）
　　(B) 湖内・短期的スケール：ダム湖の持つ高い湖水交換率（1.4.2 項）と
　　　　大きな水位変動（1.2.3 項）

本章では，自然湖沼における富栄養湖化の遷移との比較の中で，現在利用できるダム湖の数十年にわたるデータをもとに (A) 長期的な変遷＝湖沼遷移過程（つまりダム湖の止水域が土砂の堆積により河川（流水域）へと変化するダム湖の過程）およびそれを構成する (B) 短期的な典型パターンを描こうとした．このパターンを構成する各要素は，それぞれデータなり証拠なりがあるよく知られた事実である．しかし，各要素をダム湖の長期的な遷移における短期的な典型パターンとして流入フロントなどを全体像の中に組み込んだと

き，各要素の相対的な重要性について，今の時点で確かな証拠があるわけではない．ここで描いた典型的なパターンは，今後定量的な検討を行う必要性があるものである（第10章の河川生態系モデル解析で再説する）．この典型的なパターンの中で，成層が破壊され栄養塩が全層に行き渡り，再度成層が形成された時（当然高温時で日照量が多い条件下で）アオコが発生する可能性がある（コラム1参照）．また，すべての層で破壊されなくても一部破壊される程度の出水時に，より効果的に表層へ新たな栄養塩類が供給され植物プランクトンが増殖するともいわれている（梅田・和泉 2008）．典型的パターンの中のどこでアオコ発生が起きやすくなっているかを検討する必要がある．定量的な検討の中で，個別のダム湖における事象は典型的なパターンの中の取ることのできる（オプショナルな）複数の過程の内の一つを具現しているとその理由とともに明らかにできたなら，このパターンを描いた意義は十分にあったといえよう．

　既存のデータに基づくダム湖の長期的な遷移を第I期〜第IV期と再構築したが（図3-2），この点についても今後検討を要する．ここでも個別のダムで実現される長期的遷移も，短期的な過程の積み重ねの結果として，典型的なパターンの中で取ることのできる選択肢の中の一つということになろう．

　流入河川水と表層水の密度差を何らかの方法（流入部における副ダムの設置等）で無くして流入フロントの形成を阻害すれば，流入水は直接表層へ入り込み植物プランクトンに対する栄養塩の供給源となる．この場合，ダム湖下流への湖水表層水の流出速度が，植物プランクトンの増殖速度よりも速ければ表層一次生産物は流入部（湖内）へ貯まることなく流出可能である．また，洪水時における土砂の大量流入がダム湖への有機物や栄養塩類の主な供給源となっており，そうであれば流域の森林および土砂管理を行う以外に問題解決の根本的な方法はないということになる．これらの点については，第10章のモデル解析のところで詳しく検討する．

　実際に行われているようにダム湖の堆積土砂を取り除くことは，そのタイミングによっては遷移に逆行することになり，植物プランクトンの増殖しやすい富栄養湖化期へと戻ることを意味する．つまり，除去した期間分だけ富栄養湖化期が伸びることになる．土砂除去を繰り返せば，延々と富栄養湖化

期が続く可能性がある．むしろ早い安定期などの段階で土砂除去を行った方がよいともいえる．この土砂除去対策は，とくにそのタイミングについて，今後検討が必要であろう．

　前述の通り出水時も含めて流入水質がかなり良い場合，進行した富栄養湖化期がない可能性がある．そのようなダム湖の例があるとすると，その流域の状態から，どのような森林および土砂管理をすればよいかのヒントになるかもしれない．ダム湖の最深部で堆積物コアを採取し，過去の履歴を分析することにより，土砂管理の基準となるダム湖を探す必要がある．

　以上述べてきたダム湖の特性は，湿潤変動帯の山間部を流れる河川をせき止めて形成された日本のダム湖の特性から由来するものといえよう．北米やヨーロッパの安定大陸につくられたダムに対する従来のダム湖陸水学に対して，地球上におけるもう一つの典型的な地形である湿潤変動帯の河川に建設されているダムに対するダム湖陸水学は異なったものとなる．その基礎となるのは，ダム湖特有の湖沼遷移過程の存在の可能性である．

参照文献

安藝周一・白砂孝夫 (1974) 貯水池濁水現象の調査と解析 (その1) (その2). 『電力中央研究所技術第二研究所報告』.

Musiake, K. (2001) Hydrology and water resources in monsoon Asia. *Proceedings of Symposium on Innovative Aproaches for Hydrology and Water Resources Management,* pp. 1-14. Japan Society of Hydrology and Water Resources.

高橋　裕 (1990)『河川工学』東京大学出版会.

Thornton, K.W., Kimmel, B.L. and Payne, F.E. (1990) *Reservoir Limnology: Ecological Perspectives.* John Wiley & Sons, Inc.

梅田　信・和泉恵之 (2008) ダム湖の植物プランクトン予測. 『応用生態工学』11: 213-224.

安成哲三 (1996) 気候の年々変動をきめるもの. 住　明正・山形俊男・阿部彩子・余田成男・安成哲三・増田耕一・増田富士雄『気候変動論』pp. 33-69, 岩波書店.

補遺　ダム湖生態系の時間的変化

　Part I では，ダム湖の物理・化学的特性，および遷移についてみてきた．ここでは，ダム建設からの経過時間ごとにダム湖で起きる生物学的現象について，主にダム湖調査で経験したことを，森下 (1983) を基に最近の事象を加えることで述べたい．

1. 誕生直後のダム湖とプランクトンの大発生

　ダム湖でも自然の湖沼に似た富栄養化の道筋がある．富栄養化によりプランクトンが大発生するが，プランクトンの大発生は，①湛水直後，②洪水調節による湖岸の露出，③渇水後の流入水の変動が主要な原因になっている．

　ダム湖の特異性は富栄養化の発生の仕方が水位変動に関係していることである．それは，湖水の栄養塩の源がダムの建設によって水没した樹木や田畑の土壌にあり，それらが分解して急激に湖水に溶出し，富栄養化の引き金になるからである．一般にはこの現象を湛水直後の富栄養化と呼んでいる．多くのダム湖ではこのとき植物プランクトンの渦鞭毛藻である *Peridinium*，ミドリムシ藻である *Euglena*，珪藻である *Aulacoseira* や，原生動物やワムシ類の動物プランクトンが発生する．

　富栄養化の生物相としては，土壌や樹木から溶出した栄養分と同時に発生する炭酸ガスが植物プランクトンを繁殖させ，それを食べる動物プランクトンが増える一方で，バクテリアを餌にしている原生動物などが増える場合もある．九州のように水温の高い地方や，流入河川水が富栄養化している場合には，湛水直後には原生動物やワムシ類が増殖しやすく，ダム湖の水がこれらの生物で真黒にみえることがある．一方，人為的な汚濁源がほとんどない山奥のダム湖でも，湛水後数年間は，ダム湖のプランクトンの生産量がかなり大きい場合があり同じ現象がみられる．

　しかし，土壌や樹木の分解は，ある程度時間を経ると，栄養塩の溶出は少なくなる．また，湖底に分解可能な有機物があったとしても，洪水などによってその上に無機質の土が 20〜30cm も堆積すれば，湖水への溶出はなくなる．

とくに上流から運ばれてくる無機質のシルトが多いダム湖では，この傾向が強く，土壌や樹木の分解によって起こる富栄養化現象が早期に消滅する．湛水直後の一時的な富栄養化の様相は，ダム湖の位置と形状によって，それぞれ特異性があり，富栄養化する期間も異なるが，概ね5～7年を経ると，この富栄養化の期間を脱することが多い．

　流入河川水が清冽なダム湖では，5～7年で湛水直後の富栄養化が収束し，貧栄養湖に戻るのだが，流入水が富栄養化しているダム湖では，湛水直後から貧栄養状態になることなく，富栄養湖の性格を備えることになる．

　湖水の栄養塩の濃度は，植物プランクトンの増殖やバクテリアによる分解活動，あるいは流入河川や湖水の鉛直的な攪拌などの影響を受けて，同一湖沼でも季節的にかなりの変動が認められる．普通，夏の間は光や湖水の停滞などの諸要因によって栄養塩は摂取されやすく，湖水のプランクトンの発生量が多くなる．多目的ダムでは，洪水期に水位が低下して湖壁が露出した後，秋に湛水するとプランクトンが大発生する．

　ダム湖のうち中栄養湖では，夏の制限水位が過ぎて満水位まで達するころ（10～11月），植物プランクトンが発生する．夏の間には青緑色をして澄んでいた湖水は，プランクトンの発生によって緑褐色～黒ずんだ不透明な水色になってしまう．これらのダム湖の生物相には共通して，制限水位の保たれる7月には珪藻の *Synedra ulna* が優占種になる（細胞数では藍藻の *Chroococcus* が多いが，体積をみると *Chroococcus* の一つの細胞は *Synedra* の 1/20 にも満たない）．同じく珪藻の *Aulacoseira granulata* も優占種になる場合が多い．

　その後，満水位になった中栄養のダム湖では珪藻の *Aulacoseira italica* や，*Aulacoseira granulate* var. *angustissima* が優占種で，それぞれの湖水1L中の細胞数は，7月に比べて3桁ほど多い．そして珪藻の出現種は7月のものより，サイズの小さい種類が多くなる．この原因の一つに，夏の露出していた湖壁が新たに浸水したとき，湖壁に蓄積していた栄養塩類の溶出によってプランクトンの発生が促されることが考えられる．湛水直後の現象と共通して木材や樹皮の草木が水中で分解すると，大量の酸素を消費し，かなりの栄養分を水に与えることになる．この土壌や樹木から溶出した栄養塩類は同時に発生する炭酸ガスとともに，藻類のプランクトンの繁殖を促す．湛水後，数年間

出現するプランクトンは汚水性のものが多くなり，ダム湖のプランクトンの生産はかなり大きい．さらに土壌や樹木が分解して溶出する栄養塩類は，湖水の水温やpHが高いほど早くなる．そのうえ，分解しにくいリグニンを多く含む樹木に比べて，制限水位で露出していた壁面に生えた草は分解速度が速い．以上の現象は，湛水直後のダム湖で多くみられる．また，季節的な水位変動の大きい湖壁の植物が繁殖しやすいダム湖では，毎年繰り返し起こっている．

　湛水直後の富栄養状態がおさまった後のダム湖の湖水は貧栄養の状態に戻る．その後，目立った栄養塩類の供給がなければ，発生したプランクトンが分解して土壌に蓄積され，やがては湖水への栄養塩類の溶出が収束し，7〜8月に貧栄養状態に戻っていく．

　流入水が富栄養化している場合，夏季に貧栄養状態にならないので，秋季のプランクトン発生の原因をつきとめるのは難しい．さらに富栄養ダム湖では，草木の分解によって溶出する以上に栄養塩類が湖水に含まれている場合が多いので，貧栄養ダム湖や中栄養ダム湖でみられる顕著な季節変動は表れにくい．

　ダム湖の透明度は平均3mで，自然湖沼に比べて低い．このことがダム湖の生産性を左右している．自然湖では，雨がなく，水量の少ないときは，湖水の栄養塩も濃縮され，流入してくる河川の栄養塩も濃縮されて湖の汚濁が進むのではないかと考えられがちである．実際，1994年の大渇水時には，琵琶湖で湖の汚濁を予測した報道陣が詰めかけた．しかし，この予測は見事に裏切られた．琵琶湖では植物プランクトンの大発生は見られず，湖水は透明度が通年の6mから十和田湖並の13.5mにもなり，人々を驚かせた．ビワマス *Oncorhynchus masou* subsp. などが通常の水深よりも深い層にまで生息域を拡大して，分散したことで，漁獲量にも影響が及んだ．

　琵琶湖の大渇水のときに起こったことの説明をつけ加えると，河川から流入する栄養塩は，渇水になると，河床に沈降し，その場で再利用される．多くは付着生物に再生産され，やがて剥離する．さらに渇水になるとそれらは乾燥して乾いた河床に残留する．そのために湖に流入する栄養塩量は減少する．すなわち，渇水になると河川域からの栄養塩の供給が無くなり，この間，

湖は自生の栄養塩だけで循環することになる．その後，秋季に洪水が起きると，川床に堆積していた栄養塩が湖内に流入して，秋季のブルーム（植物プランクトンの大発生）が起こる．これが赤潮になったり，水の華（アオコ）になる．豪雪地帯の河川では，この現象が雪解けの3～4月に起こるとみてよい．

陸水生態学の教科書では夏の間の植物プランクトンの減少は，動物プランクトンに捕食された結果であるとされている．しかし，日本のように滞留時間が短く，流出入の激しい小さな湖では，このパターンはみられないことが多い．海外の流出入の少ないダム湖のパターンが日本のダム湖では通用しないのである．なぜなら，日本の多くの湖沼やダム湖では，動物プランクトンが植物プランクトンを食いつくすほど，量が多くならないからである．例外は，西日本，とくに奈良や高松，山陰地方の水深の浅い小池沼では，たしかに動物プランクトンの量が植物プランクトン量を上回ることがある．小さな池沼では，養魚を目的として餌になるプランクトンを発生させるため，大量の肥料を投入する．すると，ワムシ類やミジンコ類等の動物プランクトンが異常に増殖して，池の水色が変化する現象が起きる．しかし，このような現象は規模の大きい多目的ダムでは起こっていない．

2．特異なダム湖の生態系

秋田県の玉川ダムは，雄物川水系の玉川の上流に建設され，1990年から湛水が開始された．洪水，灌漑，発電のほか，酸性水を中和する機能をもつ日本では特異な多目的ダムである．玉川の源流は，硫化物質を含むpH1.3の強酸性水が湧出する．この強酸性水が，下流河川または，流域全体の水利用や施設に影響することから，酸性水を中和する必要性が高まった．そこでダムの建設計画は，ダム湖上流域に中和処理工場を築き，中和処理した流入水をダム湖に貯めて，湖水のpHを上げて，ダムの下流河川のpHを改善することを目標にした．日本のダム湖のpHは，平均的なところでpH6.8～7.2であり，中性から，ややアルカリ性に傾いている．ダム湖水のpHは流入水の性状のほか，湖内の生物相に左右される．逆に湖内の生物相がダム湖のpHを変動させている．例えば，通常，湖水の滞留時間が長くなれば，動物

プランクトン量が安定し，植物プランクトンは抑制され，pHは季節的に安定する．しかし玉川ダムでは，動物プランクトン，植物プランクトンともに量が少なく，湖での生物によるpHの自浄効果はまだ働いていない．

　玉川ダムに生息する魚類は，湛水直後は，流入河川からニッコウイワナ *Salvelinus leucomaenis pluvius* が入り込み，耐酸性のウグイ *Tribolodon hakonensis* のほか，アブラハヤ *Phoxinus lagowskii steindachneri* が湖岸に生息していた．湛水直後に大量のコイ *Cyprinus carpio* やフナ *Carassius auratus* subspp. が放流された．もともと雄物川の上流域には生息しないギンブナ *Carassius auratus langsdorfii* やドジョウ *Misgurnus anguillicaudatus* は，湛水後3〜4年までは現存量が増えた．この原因は，沈水した樹木からの栄養塩の溶出だった．このときは，アブラハヤやニッコウイワナの現存量は少なかった．新しくできた水域のダム湖で餌不足から，ニッコウイワナやアブラハヤは，ほとんどの個体が陸上の昆虫に依存していた．その後，湛水10年（2000年頃）には，ウグイが小型化して，現存量が増加するようになると，ニッコウイワナは小型のウグイを餌にして個体が大型化していった．しかし，それ以降は魚類全体の現存量が減少し，さらに小型化や，やせ型化する傾向にある．時の流れを受けてフナなどの放流は中止された．もともと生息適地ではなかったこともあり，個体数は急激に減少した．

　玉川ダムの植物プランクトンは，湛水後2年までは，種類数が4〜9種程度であった．それが湛水後6年後には36〜46種に増えた．当初は *Dinobryon*（黄金色藻），*Peridinium*，*Ceratium*，*Gymnodinium*（いずれも渦鞭毛藻）などの鞭毛をもつグループが優占していた．動物プランクトンも同様に，最初の2年間は4〜7種程度で6年後までに11〜26種になった．湛水後，3年目にはミジンコ類である *Chydorus spaericus* の現存量が増えた．また，4年後にはヒルガタワムシ類の *Rotaria* sp. の現存量が増えた．これらのほか，ヒゲナガケンミジンコ類の *Acanthodiaptomus pacificus*，マルミジンコ類の *Alona guttata* などの耐酸性の種が中心であった．湛水後，11年の2001年以降には出現種は少なくなった．この傾向は一般のダム湖が安定していくパターンに共通している．玉川ダムは，湛水直後から10年間は，沈水した土壌の樹木から溶出した栄養塩による富栄養化が起こったが，上流やダム湖周辺からの栄養塩補

給が少ないため，一時的な富栄養化が収束してきたと考えられる．玉川ダムは目的が特殊であるため，20年にわたり細かく生物調査してきた．生態系を構成しているプランクトン・底生動物・魚類について玉川ダムのようにダム建設前から経年，季節的な生物データのあるダム湖は，日本ではまれである．

玉川ダムでは，中和の効果が徐々に現れて，建設当初はpHが3.7だったものが最近では5.6の弱酸性に，pHが正常値に近くなってきている．これにより玉川ダム下流の田沢湖のpHが改善され，ヒメマスの再生に期待がかけられている．一方で，喜んでばかりいられないことも起こっている．これまではpHが低いために生物化学的酸素要求量（BOD: Biochemical Oxigen Demand）などの数値が抑えられていたが，pHが正常値に近づくと，結果としてBODの値が上昇し，田沢湖を管理する県が苦慮している．また，ワカサギ *Hypomesus nipponensis* が生産されはじめている．

ダム湖底の底生動物は，水深と湖水の流れに合わせて生活のタイプが異なる種類が分布している．浅いところから順に，甲殻類，ユスリカ類，ミミズ類が分布するのが一般的である．甲殻類は水質が良好であればヨコエビ，汚濁していればミズムシが生息する．ユスリカは日本のダムでは200種ぐらいが記載されている．浅いところから深いところまで生息するが，種類と現存量は底質と上層のプランクトンの発生状況に左右される．ミミズ類は水深が深く，水の滞留時間が長いところで増加する．とくに，ダム堤体の付近に多く，$1m^2$ あたりに1000個体以上になることもある．湖内のミミズ類やユスリカ類は，その分類のレベルは専門的で限られたダム湖でしか記載されていないことと整理されていないため，ダム湖間の比較が難しい．ダム湖の特性は上流の河川からの流入口，ダム堤体付近は細泥が沈降しやすく，いわゆるヘドロの堆積しているところでは生物相は極端に貧弱である．ヨコエビの生息域にたどりつくまで100～数100m生物の侵入しないヘドロ地帯が広がっていることがある．森下（1983）が底生動物による日本のダム湖の分類を行ってから，すでにおよそ30年が経過するが，ダム湖の底生動物相に大きな変遷はないことを確認している．海外のダム湖でも，ダム建設からの時間の経過とともに好酸素性の生物から嫌気性の生物へかわっていく．洪水に

Part I　ダム湖の物理化学的特徴

よって大量の土砂が流入すれば底質が変化し，生物相は大きく変動する．ヨコエビ→ミズムシ→ユスリカ→イトミミズのパターンは日本と共通である．また，ダムが多目的であれ，発電用であれ，上水用であれ，ダムの目的にかかわらず底生動物の特徴は共通であることが底生動物の面白いところである．

3. 壮年期のダム湖の下流での生物学的現象

　湛水後20年未満のダム湖を青年期にあるダムとすると，奈良県の熊野川にある猿谷ダムは築50年以上で壮年期にあるダムといえよう．

　猿谷ダムは湛水直後に，*Oscillatoria tenuis*（藍藻）などの腐水性種が優占し，富栄養化していた．*Eudorina*（緑藻）による赤潮も発生した．しかし，その後，7, 8年で富栄養化状態は解消し，*Atteya zachariasi*（珪藻）や *Dinobryon divergens*（黄金色藻）などの貧腐水性種が優占するようになった．その後，湛水後15〜16年にあたる1970年代の初めにはゾウミジンコモドキ *Bosminopsis deiterisi* などの動物プランクトンが優占し，植物プランクトンが少ない貧腐水性の状態が続いた．湛水後25年にあたる1980年代の初めから，貧栄養より富栄養の状態を好むワムシ類である *Polyarthra trigia* が優占的に出現するようになった．プランクトンの発生状態からみると，猿谷ダム湖では，湛水直後に富栄養化が起きたが，それは7, 8年でおさまり，いったん貧栄養湖になり，湛水後25年すぎてまた富栄養化状態に入ってきたといえる．

　湛水後40年以上たった1999年には，春季に *Asterionella formosa*（珪藻）が全体の90%以上を占めるほど出現していた．

　猿谷ダム湖のある十津川水系はもともとヤマメ *Oncorhynchus masou masou* とアユ *Plecoglossus altivelis altivelis* の生息する流域であったが，ダムの完成に伴い，ウグイ，オイカワ *Zacco platypus*，カワムツ *Nipponocypris temminckii*，ホンモロコ *Gnathopogon caerulescens*，コウライモロコ *Squalidus chankaensis tsuchigae*，イトモロコ *Squalidus gracilis gracilis*，ニゴイ *Hemibarbus barbus*，ビワヒガイ *Sarcocheilichthys variegatus microoculus*，モツゴ *Pseudorasbora parva*，カマツカ *Pseudogobio esocinus esocinus*，ギンブナなどの日本の河川の中・下流域に一般的に生息するコイ科に加えて，ギギ *Pseudobagrus nudiceps*，オオクチバ

ス *Micropterus salmoides* やブルーギル *Lepomis macrochirus* などが増えた．これらのほとんどは移入されたものであるが，湛水後 40 年以上たってダム湖内で個体群が定着しているようである．これは，猿谷ダム湖に十分な有機物が入り込み，魚類相を支えていることを示している．生息種だけに注目するとダム湖は河川の時に比べて生物多様性が増したことになる．上流域の河川がダム湖の出現によって中・下流の生物相が生息できる環境になったことは，人の介入による環境の変化である．このような場合，学術的には生物多様性が増したとはいいがたいが，文化的に生物多様性をとらえようとする考え方もある．

　ダムができてダム湖でプランクトンの発生が活発になってくると，自然湖沼の下流域でみられる現象がダム湖の下流でも起きてくることがある．それは，河川下流域に生息する種の生物が多量に発生する現象である．このことは，上流域の湖沼やダム湖で共通して起こることで，河川であったときは流れてしまう栄養塩がトラップされて，湖が富栄養化するために，そこに生息する種が河川下流域のような生物相に変化する．ある部分ではダムによって生物の生息場が変わり，本来の生物の多様性が失われた結果であるとするのが学術的な見方であるが……．

　諏訪湖の下流で湖から流れてきた有機物を餌として体長 3cm にもなる大型の造網性トビケラのヒゲナガカワトビケラ *Stenopsyche marmorata* が増殖する．これらは信州では「ザザムシ」と呼ばれ，古くから「ザザムシ漁」で採取され，ザザムシのつくだ煮に加工されてきた．湯の湖や琵琶湖の下流域でも同様に造網性トビケラのシマトビケラ類が異常発生する．湖からのプランクトンを多く含む水が餌となり，増殖を促したのである．プランクトンや有機物を含むダム湖の水が流出する下流域でもこれらの底生動物が異常発生する．なお，商品として売られているザザムシには，トビケラだけでなくカワゲラなども含まれている．カワゲラは肉食でトビケラのように上流からのプランクトンには依存していない．

　河川での一次生産者は付着藻類であったが，ダム湖ができると，それが水深と滞流時間の変化で植物プランクトンに変わり下流に流されやすくなる．また，造網性トビケラでも，土砂の量と砂粒の大きさにそれぞれ好みがあ

る．そのため，ダムの下流では，土砂と多量に発生するプランクトンを利用するトビケラ群集による特異な生態系が形成される．物理的条件と餌になるプランクトンにより，下流のトビケラ相は時間とともに変化し，その生態系の構図も変わる．

ダム湖の下流でのこのような生物現象がどれくらいの時間が経過して起きるのかについては1980年代にはわからなかった．そこで湖のできた年代が判っている自然湖沼である磐梯五胡の下流での検証実験を始めたが，明らかな相関関係ではなかった．実際には，発電のために導水管でバイパスされて湖の下流に土砂が供給されないことと，湖の流入水の水質が貧栄養状態でトビケラのエサとなる植物プランクトンなどの有機物が常時供給されていない等の状況から検証はできなかったのであるが．

しかし，その中で判明したことは，自然湖沼とダム湖では，流れ出る水の位置が違うために，下流の生物相に違いがあることである．ダム湖は堤の中央から水だけが下流に流れ出るため，トビケラ類の巣づくりに必要な土砂が含まれていない．したがって，ダム下流では20年経過すると，トビケラ類の中でも土砂を必要とする種は消滅し，石に直接網をはるガガンボなどの双翅目が多くなり，魚類も生息種数が減少する．

一定量以上のプランクトンが発生しない山地の河川ではたとえ土砂が流されたとしてもトビケラの生息する環境は生まれにくい．

1980年代の末に奈良県の北山川にある小森ダム湖の下流で，異様な物体がみられるとの連絡を受け，現地に出かけた．それは，河床の石礫面の表面と裏面とが白っぽくマット状に覆われていた．小森ダム湖の青い水と対照的であった．間近で見ると指状に突出しているところもある．これは，多細胞生物の中でももっとも原始的なグループに属する海綿動物のうち，陸水域に発生する淡水カイメン類であった．淡水カイメンは海のカイメン類のように色や形が鮮やかではなく，普段は河川で発生しても小さく目立たない．ただ，強いミョウガ臭があるため，石を裏返せば，すぐに気がつく．この頃釣りの全国大会などが開かれ，ブルーギルやオオクチバスなどが大量に放流され，釣り産業が山間地で観光資源化していた．小森ダム湖の下流では，もともと貧栄養であったため，生物相が単調であったのが，放流と生活廃水の増

加なども加わって，急激な変化に対応しきれなかったため，淡水カイメンが増殖したと考えられている．この翌年には琵琶湖でも淡水カイメンが発生して琵琶湖からの水の流れる発電の導水路で異臭さわぎが起こっていた．淡水カイメンなどの生物の異常発生はダム下流の特性ではなかったが，上流の止水域の変化が特定の生物の異常といえる発生を促すことになったことは否めない．

　ダムの下流で大発生する生物に前述のヒゲナガカワトビケラより小さいシマトビケラ類がある．口絵 17 左に示したのは，琵琶湖から流出する瀬田川の天ヶ瀬ダム湖下流にあたる狭窄部の岩盤に巣造っているオオシマトビケラ *Macrostemum radiatum* の巣群である．口絵 17 右上はその拡大図である．河床はオオシマトビケラの巣でいつもざらざらしている．オオシマトビケラの成虫は羽化時には街燈に群れ，周辺の住宅に入り込み，干してある洗濯物に集まるため，嫌われる．車窓を覆い視界を妨げたり，道路に溜まった死骸で自動車や自転車がスリップするなどの珍事が発生したこともある．導水路でのトビケラの異常発生は戦前の 1940 年代から宇治川のほか伊南川（阿賀野川水系），天竜川水系でも問題視されている．

　トビケラの幼虫は，天ヶ瀬ダムの 2km ほど上流から取水している宇治川発電所の導水路（延長 13km）の内壁で重なり合って巣を付着させる．そのため，導水路を流れる水の抵抗になり発電量が 1 割もカットされる損失がでた．導水路は人が管理しているので，幼虫や成虫の駆除で対応してきている．トビケラは人の手で除去しても，しばらくするとまた生息するようになり，いつまでたってもどうどうめぐりを繰り返している．そこで数年たつごとにどうしても困るようだったら除去することにして壁面の掃除を一時中止した．1994 年ごろからだからもう 15 年以上になる．

　そんな状況のとき琵琶湖の総合開発事業が終了し（1996 年度），南湖での砂利の採取が無くなるとトビケラにも変化が現れた．まず，トビケラの量がめっきり減少したのである．それだけでなく，これまでのオオシマトビケラはさらに小さい粒子の砂を利用するコガタシマトビケラ *Cheumatopsyche brevilineata* に変わった．近年では，砂粒を巣の材料にせず，石の表面の凸凹に絹糸を張って巣をつくるマンシュウスイドウトビケラ *Neureclipsis mandjuricus* に変化している．マンシュウスイドウトビケラは小型で羽化して成虫になっても川岸の草木の茂みの中から出ないため，オオシマトビケラのように周辺の住民に不快感を抱かせることはなく，存在がまだ大きな問題になっていない．

以上の例のように，ダム湖下流域での生物の異常発生は，ダムの建設後，プランクトンの発生が定着してから起き始めるようである．

ダム湖の湛水から 30 年以上たった壮年期のダムの下流域では，また別の問題も抱えている．川を流れる土砂量が不足し始めているのである．兵庫県と大阪府を流れる猪名川水系の一庫ダムは多目的ダムであり，湛水後 20 年くらいからダム湖下流域で変化が起こり，その対策がとられるようになった．

ダムの直下流域の河床に土砂が少なくなってくると，岩盤が露出しアーマーコート化現象が起こる．河床の土砂がなくなると，砂礫に産卵する魚類や底生動物の生活史に不都合が起こる．アユなど河床に産卵する魚類の産卵床が利用不能になる．さらに，石礫に付着するはずの珪藻類が生育できくなり，付着生物は，糸状緑藻にとってかわられるなどが徐々に起こり，場の喪失，餌の不足が起こる．砂粒を利用して巣をつくるシマトビケラの現存量も減少する．河床に砂粒がなくなることは直接的に産卵場の消失だけでなく，そこに依存する生物の減少が生態系全体のシステムを変えてしまうことになる．

一庫ダム湖では，アユの漁獲量の減少が問題になり，アユの生息場の保全が直接の動機付けだが，2002 年からダム湖の下流域に玉石を投入した．さらに，2003 年からはフラッシュ放流と土砂還元の河川環境復元対策を始めた．当初はアユの生息場を改善することが目的だったが，世間の河川環境に対する意識の変化などを受けて下流の河川の生物環境の改善，すなわち生物多様性の回復を目指すように事業目的が広くなった．

ダム湖の下流域に設置された実験区内での生物相の変化をみると，フラッシュ放流と土砂還元を初めて行ってから 4 年目の 2007 年には，これまで現存量の低かったヒゲナガカワトビケラの夏季 8 月から 9 月にかけて個体数が 1m^2 につき 200 個体近くになった．2008 年の夏季にはその 10 倍の 2,000

個体を超えた．ヒゲナガカワトビケラは，河床の石礫と石礫の間のすき間に砂粒を口から拈出した絹糸で綴り，網をはって上流から流れてくる有機物をひっかけて食べる造網性のトビケラである．ヒゲナガカワトビケラの個体数が 2,000 個体 / m^2 を超えるようになったのは，フラッシュ放流によって河川を流れる土砂の量が十分供給されていることを示す．

また，魚類では，フラッシュ放流開始後 3〜4 年の 2006〜2007 年頃からオイカワの個体群のなかに体長 5cm 以下の稚魚と 8〜12cm の 1〜2 年魚が混じり，複数の世代の存在が確認できるようになった．とくに，2007 年には体長 4cm 未満の稚魚が多数出現し，オイカワが順調に産卵し生育していることが確認できた．

2005〜2006 年には，新しい砂を好むスジシマドジョウ *Cobitis* sp. やシマドジョウ *Cobitis biwae* がとくに多く出現した．その後，2007〜2009 年には，石礫の下面に産卵し，生息場とするトウヨシノボリ *Rhinogobius* sp. OR，カワヨシノボリ *Rhinogobius flumineus* 等の底生魚類の個体数が増加し，土砂の供給が魚類の生息場として有効に利用されていることが明らかになった．アユの食べる珪藻の量が少なく，石礫面のアユのはみあともダムができる以前の川であった時に比べて少ないが，実験区では，2002 年以来生息は確認されるようになってきた．

土砂を放出しているダムの下流域では，まずオイカワなどの流水域に遊泳する魚類が定着し，次に砂礫層に生息するドジョウ類が増え，石面の裏に産卵するヨシノボリ類が定着する方向性がある．アユについては漁業組合等の放流量にもより，一概にはいえないが，今の状態と変わらなければ地域の人たちの念願だったアユの友釣りが期待できるようである．

上流のダム湖の水質，生物相ともに変化がないことから，ダム下流での土砂の供給や流水量の変化が河川の底生生物や魚類の生息を再生させたとみられる．特筆すべきことは，これらの対症療法の効果がすぐに（少なくとも数年で），現れたことである．言い換えると，一庫ダムの下流は，まだ生物相が再生する力のある河川であることを我々に示唆している．

壮年期のダムは，下流河川にダム湖特有のプランクトンの供給と土砂不足とが長年続くことによって，河床の生息環境が変化する．これらに対する適

正な管理が必要であり，一庫ダムの例は管理により改善可能であることが実証されたことになる．

4. 老年期を迎えたダム湖

　ダムは古くは用水の取水の確保のために建設された．20世紀になって発電のためのエネルギー源として水力が産業革命の主力を担うようになったからである．1920年から1970年までに建設されたダムは，発電専用につくられたものが多い．とくに日本の大型のダムの歴史は水力発電から始まった．これらの老年期を迎えている発電ダム湖では何が起きているのだろうか．

　大型のダムは，木材などを筏に組んで運搬する水量豊かな川に建設された．急流河川の石狩川，十勝川，阿賀野川，庄川，黒部川，天竜川，大井川，安部川，木曽川，熊野川，球磨川などである．その後，内務省から建設省が独立（1948年）して水行政が治水利水を併せて行うようになり，ダムも多目的化された．それまでにも小さな地方のダムでは多目的に使われていたダム湖はあったが，堤高が15m以上のダムが多目的になってからの歴史はせいぜい60年である．本稿で論じているダムのほとんども建設後50年未満の多目的ダムである．

　したがって建設後50年以上のダムについて触れるとすると，発電専用のダムが多くなる．発電ダムは貯水池型と通水型に分かれる．貯水池型の大型のものには，御母衣ダム，田子倉ダムなどが挙げられるが，古いという点では秘湯大牧温泉の近くにある堤高79mの小牧ダム（庄川）がある．発電ダム以外の古いダムとしては紫川（北九州市）の上水を目的とした鱒淵貯水池（ます淵ダム；現在のダムはそれ以前に同じ場所にあったダムが1973年にかさ上げされている）や板櫃川（北九州市）に今の新日本製鐵八幡製鐵所が建造した工業用水が目的の河内貯水池（河内ダム）がある．これらのダム湖周辺は市民の憩いの場になっている．いずれもがアメリカのフーバーダム（1935年完成）より早く完成している．

　この小牧ダムには1930年に建設されたにもかかわらず，階段式の魚道がつけられた．また湖内に流れ込んだ流木を下流へ運ぶための作業用の鉄道も敷かれた．下流の富山は鱒寿司の産地で鱒寿司はヤマメの降海型であるサク

ラマス Oncorhynchus masou masou が原料になっている．そのマスの産地らしい遡上魚に配慮したダムである．ダムをつくるにあたっての補償制度ができる以前のことだから小牧ダムの魚道には驚く．しかし，下流にもダムがつくられたことなどから魚道を使って遡上する魚類の数が年々減って，結局魚道は撤去された．

　大型の貯水池型発電ダムの特性は，建設される場所が水量が豊富で漁業などの産業が成り立っていない山間地につくられ，流域に生活している人も少なく田畑もないため，連続して過度の栄養塩が供給されないから湛水による富栄養化は直後の数年間で比較的早くに解決してきた．

　大型のダム湖での水質のトラブルとして語り継がれているのは，木曽川上流のダム湖である．1943年，京都大学教授の川村多実二先生に，「木曽川上流のダム湖の湖水が赤変している．上空を飛行していた軍用機から湖水に何か投入された疑いがあるので調べて欲しい」との依頼があった．川村先生が率いて，津田松苗・森主一先生らが調査にでかけたそうである．学生を伴いダム湖まで馬で道なき道を上り，底泥をとるためのドレッジをセットしたが担当者がメッセンジャー（重り）を忘れて採泥できず，教官の怒声がとんだそうである（故津田松苗先生談）．しかし，湖水は無事に採水できたので研究室に持ち帰り，顕鏡すると，赤潮生物の *Ceratium* sp. が多量に確認された．湖水の赤変の原因は湛水直後に発生する本種の異常発生によるものだったらしい．多目的ダムの時代になってからは山間の水温の低いダム湖ではしばしば赤潮の現象がみられ，その発生原因のいずれもに上流の人や家畜などの動物の存在が原因であることが明らかになっている．後日談では，「あの時の赤潮の原因はひょっとしてカモシカだったのか」と故津田松苗先生と先般亡くなられた四手井綱英先生がお話されていた．

　ところで，ダムをつくる前には予期しなかったことが大型の発電ダム湖で起きている．河川に生息していたヤマメ，アマゴ，イワナなどがダム湖に降下して大型化し，産卵のために河川へ遡上し始めたのである．ワカサギも上流の河川で産卵する．アユでは，放流された琵琶湖産のアユがダム上流の支川で育ち，秋に下降しダム湖に注ぐ河川で産卵する個体群がみられる．冬の間孵化した稚魚はダム湖のプランクトンを食べて大きくなり，翌春から夏に

支川を遡上する陸封型のアユの出現である．

　これはとくに貯水容量が大きなダム湖で起きている．貯水容量の大きいダム湖ではダム湖特有の水位変動が少なく，より自然湖沼の環境に似るからである．水位変動の少ないダムの例は，ナイル川にあるアスワンハイダムやアメリカのフーバーダムがあるが，アスワンハイダムはまだ満水位になっていないし，フーバーダムは満水位になるのに18年かかった．アスワンハイダムやフーバーダムの水位変動はせいぜい1m前後で，砂漠の中にあっても空になることはない．

　福島県の檜枝岐村と新潟県の魚沼市にまたがる阿賀野川水系只見川にある奥只見ダムは貯水容量が6億m^3で日本では徳山ダムに次いで二番目に大きい．1960年から発電している巨大なダムだが，サケ科魚類がダム湖で大型化している．ヤマメはダム湖で降海型のサクラマスになり，イワナも巨大化している．作家・釣り師の開高健氏がしばしば訪れた所である．ダム湖の生物相も大型の湖と同じ様に安定し，穏やかな季節的な変動によって世代が繰り返されることを裏付けている．これらの大型のダム湖ではしばしばダム湖で問題になる濁水も起きにくい．

　ところで発電ダムの大部分は，滞留時間の短い通水型の流れダムである．10kmごとにダムが連なり川がダムの連なりのように見えるところもある．生物の移動を著しく阻害しているのでこのタイプのダムの連なりはこれからの時代に解決しなければならないだろう．

　石狩川の上流に大雪ダムができるまではその下流の層雲峡のあたりには水が流れていなかった．ダムからダムに発電の水路で運ばれて，川はいつも賽の河原模様で洪水時にでも訪れなければ川に水がなかった．川床の湿度に依存して砂中で生活する底生動物がわずかにみられるだけであったが，1988年の**発電ガイドライン**の制定により，川には維持用水が流されるようになって魚がすみ底生動物も安定してきた．

　同じような川は大井川や安部川でもみられていたが，生物の回復は人間の関わり度の低い石狩川のほうがはるかに早く，水が流れだして数年で河川の生態系が再生されている．

　石狩川のようにダムからダムに導水して川に水が流れていない川は法の改

正で回避された．維持用水として川に水が流れるようになった．また，発電ダムは治水容量がなかったところも取水権の更新期に洪水容量が義務付けられて都市の治水を担う方向に来ている．

　植物プランクトンも動物プランクトンも流速がつくと浮いていることが難しくなる．どこかに固着する形態に変わる．したがって流れがあるところではプランクトンでなく，付着生物になる．上流の大型の貯水池型のダムで発生し，取水され下流のダムに送られてきたプランクトンはダム湖内に止水域がなければ自然に消滅する．すなわち発電用の水の出入りの大きい流れダムではプランクトンは再生産されにくいため，たとえ存在したとしてもその量は上流の貯水池型のダムの十分の一にも満たない．さらに発電用の大型のダムでは，プランクトン量そのものが少ないので下流の流れダムでプランクトンを計測することは難しい．例外では，上流の貯水池が富栄養化している場合は，下流の流れダムまで流下したプランクトンによる湖水の着色や，規模の小さい赤潮が発生しているのが観察される．この例が琵琶湖の下流にある天ヶ瀬ダムである．天ヶ瀬ダムは滞留時間の短い流れダムのタイプであるにもかかわらず日本で唯一魚類相が豊かなダム湖である．

　流れダムでは安定した生態系が構成されていないために，流入した有機物によって赤潮生物が大発生する．赤潮生物の発生は，流入栄養塩と水温に通常と異なる変化が起こった時にしばしば起こる（森下 1983）．

　1980年代には高知の物部川（河川延長71km）のダム群でしばしばこの現象がみられ，徳島の那賀川（河川延長125km）では1970年代から現在まで続いている．しかし，木曽川や庄川の流れダムでは濁度が大きいため，赤潮生物は吸着されて沈降し，赤潮生物の存在そのものはあるのに大発生をみない．流れダムのプランクトンは種類数も現存量も共通して少ない．赤潮になるのは運動性のある動物の機能をもつ鞭毛藻類と呼ばれる植物プランクトンである．このような赤潮生物の構成するミクロな生態系では上位にある魚類の生産が乏しい．このため流れダムに魚が生息している場合，餌をプランクトンに依存しないヨシノボリ等の底生魚に限られる．そこでは，鳥類も貯水池の水面を休息場に利用するカモ類がみられるだけで生物相は単一で貧弱である．

5. アメリカのダムの昨今

　アメリカ合衆国では,築後100年以上を超えたダムが大なり小なり多数あるが,それらの老朽化に魚類の種の保全の必要性が重なり,ダムの撤去事業が各地で行われている.2009年までに取り除かれたダムは堰堤高50cmなどの小さな堰も含むと798に上る.多くのダム撤去事業では,絶滅危惧種に指定されているサケ科魚類の保全が大きな柱になっている.北米東海岸の大西洋に連なる河川の流域ではタイセイヨウサケ *Salmo salar*,西海岸ではタイヘイヨウサケ *Oncorhynchus* spp. が保全の対象になる.

　アメリカ合衆国北東端にあるメイン州のペノブスコット川に取り壊されることが決まったダムがある.ペノブスコット川は河川延長560km,メイン州で一番長い川であり,流域面積は22,300km^2,州の3分の1程度の広い範囲を占めている.流域人口は25万人程度である.メイン州は木材生産が産業の中心であり,人口密度は州全体で16.48人/km^{2}である.比較のために日本の国内では人口密度が16人程度の市町村は奈良県の東吉野村や長野県下伊那郡天龍村が該当する.木材の他はペノブスコット川の流れが生み出す電力が唯一の産業である.

　メイン州は,タイセイヨウサケが天然に遡上する最後の州である.そのタイセイヨウサケが絶滅危惧種になり,ダム撤去の必要性が環境保護団体で取り挙げられるようになった.

　水質汚濁の規制と時代の流れで産業として成り立たなくなった製紙工場の用水をまかなう小さな高さ5mほどのダムであったり,100年以上経ってガタのきた発電ダムで下流の堰を取り除くことに決まった.取り除かれるのはペノブスコット川の下流にある1910年につくられたヴィージーダム(高さ5.8m,長さ268m,発電量8.4メガワット;口絵13中)と1800年代後半につくられたグレート・ワークスダム(高さ5.8m,長さ311m,発電量7.9メガワット)である.これらのダムの魚道では,タイセイヨウサケの遡上率が年によって変異が大きく(12〜100%),一度遡上に失敗した個体は二度目の成功率が低くなること(Holbrook et al. 2009)などから,サケ類の保全のためにダム撤去の必要性が取りざたされた.ただ,ダムを取り除いても産業としての電力量に負担がかからないように,残ったダムでの発電量を増やして対処すること

になっている.

　計画では，取り残される上流のミルフォードダムにはこれまでは魚道で大型のサケしか上れなかったが，新たに魚類の遡上用のエレベーターを取り付けてサケ以外の魚類の遡上を見込んでいる．回遊すると考えられている魚類は12種あり，タイセイヨウサケのほかチョウザメ2種（うちショートノーズ・チョウザメ *Acipenser brevirostrum* は絶滅危惧種），回遊性のニシン類（アメリカシャッド *Alosa sapidissima* など3種），降海性のブルック・トラウト *Salvelinus fontinalis*，レインボー・スメルト *Osmerus mordax*，アメリカウナギ *Anguilla rostrata*，ヤツメウナギ *Petromyzon marinus*，ストライプド・バス *Morone saxatilis* と底生魚のトムコッド *Microgadus tomcod* である．もちろん，生物多様性の保全の意味でも重要だが，このダム撤去と魚類の行き来を助ける構造物の設置によって生態系の保全を担うとして着目されていることがある．それは，食用として価値の低い回遊性のアメリカシャッドはちょうどタイセイヨウサケの稚魚が降下し始める5月頃に河口から上ってくるため，これらの魚類を餌として狙う猛禽類や水鳥ら捕食者への餌生物となり，結果，タイセイヨウサケの稚魚への捕食率が減少すると期待されていることである．

　ペノブスコット川はタイセイヨウサケが絶滅危惧種に指定され，1999年に取り壊されたエドワーズダムと2008年に取り壊されたフォート・ハリファックスダム（口絵13上）があったケネベック川の隣，一つ東側に位置する流域である．しかしケネベック川流域と事情が異なっているのは，ケネベック川ではダム撤去派とダム撤去の反対勢力とのぶつかり合いが大きかったことである．

　多目的ダムの取り壊しが取りざたされたものの撤去にいたっていないのは，他州では国立公園内のダムでカリフォルニア州ヨセミテのヘッチ・ヘッチー渓谷にあるオシャーネシーダムがある．これは堤高95mの高いダムである．貯水容量は440,000千m^3，発電量はカリフォルニア全体の1%の500メガワットで，上流の渓谷にあるため，撤去が困難とされ，反対のまま現在に至っている（State of California 2006）．撤去は周辺の景観が主な目的で，かかる費用と結果を比較して撤去にまでこぎつけられない．

　しかし，同じカリフォルニア州でもロサンゼルスの北部にあるマティラダ

Part I　ダム湖の物理化学的特徴

図 A1-1　エルワーダム（エルワー川）．同河川のグラインキャニオンダムとともに撤去が決定している．（写真：森下郁子）

ムは撤去が決まっている．治水・利水目的の堤高 50m のダムで現在貯水容量の 95％ が土砂で埋まっていて計算では 2020 年までに貯水容量全体が埋まることになっている．それで，その溜まっている土砂を下流に流すことがダム撤去の大きな目的の一つであった．これまでに 2 回ほどダムに切れ目をいれて土砂を下流に放出したが，下流の水道水への影響など水質が問題になって結局ダムを取り除かざるを得なくなった．この川にはダム建設の前は降海性のニジマス *Oncorhynchus mykiss* が上ってきていたが，ダムのため遡上できなくなり絶滅危惧種に指定された．ダムの撤去により，ダム上下流の 34.5km が本種の生息場となる可能性があり，本種の再生もダムの撤去の大きな目的にしている (U.S. Army Corps of Engineers 2004)．

　ワシントン州のオリンピック国立公園内にあるエルワー川のグラインキャニオンダムとエルワーダム（図 A1-1）では両ダムの撤去が決まり，予算もついて水を吐く水路と工事中の魚類の避難場になる養殖場の造成が始まった．ダムの取り壊しは 2011 年 9 月に始まる．エルワー川では，ダムができる前までは 4kg 以上になる巨大なキングサーモン（マスノスケ）*Oncorhynchus tschawytscha* をはじめ，サケ *Oncorhynchus keta*，ベニザケ *Oncorhynchus nerka*，

ギンザケ *Oncorhynchus kisutsh*，カラフトマス *Oncorhynchus gorbuscha*，降海性のニジマスが遡上していた．ダムの撤去はこれらの再生が大きな目的で，取り壊しが可能になったのは，ダムでの発電量がエルワーとグラインキャニオンダムを併せてもダムを所有する製紙会社の必要とする量の半分しか発電していないことも大きいようである．製紙会社は工場にもっと発電量の大きい発電所をつくっている．1927 年にできたグラインキャニオンダムは高さ 64m で，このダムが予定どおり取り除かれるとこれまでに取り除かれたダムの中でもっとも高いダムになる．

　日本での撤去の報道はいかにも生物多様性と自然再生のためだけのように伝えられているが，製造業から観光業への産業構造の変化，水質汚濁の規制などのほか，百年以上たったダムの老朽化による安全性の問題があって実現していると考えてよいだろう．

　ペノブスコット川でもダムを取り壊しても産出する電力量が減少しない対策を施すほか，製紙工場ではオバマ大統領のエコ産業への補償がつき，メイン大学との共同研究による廃材となる木材を利用してつくるバイオブタノール燃料の開発を始めた．製紙会社の雇用対策になるようである．

　ペノブスコット川の中流域にあるハウランドダムは取り除かれないが，魚類の通過しやすいバイパス水路をダム横に取り付けることになっている．そのため，ダムの通水量が足りなくなり発電は不可能になる．ハウランドダムは，建造物として残しておくものの，発電の機能を果たさないダムで，ダム全壊を希望する過激な環境論者もダムを残して発電を続けたいと考える電力会社のどちらも譲歩した例である．

　日本では，堤体を残していることで上流からの土砂の流出を止めるなどの効果があり，そのことでダムの機能の一部を使用年限より長く保てるメリットがあるために，壊すことに積極的でない．

　一応，上流の魚類の正常な生活史の維持のため，堤の一部に魚道をつけることが日本でも事業化されている（口絵 12）．低い堤体に魚道をつけることは魚類保全のために良策だとされてきた．しかし，日本の魚道は生態系の保全の視点からするといささか中途半端なものが多い．魚道は海から遡上してくるアユなどの回遊魚の遡上にはほぼ 90％以上が有効であることから，ア

ユが代表的な日本の河川では生物資源確保のためにこの魚道方式がとられている．しかし，アユだけの保全ではなく，生態系の保全という生物多様性の視点で流域の資源保護を考えるならば，これまでの魚道は技術的に改善しなければならないだろう．

　この稿で記述した日本の多目的ダムのほとんどが建設後50年未満が多く，構造物の改築までは時間があるが発電や用水の権利の更新を迎える時期にはいずれ問題は起こるだろう．何をしたらいいか，広い知識が求められるはずである．

参照文献

Holbrook, C.M., Zydlewski, J., Gorsky, D., Shepard, S.L. and Kinnison, M.T. (2009) Movements of prespawn adult Atlantic salmon near hydroelectric dams in the lower Penobscot River, Maine. *North American Journal of Fisheries Management* 29: 495-505.

森下郁子（1973）ダム湖の底生動物による類別．『陸水学雑誌』34: 192-201.

森下郁子（1983）『ダム湖の生態学』山海堂．

State of California, the Resources Agency (2006) *Hetch Hetchy, Restoration Study.*

U.S. Army Corps of Engineers (2004) *Draft Environmental Impact Statement/Environmental Impact Report (F-5 Milestone) for the Matilija Dam Ecosystem Restoration Project.*

Part II

ダム湖生物群集の特徴と分類

　ダム湖の中で生物がさまざまな関係を織りなしながら生きている．その生物たちは，ダム湖のさまざまな物理化学的環境因子の影響を受けながら，それぞれの生物群集を構成し，また，その群集は物理化学的環境に相互的に影響する．この Part II では，ダム湖の管理のうえでなぜダム湖内の生物群集が問題となるのかを，まず第4章で述べる．続く第5～7章では，プランクトン，魚類そして鳥類の群集がダムによってどのように，そしてなぜ異なるのかを検討する．この第5～7章の解析では，ダムの管理の過程で得られた生物調査データを利用している．このデータの活用やそれを用いた環境評価の方法論的な議論も行うとともに，各ダムで行われている生物調査モニタリングの手法についても言及する．各ダムの調査結果を統一的・広域的に解析できれば，それは個々のダム湖の管理へもフィードバック可能な資料を得ることができるだろう．

[前頁の写真]

安波ダム(沖縄県,安波川水系)
　堤高 86m の重力式コンクリートダム(コンクリートを主要材料として使用してダムの自重で水圧に耐える形式のダム).脇ダムとして堤高 32m のロックフィルダムがある.湛水面積 83ha.総貯水容量 18,600 千·m^3.
　沖縄本島ではすでに絶滅してしまったリュウキュウアユ(本来は奄美大島と沖縄本島に生息)が,個体群の残存している奄美大島より沖縄の複数のダムに再導入されている.安波ダムはそのうちの一つであり,1994 年および 1995 年の放流の後,ダム湖に陸封化した個体群が継続して確認されている.(写真:内閣府沖縄総合事務局　北部ダム統合管理事務所)

第4章
ダム湖生物群集と生態系管理

4.1 ダム湖生物群集を解析する意義

　ダム湖管理のうえでなぜ**生物群集**が問題となるのであろうか？　ダム湖の管理といえば，洪水，利水に伴うダム湖湖水の管理であり，対象はあくまでも水そのものまたは水質である．ダム湖の生物群集は，モニタリング等の調査は行われているもののそれ自身が問題として取り上げられることは多くはない．しかし，もともと河川であったところにダム湖を建設したのであって，その新しくつくられたダム湖の生物群集が自然湖沼と違っていても全然問題はないと直ちにはいえないであろう．(a) 自然の保たれた河川環境の代替としてのダム湖環境が自然環境を保全できているかどうか，つまり，生態系の健全性を維持できているかどうかは重要であり，ダム湖生態系の生物群集も重要な検討対象となってくる．この場合，比較の基準となるのは自然湖沼の生物群集である．また，一つのダム湖の生物群集を対象とするだけでなく，流域に存在するダム湖群や河口堰の全体を一つの単位として，その中での生物群集の健全性を評価することも重要であろう．とくに水鳥群集では，その構成種の生息環境への要求は多様であり，一つのダム湖を対象とする評価では不十分な場合が多い（第7章参照）．移動能力の高い水鳥群集では，とくに，流域全体を評価の対象とすることの妥当性は高いであろう．これについては後に検討する（13.1.3項，13.2.2項参照）．

　ダム環境を考えるときに生物群集を検討しなければならない別の重要な側

面として，(b) 生物群集と水質との関係がある．水質問題は，ダム湖がもつ環境問題群の中でも中心的なものであるが，基本的にはダム湖水の物理的な管理により解決しようとされている．しかし，生物群集は水質と重要な関係性をもつ．もちろん，水質の重要項目であるクロロフィル a (Chl a) 量は，生物群集の一部である植物プランクトンの量的表現だから直接的関係を持つのは自明であるが，生物群集の他の構成員と植物プランクトンとは生物相互作用を持ち，当然ながら Chl a 量に対しても影響を与える．この場合の生物相互作用は，直接的な食う-食われるの関係であり，「栄養カスケード効果」(コラム 3 参照) と呼ばれるものである．簡単に述べておくと，植物プランクトンを動物プランクトンが摂食し，それをプランクトン食性魚類が摂食し，更にそれを魚食性魚類が捕食するというものであり，とくに湖沼環境など閉鎖性の高い水域においては，それぞれの密度に対して大きな相互作用を示す場合が多い．つまり，水質 (ここではとくに Chl a 量) に対し，生物群集がその相互作用を介して大きな影響を持つ可能性がある．その中で要となるのが，植物プランクトンを摂食する動物プランクトンであり，中でも大型のミジンコ類は濾過能力が高い (つまり植物プランクトンを多く摂食する) ために重要である (4.2 節)．

　ダム環境を考えるときに生物群集を検討しなければならないもう一つの側面として，(c) 流域にダム湖が出現することが持つ流域全体の自然環境への影響が挙げられる．ダム湖水の水質は下流河川環境に影響を与えるが，先に述べたように水質に対し生物群集内の相互作用が大きな影響を与えており，結果として生物群集そのものも流域環境に影響を与えているといえよう．このよく知られた関係以外に，流域にもともとなかった大規模止水域が出現することの意義を検討する必要がある．例えば，水鳥類に対するこの大規模止水域出現の影響はどうかということである．河川環境の一部が消失し，それまでになかった大規模止水面が形成され，水鳥類の一時的滞在場所や繁殖場所が出現することになる評価である．それは，ダム湖水中の生物についてもいうことができる．例えば，ダム湖に放流されたアユ *Plecoglossus altivelis altivelis* に混入してホンモロコ *Gnathopogon caerulescens* (本来の生息域である琵琶湖では絶滅に瀕している) なども放流され，そのダム湖で個体群を確立して

いる場合などである．また，東日本には自然湖沼は多いが，西日本では少ない．このことからも西日本では，人為的につくられたダム湖が湖沼に生息する生物群集の種多様性の保持において重要な役割を果たしているといえる．その評価を行う必要がある．

上記した (a) ～ (c) が，ダム湖において生物群集を問題としなければならない幾つかの観点である．以下に詳しく検討する．

4.2 ダム湖生物群集とその相互作用

4.2.1 湖沼の生物群集と生態系

以上述べてきたように Part I でみてきた環境構造の違いに対して，Part II の本章以降第 5～7 章では，ダム湖と自然湖沼とでは生息する生物群集の特性についてどのような違いがあるのかを念頭におきながら，ダム湖生物群集の類型化およびダム湖間の違いをもたらす要因を解析する．

ここで，これまで"**生物群集**（あるいは単に**群集**）"という生態学用語をとくに断ることなく用いてきたが，その詳しい説明をしておく（コラム 2 参照）．ある一定空間内に生息する生物すべてを指して，生物群集 biological community と呼ぶが，歴史的にはその構成要素間でなんらかの関係があることを想定して述べる場合が多いといえよう．例えば，カキ礁に生息する生物全体を指してビオチェノーシス（biocoenosis：生物群集）と呼ぶこともあった．この生物群集の構成者としては，光合成を行う**一次生産者**やそれを摂食する動物プランクトン（一次消費者）とその捕食者である高次消費者などが挙げられる．また，場合によっては，植物プランクトン群集と関係する一部だけで構成されるものを指すことも多い．ここで同じ生物群集構成者といいながら一次生産者や動物プランクトンと高次消費者では，環境構造の違いに対する反応は当然異なり，また，生物間相互作用もあることから，個別に検討する必要がある．

湖沼生態系では，第 2 章でみてきたような一次生産者として，沖合に浮遊

Part Ⅱ　ダム湖生物群集の特徴と分類

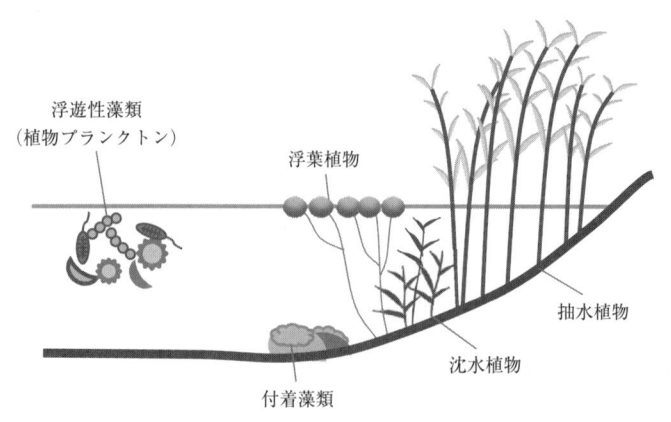

図 4-1　湖沼における一次生産者
沿岸帯には抽水植物，沈水植物，浮葉植物といった維管束植物および付着藻類が，沖合では浮遊性藻類が主な生産者である．

性藻類の植物プランクトンが分布し，沿岸帯では湖底基質表面の付着藻類および水生**維管束植物**が分布している（図 4-1）．浮遊性の動物プランクトンや沿岸帯の巻貝類など**従属栄養**の**一次消費者**（動物）が利用できる有機物の**生産者**としては，リグニンなど難分解性有機物を持つ水生維管束植物に比べ，その消化しやすさと高い窒素含有量から微細藻類の方が餌として優れており，多くの場合，微細藻類が湖沼生態系の食物連鎖の出発点となる（Allan 1995）．一次生産者を第 1 **栄養段階**とすると従属栄養の一次消費者（動物）が第 2 栄養段階，これを更に高次の消費者が捕食して第 3〜4 栄養段階となり食物連鎖が長くなっていくが，一つの種が必ずしも一つの栄養段階に属する生物種を食べるわけでもなく，複数の栄養段階にわたって生物を摂食する場合（雑食者と呼ぶ）も多い．よって**食物連鎖**は実際には**食物網**と表現した方がよいような複雑なものとなっている．この中で高次の消費者（捕食者）は，一般的に魚類や鳥類となる（ただし，ゲンゴロウ等のように，昆虫類であるが高次の消費者となる場合もある）．

4.2.2　生物間相互作用とダム湖生態系

十分な栄養塩類がある（富栄養）条件でも，動物プランクトン食魚の消失

など何らかの理由により，アオコを形成する植物プランクトンを摂食する *Daphnia pulex* や *D. longispina hyalina*，*D. obtusa*，*D. pulicaria* 等の大型のミジンコ類の個体数が増加するとアオコ発生を抑えるということもある（花里 1998, 2006）．アオコを形成する藍藻類の *Microcystis aeruginosa* は，ミクロキスティンと呼ばれる毒素を生成する．この毒素は大型のミジンコ類に対しても成長率や生存率の低下など負の影響を与えることが知られている（Demott et al. 1991; Demott 1999; Ghadouani et al. 2004）．しかし，ミジンコ類がアオコの摂食により完全に死滅することはない．霞ヶ浦や米国 Mendota 湖，オランダ Zwemlust 湖ほかの多くのバイオマニピュレーション実験（コラム3参照）で見られるように，アオコが発生するような富栄養湖でも何らかの理由で動物プランクトン食性の魚類や無脊椎動物の個体数が激減するとこれら大型ミジンコ類の個体数が増加し植物プランクトンを摂食してアオコ発生を抑えることが知られている（Vanni et al. 1990; Meijer et al. 1999; 花里 2006；コラム3参照）．これらより，富栄養湖でもアオコ形成種の密度が比較的低い段階（季節）で大型ミジンコ類による摂食圧がかかるとアオコ形成が阻止されるものと考えられる（Ghadouani et al. 2004）．

　動物プランクトン食性の魚類を除去するなどのバイオマニピュレーションによりアオコ形成が阻止された場合，レジームシフト（コラム11参照）を示す二つの平衡状態があり得る．温度成層することのない浅い富栄養湖で，アオコ発生のない状態にいったん戻れば，後は安定的にその状態を維持できるといえる．ただし，温度成層の起こる深い湖では，レジームシフトを示す二つの平衡状態の存在は保証されておらず，アオコ形成が阻止されている状態を維持するためにはバイオマニピュレーションによる動物プランクトン食性の魚の個体数制御等を続ける必要があるとされている点には注意が必要である（Mehner et al. 2002）．日本の湖・ダム湖は一般に温度成層が起こるが，ダム湖の場合はダム湖水管理により動物プランクトンによる植物プランクトンへの栄養カスケード効果（Bronmark and Hansson 2005）を低下させる効果がある可能性がある．適切な水管理を続けることで，アオコ形成が阻止されている状態を維持することは可能であろう．

　水生生物は，その生息場所を自由に選ぶことはできず，流域の水系のつな

がりに制限された中でその生息場所が限定される．ダム湖に生息する水生生物は，地形的・物理化学的要因とともにダム湖の水管理方法に依存して生息することになる．

とくに植物プランクトンや動物プランクトンなど低次生産系の生物は，地形的・物理化学的過程とともにダム湖水管理方法に対しても依存的で一方的な影響を受ける．ダム湖内においても自力で生息場所を選ぶことはできない．ただし，植物プランクトンでも動物プランクトンでも日周的な上下運動は可能であり，とくに動物プランクトンではその能力は著しいものがある．この上下運動能力が，ダム湖の水管理方法と絡んで動物プランクトンの現存量に大きな影響を与える場合もある．

自然湖沼でみられる植物プランクトン量に対するプランクトン食性の魚類・魚食性の魚類の栄養カスケード効果が，ダム湖においても見られ，ダム湖の特性からより強く効いている可能性がある．

植物プランクトンに対するダム湖の水の交換率（回転率）は，流れダム以外は大増殖を可能とするレベルにある（第8章参照）．しかし，動物プランクトンについても同様の効果を考える必要がある．動物プランクトンは増殖速度が植物プランクトンよりも遅いため，植物プランクトンが増殖できる限界より遅い回転率でないと個体群を維持できない．出水などで流入水の量が増大して，湖水位が急に上昇した場合，植物プランクトンも動物プランクトンも薄められる．その時，植物プランクトンは速やかに増殖できるのに対し，動物プランクトンの増殖は遅れをともなうので，その間植物プランクトンの増大を招くことになる．動物プランクトン食性の魚類や魚食性の魚類は，遊泳能力が高く流出から回避することができるため回転率が大きくても個体群を維持できる．出水時に放流量が増大した場合には，動物プランクトンは流失してしまうのに対して，動物プランクトン食性の魚類は流出しないので，相対的に動物プランクトン密度が低くなり，動物プランクトンに対する捕食圧が高くなる．その結果植物プランクトンの増大を招くことも考えられる．これらのことがアオコの増大を招いている可能性を考慮する必要がある．

また，日常的なダム湖の放流において，ダム堤体中層・下層からの放水を行うとダム湖の中層から下層にかけて日中分布すると考えられる動物プラン

クトンをダム湖より選択的に放出することになる (Horne and Goldman 1994). 動物プランクトンの日周鉛直移動は，海洋・淡水域を問わず普遍的な現象としてよく知られている (Zart 1976; Orcutt and Porter 1983; Bollens and Frost 1991; Ringelberg 1999). 一般的に動物プランクトンは日出になると表層から下層へ移動し始め，昼間は十数 m から数十 m 下層へ止まり夕方日没から徐々に表層へと移動するというパターンを示す．この鉛直移動に対する適応的意義に関しては，捕食者回避説，代謝エネルギー節約説など諸説が有るが，同じ動物プランクトンでも捕食性のオキアミ類やアミ類などが多く生息する場合は，捕食者をさけるように食べられる側の動物プランクトンが，昼間表層に止まるという捕食者とは逆相の日周鉛直移動を示す場合もあることから，捕食者回避説が有力である (Ohman et al. 1983). このように，ダムのオペレーションとして，とくにミジンコ類の大きなサイズの成体などが出現する夏期，洪水容量を空けるための放流などを中層や下層から行うと昼間下層へと移動しているこれらのミジンコ類に対して大きな打撃を与えることになる．このことはミジンコ類がもつ栄養カスケード効果を著しく損ない，アオコの大量発生を引き起こしている可能性がある (花里 2006). ダムのオペレーション等による水位の変動パターン (1.2.3 項，1.6.1 項参照) が，アオコ出現と密接に関係している可能性もある.

　水位変動が大きいダム湖は，その生態系の中位の動物群 (動物プランクトン) の個体群の維持に不利に働く．自然湖沼に比べこの動物群 (動物プランクトン) に対するカスケード効果が強く働き，逆に，植物プランクトンの増殖を許す結果となろう.

　ダム湖水特有の交換速度に依存した植物プランクトンの増殖効果を抑えるために，表面放水やプランクトン食魚・若齢魚が動物プランクトン食性と考えられるオオクチバス *Micropterus salmoides* の管理も検討する必要がある (Carpenter and Kitchell 1993).

　動植物プランクトン等低次生産系生物に比べ，水生生物のなかでも高次消費者である魚類は，その遊泳力に依存するがダム湖に生息するものでもそこへ流入する河川の上流へ移動することは可能である．地形的・物理化学的要因やダム湖の水管理方法からも制限を受けるが，やはりその遊泳力からダム

湖内での生息場所を自力で選択することが可能である．そこで捕食者としての魚類の存在が低次生産系の生物群集の構造に大きな影響を与えている場合もある．とともに，食う-食われるの生物相互作用を介して低次生産系の生物の生息そのものからも制限を受けている．

一方で水生生物とは異なり，鳥類は生息場所を選ぶ能力がある．中でも渡り鳥類は季節的な飛来を行うことで頻繁にダム湖や自然湖沼を一時的生息場所として選んでいるのである．また，その間，つねにダム湖や自然湖沼に止まり，餌場として利用する場合だけではなく，餌場は離れた陸域にあり一時的な休息場として湖を利用する場合も考慮する必要がある．

4.3 ダム湖生物群集と管理目標

ダム湖と自然湖沼の生物群集の構造と動態の違い，あるいはダム湖間の違いから各ダム管理による制限や，運用による最適管理の可能性を検討できるだろう．

ダム湖には，さまざまな問題が生じる．例えば，代表的なものとして，富栄養化，カビ臭，濁水長期化，冷温水などが挙げられる（巻末付表1）．これらの問題群とその解決策は，ダム湖の水管理という点では相互に関連しており，これを矛盾なく解決しなければならない．

これら提起された環境問題群を解決することがダム湖の管理目標となるが，ダム管理者はこれまでダムなどを建設するときに多くのところで行われてきた環境影響評価とは異なった問題に出会うことになる．

環境影響評価では，人為的な環境改変が環境に与える影響に対する評価を行っていく．流水環境中にダム湖という止水域を形成することが環境改変であるが，そのこと自身に対しては"環境の消失"ということで環境影響評価での検討対象とはなっておらず，ダムが建設される以前の河川環境を維持することがダム湖が形成された後にもダム管理事務所の管理目標となる．その代表的なものは，冒頭に述べたようにダム湖湖水の水質の維持である．いわゆるアオコ対策に代表されるものであり，これまでに述べてきたように，そ

れは本質的には生物群集・生態系の問題となり，その保全ということになる．それはこれまで多く行われてきた環境影響評価における保全目標を大きく超えた生態系の健全性の保全という管理目標を設定することになる．これは環境影響評価について考えられてきたこと以上に複雑な問題群である．

これまで日本国内において行われてきた自然環境の保全修復の段階として，まず，

(1) 環境管理から生物種の保全を行う段階．環境保全による重要種・希少種等の保全

が挙げられる．その後，生態系全体の保全を目指すということから，

(2) 上位種・普通種・特徴種という生態系を特徴づける種の保全を行う段階

へと進んできた．この段階は，環境改変の対象となる地域から上記の上位種・普通種・特徴種という生態系を特徴づける種を複数選定し，それらへの影響評価を通して生態系全体の評価を行うというもので現在採用されている手法である．

例えば，トキ *Nipponia nippon* やコウノトリ *Ciconia boyciana* などの高次捕食者（上位種）が十分に生息できるところでは，その下位の栄養段階の生物群集（普通種や特徴種）も正常に保たれているであろうという環境評価手法（(2)の段階の上位種を評価対象とする場合）である（内藤・池田 2009）．それは高次捕食者の生息密度とその移動範囲により大きく変わるものであり，また，食性が比較的単純な餌種に依存していないことの保障，また，どのくらいの餌量が必要かなどの評価も必要であり，結局のところ，積み上げ，つまり，ボトムアッププロセスがある程度定量的に明らかになっていないとその地域の生物群集を精度高く評価できる手法ではない暫定的なものといえよう．

第6章では，この(2)のレベルの環境保全目標を生態系を特徴づける三つのタイプの保全だけではなく，多数種を対象として拡張し生息環境特性を数値化，その群集組成により生息環境をより詳細に評価する手法を紹介する．この生息環境評価基準をもとに複数のダム湖を分類し，自然湖沼の持つ環境特性との対比を行うことでダム湖の環境評価を行うことが可能となる．

前述したように，建設後のダム湖等のフォローアップにおける環境保全目標は，実際に実現できているかどうかは別にして，更にその先を行っており，

(3) 生物群集・生態系レベルの保全を行う段階（生態系の高い健全性を保全する段階）

にある．

生態系の保全には，その生態系を構成する生物群集の保全が必要であり，この章の最初に述べたように，ダム湖の生物群集を対象としなくてはならなくなるのである．つまり，生物群集管理を通したダム湖生態系の保全を考える必要がある．この生物群集管理に対して重要な生物群集の機能は，4.2 節で述べたように栄養カスケード効果であり，以下の (a)，(b) のように，この管理により (3) のレベルの保全を行うことになる．

(a) 種間相互作用を利用した生物群集の保全：栄養カスケード効果（コラム 3 参照）等

更に，生態系の健全性を検討する場合，後で詳しく述べることになるが，生態系の「レジームシフト」を考慮する必要がある．この生態系のレジームシフトについては，コラム 11 に述べられているが，要は生態系には幾つかの定常または安定状態があるということである．水域生態系の場合，生態系の健全性の観点からいうと，この複数の安定状態が生態系の健全性の高い場合と低い場合に対応する場合が多いようである．この異なった安定状態の間を行き来することを生態系の「レジームシフト」と呼ぶ．この現象は陸上生態系を含む多くの生態系で確認されている (Scheffer et al. 2001)．その中でも水域生態系の場合は，このシフトを引き起こす要因として，生態系への栄養塩類または有機物の物質負荷量の変化が挙げられる．大量の物質負荷は，健全な生態系から不健全な生態系へのレジームシフトを引き起こすが，いったん転移が起こると少々負荷が減少しても元の健全な生態系の状態に戻りにくいというヒステリシス現象が起こる．ヒステリシス現象の起こる要因として考えられるのは，生物群集のある要素が環境改変またはある程度の物質負荷

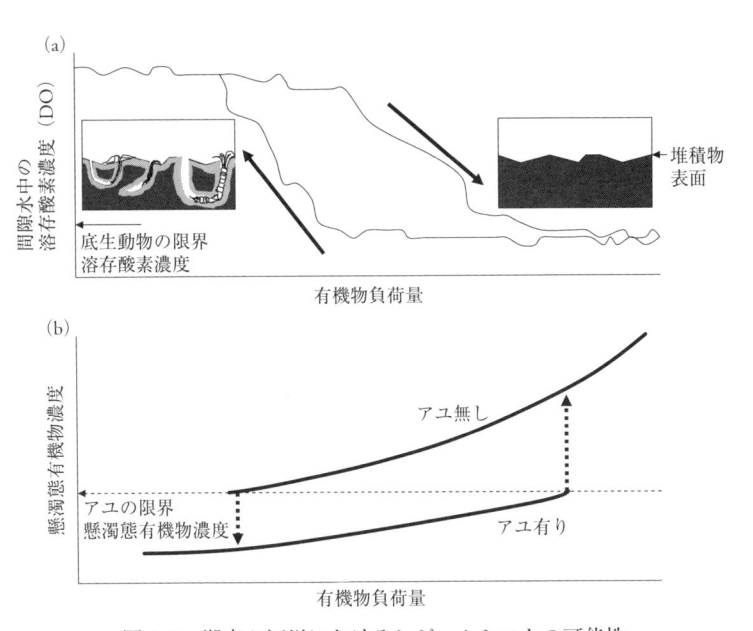

図 4-2　湖底や河川におけるレジームシフトの可能性

(a) 有機物負荷量が増大すると湖底堆積物の間隙水中の酸素濃度は底生動物が生息する間はある程度の濃度を維持できるが，ある限界を超えると急激に低下する．逆に，有機物負荷量が大きい段階から徐々に減少するときは，なかなか間隙水中の酸素濃度は上昇せず，かなり負荷量が減り溶存酸素濃度が高くなり底生動物が再び定着するようになると急激に回復すると考えられる．貧毛類など埋在性の底生動物がいる負荷量の少ない段階（左図）と，負荷量が多くなり底生動物がいなくなっている段階の湖底堆積物の断面図（右図）を示している．黒色は還元層を表し，灰色は酸化層を表している．
(b) 河川に有機物負荷がかけられている場合，アユが生息できる限界懸濁態有機物濃度以下だとアユが付着藻類を摂食し，懸濁態有機物濃度の増大を抑えているが，限界懸濁態有機物濃度を超えるとアユが生息できなくなり，付着藻類の現存量が増大し，その剥落による懸濁態有機物濃度が急速に増大すると考えられる．

に対して，健全な環境状態を維持する能力を持つ場合を挙げることができる．
　例えば，埋在性の底生動物で湖底の底泥に縦穴をつくり生息場所とするものがいる（図 4-2 (a)）．この底生動物は，底泥直上から酸素を含む新鮮な水を縦穴へ取り込む換水行動をつねに行う．この行為は底生動物自身への酸素供給を行うとともに，その生息環境である底泥に対して，その間隙水の溶存

酸素濃度を増大させる効果を持つ (Lindebloom et al. 1982). 底生動物が底泥に生息することにより，積極的に生息環境としての底泥の嫌気化を防いでいることになる．底生動物が生息しない状態では底泥中への酸素供給は，溶存酸素の分子拡散による供給しかない．その供給速度は，バクテリアによる底泥に含まれる有機物の分解に伴う酸素消費速度に対し圧倒的に小さい．この供給と消費のバランスで底泥表面から数ミリ程度の深さの間隙水にしか溶存酸素が含まれないことになる．つまり，このような底生動物は自己の生息環境（とくに溶存酸素環境）を好適に維持する能力があるといえる．この時に底泥への有機物負荷が起こったとき，ある程度のレベルまでは底生動物のこの生息環境維持能力により，底泥中の溶存酸素濃度は維持される．しかし，有機物負荷速度の増大に伴い，バクテリアによる底泥中の有機物分解に由来する大量の酸素消費が起こり，底泥直上水の溶存酸素濃度は低下する．この濃度が底生動物の生息限界まで低下すると底生動物は死滅する．いったん底生動物が死滅すると底生動物による底泥への強制的な酸素供給が途絶し，底泥中の間隙水の酸素濃度が急激に低下して嫌気的分解過程が進むことになる．その後，有機物負荷速度が減少したとしても，底生動物が生息できない溶存酸素濃度が底泥間隙水中に維持され，底泥直上の環境水中の溶存酸素濃度が，底生動物の生息限界値よりもかなり高くならないと底生動物が定着できる底泥間隙水中の酸素濃度を回復できないであろう．この差が，有機物負荷速度が減少したとしても底生動物が直ちに回帰できない底泥中の嫌気的環境の保持というヒステリシスを形成することになる．逆にいうとこの底生動物の生息環境維持能力が，多少の有機物負荷増大に対しても現状を維持しようとする抵抗力の源泉となっている．

　これが生態系のレジリエンス（コラム 9 参照），変化への抵抗力＝復元力である．この例では，多様な底生生物種がいると多様な環境維持能力を生物群集が持つことができ，環境変化への抵抗力が高まると考えられる．

　また，河川生態系のアユ（口絵 14 左）などでも同様のことがいえる（図 4-2 (b))．**両側回遊性藻類食魚アユの礫表面に付着する藻類の摂食形式**は，アユのはみあと（口絵 14 右）としても有名であるように，剥ぎ取り型である．一般に石を磨くといわれ，四万十川などでは春先，稚アユの遡上がはじまると

図 4-3　両側回遊性藻類食魚であるボウズハゼ（写真：鹿野雄一）

河床の色が黒く変わり，それが下流から上流へと広がっていくという．この礫を磨くことにより，藻類の過剰な付着を防ぎ，結果として，細泥などの無機物の礫表面における蓄積を抑えているといえる．流域の土地利用の変化やダム湖により濁水が続き，この細泥などの礫表面における蓄積が進むと今度は逆に藻類の成長を抑え，藻類食者の餌としての質の低下を引き起こす．その結果，アユの生息を困難にしていく可能性がある．いったんアユの生息が困難になると礫を磨くことがなくなり，大中出水時以外では細泥などの礫表面における蓄積が進行するという悪循環が続くことになる．濁水の程度が低下しても，直ちにアユが移入してくるとはいえない．大中出水などのイベントの後でのタイミングでアユ個体群の回復が予想される．ここで，強力な藻類食魚の生息する生態系といない生態系とのレジームシフトの可能性が示唆される．多くのアユ個体の寿命は 1 年であり，このレジームシフトの説明がやや難しくなるが，少なくとも数年の寿命を持つ同じく両側回遊性の強力な藻類食魚であるボウズハゼ（図 4-3）ではよりはっきりと説明することができる．

　この藻類食魚による餌環境の維持も生態系のレジリエンスとなる．この例では，多様な藻類食魚がいると高い環境維持能力を生物群集が持つことがで

き，環境変化への抵抗力が高まると考えられる．

　(b) 生態系のレジリエンス強化による保全：生態系内の生物群集の管理による物質循環の制御．つまり，生物群の持つ生息環境維持（生息場所構築維持）能力の保全は，本来の持続的な生態系保全管理へと結びつく．

　ダム湖のアオコ問題では，自然湖沼においてよく示されているタイプの抽水植物の底泥被覆による底泥からのリン溶出の制限機能の有無によるレジームシフトではなく，自然湖沼においても起こるが，動物プランクトン食魚の導入による栄養カスケード効果によるアオコ出現のコントロールが重要となろう．これも一つのレジームシフトと呼ぶことも可能であろう．動物プランクトンの密度減少に伴うアオコ抑制機能の低下ととらえることが可能だからである．

　以上のようにダム湖の生態系の健全性保全を管理目標とすると，必然的にそれは**生物群集管理**という概念の導入へと結びつくのである．その実行においては，不確実性を念頭に置いた，実行しながらモニタリングと評価を行いフィードバックするという**順応的管理**（adaptive management）手法が有効である（松田 2000）．ただし，この管理法を実行するとき，対象となる生態系が**線形**系であれば問題はないが，**非線形**系であった場合，上記したレジームシフトが存在する可能性が出てくる．注意を要する点である．

　また，以上に述べた(1)から(3)への自然環境の保全修復の段階といっても重層的な評価体制となるであろうし，種の保全といったとき，対象となる地域個体群の保全ということであり，生息場所の破壊の度合いによる個体群サイズの変化の割合で評価している．それをもう一歩進めて，個体群存続確率分析による評価が重要となってくるであろう．

　個々の種個体群の存続について，例えば淡水魚などの河川性生物を対象としたとき，遺伝的独立性を考慮して，流域の中でも支流単位で保全すべきという議論もあるが，現実的ではないであろう．最善の策はそれとして，少なくとも遺伝的交流の可能性のある範囲をその単位と考える必要がある．つまり，流域単位である．しかし，そのように考えると両側回遊性の生物の場合，

その存続の単位が流域を超えることになる．この点では，より厳しい設定となるが，流域単位での存続を考慮するほうが，次善の策ではあるがより現実的であろう．以上のように，個体群存続の単位を流域単位と考えることは現実的な選択であり，暫定的であるのは論を待たない．また，流域がダム湖等で分断化された場合，分断化された集団ごとに個体群存続確率の評価を行うことになる．

以上のように，今後 (1) から (3) の重層的な生物群集管理に基づく環境影響評価体制とともに，種の保全について，個体群存続の確率による個体群評価とそれに基づく種個体群の保全へと進む必要がある．また，調査時間を要する個体群存続の確率推定による個体群評価については，その簡易的評価手法についても後に紹介する（第12章）．

参照文献

Allan, J.D. (1995) *Stream Ecology*. Chapman & Hall.
Bollens, S.M. and Frost, B.W. (1991) Diel vertical migration in zooplankton: rapid individual response to predator. *Journal of Plankton Research* 13: 1359-1365.
Bronmark, C. and Hansson, L.-A. (2005). *The Biology of Lakes and Ponds,* 2nd ed. Oxford University Press.
Carpenter, S.R. and Kitchell, J.F. (1993). *The Trophic Cascade in Lakes*. Cambridge University Press.
Demott, W.R. (1999) Foraging strategies and growth inhibition in five daphnids feeding on mixtures of a toxic cyanobacterium and a green algae. *Freshwater Biology* 42: 263-274.
Demott, W.R., Zhang, Q.X. and Carmichael, W.W. (1991) Effects of toxic cyanobacteria and purified toxins on the survival and feeding of a copepod and three species of *Daphnia*. *Limnology and Oceanography* 36: 1346-1357.
Ghadouani, A., Pinel-Alloul, B., Plath, K., Codd, G.A. and Lampert, W. (2004) Effects of *Microcystis aeruginosa* and purified microcystin-LR on the feeding behavior of *Daphnia pulicaria*. *Limnology and Oceanography* 49: 666-679.
花里孝幸（1998）ミジンコが湖の水質を浄化する．『化学と生物』36: 306-308.
花里孝幸（2006）『ミジンコはすごい！』岩波ジュニア新書，岩波書店．
Horne, A.J. and Goldman, C.R. (1994) *Limnology,* 2nd ed. McGraw-Hill.
Lindebloom, H.J., De Klerk, H.A.J. and Sandee, A.J.J. (1982) Mineralization of organic carbon on and in the sediment of Lake Grevelingen. *Netherlands Journal of Sea Research* 18: 492-510.

松田裕之（2000）『環境生態学序説』共立出版.

Mehner, T., Benndorf, J., Kasprzak, P. and Koschel, R. (2002) Biomanipulation of lake ecosystems: successful applications and expanding complexity in the underlying science. *Freshwater Biology* 47: 2453−2465.

Meijer, M-L., de Boois, I., Scheffer, M., Portielje, R. and Hosper, H. (1999) Biomanipulation in shallow lakes in The Netherlands: an evaluation of 18 case studies. *Hydrobiologia* 408/409: 13−30.

内藤和明・池田　啓（2009）農業生態系の修復：コウノトリの野生復帰を旗印に．大串隆之・近藤倫生・椿　宜高編『シリーズ群集生態学6　新たな保全と管理を考える』pp. 129−158，京都大学学術出版会.

Ohman, M.D., Frost, B.W. and Cohen, E.B. (1983) Reverse diel vertical migration: An escape from invertebrate predators. *Science* 220: 1404−1407.

Orcutt Jr., J.D. and Porter, K.G. (1983) Diel vertical migration by zooplankton: Constant and fluctuating temperature effects on life history parameters of *Daphnia*. *Limnology and Oceanography* 28: 720−730.

Ringelberg, J. (1999) The photobehaviour of *Daphnia* spp. as a model to explain diel vertical migration in zooplankton. *Biological Reviews* 74: 397−423.

Scheffer, M., Carpenter, S., Forey, J.A., Fokes, C. and Walker, B. (2001) Catastrophic shifts in ecosystems. *Nature* 413: 591−596.

Vanni, M.J., Luecke, C., Kitchell, J.F. and Magnuson, J.J. (1990) Effects of planktivorouse fish mass mortality on the plankton community of Lake Mendota, Wisconsin: implications for biomanipulation. *Hydrobiologia* 200/201: 329−336.

Zart, T.M. (1976) Vertical migration in zooplankton as a predator avoidance mechanism. *Limnology and Oceanography* 21: 804−813.

コラム2　生態系とは？

　生態系 ecosystem という用語は，英国の A.G. Tansley が1935年に提唱したものである（Tansley 1935）．しかし，その概念は古くにさかのぼることができる．1877年，ドイツの K. Möbius はカキ群集についてビオチェノーシス biocoenosis と呼び自然を全体としてみる考え方をすでに提示している（Odum 1971）．また，生態系を一個の超有機生命体としてみる極端に全体論的な考え方も一時期あった．

　しかし，現代において，Odum (1971) は，「ある地域の群集が物理環境と相互作用を持ち，エネルギーの流れがシステム内にはっきりとした**栄養段階**，生物の多様性，物質の循環（生物と非生物部分間の物質の交換）を作り出すようなまとまり」を生態系と定義している．統一性を持った全体論的なものとして生態系をとらえるというよりは，ある程度任意の空間的広がりをもつある地域の群集と物理環境の相互作用系と考えられるようになったのである．

　具体的に生態系という場合，森林生態系，河川生態系，河口域生態系，また，海洋生態系等を思い浮かべることができる．ある有限の空間のなかで何らかの一次生産者（光合成を行う植物や化学合成を行う細菌類）がいて有機物を合成し，また，その有機物を分解してそのエネルギーを利用する分解者がいて，物質が循環しエネルギーが流れている系を基本的に生態系と呼んでよいであろう．その**一次生産者**を直接摂食する生食連鎖（一次生産者が植物である場合）や，有機物や分解者（この二つの複合体をデトリタスと呼ぶ）を取り込むデトリタス食連鎖に連なる多くの**従属栄養者**，捕食者などの高次消費者を含めたすべてが生態系となる（図 C2-1）．とくに栄養段階の上位にある捕食者になるとここに挙げた森林生態系や河川生態系など複数のタイプの生態系にまたがって分布し，その物質およびエネルギーを広く利用していることも多くなる．よって，ある生物種の属する生態系の空間的広がりはある程度任意のものとならざるを得ないのである．

　また，「生態系の構造と機能」という用語を使うこともあり，この場合，一次生産者と分解者と食物連鎖を指して「構造」と，また，生産と分解過

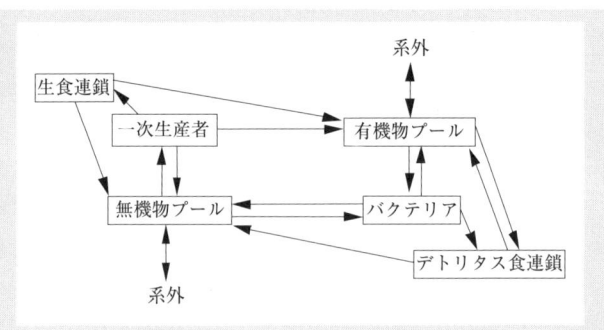

図 C2-1　生態系の構造概念図

程を物質循環とエネルギー流でとらえる場合を「機能」と呼ぶこともある．Odum (1971) は，生態系の機能について，①エネルギー回路（生食連鎖とデトリタス食連鎖），②食物連鎖，③（生物の分布や生物・非生物部分の相互作用により形成される種構成の）時間空間的多様性のパターン，④栄養塩類循環，⑤遷移と進化，⑥制御（生態系の恒常性），というように広く定義している．

近年では，人間が生態系を利用するという側面からの「生態系サービス」という概念も出てきている（コラム 13 参照）．多くの場合，上記したような生態系が本来持つ「機能」と人間に対して有益な「サービス」とを混同しているが，「生態系の健全性」の保全などを検討するうえでもこの二つをしっかりと区別する必要がある（コラム 9 参照）．

具体的に河川を対象として生態系を取り扱う場合，単位としては流域生態系が最適であろう．流域生態系は，その最上流部に森林生態系を持ち，その下流側に連続するさまざまな水域生態系により構成される．各水域生態系の構造は次の通りである．

・河川中流域：水中の分解部と底部の生産部（他の水域と逆転している）が密接に関係する．
・河川下流域：水中の生産部と底部の分解部が密接に関係する．
・沿岸域：水中の生産部と底部の分解部の関係性がやや希薄となる．
・外洋生態系：水中にも生産部と分解部の双方が機能し，海底の分解部との関係性が完全になくなる．大洋全体で見ると，底層と表層とは湧昇域で関係を持つ．

ただし，ここで河川上流域を含めていないのは，そこが多くの場合，独自の一次生産者を持たず，森林の一次生産物に依存する自立性のない系であるからである．河川生態系というよりは，森林生態系の一部と考えた方がよい．河川生物を摂食する捕食者（鳥類や哺乳類）などによる，この河川上流域から森林域への物質の環流は，その規模は小さいものの，とくにリンなどの物質については重要な経路であろう．また，1.5.4項でみたように，森林性の生産物の影響が吉野川のような規模の河川でも下流域まで及んでいるのは湿潤変動帯の河川に見られる重要な特徴である可能性がある．

河川生態系の構造的多様性は，有機物質の生産と分解のバランスにとって重要である．また，生態系の機能群を考えると機能群を構成する種の多様性は，環境変動に対する生態系の**復元力**（レジリエンス）を高める．よって，種個体群の存続の確率をある程度の高さに維持できる連続性等，流域内の水系構造を維持する必要がある．

更に，生態系の解析を行ううえで，直接的に同時にすべての群集の構成種を扱うことは著しく困難である．よって，生物群集をその生活型タイプで幾つかの「**機能群**」にわけて，その複数のサブグループ間の相互作用系として生態系全体を抽象化してとらえることがしばしば行われるようになってきた．この機能群の概念を用いることで比較的簡単に生態系を定量化することが可能となる．

例えば，よく用いられるのが摂食機能群である．河川生態系でいうと，底生藻類食性の刈り取り食者，水中の粒状有機物等を濾しとって食べる懸濁物食者，川底にたまった堆積懸有機物を食べる堆積物食者，また，これらの生物を食べる捕食者などである．環境影響評価法（1997年成立）に則っての評価で用いられる「上位種」，「典型種」，「特殊種」など幾つかの群にわけ「生態系」をとらえる手法も「機能群」によるものと同等である．

参照文献

Odum, E.P. (1971) *Fundamentals of Ecology*. WB Saunders Company.
Tansley, A.G. (1935) The use and abuse of vegetational concepts and terms. *Ecology* 47: 733–745.

コラム 3　栄養カスケード効果とバイオマニピュレーション

　湖沼における植物プランクトンの現存量（クロロフィル a 量：Chl a 量）と全リン濃度との間には強い相関が見られる（Vollenweider and Kerekes 1980）．しかし，回帰直線からのデータのばらつきも大きい．つまり，湖沼ごとに異なる要因によって Chl a 量が決定されていることを暗示している．湖水の回転率も Chl a 量決定に関する大きな要因の一つであるが，動物プランクトンや魚類などの栄養段階上位の生物による捕食効果が重要であることが明らかになってきた（Carpenter et al. 1985）．この食う-食われるの関係による間接効果のことを栄養カスケード効果と呼ぶ（図 C3-1）．

　古くは，ヨーロッパにおいて，魚の少ない池では大型の動物プランクトンであるミジンコ類が多く，同時に植物プランクトンの現存量が減少して透明度が高くなることや，逆に魚が多い池だとゾウミジンコなどの小型動物プランクトンが優先し植物プランクトンの現存量が増大して透明度が悪くなることが明らかにされていた（Hrbacek et al. 1961）．

　この栄養カスケード効果を検証するための実験が，近年北米ミシガン州北部の Tuesday 湖と Peter 湖の二つの湖において行われた（Carpenter and Kitchell 1993）．Tuesday 湖はプランクトン食のコイ科の小型魚類（ミノー）のみが高密度で分布していたが，このミノーを 90% 除去し，代わりに魚食性の魚であるオオクチバス *Micropterus salmoides* を導入した．このような操作をバイオマニピュレーションと呼ぶ．その結果，動物プランクトンは小型種からミジンコなどの大型種へと変化し，植物プランクトンの現存量が大きく減少した．一方，Peter 湖では優占種のオオクチバスを 90% 除去し，ミノーを導入した．結果として，ミノーが増加することはなかったが，残存していたオオクチバスが多くの若齢個体をうみ，これらが沖合で動物プランクトンを摂食し，結果として，植物プランクトンの現存量を増加させた．このように，野外操作実験により栄養カスケード効果が明らかにされている．

　北米ウィスコンシン州にある富栄養状態である Mendota 湖（湖面積 $40km^2$，1980 年代半ばまで，可溶性のリン濃度が約 $50\mu g/L$ であった）での例で

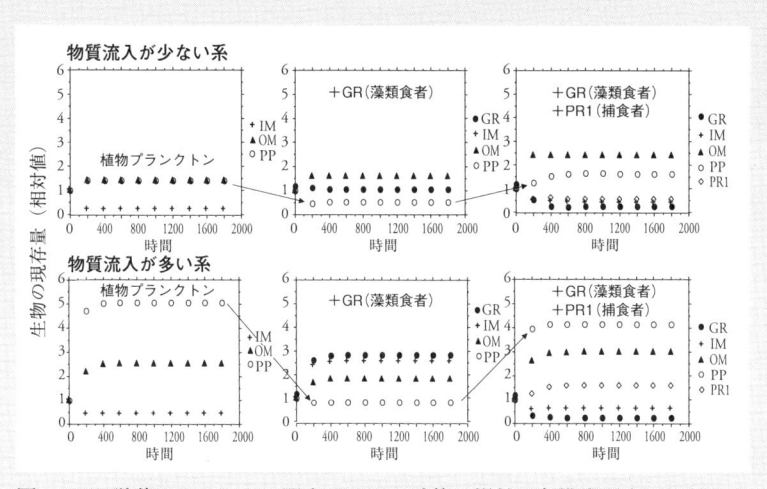

図 C3-1 栄養カスケードに関するモデル計算：縦軸は各構成要素の相対的な現存量，横軸は計算時間．
IM（無機栄養塩類），OM（懸濁態有機物），PP（植物プランクトン）により構成される基礎生態系モデル（左図）に対して，GR（藻類食者）（中図），およびPR1（捕食者）（右図）を加えて計算している．また，上列の図は外界との物質の出入りの少ない場合で，下列は出入りの多い場合の計算結果である．その際，モデルに関する各係数は同じである．藻類食者のいない条件では，植物プランクトンがかなり高い現存量を示すが（左図），藻類食者が加わるとその現存量がかなり低くなる（中図）．その藻類食者が，捕食者に捕食されると植物プランクトンが再び高い現存量を示す（右図）．また，物質流入が少ない系（上列の図）よりも物質流入が多い系（下列の図）の方が，植物プランクトンに対する藻類食者の効果は大きくなる．流入水量が多いために流入物質量が多くなるダム湖では，自然湖沼に対して，藻類食者の効果が大きくなる可能性がある．

は，1987年の8月から9月にかけての異常な暑さにより，動物プランクトン食性の魚種シスコ *Coregonus artedii* が大量死して（85%減），その後，大型のミジンコ *Daphnia pulicaria* が小型のミジンコ *Daphnia galeata mendotae* に代わり増殖し，植物プランクトンへの摂食圧を大きくした（Vanni et al. 1990）．その結果，植物プランクトン密度が前年の14〜22%へと減少し，アオコを形成する藍藻類（*Aphanizomenon, Anabaena, Microcystis*）も激減した．

日本においても，湖沼における栄養カスケード効果が明らかにされてい

る．十和田湖では，ヒメマス *Oncorhynchus nerka nerka* が重要な漁業資源であったが，1980年代初めにワカサギ *Hypomesus nipponensis* が十和田湖に導入され，1985年にその漁獲量が急激に増大したのである．それに呼応するかのように同時期ヒメマスの漁獲量が激減している．この2種は双方共に動物プランクトン食で餌を巡っての競争が起こり，ヒメマスがその個体群を激減させたと考えられた．ワカサギが導入される前は，植物プランクトンの多くが動物プランクトンのハリナガミジンコ *Daphnia longispina* に食べられ，この大型のミジンコをヒメマスが食べるという食物連鎖が成立していた．よって，高い透明度も維持されていたと考えられている．ところが，ワカサギが導入されるとその捕食により大型のハリナガミジンコの個体数が急激に減少し，小型のゾウミジンコ類が増える現象が起こった．ヒメマスは小型のゾウミジンコを食べることができずに減少した．一方でこのゾウミジンコは大きな植物プランクトンを食べることができず，結果として，植物プランクトンの現存量が増え透明度が低下したと考えられている（高村 2003）．

　もう一つの例は，日本で2番目に広い湖面積（172km²）を持つ平均水深約4mの浅い富栄養湖（汽水湖）である霞ヶ浦での例である（花里 2006）．霞ヶ浦と海との間に水門がつくられ，1960年代より淡水化が進み，1987年に在来のイサザアミ *Neomysis intermedia* が減少するという事態が起きた．これまで捕食されて，イサザアミの多い季節である秋から春にかけて少なかったゾウミジンコやワムシ類が多く出現するようになった．そして，1989年冬にカブトミジンコ *Daphnia galeata* が急に増加したのである．この増加とともにChl a 濃度がこれまで冬場でも 20μg/L あったものが 1μg/L 以下にまで減少し，また，透明度が 1m から 4m へと高くなった．

　ダム湖においてもこの栄養カスケード効果によるアオコの増加（または減少）が起こっている可能性がある．外来魚のオオクチバス自身は魚食魚であり動物プランクトン食魚類を捕食すれば，植物プランクトンの現存量を抑える方向の栄養カスケード効果が生じる可能性がある．しかし，問題はオオクチバスの若齢個体が動物プランクトン食であることである．そのため，全国のダム湖に釣魚として放流されたオオクチバスが，アオコ出現を促進している可能性がある．また，琵琶湖からの移入種で動物プランク

トン食であるホンモロコ Gnathopogon caerulescens の定着が報告されているダム湖もある．これらの移入種による栄養カスケード効果がアオコを促進していないかどうかを明らかにするために全国のダム湖で動物プランクトン相が小型化していないかどうかの検討が必要である．

ダム湖水の回転率と植物プランクトンと動物プランクトンの世代交代時間との関係で栄養カスケード効果が違ってくる可能性がある．横軸に湖水の回転率，縦軸に Chl a 量をとるとある回転率の周辺で Chl a 量が顕著に低くなる（図 8.6 参照）．これは栄養カスケード効果の湖水の回転率依存性を示している可能性がある．Chl a 量はその後再び増加しているが栄養カスケード効果を超える湖水の回転率の低下による植物プランクトンの増加が見られるのかもしれない．

また，ダム湖水の運用により，ダム湖生態系における栄養カスケード効果が変化している可能性もある．一般的に植物プランクトンは表層に分布しており，動物プランクトンは日周期的に表層と深い層とを鉛直移動することが知られている．昼中は，深い層にいて照度の変化速度が大きくなる明け方と夕方に表層へ移動することが多い．このように異なった分布特性をもつプランクトンに対し，ダム湖水の運用方法として，中層からの放水に固定すると動物プランクトンが選択的に湖水から除去されることになり，栄養カスケードによる植物プランクトンの増殖抑制効果を低下させることになる．また，上記した動物プランクトン食であるホンモロコ等の魚類は，遊泳力が強いので放水時に除去されることは少ないと考えられ，湖水の回転率にあまり影響されずに動物プランクトンへの摂食圧を維持することができる．よって，動物プランクトン食魚による動物プランクトンへの栄養カスケード効果は逆に強化されてしまう．これらのいずれも植物プランクトンの増殖へと導くのである．ダム湖水の運用方法を栄養カスケード効果の面から再検討する必要がある．

栄養カスケード効果により，湖沼生態系が透明度の高い状態からアオコが増加し透明度が低下する状態へと変化することは，いわゆるレジームシフトが起こったとして理解することも可能である（コラム 11 参照）．

しかし，このような生物相互作用が顕著に表れるのは，閉鎖性の強い淡水止水域のことだからであって，開放系である海洋ではこれほど顕著な効

果はみられない.**トップダウン効果**(栄養カスケード効果)に比べ**ボトムアップ効果**(一次生産者の生産量による制限効果)の方が大きくなるといえるのかもしれない.ただし,海洋でも岩礁海岸潮間帯など二次元的な平面空間に生息場所が限定される時,栄養カスケード効果によるトップダウン効果が顕著に表れる場合もある (Connell 1972).そのような場合,下位の栄養段階に属する群集の種構成決定に重要な影響を持つ種をキーストーン種 key stone species と呼ぶ (Paine 1974).

参照文献

Carpenter, S.R. and Kitchell, J.F., eds. (1993) *The Trophic Cascade in Lakes*. Cambridge University Press.

Carpenter, S.R., Kitchell, J.F. and Hodgson, J.R. (1985) Cascading trophic interactions and lake productivity: fish predation and herbivory can regulate lake ecosystems. *Bioscience* 35: 634-639.

Connell, J.H. (1972) Community interactions on marine rocky intertidal shores. *Annual Review of Ecology and Systematics* 3: 169-192.

花里孝幸 (2006)『ミジンコはすごい!』岩波ジュニア新書,岩波書店.

Hrbacek, J., Dvorakova, M., Korinek, V. and Prochakova, L. (1961) Demonstration of the effect of the fish stock on the species composition of zooplankton and the intensity of metabolism of the whole plankton association. *Verhandlungen Internationale Vereinigung für Theoretische und Angewandte Limnologie* 14: 192-195.

Paine, R.T. (1974) Intertidal community structure, experimental studies on the relationship between a dominant competitor and its principal predator. *Oecologia* 15: 93-120.

高村典子 (2003) 十和田湖で起きた生態系の変化と健全な湖沼生態系の維持管理について.『海洋と生物』149: 476-484.

Vanni, M.J., Luecke, C., Kitchell, J.F. and Magnuson, J.J. (1990) Effects of planktivorouse fish mass mortality on the plankton community of Lake Mendota, Wisconsin: implications for biomanipulation. *Hydrobiologia* 200/201: 329-336.

Vollenweider, R.A. and Kerekes, J.J. (1980) *Background and Summary Results of the OECD Cooperative Programme on Eutrophication*. OECD publication.

第5章
ダム湖のプランクトン群集の特徴

5.1 ダム湖におけるプランクトンの研究

ダム湖の水質管理は，ダム管理の重要な部分である．水質というと，普通は水中の窒素，リン，有機物含量（例えば化学的酸素要求量 COD: Chemical Oxygen Demand），pH，懸濁物質（SS: Suspended Solids）などの理化学変数を意味することが多い．しかし，プランクトンの発生や優占する種類は，そうした理化学変数に大きく影響するだけでなく，例えば赤潮やアオコの発生のように，それ自体が管理の対象となる場合がある．そのため，とくに優占する植物プランクトンと理化学変数との関連性を明確にし，管理上問題となる植物プランクトンの発生を予測し制御することは，ダム湖の水質管理上，大変重要になる．

ダム湖に出現するプランクトンの動態については，高村（2010）に，プランクトンの量，サイズ構造，分類群，多様度が，富栄養化の指標となる全リン（TP: Total Phosphorus）の増加に伴い，どのように変化するかについて，これまでの知見が概述されている．プランクトンの量と質は，食物連鎖の下位の餌（もしくは栄養）資源と上位の捕食者（摂食者）の双方から影響を受ける．前者は**ボトムアップ効果**，後者は**トップダウン効果**と呼ばれる．植物プランクトン量（**クロロフィル a**（Chl a））と動物プランクトン量は双方ともに，TPの増加により増える．ただし，Chl a をTPの一次式として表した場合，その残差の大きな部分は，大型植物プランクトン食者（ミジンコ類）の摂食の効

表 5-1 栄養塩の増加,もしくは甲殻類プランクトンサイズの増加が植物プランクトン群集構造に与える影響.

	栄養塩の増加	甲殻類動物プランクトンの平均サイズの増加
小型植物プランクトンの現存量	↑ or —	↓
大型植物プランクトンの現存量	↑	↑
小型植物プランクトンの割合	↓	↓
平均的植物プランクトンのサイズ	↑	↑

果として説明される.

　植物プランクトン群集のサイズ構造は,表 5-1 に示すように栄養塩と甲殻類動物プランクトンの平均サイズにより決まる.すなわち,栄養塩濃度が増加すると植物プランクトンのサイズは大きくなり,大型サイズの現存量が増加する.一方,甲殻類動物プランクトンの平均サイズが増加すると,小型植物プランクトン量が減少するため,大型植物プランクトン量が増え,結果的に植物プランクトンのサイズは増加する.

　TP と六つの分類群,藍藻(藍藻綱),緑藻(緑藻綱),珪藻(珪藻綱),黄金色藻(黄金色藻綱),クリプト藻(クリプト植物門),渦鞭毛藻(渦鞭毛植物門)の出現現存量の関係 (Watson et al. 1997) についてみると,すべての分類群でTP の増加とともに現存量が増える傾向を示すが,藍藻と珪藻のみ増加を示す範囲が広く,他は狭い範囲に限って増加する(図 5-1).

　TP < 10μg/L:すべての分類群が TP 濃度に沿って増加し,クリプト藻,黄金色藻,そして珪藻がほぼ等分に出現する.

　10μg/L < TP < 30μg/L:珪藻,クリプト藻,緑藻は TP 濃度に沿って増加したが,藍藻,渦鞭毛藻,黄金色藻は変化しない.

　TP > 60μg/L:藍藻の増加が顕著で,他のグループは変化しない.渦鞭毛藻は減少した.各グループの占める割合でみると,TP の増加とともに黄金色藻が顕著に減少し,代わって藍藻が増加する(図 5-2).以上より,主に渦鞭毛藻を中心に引き起こされる淡水赤潮は水質が比較的良好な水域で発生するが,TP > 60μg/L となるとアオコ(主に藍藻類により引き起こされる)の発生が起きる可能性が高くなるといえるだろう.しかし,既存の研究からプラ

第5章 ダム湖のプランクトン群集の特徴

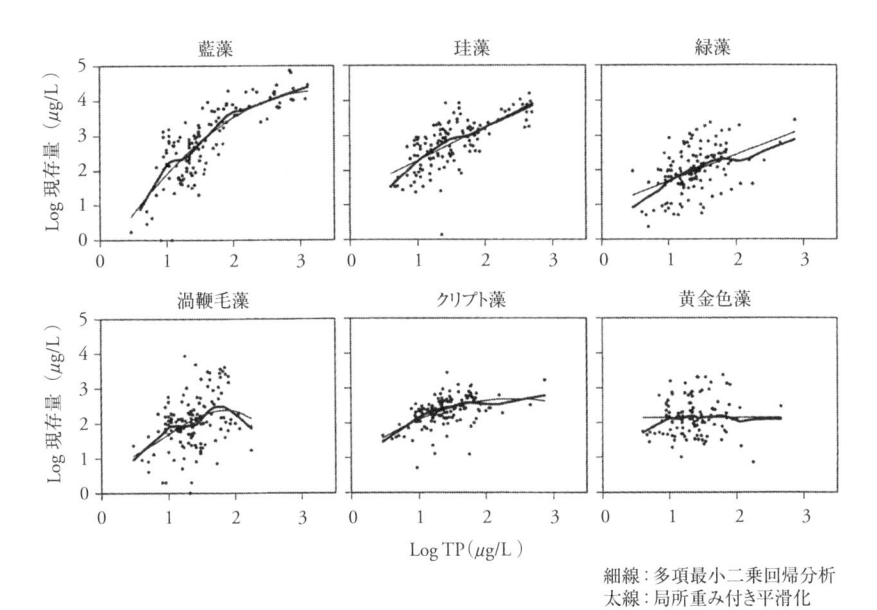

図 5-1 TPと夏の有光層に出現した六つの分類群（藍藻，緑藻，珪藻，黄金色藻，クリプト藻，渦鞭毛藻）の現存量の関係

細線：多項最小二乗回帰分析
太線：局所重み付き平滑化

北米91湖沼の205データ（年が異なるデータは独立として処理）に基づく．ただし，黄金色藻にハプト植物門のプリムネシウム藻綱と不等毛植物門のシヌラ藻綱を含めている（Watson et al. 1997 より）．

ンクトンの群集構造を決める種類組成については，環境変数との関係が必ずしも明確ではない．

日本のダム湖のプランクトンについては，**河川水辺の国勢調査**（建設省河川局開発課 1994）や**ダム貯水池水質調査**（建設省河川局開発課 1996）などによりモニタリング調査がなされてきている．ここでは，前者の調査から，既存の甲殻類動物プランクトン（枝角類とカイアシ類）とワムシ類，そして後者の調査から植物プランクトンのデータを整理し，それぞれについて，**除歪対応分析**（DCA: Detrended Correspondence Analysis）を行うことで，優占するプランクトン種（もしくは，**タクサ**）の出現が，ダムの位置や諸元，もしくは水質など，どの環境要因（環境変数）と関係しているのかを考察した．プランクトンの出現は季節的に異なるため，おのおの春，夏，秋に分けて解析した．本章で

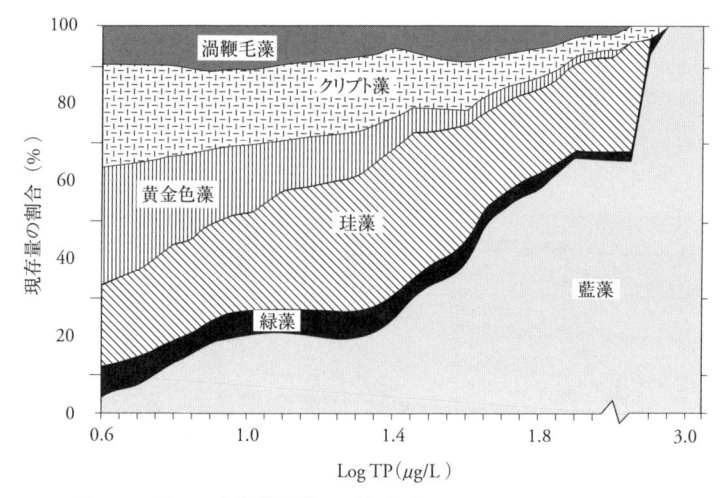

Part II　ダム湖生物群集の特徴と分類

図 5-2　図 5-1 を相対頻度で示したもの（Watson et al. 1997 より）

は解析の結果を紹介するとともに，その作業過程で明らかになったモニタリングの問題点や課題について述べる．

5.2　ダム湖のプランクトン群集の解析

5.2.1　既存プランクトンデータの概要

　河川水辺の国勢調査（国土交通省河川局水情報国土データ管理センター WEB サイト a）［ダム湖版］生物調査編「動植物プランクトン調査」は，国土交通省および水資源機構が管理する 105 ダム（国土交通省河川局水情報国土データ管理センター WEB サイト b）を調査対象として，1991 年から 5 年に 1 回の頻度で行われている（5 年で 105 ダムの調査を完結させるシステムを採用しているため，ダム間で調査年はそろっていない．第 1 回は 1991～1995 年，第 2 回は 1996～2000 年，第 3 回は 2001～2005 年，第 4 回は 2006～2010 年，現在は第 5 回目の期間となる）．プランクトン調査は，ダム湖の最深部，湖肢，流入河川，

下流河川において，一般に春夏秋冬の年4回実施される．動物プランクトンは採水法およびネット法によって，植物プランクトンは採水法によって採集され，それに含まれるプランクトンが同定・計数される．採集水深は，採水法では，0.5m，2.5m，5m，10m，25m，以下25mごと，ネット法では，1/4水深ごとである．なお，1994年度に作成された河川水辺の国勢調査マニュアルは2006年度に改訂された（国土交通省河川局河川環境課・ダム水源地環境整備センター 2006）．本報告に使用したデータはすべて改訂前のマニュアルに準じて測定されたものである．

ダム貯水池水質調査（建設省河川局開発課 1996）は，湛水開始以降のすべての管理中のダム湖を調査対象として，ダム湖内基準地点，流入河川地点，および放水口地点で実施されている．プランクトンに関係する測定項目としては，水温，濁度，溶存酸素（DO: Dissolved Oxygen）（以上，0.1m，0.5m，1m，以下1mごとの水深），pH，生物化学的酸素要求量（BOD: Biochemical Oxygen Demand），COD，SS，大腸菌群数，全窒素（TN: Total Nitrogen，ダムによっては，無機態窒素），全リン（ダムによっては無機態リン），Chl a（以上，0.5m，1/2水深，底上1mまたは表水層，深水層，底層），植物プランクトン（0.5m水深），が原則として月1回の頻度で測定されている．水深0.5mの植物プランクトンの同定と計数は，河川水辺の国勢調査［ダム湖版］生物調査編「動植物プランクトン調査」に準じて実施されている．

5.2.2 植物プランクトンデータ

解析に用いた植物プランクトンデータは，ダム貯水池水質調査による植物プランクトンのデータを用いた．これは，先の国勢調査による植物プランクトンデータと異なり，水質などの環境因子と同じサンプルで測定されているため，環境因子との対応がある．本章の検討では，すでに独立行政法人土木研究所が集めていた1996年から1999年のデータを用いた．ただし，対象は堤高が15m以上のダムに限った．プランクトンの出現は季節性があるため，春，夏，秋について解析を行った．その際，春は4～5月のデータ，夏は7～8月のデータ，秋は10～11月のデータに限定して使用した．ただし，氷結する北海道のダム湖に関しては，6月を春期に含めた．

5.2.3 動物プランクトンデータ

解析に用いた動物プランクトンデータは，河川水辺の国勢調査［ダム湖版］生物調査編「動植物プランクトン調査」で調査されたデータのうち，2003年までのデータを用いた．各ダム湖について複数年のデータがあるときは，新しい年を選んだ．結果的に各ダム湖について，1993年から2003年の間の1年を選んだことになる．植物プランクトンのデータと同様に，春は4～5月のデータ，夏は7～8月のデータ，秋は10～11月のデータに限定して使用した．氷結する北海道のダム湖に関しては，6月を春期に含めた．これら季節内に複数回の調査が行われている場合には，その平均値をその季節のデータとした．ダム湖内で複数の調査地点がある場合には，ダム最深部（ダムサイト）または中心部をそのダムの代表として用い，採水法およびネット法の両調査がある地点を優先した．それらの地点の調査がない場合（草木ダム，手取川ダム，新豊根ダム）には，ダムサイト付近のデータを用いた．

平成6年度版河川水辺の国勢調査マニュアル（案）［ダム湖版］に記載された動物プランクトンのネット法は，NXX13（メッシュの口径が $94\mu m$）のプランクトンネットを使用しているため，ほとんどのワムシ類や原生動物は抜け落ちてしまう．そのため，甲殻類動物プランクトンはネット法により採集したデータを用いたが，ワムシ類に関しては採水法により採集したデータを用いた．ただし，マニュアルに記されている採水量「富栄養状態の湖では50～100mL，一般には500～1000mL程度」は，植物プランクトンには適したサンプルサイズであるが，ワムシ類には少ないことを指摘しておく（動物プランクトン採集にあたっての，本欠点は平成18年度河川水辺の国勢調査基本調査マニュアル［ダム湖版］では改善された）．

ネット法で採集された枝角類とカイアシ類のデータは，ダム湖水深4分割のもっとも浅い第1水深の値を用いた．ただし，第2水深が25mよりも小さい場合は第1水深と第2水深の平均値を用いた．採水法で採集したワムシ類のデータは，0.5m，2.5m，5m，10m，25mの複数水深で計数された平均値を用いた．

5.2.4　環境データ

ダムの位置や大きさに関する項目，気温や水質に関連した項目については，国土交通省が公表している「**水文水質データベース**（国土交通省河川局水情報国土データ管理センター WEB サイト c）」を用いた．本データベースの水質項目は，ダム貯水池水質調査に基づいている．ダムの位置や大きさに関する項目としては，緯度，経度，常時満水位標高，流域面積，湛水面積，**総貯水容量**，**有効貯水容量**，堤高，総貯水容量 / 湛水面積を解析に用いた．このうち，堤高はダムの最大水深の，常時満水位標高はダムの標高の指標になると考えられる．総貯水容量 / 湛水面積は平均水深の指標となるだろう．経過年数として，建設年から調査年までの年数を計算した．調査年のダム湖の水の回転率は，1日ごとの流入量データから年総流入量を算出し，有効貯水容量で割ることで求めた．気温と各水質変数の平均値については，該当時期の調査データの平均値とした．すなわち，春は4〜5月（北海道のみ4〜6月），夏は7〜8月，秋は10〜11月の平均値を用いた．動物プランクトンの調査は，水質と同日に実施されていないため，調査年4〜11月までの平均値を用いた．通年の平均値としなかったのは，北海道のダムなどで冬季データがないためである．ただし，4〜11月の平均値は，4〜5月（北海道のみ4〜6月），7〜8月，10〜11月の各平均値と高い相関があった．

5.2.5　解析に用いたプランクトンタクサの扱い

解析に用いるプランクトンタクサ（種もしくは分類群のまとまり；以降本章では「種」と呼ぶ）については，各ダムで調査者が違うために，同じ種が別の種名で記載されている場合，同定のレベルの違い，さらに誤同定を含む．そのため，シノニムの整理，分類が不確定的な種群や調査者が誤同定しやすい種群の統合化を行った．統合化は分類の専門家（枝角類は田中　晋先生，ワムシ類は鈴木　實先生，カイアシ類は上田拓史先生，藍藻類は渡邊眞之先生，珪藻類は辻　彰洋，渦鞭毛藻は堀口健雄先生，緑藻は新山優子先生）に依頼した．さらに，使用するすべてのデータを並べてみて，一定の出現頻度に一度も達しない種は出現頻度の低い種として解析から除外した．ここでいう一定の出

現頻度は，植物プランクトンは細胞数割合で1%，枝角類とカイアシ類は全個体数の1%，ワムシ類は全個体数の5%である．植物プランクトンの種リストには多量の河床性付着藻類が含まれていた．そのため，河川から剥離してダム湖で一時的に採集されたと考えられる明確な付着性種あるいは分類群は解析からはずした．ただし，*Achnanthidium minutissimum* complex, *Encyonema minutum-silesiacum* complex は多くの地点で報告があったので，付着藻類起源と考えられるものの解析に用いた．さらに，植物プランクトンについては，解析対象とする分類群まで同定されなかったものが20%以上あるダム湖は解析からはずした．

5.2.6 プランクトン群集の座標付けと環境変数との対応

植物プランクトン，甲殻類動物プランクトン，ワムシ類について，春，夏，秋の季節ごとにDCAを行った．計算には，PC-ORD version 4.25（McCune and Mefford 1999）を用いた．各ダム湖の分類群別密度は自然対数に変換した後，解析に用いた．その際，甲殻類動物プランクトンとワムシ類については，1ダム湖からのみ採集された種は解析から除外した．植物プランクトンについても，出現頻度が低い種（「最も多くのダム湖で出現した種の出現ダム数／5」未満の種）は解析から除外した（McCune and Mefford 1999）．DCAの地点スコアと環境変数の相関，環境変数間の相関はピアソンの積率相関係数を用いた．

5.3　ダム湖プランクトンの座標付け

5.3.1　植物プランクトン

植物プランクトンは，春・夏・秋の季節ごとにDCAを行い，Z1軸とZ2軸それぞれのDCAスコアと環境変数の相関をとり，種の座標の並びについて考察した．

用いることができた環境変数は表5-2に示した通りである．環境変数間の相関関係では，平均気温，水深0.5mにおける平均水温，北緯，東経，常

第 5 章　ダム湖のプランクトン群集の特徴

表 5-2　植物プランクトン種の DCA 軸と環境変数との相関係数．解析に用いたダム数．

環境要因	単位	春			夏			秋		
		Z1	Z2	ダム数	Z1	Z2	ダム数	Z1	Z2	ダム数
気温	℃	0.52*	−0.23	54	0.56*	−0.15	53	0.40*	−0.11	52
水深 0.5m における水温	℃	0.72*	−0.37*	54	0.65*	−0.24	52[注2]	0.61	−0.30	51[注2]
位置（北緯）	−	−0.73*	0.34*	54	−0.51*	0.25	53	−0.49*	0.25	52
位置（東経）	−	−0.74*	0.30*	54	−0.50*	0.29*	53	−0.53*	0.23	52
常時満水位（＝標高）	m	−0.45*	0.20	54	−0.29*	0.38*	53	−0.40*	−0.01	52
pH	−	0.40*	0.18	54	0.32*	−0.22	53	0.11	0.24	52
COD	mg/L	0.41*	−0.16	54	0.48*	−0.16	53	0.47*	−0.07	52
SS	mg/L	−0.20	0.23	54	0.09	0.25	52[注3]	0.01	0.15	51[注3]
TN	mg/L	0.46*	0.19	54	0.49*	−0.18	53	0.37*	0.24	52
TP	mg/L	0.18	0.31*	54	0.45*	−0.28*	53	0.14	0.24	52
Chl *a*	μg/L	0.25	0.11	48[注1]	0.49*	−0.47*	47[注1]	0.33*	0.15	46[注1]
流域面積	km²	0.04	0.03	54	0.14	−0.06	53	0.09	0.13	52
湛水面積	km²	−0.34*	0.08	54	−0.13	0.26	53	−0.35*	−0.04	52
総貯水容量	千 m³	−0.26	0.12	54	−0.07	0.35*	53	−0.33*	−0.02	52
有効貯水容量	千 m³	−0.31*	0.07	54	−0.15	0.23	53	−0.35*	−0.03	52
堤高	m	−0.11	0.11	54	−0.02	0.27	53	−0.16	0.09	52
総貯水容量 / 湛水面積	m	−0.14	0.19	54	−0.09	0.34*	53	−0.25	0.15	52
経過年数	年	−0.01	0.07	54	0.03	−0.06	53	−0.27	0.00	52
年間回転率平均（調査年）	回 / year	0.06	0.07	54	0.06	−0.12	52[注3]	0.00	0.10	51[注3]

* *p* < 0.05
注 1) 値がない沖縄の 6 ダム（安波，漢那，新川，福地，普久川，辺野喜）を除いて相関をとった．
注 2) 値がない白川ダム（東北）を除いて相関をとった．
注 3) 値がない猿谷ダム（近畿）を除いて相関をとった．

時満水位（標高の指標）の五つの地理的変数は，当然ながら，互いに有意な相関を示した（表5-3）．また，ダム湖のサイズを表す湛水面積，総貯水容量，有効貯水容量，堤高，総貯水容量／湛水面積の5変数についても，互いに有意な相関を示した．しかし，富栄養化を指標するpH，COD，SS，TNおよびTPの5変数については，緊密な相関を示さなかった．その他では，常時満水位が大きい，すなわち標高が高い位置にあるダム湖ほど，容量と堤高が高く，pHとCODが低い関係があった．地理的変数，富栄養化変数，もしくはサイズ変数の間には，とくに強い相関はなかった．以上に述べた環境変数間の関係は，季節による違いはなかった．

　春は54ダム25種で解析した（図5-3）．DCAによるZ1軸，Z2軸の固有値（寄与率）はそれぞれ0.348（20.5％），0.192（11.3％）であった．Z1軸は，気温，北緯，東経，常時満水位などの地理的な変数，pH，COD，TNの富栄養化を指標する水質変数，および湛水面積と有効貯水容量のダム湖のサイズを表す変数と相関を示した（表5-2）．したがって，Z1軸に沿って右側には，日本列島の南側に位置し，pH，COD，TNの値が高く，どちらかというと規模の小さいダム湖が位置したといえる．

　北海道の多くを含む左側に位置したダム湖では，黄金色藻綱（*Chrysococcus, Kephyrion*），珪藻綱（*Urosolenia, Achnanthidium minutissimum* complex, *Encyonema minutum-silesiacum* complex）および渦鞭毛藻綱（*Gymnodinium*）が出現したが，その対極にある近畿や九州のダム湖では，珪藻綱の*Aulacoseira granulata, Aulacoseira ambigua, Fragilaria rumpens*，大型中心目珪藻が出現した．一般に，黄金色藻綱は貧栄養な湖沼にのみ多く出現し，*A. granulata, A. ambigua, F. rumpens*は富栄養化したダム湖で優占する藻類として知られているので，この座標付けは経験的な知識によく合う結果だと考えられる．

　相関係数は，地理的変数＞水質変数＞ダムのサイズ変数の順になった．

　ここで，特記すべきはZ1軸と相関があった環境変数の中で，TNが水温以外の地理的変数とダム湖のサイズ変数のどちらとも相関しなかったことである．pHも概ねこれに準ずる．これに反してCODは，地理的変数やダム湖のサイズ変数と相関を示した．また，北緯，東経は湛水面積，有効貯水容量と相関があった．そのため，Z1軸の傾度は地理的なものが支配する傾度

第5章　ダム湖のプランクトン群集の特徴

表 5-3　春の植物プランクトン解析時の環境変数間の相関

	春の平均気温	春の水深0.5mにおける平均水温	位置(北緯)	位置(東経)	常時満水位(=標高)	春の平均pH	春の平均COD	春の平均SS	春の平均TN	春の平均TP	流域面積	湛水面積	総貯水容量	有効貯水容量	堤高	総貯水容量/湛水面積	経過年数
春の平均気温																	
春の水深0.5mにおける平均水温	0.76																
位置(北緯)	−0.43	−0.68															
位置(東経)	−0.44	−0.68	0.93														
常時満水位(=標高)	−0.40	−0.54	0.42	0.56													
春の平均pH	0.23	0.30	−0.18	−0.25	−0.34												
春の平均COD	0.41	0.49	−0.33	−0.35	−0.38	0.10											
春の平均SS	−0.10	−0.19	0.27	0.26	−0.01	−0.09	0.22										
春の平均TN	0.31	0.29	−0.06	−0.06	−0.15	0.03	0.42	0.15									
春の平均TP	0.12	0.12	−0.04	−0.06	−0.04	0.02	0.23	0.30	0.39								
流域面積	0.01	−0.03	0.04	0.06	−0.16	0.09	−0.07	0.10	0.04	0.04							
湛水面積	−0.22	−0.17	0.39	0.37	0.25	−0.03	−0.19	0.20	−0.14	0.32	0.12						
総貯水容量	−0.24	−0.14	0.23	0.25	0.35	0.00	−0.25	0.14	−0.17	0.38	0.06	0.90					
有効貯水容量	−0.19	−0.22	0.34	0.33	0.49	−0.08	−0.17	0.11	−0.19	0.15	0.02	0.60	0.63				
堤高	−0.15	−0.21	0.11	0.17	0.51	0.10	−0.30	−0.04	−0.02	0.10	−0.07	0.28	0.52	0.35			
総貯水容量/湛水面積	−0.18	−0.23	0.16	0.23	0.55	0.14	−0.33	−0.01	−0.05	0.10	−0.12	0.34	0.60	0.36	0.94		
経過年数	−0.11	−0.07	0.07	0.09	0.24	0.00	−0.21	−0.07	0.10	0.03	0.24	0.21	0.15	0.08	−0.07	0.04	
年間回転率平均(調査年)	−0.04	0.00	−0.05	−0.06	−0.20	0.02	−0.14	−0.03	−0.01	−0.06	0.64	−0.09	−0.15	−0.13	−0.30	−0.30	0.10

で，かつTNが支配する傾度と考えることができる．

Z2軸は，平均水温（0.5m水深），北緯，東経，およびTPと弱い相関を示した．TPは北緯，東経，平均水温のどれとも相関がなかったため，Z2軸の傾度は弱いながらも，上に位置するダム湖が北東に位置しTPが高い傾向を示す．*Asterionella*が最上位に，そして*Dinobryon*が最下位という対極に位置したのは興味深い．

夏は53ダム34種で解析した（図5-4）．DCAによるZ1軸，Z2軸の固有値（寄与率）はそれぞれ0.405（19.0%），0.196（9.2%）であった．

Z1軸は，気温，北緯，東経，常時満水位などの地理的な変数，およびpH，COD，TN，TP，Chl *a*などの富栄養化を指標する水質変数と有意な相関を示した（表5-2）．しかし，春と異なりダム湖のサイズに関する変数とは相関しなかった．そのため，Z1軸に沿って左側には，北海道などの北東部に存在する貧栄養なダム湖が位置したといえる．富栄養化を指標する水質変数の中でZ1軸と比較的高い相関があったTNとTPは，地理的変数と相関を示さなかった．そのため，Z1軸の傾度は地理的なものが支配するものの，

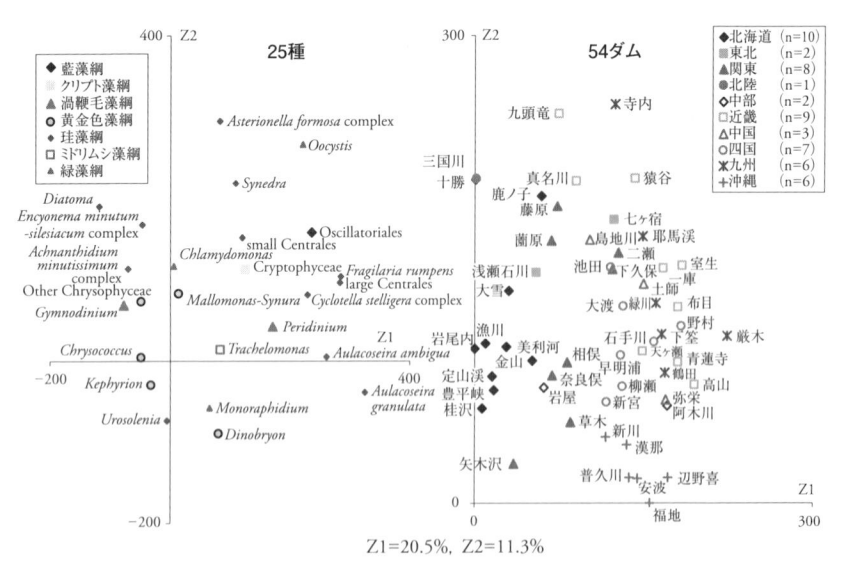

図5-3 植物プランクトンについて春のデータセットを用いたDCA結果

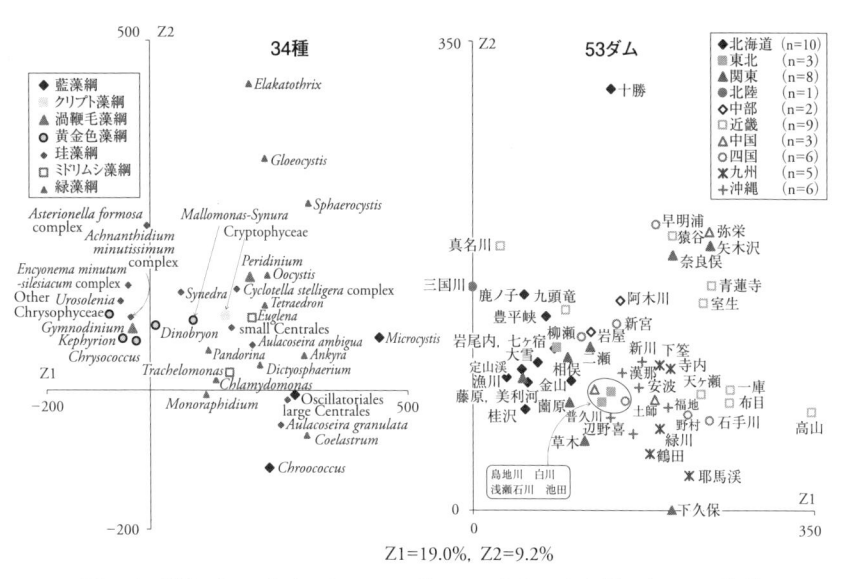

第 5 章　ダム湖のプランクトン群集の特徴

図 5-4　植物プランクトンについて夏のデータセットを用いた DCA 結果

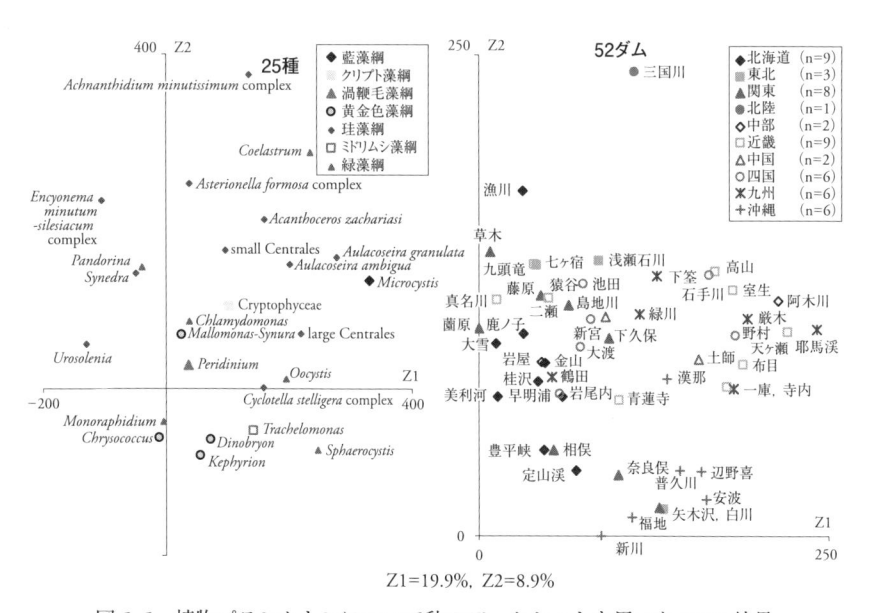

図 5-5　植物プランクトンについて秋のデータセットを用いた DCA 結果

119

TNとTPも支配する傾度と考えることができる．

　藻類種についてみると，左側には黄金色藻綱の種，珪藻綱（*Asterionella formosa* complex, *A. minutissimum* complex, *E. minutum-silesiacum* complex, *Urosolenia*）および渦鞭毛藻綱（*Gymnodinium*）が，そして，その対極にはアオコ形成種である藍藻の *Microcystis* が位置した．黄金色藻綱は栄養塩レベルの低い水域に出現するグループで，一方，*Microcystis* は富栄養な水域に出現する種類であることが多くの野外データから示されているので，Z1軸の藻類の種の並びは，TNとTPの栄養塩濃度に沿った傾度と考えることができるであろう．

　Z2軸は，総貯水容量や総貯水容量/湛水面積（平均水深の指標）と有意な相関を示した．これは，十勝，早明浦，弥栄，矢木沢などの比較的大きなダム湖がZ2軸のプラス側（上側）に分布したためと考えられる．さらに，Z2軸は常時満水位，東経，TPとも弱い相関を示した．すでに述べたように，調査対象ダムでは，常時満水位は総貯水容量および総貯水容量/湛水面積と相関がある．そのため，Z2軸の上側に位置するダム湖は，標高が高くTPが低い傾向を示す．Z2軸に沿った藻類種の分布には，上側に *Elakatothrix*, *Gloeocystis*, *Sphaerocystis* など，すべて細胞の周りに粘液質のあるタイプの緑藻が位置した．

　秋は52ダム25種で解析した（図5-5）．DCAによるZ1軸，Z2軸の固有値（寄与率）はそれぞれ0.348（19.9%），0.156（8.9%）であった．

　Z1軸は，地理的な変数，COD，TNおよび湛水面積，総貯水容量，有効貯水容量と有意な相関を示した（表5-2）．この中では東経がもっとも高い相関係数を示した．そのため，Z1軸に沿って左側には，北海道など日本列島北東部にある，COD，TNの低い，どちらかというと大型のダム湖が位置したといえる．COD，TNは東経，北緯と相関がなかったため，Z1軸の傾度は東経，北緯とCOD，TNが支配する傾度と考えることができた．

　藻類種についてみると，左側には珪藻（*E. minutum-silesiacum* complex, *Urosolenia*, *Synedra*）が，その対極にはアオコ形成種である藍藻の *Microcystis* と珪藻（*A. granulata*）が位置した．*Microcystis* や *A. granulata* は富栄養な水域に出現する種類であるので，Z1軸の藻類の種の並びは，地理的な要因を反映し

ながらも，富栄養度の程度を反映した傾度と考えることができる．Z2 軸は，どの環境変数とも相関しなかった．

今回の解析は，南北に長い日本列島の広範囲に存在するダム湖について，春，夏，秋という季節設定をして解析を実施した．そのため，ダム湖の地理的変数が必ず環境傾度として選ばれたが，それ以外では，どの季節においても，富栄養化を指標する複数の環境変数が植物プランクトン種の分布傾度を決定するのに重要であることが示された．今回示された種の並びについては，綱レベルで指摘されているように，富栄養水域では藍藻が，貧栄養水域では黄金色藻が多く出現するという既存の知見と矛盾するものではなかった．さらに，今回示された種の並びから富栄養化に伴う植物プランクトン種の指標性が科学的に位置づけられたといえるだろう．

5.3.2 動物プランクトン（甲殻類：枝角類とカイアシ類）

環境変数間の関係は，植物プランクトンの場合と大きく違うことはなかった．

春は 32 ダム 16 種で解析が可能であった（図 5-6）．DCA による Z1 軸，Z2 軸の固有値（寄与率）はそれぞれ 0.626（18.9％），0.378（11.4％）であった．Z1 軸は，四つの地理変数，水の回転率，および湛水面積と有意な相関があった（表 5-4）．甲殻類解析時のデータセットにおいては，水の回転率と湛水面積は，地理変数と相関があったため，春については地理的な要因が甲殻類動物プランクトン種の分布を決めていたといえるだろう．Z2 軸については，相関がある環境変数はなかった．種とダム湖の座標から，沖縄のダム湖では，*Diaphanosoma* が，北海道では *Bosmina* が多く出現したと考えられる．

夏は 48 ダム 25 種で解析が可能であった（図 5-7）．DCA による Z1 軸，Z2 軸の固有値（寄与率）はそれぞれ 0.463（11.6％），0.341（8.5％）であった．Z1 軸は，北緯，東経と高い正の相関を示し，平均気温，総貯水容量/湛水面積，水の回転率と弱い相関を示した（表 5-4）．北緯と東経は，気温と水の回転率と相関があった．そのため，Z1 軸に沿った甲殻類動物プランクトン種の並びは，地理的変数と水深が影響していると考えられた．Z2 軸は SS と負の相関を示し，流域面積と正の相関を示した．この 2 変数は相関しないた

め，双方の変数がZ2軸の傾度に関係していると考えられた．種の並びをみると，*Daphnia* などの大型枝角類が，SSの低いダム湖に多く出現していることを示している．

秋は49ダム21種で解析が可能であった（図5-8）．DCAによるZ1軸，Z2軸の固有値（寄与率）はそれぞれ0.478（12.7％），0.345（9.1％）であった．Z1軸は四つの地理変数，水の回転率，および堤高と有意な相関があった（表5-4）．水の回転率は地理変数と相関したため，Z1軸は地理的変数と堤高が支配する傾度と考えられた．Z2軸については，相関がある環境変数はなかった．

以上から，日本のダム湖の甲殻類動物プランクトン種の分布傾度は地理的要因により決定されていることが示された．

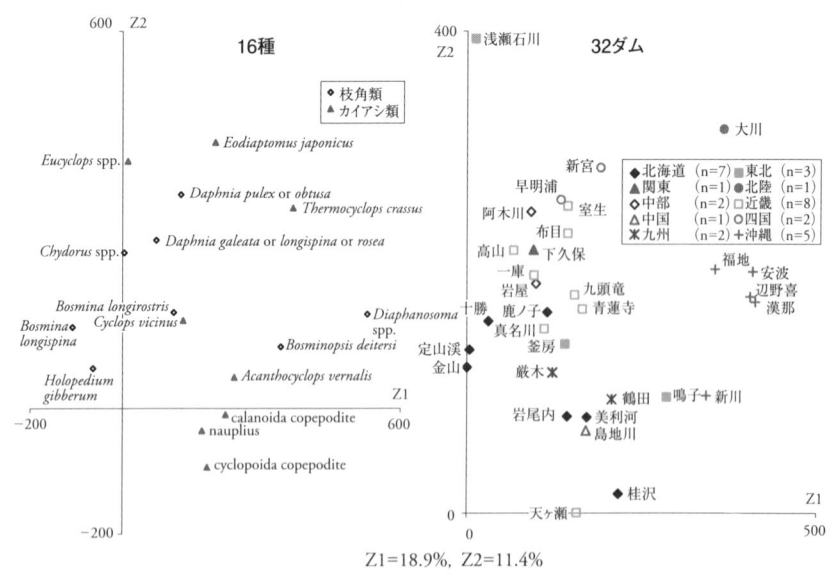

図5-6　甲殻類動物プランクトンについて春のデータセットを用いたDCA結果

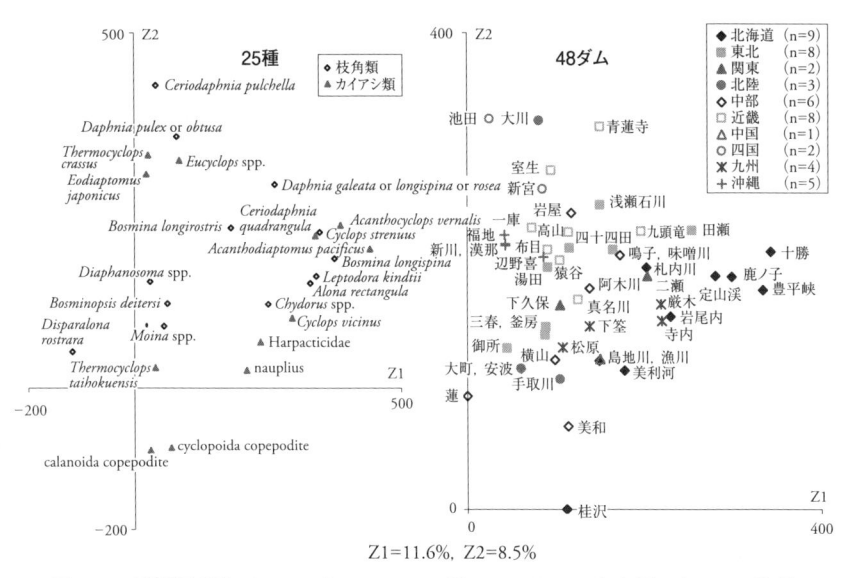

第 5 章　ダム湖のプランクトン群集の特徴

図 5-7　甲殻類動物プランクトンについて夏のデータセットを用いた DCA 結果

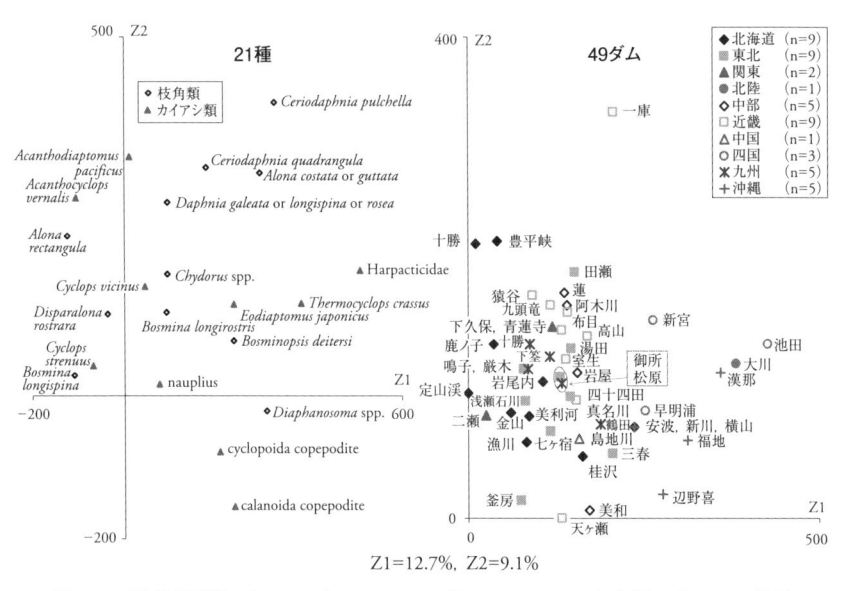

図 5-8　甲殻類動物プランクトンについて秋のデータセットを用いた DCA 結果

表 5-4 甲殻類プランクトン種の DCA 軸と環境変数との相関係数．解析に用いたダム数．

環境要因	単位	春			夏			秋		
		Z1	Z2	ダム数	Z1	Z2	ダム数	Z1	Z2	ダム数
気温	℃	0.51*	0.13	32	−0.39*	0.28	48	0.55*	0.01	49
位置（北緯）	−	−0.69*	−0.15	32	0.60*	−0.17	48	−0.62*	0.13	49
位置（東経）	−	−0.63*	−0.04	32	0.46*	−0.09	48	−0.53*	0.11	49
常時満水位（＝標高）	m	−0.45*	0.21	32	0.24	−0.12	48	−0.36*	0.09	49
pH	−	−0.28	0.32	32	−0.13	0.07	48	0.05	0.12	49
COD	mg/L	0.10	−0.05	32	−0.01	0.07	48	0.06	−0.04	49
SS	mg/L	−0.10	−0.29	32	0.07	−0.41*	48	−0.10	−0.02	49
TN	mg/L	−0.29	0.22	32	−0.12	0.17	48	−0.05	0.12	49
TP	mg/L	−0.20	−0.10	32	0.02	−0.22	48	−0.10	0.05	49
Chl a	μg/L	−0.12	0.51	27[注1]	−0.26	0.07	43[注1]	0.15	0.06	44[注1]
流域面積	km^2	−0.10	−0.30	32	−0.14	0.33*	48	0.15	−0.20	49
湛水面積	km^2	−0.39*	−0.10	32	0.15	−0.10	48	−0.16	0.00	49
総貯水容量	千 m^3	−0.31	0.07	32	0.23	−0.01	48	−0.10	0.10	49
有効貯水容量	千 m^3	−0.35	0.09	32	0.22	−0.05	48	−0.10	0.07	49
堤高	m	−0.32	0.10	32	−0.08	0.05	48	−0.30*	0.19	49
総貯水容量/湛水面積	m	−0.34	0.22	32	0.32*	−0.01	48	−0.22	0.28	49
経過年数	年	−0.07	−0.22	32	0.00	−0.11	48	−0.11	0.02	49
年間回転率平均（調査年）	回/year	0.54*	−0.10	32	−0.35*	0.23	48	0.44*	−0.11	49

* $p<0.05$
注1）値がない沖縄の5ダム（安波，漢那，新川，福地，辺野喜）を除いて相関をとった．

5.3.3 動物プランクトン（ワムシ類）

ワムシ類の結果には沖縄のダムは含まれていない．春は 19 ダム 13 種で解析が可能であった（図 5-9）．DCA による Z1 軸，Z2 軸の固有値（寄与率）はそれぞれ 0.273（22.1%），0.126（10.2%）であった．Z1 軸は Chl *a* と正の相関があった（表 5-5）．鈴木　實（私信）によると，*Conochilus unicornis* はダム特有の種類で，これより上に位置する *Brachionus calyciflorus*, *Keratella cochlearis*, *Filinia longiseta*, *Polyarthra trigla*, *Asplanchna priodonta*, *Keratella quadrata* はいずれも湖の沖に普通に出現する種類，*Synchaeta stylata* は沿岸種である．

夏は 35 ダム 23 種で解析が可能であった（図 5-10）．DCA による Z1 軸，Z2 軸の固有値（寄与率）はそれぞれ 0.404（16.2%），0.251（10.1%）であった．Z1 軸とは流域面積，湛水面積，総貯水容量，有効貯水容量，水の回転率が正の相関を，pH，COD が負の相関を示した（表 5-5）．これら変数間の相関関係から，Z1 軸は流域面積，湛水面積，COD の傾度と考えることができた．Z2 軸とは COD と TN が正の相関を示したが，この 2 変数は高い相関があった．鈴木　實（私信）によると，Z2 軸の下に位置した *Ploesoma hudsoni* と *Ploesoma truncatum* は，清涼な水域に出現する種類で，Z2 軸の上に位置した *Kellicottia longispina* は汚濁が進んだ水域に出現する種とされる．

秋は 32 ダム 25 種で解析が可能であった（図 5-11）．DCA による Z1 軸，Z2 軸の固有値（寄与率）はそれぞれ 0.425（13.8%），0.288（9.3%）であった．表 5-5 に示したように，Z1 軸，Z2 軸ともに相関がある環境変数は検出されなかった．

鈴木　實（私信）によると，ワムシについては，沿岸域の水草帯に出現する種類や底生種がかなり出現していることになる．*Polyarthra remata* は高層湿原などに出現する種類，*Euchlanis dilatata*, *S. stylata* は沿岸水草帯の種類，*Cephalodella* spp., *Colurella* spp., Bdelloida は底生である．こうした点はダム湖の特徴かもしれない．

以上から，日本のダム湖のワムシの種の分布傾度を説明する変数は，Chl *a*, COD, 流域面積，湛水面積が選ばれることがあったが，季節により一定せず，

Part II　ダム湖生物群集の特徴と分類

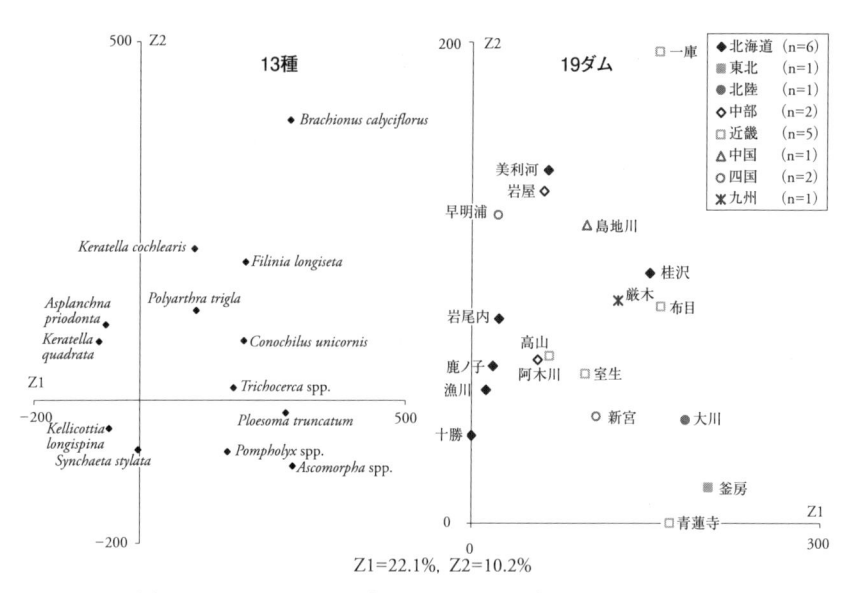

図 5-9　ワムシについて春のデータセットを用いた DCA 結果

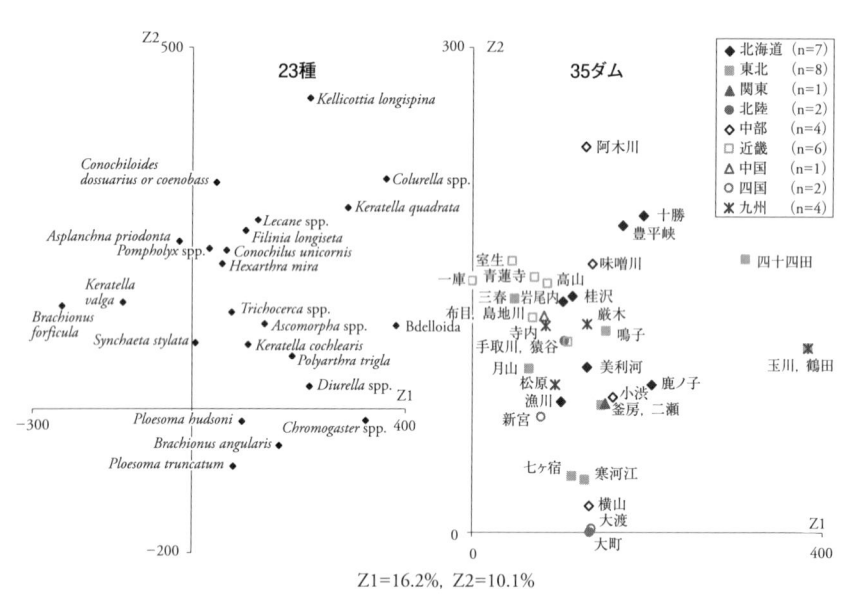

図 5-10　ワムシについて夏のデータセットを用いた DCA 結果

第 5 章　ダム湖のプランクトン群集の特徴

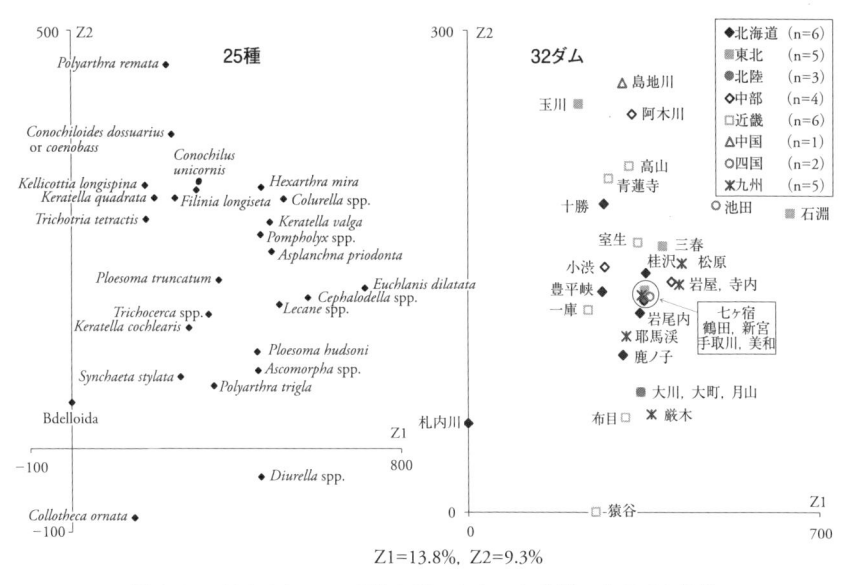

図 5-11　ワムシについて秋のデータセットを用いた DCA 結果

必ずしも明確ではなかった．

5.4　ダム湖のプランクトン種の分布傾度

　日本のダム湖では，植物プランクトンタクサは概ね，富栄養化の程度に沿った出現をしていると考えられた．とくに優占する約 30 種の指標性が，今回の解析で明らかになった．甲殻類動物プランクトンタクサの出現傾向は地理的な要因が大きかった．ワムシ類では，沿岸性や底生の種が多く出現し，その出現傾向に明確な理由付けをすることができなかった．植物プランクトン種の並びは，ダム湖の水質管理に利用できるだろう．

表5-5 ワムシ類動物プランクトン種のDCA軸と環境変数との相関係数．解析に用いたダム数．

環境要因	単位	春			夏			秋		
		Z1	Z2	ダム数	Z1	Z2	ダム数	Z1	Z2	ダム数
気温	℃	0.43	0.15	19	-0.18	0.05	35	0.12	0.03	32
位置（北緯）	-	-0.41	-0.10	19	0.19	0.13	35	-0.26	-0.04	32
位置（東経）	-	-0.26	-0.27	19	0.15	0.09	35	-0.24	-0.04	32
常時満水位（=標高）	m	-0.32	-0.15	19	0.07	-0.04	35	-0.22	-0.20	32
pH	-	0.18	0.37	19	-0.49*	-0.11	35	0.25	-0.17	32
COD	mg/L	0.05	-0.05	19	-0.37*	0.42*	35	-0.05	0.23	32
SS	mg/L	0.08	-0.01	19	0.01	0.18	35	0.01	0.15	32
TN	mg/L	0.25	-0.16	19	-0.23	0.38*	35	-0.01	0.21	32
TP	mg/L	0.08	0.05	19	-0.05	0.29	35	-0.03	0.21	32
Chl a	μg/L	0.47*	0.08	19	-0.30	0.13	35[注1]	0.24	0.14	32[注2]
流域面積	km²	-0.15	0.00	19	0.52*	-0.06	35	0.32	0.13	32
湛水面積	km²	-0.31	0.14	19	0.53*	0.04	35	-0.11	0.29	32
総貯水容量	千 m³	-0.38	0.25	19	0.50*	-0.02	35	-0.15	0.22	32
有効貯水容量	千 m³	-0.37	0.27	19	0.45*	-0.02	35	-0.15	0.23	32
堤高	m	-0.07	0.27	19	0.16	-0.02	35	-0.32	-0.13	32
総貯水容量/湛水面積	m	-0.16	0.24	19	0.16	-0.08	35	-0.34	-0.12	32
経過年数	年	0.07	-0.01	19	0.12	-0.01	35	0.32	0.18	32
年間回転率平均（調査年）	回/year	0.13	-0.16	19	0.40*	-0.31	35	0.31	0.14	32

* $p<0.05$
注1) 値がない玉川ダム（東北）を除いて相関をとった．
注2) 値がない玉川ダムと石淵ダム（いずれも東北）を除いて相関をとった．

5.5 より良きプランクトンモニタリングのために

　日本のダム湖では，今回利用したようなプランクトンや水質データが取得されている．このような多大なデータは自然湖沼ではない．これは，ダム湖の管理のために必要であるから取得しているものであるが，手法を統一できれば時間的にも空間的にも比較可能なものになり，それは生態学的研究にとっても，個別ダムの管理へのフィードバックにとっても，より有効なものになるだろう．

　プランクトンは回転速度が速い生物群である．そのため，出現種やその量は，これも時々刻々と変化する水環境と密接な関係がある．したがって環境項目，水質，動植物プランクトンのモニタリングは，時期，地点，深さなどを一致させることが必要である．例えば，現在，月一度の頻度で実施されている 0.5m 水深のダム湖の水質調査に，動物プランクトンの採集を加えることを提案する．

　また，調査者による誤同定，シノニムの違い，種名の綴りの入力ミスなどによる混乱をさけるために，光学顕微鏡で同定すべき種リストを，分類専門家の協力により，あらかじめ作成し，共通の同定シートを提示する．動植物プランクトンの計数を行う者は，共通の同定シートを用いて値を書き込む，というような方法を提案する．分類単位をコード化して提示することも可能である．プランクトンの同定と計数法について，ワークショップを開催し，共通のモノグラフやチェックリストを作成することが推奨される．

　プランクトンモニタリングの目的や目標は，つねに，確認しながら進めることが望ましい．環境省**モニタリングサイト 1000** では，生態系や生物多様性の変化をいち早く察知し，保全などの管理に活かすという上位目標の下に，①モニタリングの精度管理，技術の改良，②モニタリングを担う長期調査体制の構築，③情報の共有化や発信のための情報管理体制の構築，④保全施策に活かす，⑤協力体制の構築，などを挙げている．

参照文献

建設省河川局開発課 (1994)『平成 6 年度版河川水辺の国勢調査マニュアル (案) [ダム湖版] (生物調査編)』ダム水源地環境整備センター．

建設省河川局開発課 (1996)『改訂ダム貯水池水質調査要領』ダム水源地環境整備センター．

国土交通省河川局河川環境課・ダム水源地環境整備センター (2006) 平成 18 年度版河川水辺の国勢調査基本調査マニュアル [ダム湖版]．http://www4.river.go.jp/system/manual.htm

国土交通省河川局水情報国土データ管理センター (a) ダム環境データベース (河川水辺の国勢調査 [ダム湖版])．http://www4.river.go.jp/index.htm

国土交通省河川局水情報国土データ管理センター (b) ダム環境データベース (河川水辺の国勢調査 [ダム湖版]) 調査実施ダム．http://www4.river.go.jp/download/dam_ichiran.pdf

国土交通省河川局水情報国土データ管理センター (c) 水文水質データベース．http://www1.river.go.jp/

McCune, B. and Mefford, M.J. (1999) PC-ORD Multivariate Analysis of Ecological Data. Ver. 4.

高村典子 (2010) ダム湖に出現するプランクトンの動態. 谷田一三・村上哲生編『ダム湖・ダム河川の生態系と管理：日本における特性・動態・評価』pp. 77-103, 名古屋大学出版会．

Watson, S.B., McCauley, E. and Downing, J.A. (1997) Patterns in phytoplankton taxonomic composition across temperate lakes of differing nutrient status. *Limnology and Oceanography* 42: 487-495.

※参照した WEB サイトの URL は，本書執筆時のものである．

コラム4　植物プランクトン種群の設定

　生物の分類学や生物相研究においては，証拠標本を伴わないような論文や報告はほとんど価値がない物とみなされる．微細藻類の一部では，証拠標本を残すことが難しい物があるが，その場合でも，正確なスケッチや写真が，その報告の正当性を裏付ける物として残されるのが普通である．そのような証拠標本がなく，同定の確認をするすべのない種のリストは，本来であれば，研究の対象とすることは難しい．しかし，アセスメントで蓄積されたデータや管理のためのモニタリングデータは，その地理的な広がりと長期性という観点から，日本の生物相の現状や変遷を考えていく上で，貴重なデータであるといえる．

　問題は，証拠標本がなく，同定者のレベルも異なるデータをどのようにして解析に活かすかである．これまで蓄積された河川水辺の国勢調査やダム貯水池水質調査の植物プランクトンデータを見たところ，淡水域のはずであるのに，海産種や化石種など，存在し得ない種名が散見された．また，ある報告では，最近の属の変更も踏まえたリストが提出されているのに対し，別の報告では，旧態依然とした属名が使われ，種名も現在使われていないものが採用されていた．応用研究では，最新の分類学的知見をフォローすることが難しいこともあり，人により，その分類の仕方や根拠となるモノグラフが異なることがある．北米やイギリスではそのような状況を克服するために，共通のモノグラフやチェックリストを作成し，全員がそれらに基づいて同定調査が行われている（Berkman and Porter 2004; Kelly et al. 2005）が，日本では残念ながらそのような体制はできていない．

　そこで，第5章の解析にあたっては，珪藻について，種でなく種群で分ける方法を採用した．*Encyonema silesiacum* は，古い属名である *Cymbella silesiaca* と記載されることもあるが，別種である *C. minuta* や *C. ventricosa* と誤って同定されることも多い．とくに古い文献では，*C. ventricosa* の学名が用いられることが多かったので，今回のリストでもこの名前で同定されていることが多かった．これらの種は異なる分類群を指すのであるが，同一の分類群を誤同定した可能性が高い．そのため，これらについて，*E.*

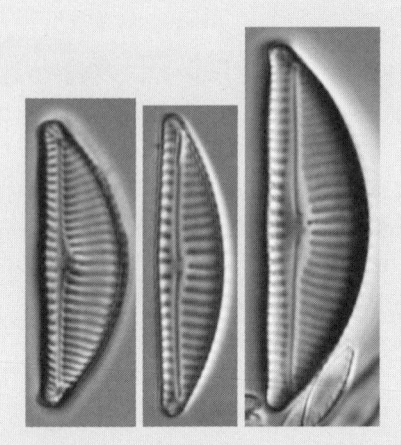

図 C4-1　*Encyonema minutum-silesiacum* complex 酸処理
左：*E. minutum*, 中：*E. gracilis*, 右：*E. silesiacum*. 条線の密度や殻端のくびれ具合が異なるため，それぞれ別分類群と同定できるが，人により，全体を *Cymbella ventricosa* と同定している場合もあると考えられる．

minutum-silesiacum complex と，一括して種群として扱った（図 C4-1）．同様に同定の混乱している *Achnanthidium minutissimum* (= *Achnanthes minutissima*) とその類似種についても，種群の扱いをした（図 C4-2）．*Asterionella* 属については，*A. formosa* と *A. gracillima* が存在するとされているが，これらを独立種と認めない研究者もおり，同定者がどちらの学説を採用しているかが不明のため，*A. formosa* complex とした（図 C4-3）．*Aulacoseira ambigua* については，過去のモノグラフで *Aulacoseira italica* (= *Melosira italica*) と混用されて用いられてきた．本来の，*A. italica* は冷水域の湿原に生息する種であり，ダム湖のような調和水域では生息しないと考えられる．そこで，*M. italica* と同定されている物については，すべてを *A. ambigua* の誤同定とした（図 C4-4）．

このような誤同定の推測により，数多くの種名を統合し，統計解析が行えるような種群を用いたデータセットを作成した．この作業は多くの大胆な推測を含み，標本が存在しないため，その推測の正当性を裏付けることは難しいが，過去のデータを活かすためにはやむを得ない．

第 5 章　ダム湖のプランクトン群集の特徴

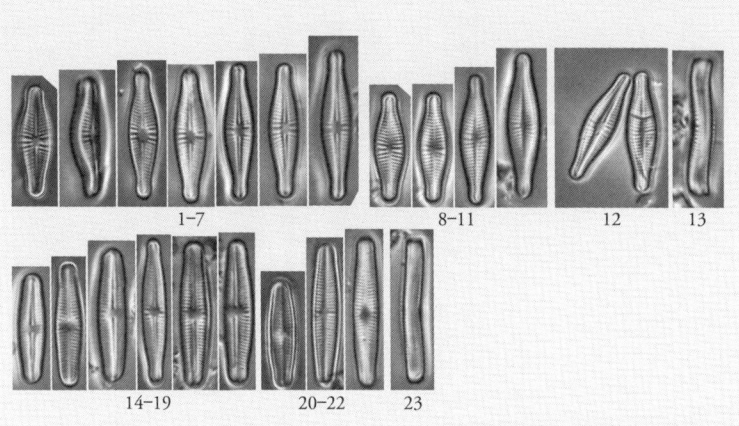

図 C4-2　*Achnanthidium minutissimum* complex 酸処理
1-13: *A. microcephalum*（1-7 & 12 左：縦溝殻，8-11 & 12 右：無縦溝殻，13: 帯面観）．
14-23: *A. affinis*（14-19: 縦溝殻，20-22: 無縦溝殻，23: 帯面観）．*Achnanthidium* は，縦溝を持つ縦溝殻と持たない無縦溝殻がセットで一細胞を構成する．同定にあたっては，両方を確認することが必要である．殻の外形や条線の配列により，複数種が識別でき，生態的にも異なることが知られているが，多くの場合，一括して *Achnanthidium minutissimum*（= *Achnanthes minutissima*）と同定されてきたと考えられる．

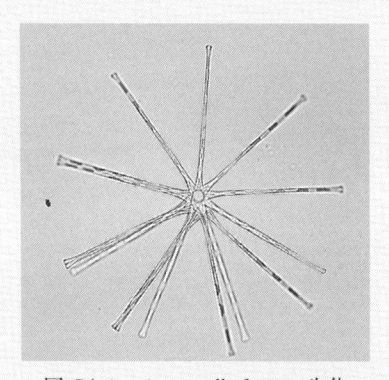

図 C4-3　*Asterionella formosa* 生体
冬季から初春に貧栄養〜中栄養の湖沼で増殖する．確実な同定のためには，酸処理を行い，殻の殻面を確認し，両方の殻端の大きさが異なるか（*A. formosa*），同じ大きさか（*A. gracillima*）を確認する必要がある．*A. gracillima* はジグザグ群体になりやすいが，それだけで同定をすることは困難である．

図 C4-4　*Aulacoseira ambigua* 生体（左）と酸処理（中・右）
A. italica（*Melosira italica*）と誤同定されることが多いが，*A. italica* は湿原の付着性種であり，ダム湖では出現しない．

ただし，今回の方法はあくまで緊急避難的な措置であり，本来であれば，証拠標本を残し，同定のための基準を明確にすることが本筋である．日本における水環境を正しく認識し，将来的な環境変動を正しく評価するためにも，これらについては改善が必要とされる．

参照文献

Berkman, J.A.H. and Porter, S.D. (2004) An overview of algal monitoring and research in the U.S. Geological Survey's National Water Quality Assessment (NAWQA) Program. *Diatom* 20: 13–22.

Kelly, M.G., Bennion, H., Cox, E.J., Goldsmith, B., Jamieson, J., Juggins, S., Mann, D.G. and Telford, R.J. (2005) *Common Freshwater Diatoms of Britain and Ireland: an Interactive Key*. Environment Agency.

コラム5　植物プランクトン群集の計数：何を知るための計数なのか

　生きもののモニタリングや環境アセスメントには，その目的に応じて対象とする生きものの密度や現存量を正確に測定し示すことが求められる．現在，事業ベースで行われている植物プランクトンのモニタリングに，**河川水辺の国勢調査**と**ダム貯水池水質調査**がある．前者は，広く全国のダム湖に出現する植物プランクトン群集の現存量と優占種の数についての比較情報を得ること，後者は，植物プランクトン群集の現存量と出現種（あるいは，優占種や管理上注意を必要とする種）の数や量の監視が主たる目的になろう．

　現在，こうしたモニタリングでの植物プランクトンの計数データは，種もしくは分類単位ごとに，単位体積（たいていは試水1mL）あたりの細胞数として表されている．しかし，光学顕微鏡で判別可能な植物プランクトン種の細胞サイズは，例えば，大サイズの渦鞭毛藻の *Ceratium hirundinella* （40,000μm^3）と小サイズの藍藻（シアノバクテリア）の *Aphanocapsa* や *Merismopedia* （5μm^3）のように，3～4桁もの違いがある．そのため，ある群集でのおのおのの種の量の多寡を意味する優占種を判断する場合，たとえ，正確に細胞数を計数したとしても，細胞数からでは優占種をとらえることができない場合がある．量を比較する場合は，(試水あたりの細胞数) × (その種の細胞の体積) で比較するのが望ましい．しかし，研究目的の場合を除くと，そのような努力はなされていないのが現状である．

　図C5-1は「ダム貯水池水質調査」で報告されている夏季の値（7～8月の平均値）を用い，一定の全リン（TP: Total Phosphorus）幅にある湖水のクロロフィルa量（Chl a）の平均値（図C5-1 (a)）と，これに対応した出現分類群（藍藻，緑藻綱，珪藻綱，黄金色藻綱，クリプト植物門，渦鞭毛植物門）の細胞数の平均値（図C5-1 (b)）を示したグラフである．これをみてわかるようにChl aはLog TPが1.4（25.1＜TP＜31.6）μg/Lで小さなピークを示し，さらにTPがあがるとChl aも増加する．しかし，細胞数はLog TPが1.3までは増加するが，それを超えると著しく減少した．そして，Log TPが1.4以上のダム湖では，すべて藍藻が優占した．

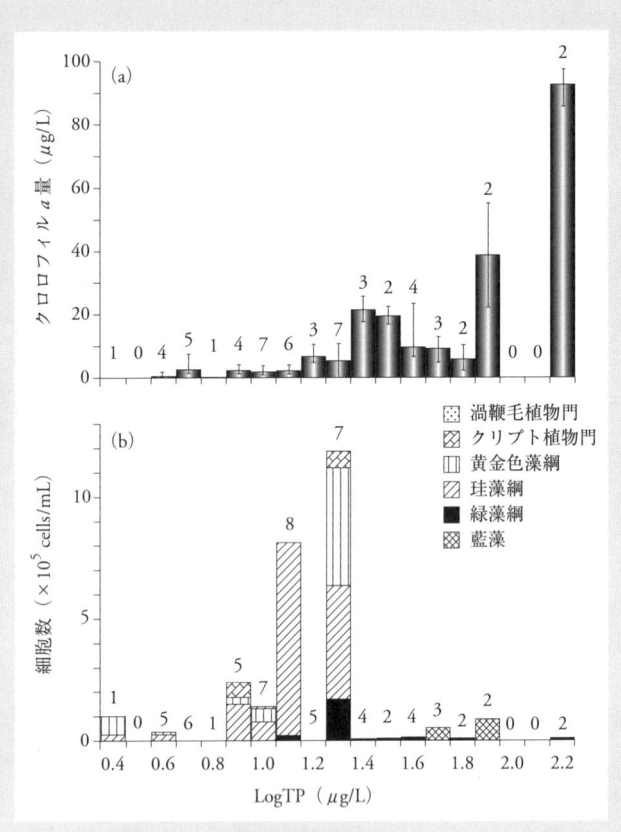

図 C5-1　夏のダム湖の TP 濃度と植物プランクトン量の関係
(a) Log TP 濃度と Chl a の平均値. 棒上の数値はダムの数. 棒はレンジ.
(b) Log TP 濃度と夏の有光層に出現した六つの分類群の平均細胞数.

　このデータは，日本のダム湖では Log TP が 1.4（25.1 < TP < 31.6）μg/L を超えると藍藻が優占するようになることを示している．しかし，一方では「藍藻の細胞数が正確に数えられていない」ということも示している．一般に，藍藻は原核生物であるため 1 細胞は大きくならない．そのため，同じ量の植物プランクトン群集を細胞数で表す場合，藍藻が出現するとその数は大きくなる．しかし，本データでは逆に小さくなっている．藍藻は，

たいていは多くの細胞が集まって群体を形成するか，もしくは糸状体で浮遊しているため，細胞数の計数は時に困難で，しかも不正確になりやすい．本データから推測する限り群体や糸状体の数で数えられているのであろう．

このように細胞サイズの大きく異なる植物プランクトン種（あるいは分類単位）の細胞の計数では，そのデータをもって，おのおのの種間での優占度の多寡を比較するのは適切とはいえない．とくに，藍藻は不定形の群体を形成するため，細胞数の計数が著しく困難であり，たとえ，群体数を計数したとしても量の多寡を示すことは難しい．これまでの知見から，植物プランクトン群集全体の現存量を知るには Chl a の測定が最適である．一方，ある種の増減を知りたい場合は，対象種の計数ユニットを一定に決めておけばよい（計数ユニットの明記は必要である）．群集内の各種の多寡を比べる場合は，面倒でも前述の(試水あたりの細胞数)×(その種の細胞の体積)で評価すべきである．著者らは藍藻の *Microcystis* が優占する場合は Utermöhl チャンバーで計数することに加え，別途，超音波処理をして血球計数盤で細胞数を計数した（高村 2003）．藍藻が混在する植物プランクトン群集の中の優占種をより簡便に比較したい場合は，例えば，光学顕微鏡の視野の中に占める各植物プランクトン種の面積の割合などを用いることで，ある種類が全体の植物プランクトン群集の現存量のどれくらいを占めるのかの目安を得ることが可能だろう．

今，もっとも必要とされることは，専門家と計数担当者の双方によるプランクトンの同定と計数の標準化作業だろう．まず，専門家が目的に適した手法やテキストを提案する．それを，講習会などを通して計数担当者に伝達し，そうした提案が適切に実施可能であるかなどを，専門家と担当者の双方向で検討する．そうした場合，評価したい事象が何かをつねに念頭に置くことが重要である．手法の簡便さや，労力，費用も考慮されなければならないだろう．信頼できるデータを得るため，そして，多くの計数担当者の努力を有効に活用するためにも，こうした過程を制度化・マニュアル化することも含め検討が必要とされている．

参照文献

高村典子 (2003)「植物プランクトン」「付着藻類」.竹内　均編『地球環境調査計測事典』第2巻陸域編,フジ・テクノシステム.

第6章
魚類相からみたダム湖の特性

6.1 ダム湖を魚類相で評価する

6.1.1 生物の指標で環境を評価する

　日本全国にあるダム湖の生態系は，魚類相からみて，どのような状態なのだろうか？

　まず，水生生物を使った環境評価の方法について考えてみよう．日本では，1950年代から水質の汚染が目立つようになった．しかし当時は，川が汚れ，水質が変化した状態を生物学的に評価する方法がなかった．そこで，津田松苗を中心としたグループが汚水生物学のシステムをもとにした「生物による水質判定法」を開発した（津田・森下 1974）．水質の生物学的評価法は1915年に生物の指標性に注目して，国際河川のライン川の水を取水するドイツで生まれ，オーストリアやオランダが加わって発展した（津田 1955）．日本における生物による水質判定は，日本に生息する種の生物学的な特性から，津田が評価手法を日本の水域に適合するように改変し，発展させたものである．この評価方法は，その後，より定量化されていく．その一方で，日本では川は生活に密着した身近な自然環境であるから水質汚濁の解決には汚れのレベルを一般の人にわかりやすく周知することが必要とされた．誰にでもできる簡易な生物学的評価法と水生生物調査の手法が提案されたきっかけである（津田・森下 1974）．この簡易手法は行政の指導で全国的に普及した．そ

の手法を用いた生物学的水質判定のモニタリングは1986年から建設省（現国土交通省）と環境庁（現環境省）により全国の河川で行われるようになり，そこに参加する人数は今では年間8万人に達しているらしい．

その後，河川の環境問題は，水質だけでなく，自然との共生が問われるようになった．失われかけた水辺の復活と自然の再生が課題になった．そのため，水質だけでなく生物のハビタット（生息場所）の状態と人とのつながりを含めた全体的な評価手法を開発することが求められた．そこで著者らは，魚類や底生動物のライフスタイルに注目した評価手法 MHF（Move Habitat Food）を1996年に開発し（森下 1996），さらに生息場に主眼をおいた HIM（Habitat Index Model）を2000年に開発した（森下ほか 2000）．アメリカでは原生的な自然を求め，川を自然に復元していくときに，その自然を評価する手法として，IBI（Index of Biological Integrity；生物保全指数）が開発された（Karr 1981）．今回，本章で用いる HIM は，自然の健全性（とくにハビタットの状態）を統合的に評価するだけでなく，その評価からどこをどうすればよいかが解析できるよう試みた手法である．

6.1.2 指標生物としての魚

魚類を指標とするメリットは以下である．
- 誰の目にもわかりやすく，注目されやすい．関心を持つ人が多くいる．食料にするために漁協などが管理をしてチェックしている．
- 環境に対する指標性がよく整理されている．各種の生態に関する情報がある．
- 淡水域の魚類の種数は，海から一時的に河川に入ってくる種を含めても300種程度なので，同定が難しくなるほど多くないし，解析できないほど少なくもない．底生動物と比較すると同定は比較的容易で，同定ミスが少ない．
- 研究者が多く，生息情報が得やすい．
- 捕獲が容易である．捕獲の有無に関しては，調査によるムラが少ない（ただし，個体数に関しては，調査時により変動があり，指標として利用するのが難しいこともある）．

もちろん，魚類を指標として用いる場合，その移動性から，河川の特定の場所を評価しにくいことが指摘される．しかし，逆にそれは，その場所が他の場所との移動が可能であることを示す指標になるため，使い方を限定すれば，普遍性が利点になる．

6.1.3 ハビタット評価のためのHIM

筆者らが考案したHIMは，日本の河川で生物が生息し続けられる条件を10項目選定してハビタットを評価しようとするものである（森下ほか 2000；森下 1997および森下・森下 1998も参照）．HIMは，河川のハビタットを人の見た目で評価するもの，その場所にすむ底生動物を用いてハビタットの状態を評価するものなどの手法があるが，本章では，魚を用いてハビタットを評価するものを用いた（FHIM：Fish Habitat Index Model）．FHIMは，日本に生息する魚種が，10項目それぞれをどの程度要求するか事前に整理して点数化し，その場所に生息している魚類によってその河川の環境を評価する．評価の重みづけレベルは，5，3，1点である．

HIM1：縦のつながり

川を河口から山間地へ移動する回遊魚がタテ型の移動だとすると，本川から支川，池沼への移動はヨコ型の移動である．もちろん，同じ場所で生息し，大きく動かない定着型の魚種もいる．海から源流まで長い行程を移動する魚類は，日本産淡水魚のうち，2割に満たないが，中流と下流，中流と上流への移動が必要な魚種をあわせると6割以上が河川の上流と下流が連続していなければ生活できない．HIM1は縦のつながりを評価し，FHIMの評価は，海から源流（または源流から海）へ移動する種は5点，定着型で移動しない種を1点，上流から下流へというほどは大きく移動しないが定住するとはっきり決められない種は3点とする．

HIM2：河床の材質

河川性生物の日常的な生息場は河床の材質に左右される．生物の生息の条件と河床などの「物理的環境」の関係はわかりやすい部分で，川の生態系のしくみの解析ではよく用いられている．ここでは，単にある河床材があれば

生息できるかどうかではなく，河床の材質の組み合わせの複雑性を評価する．FHIMの評価は，いろいろな河床材がなければ生息できない種を5点，大きな石だけや砂だけでも生息できたり，河床材が生息に影響しない種を1点とする．それ以外の種を3点とする．

HIM3：水深

魚種により生息できる水深が異なる．多くの魚類では日中と夜間でも生息場が異なる．水深が均一化して水深に差がなくなることは，渓流に生息するサケ科やハゼ科の魚類が生息しにくい．FHIMの評価は，いろいろな水深が必要であれば5点，浅くても深くても均一であっても生息できる種は1点，それ以外を3点とする．

HIM4：流速

流水性の魚では，比較的流速が遅い場所に定位して流速の速い所に流れてきた餌を採ることが多い．夜に休むときには昼間活動するよりも流速の小さい場所にいることが多い．狭い距離の限られた水域に異なった流れがあると多様な魚種が生活できる．FHIMの評価は，速い流れと遅い流れが混在することを好む種は5点，速くても遅くても均一でも問題ない種を1点，それ以外を3点とする．

HIM5：横のつながり

日本の淡水魚の7割が川とそれにつながる異なった水域（例えば，池沼や水田）を行き来することで一生をおくる．本川で一生をおくる魚類でも，洪水などのときに逃げ込む場として細流や水路を位置づけるとしたら，どの魚類にとっても横のつながりは重要といえる．FHIMの評価は，生活史の中で細流や水路へ移動する必要があれば5点，移動しなくてもよければ1点，それ以外を3点とする．

HIM6：水辺の機能

水辺は陸から水へ，水から陸への移行帯であり，増水により水に浸かるこの場所は，産卵したり，稚魚が育つ場所となる．FHIMの評価は，雨が降れば浸かるような場所を利用する種は5点，関係のない種は1点，それ以外

を3点とする.

HIM7：水生植物

　水生植物帯（とくに**抽水植物**，**浮葉植物**，**沈水植物**；図4―1参照）にはフナ類などの池沼性の魚類や稚魚が生息し，洪水のときなどは大型の魚類の隠れ家となる．しかし，植物が増えすぎると，流れが阻害され，渓流性の魚類は生息できない．FHIMの評価は，水生植物があるものの完全に覆われていない状況の場所に生息する種を5点，完全に覆われていても生息できたり，全く無くても生息できる種を1点，それ以外を3点とする．

HIM8：水辺林

　魚類に対する水辺林の効用としては，光の遮断（次の「HIM9：光」と関連する），餌の提供，産卵場（植物の根など），外敵からの防御などが挙げられる．FHIMの評価は，主にサケ科の水辺林があるところに生息する種を5点，水辺林が生息に関係ない種が1点，その他を3点とする．

HIM9：光

　水生生物が生息する条件は水温で論じられることが多い．光の当たり方は水温に影響するし，強い光自体を嫌う魚類も多い．FHIMの評価は，陰の多いところに生息する種が5点，一日中陽があたっても平気な種が1点，その他が3点とする．

HIM10：人との関わり

　国外からの外来種だけでなく，国内の移動により，本来その水域に生息していなかった魚類の侵入は在来種の減少をもたらす大きな要因である．日本の河川は洪水や渇水などの攪乱のリズムにより成り立っている．アーマーコート化して河床が動かなくなったり，工事などで河道の流れが安定化すれば，遊泳性で比較的変化（日変化や季節の変化）のない環境を好む魚類が増える．FHIMの評価は，工事などで河道が安定化すればすめない種が5点，安定化したところで増える種が1点，その他が3点とする．

　ダム湖とそれに連なる河川に生息する主要な魚類145種に対して，上記

表 6-1　HIM の評価点の例

種名	HIM1 縦のつながり	HIM2 河床の材質	HIM3 水深	HIM4 流速	HIM5 横のつながり	HIM6 水辺の機能	HIM7 水生植物	HIM8 水辺林	HIM9 光	HIM10 人との関わり
スナヤツメ	1	1	1	3	3	1	3	3	3	3
ギンブナ	1	1	1	1	1	3	3	1	1	1
ゲンゴロウブナ	1	1	1	1	1	3	3	1	1	1
ウグイ	3	3	5	3	1	3	3	3	1	1
アブラハヤ	3	3	5	3	3	3	3	3	3	3
ギギ	3	5	3	3	5	3	3	3	1	3
ヤマメ	3	5	3	5	3	3	1	5	5	3
イワナ	3	3	5	5	3	3	3	5	5	3
イトヨ	3	1	3	1	3	5	5	3	5	5
ブルーギル	1	1	1	1	1	3	3	1	1	1
トウヨシノボリ	5	5	5	3	1	3	3	3	3	3

の HIM の 10 項目それぞれに 5，3，1 点の評価点を付けた（表 6-1）．各魚類に対する HIM の各項目の点数に関しては，現場のデータから求められた数値と生態学的な一般的知見とともに，さらに多くの魚類研究者に意見を求め決定している．生物種を比較する場合に科学的にも社会的にも妥当な数値レベルというものは明確に設定できないから，現在では，このような 3 段階の比較的粗い評価点にしている．生物の生息条件を数値化することは，ある意味とても無謀である．そのため，できる限り大きな区分で生態学的に説明のできる範囲の数値を当てはめている．あくまでも FHIM 値は環境の状態をわかりやすく定量化するための指標値であり，研究のさらなる進展により変更の余地のあるものである．

　調査地点ごとに出現する魚種の各 HIM 項目の平均点を算出し，その項目の健全性の評価点とする．その HIM の項目の点数が高いということは，ハビタットとして多様性が高かったり，環境要求が高い（要求の幅が狭い）ものが生息できるということである．

6.2 ダム湖魚類相の FHIM を用いた解析

6.2.1 ダム湖魚類相の分析方法

今回は，前述の FHIM を用いてダム湖を評価した．この FHIM は河川の評価のために作成したものであるが，それぞれの種の環境要求を点数化しているため，ダム湖にどんな環境要求をもつ魚類が生息しているのかを解析することが可能である．

魚類群集をそのダム湖に出現するか否かというデータを直接解析することも可能であるが，魚類の地理的な分布が限られていることを考えると，生息環境を比較する上では，生物地理的な影響はできる限り排除したい．

また，今回は，ダム湖内部の魚類相とともに，ダムの上・下流の魚類相も扱った．ダムの社会的問題は，ダムができることによって水系全体に悪影響が及ぶのではないか，本来の河川の特性が失われてしまうのではないかという不安があると思う．貯水池生態および応用生態学を学ぶものとしてはこの不安を解消するためになんらかの方策をたてたい．そこでダム湖だけでなく，ダム湖に注ぐ河川の上流域とダムによって河川が分断された下流域の生物相を合わせて検討し，ダムの上・下流域の河川の環境が，ダム湖ができたことでどうなっているのか，さらにはダム湖内ではどんな問題が生じているのかを探ることを試みた．

解析に用いたデータは，1996 年から 2005 年までに調査されたものである．河川水辺の国勢調査［ダム湖版］と社団法人淡水生物研究所の行った調査をあわせて 69 ダム分を使用している．これらのダムは国土交通省と水資源機構が管理しているダムで多くは治水機能をもった多目的ダムである．なお，ここでいうダム上流・下流とは，ダム湖の湛水域から数百 m から 1km の範囲のことを指している．

6.2.2 ダム湖の魚類相の特徴とそれに影響する要因

もっとも多くのダム湖で確認された種はギンブナ *Carassius auratus langsdorfii*

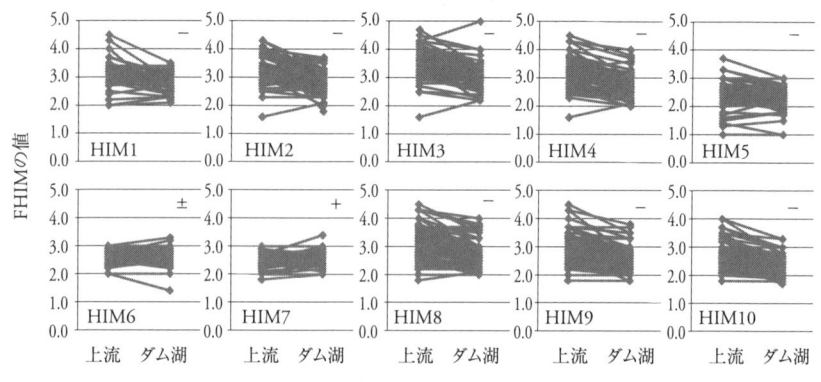

Part II　ダム湖生物群集の特徴と分類

図 6-1　ダム湖とその上流の FHIM の違い
ダム湖が上流と比較して有意（$p<0.05$）に値が高い場合は +，低い場合は − を各グラフの右上に入れた（対応のある t 検定）．± は有意差がないことを示す．

（口絵 15 右下）で，79 % のダムで確認された．次に多いのは，ウグイ *Tribolodon hakonensis*（口絵 15 左下）の 73 % だった．ダム湖内の平均出現種数は 13.6 種で，上流の平均出現種数 10.0 種，下流の平均出現種数 11.1 種よりも多かった．これは，ダム湖では止水性の魚と流水性の魚の両者が確認されることもあるが，漁協などによる放流の影響も大きい．上流・下流の区間に比べて，ダム湖内はエリアが大きいことが多くの種が生息することにつながっている．

　ダム湖内は，河川の健全性を測る FHIM の評価点は，低くなる．ダム上流は，ダム湖と連続した空間である（下流は堤体により分断されている）．その上流の魚類群集の FHIM とダム湖における FHIM を比較したものが図 6-1 である．ダム湖は，HIM6（水辺の機能），HIM7（水生植物）以外の HIM 項目の値は低下している．HIM7（水生植物）は上流より値が高くなっており，水生植物が生息に必要な種の割合が高くなっていることを示している．

6.2.3　魚類相からみたダム湖の類型化

　これらのダム湖を主成分分析の得点により類型化したものが図 6-2 のデンドログラムである．このデンドログラムは，ダム湖と上流下流の調査をあわせて主成分分析を行い，その主成分得点により作成したものである．大き

第6章　魚類相からみたダム湖の特性

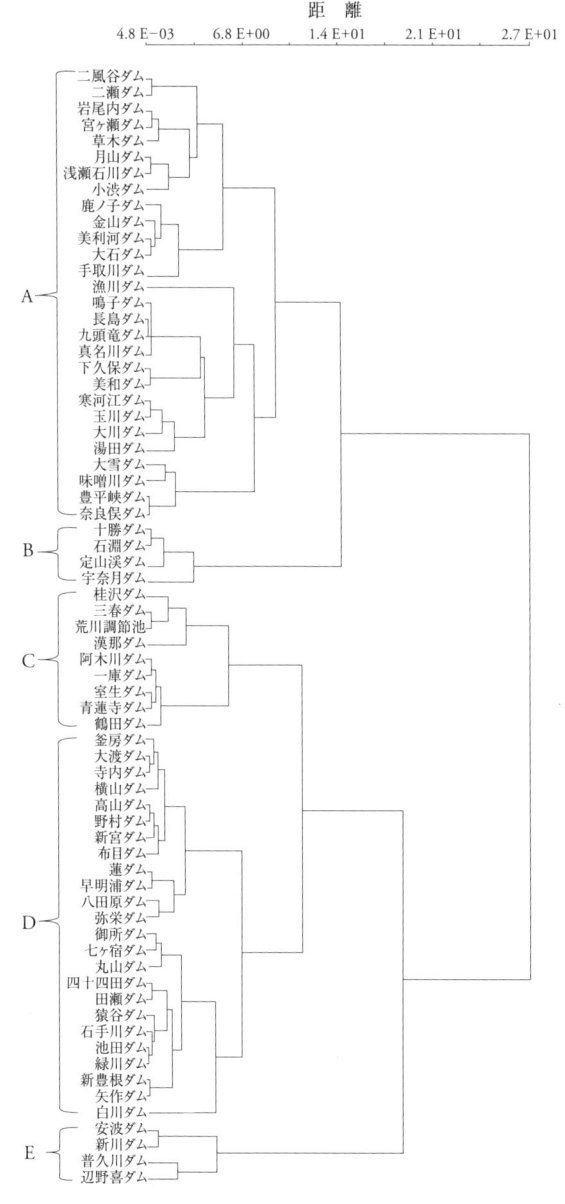

距　離

4.8 E−03　　6.8 E+00　　1.4 E+01　　2.1 E+01　　2.7 E+01

A：二風谷ダム、二瀬ダム、岩尾内ダム、宮ヶ瀬ダム、草木ダム、月山ダム、浅瀬石川ダム、小渋ダム、鹿ノ子ダム、金山ダム、美利河ダム、大石ダム、手取川ダム、漁川ダム、鳴子ダム、長島ダム、九頭竜ダム、真名川ダム、下久保ダム、美和ダム、寒河江ダム、玉川ダム、大川ダム、湯田ダム、大雪ダム、味噌川ダム、豊平峡ダム、奈良俣ダム

B：十勝ダム、石淵ダム、定山渓ダム、宇奈月ダム

C：桂沢ダム、三春ダム、荒川調節池、漢那ダム、阿木川ダム、一庫ダム、室生ダム、青蓮寺ダム、鶴田ダム

D：釜房ダム、大渡ダム、寺内ダム、横山ダム、高山ダム、野村ダム、新宮ダム、布目ダム、蓮ダム、早明浦ダム、八田原ダム、弥栄ダム、御所ダム、七ヶ宿ダム、丸山ダム、四十四田ダム、田瀬ダム、猿谷ダム、石手川ダム、池田ダム、緑川ダム、新豊根ダム、矢作ダム、白川ダム

E：安波ダム、新川ダム、普久川ダム、辺野喜ダム

図6-2　ダム湖の出現魚種FHIMによるデンドログラム

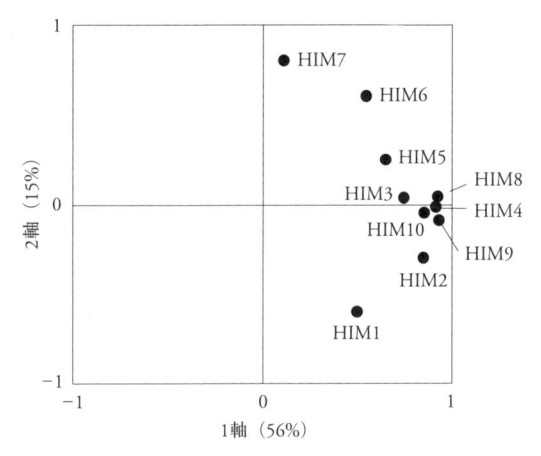

Part Ⅱ　ダム湖生物群集の特徴と分類

図 6-3　ダム湖の HIM 項目間の関連
主成分の1軸と2軸の得点を示した．軸の（　）内の％は，全体の分散に対する各軸の寄与率を示す．

く，A～E の5グループに分かれる．

　ダム湖魚類相の各 HIM 項目の主成分得点（主成分分析）が図 6-3 である．HIM2（河床の材質），3（水深），4（流速），8（水辺林），9（光），10（人との関わり）が同様の傾向を示す．これらは健全な河川上流に生息する魚類が多くなると点数があがる項目であり，主成分1軸は，これらの点数と強く関連している．HIM1（縦のつながり），HIM5（横のつながり），HIM6（水辺の機能），HIM7（水生植物）は，前述のグループと比較すると，独立している．

　図 6-2 のデンドログラムは，主に図 6-3 の第一主成分に強く依存して分割される．A，B と C，D，E では，A，B が HIM4 を中心とした第一主成分が高い値を示し，より健全な上流に生息する魚類相に近く，止水性魚類の定着が少ないダムである．また，A，B では，HIM5（横のつながり）がやや高く，HIM6（水辺の機能）がやや低い．A と B では B の方が，C と D では D の方が，より第一主成分が高いダムである．つまり，A～D でみたとき，B がもっとも健全な上流的魚類相（止水性魚類の定着が少なく）で，次いで A，D，C の順となる．E は，HIM5（横のつながり）が低いのが特徴であるが，すべて沖縄のダムであり，もともと横への移動を必要とする氾濫原依存種が少ない沖

第 6 章　魚類相からみたダム湖の特性

表 6-2　FHIM に関わるダムの環境要素

	緯度	標高	貯水容量	回転率	ダム年齢	TN	Chl a	水位変動	発電の有無
FHIM1	−	+						−	+
FHIM2	+	+							+
FHIM3		+			−				+
FHIM4	+	+			−				+
FHIM5	+	+							
FHIM6	+	+	−						
FHIM7		+							+
FHIM8	+	+							+
FHIM9	+								
FHIM10	+	+		−	−				+

AIC によるモデル選択で，関係が見られた要素の符号（＋または−）を示した．

縄地方の特徴が現れている．

　魚類相の HIM の違いには，ダムの環境のどのような要素が影響しているのであろうか．FHIM の値とダムの環境要素の関係の重回帰分析を行った結果が表 6-2 である．それぞれのダムの環境要因を説明変数としているが，ダムの位置にかかわる要素として，緯度，および標高を使った．標高は常時満水位の標高を用いた．ダム湖にかかわる要素として，ダムのサイズ，回転率，年齢を使った．サイズは総貯水容量を，回転率は集水面積を総貯水容量で割った値を指標とした．年齢は建設年から調査年までの年数を用いた．ダムの水質にかかわる要素としては，2005 年の月 1 回の調査のうち，全窒素濃度（TN: Total Nitrogen）とクロロフィル a 濃度（Chl a）の最大値を用いた．ダムの運用にかかわる要素として，水位変動と発電利用の有無を使った．水位変動は，1995 年から 2005 年までの日平均水位データから各年の最大水位幅をとり，その中央値をダムの水位変動の大きさの指標とした．これらの環境要素を説明変数，各 FHIM の値を応答変数として回帰分析を行い，赤池情報量規準（AIC: Akaike's Information Criterion）を最小化するモデルを選択した．

　FHIM の値は，緯度と標高に対しては正の反応を示した．つまり，高緯度地方，高標高ほど FHIM の値が高かった．また，ダム湖のサイズ（貯水容量）や年齢はしばしば負の反応を示した．FHIM の多くは先に記したように，健

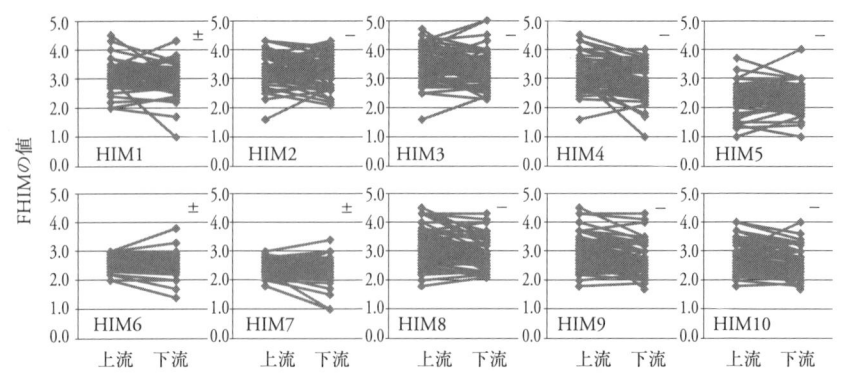

図6-4 ダム湖の上・下流のFHIMの違い
下流が上流と比較して有意（$p < 0.05$）に値が高い場合は＋，低い場合は－を各グラフの右上に入れた（対応のあるt検定）．±は有意差がないことを示す．

全な上流性の魚類相だと値が高く，止水性の魚類の割合が高くなると低くなる．すなわち，より緯度や標高が高いと，止水性の魚類の割合は低く，ダム湖のサイズが大きかったり，ダム建設からの年数が経過すると，止水性魚類の割合が高くなる．また，目的に発電を持つダムでは正の反応を示すことが多く，止水性魚類の定着が悪いと考えられる．

6.2.4 ダム湖上・下流での魚類相の違い

FHIM各項目のダムの上・下流を比較したものが，図6-4である．HIM6（水辺の機能），HIM7（水生植物）を除くHIMの項目は下流で値が低い．河川としてはより下流が不健全であることがうかがえる．ただし，6.2.2項で述べたように，上流の平均出現種数は10.0種，下流の平均出現種数は11.1種であり，種数自体が減少しているのではない．

この上流と下流のFHIMの値の差がどのようなダムで大きくなるかを解析したものが表6-3である．上・下流のFHIMの差を応答変数，ダムの環境要素を説明変数として重回帰分析を行ったところ，環境要素としては，先のダム湖のFHIMと同様であるが下流への「流水の正常な機能の保持」を目的としているかどうかを説明候補として追加した．

第6章　魚類相からみたダム湖の特性

表6-3　ダム上流と下流のFHIM差に関わるダムの環境要素

	緯度	標高	貯水容量	回転率	ダム年齢	TN	Chl a	水位変動	発電の有無	流水の保持
FHIM1										
FHIM2										
FHIM3						−			−	
FHIM4	−	−	+							
FHIM5				+			−			
FHIM6		+								
FHIM7				+						
FHIM8										
FHIM9						−			−	
FHIM10										+

下流が上流に対して値が下がる場合には−，上がる場合には＋がつけられている．AICによるモデル選択で，関係が見られた要素の符号（＋または−）を示した．

上流に対する下流のFHIM評価値には，水質に関連した変数であるTNやChl aが負の影響を持つものが多かった．つまり，ダム湖の水質は下流の魚類相に影響を与えている．また，発電も負の影響があった（発電の影響については次節で考察する）．

6.3　ダム湖の魚類相と今後の課題

ダム湖では，流水性の魚種とともに，止水性の魚種が追加されることが多いので，一般に種数は上流や下流に比較して多くなる．その止水性魚類の定着は，緯度や標高が低いところほど，ダム湖の建設から年数が経過するほど多くなる．

建設年数が経過すると止水性の魚類が定着し，FHIMの値が低くなるのは，止水性の魚類の移入の可能性が累積として増加するためであろう．緯度や標高が低いところほど止水性の魚類の定着が高い（あるいはFHIMの値が低い）理由としては，二つの可能性が考えられる．一つは，地方によりダム湖の形状や運用が異なることである．ダムは地域的に湖盆の形状が異なり，

そのことが生物相に影響を与えている可能性がある．さらに，第1章でみたように，ダムの水位変動などは，地域の気候により異なる．例えば，積雪が多い地方では，冬期に発電に水を使い，春先に水位が大きく下がるものの，融雪出水により水位が急速に戻るように春（魚類の繁殖期にあたる）に水位変動が大きい場合がある．これら緯度や標高と関連をもったダムの性質が，魚類の生息に影響を与えていることは否めない．また，もう一つの可能性としては，高緯度・高標高では潜在的にダム湖に生息する静水および止水性魚類が少ないことが挙げられる．日本では関東からは北上するにつれて純淡水魚の種数が減少し，その多くは中流域の下部より下流の平地の流れに生息する種である（水野 1987）．これらの種は往々にして低い FHIM 値である．そのため，高緯度・高標高でそれらの種の移入が定着しない地域では，平均してダム湖での FHIM の値は高くなっている．

また，発電利用はしばしば止水性魚類の定着に負の影響を与える．これは発電による独特の（水位変動の大きさだけでない）水位変化や水の流動が原因だと推測される．どのような水位変化や流動が影響するかは，もう少し詳細な解析が必要である．

その他ダム湖では，特有のシルトによる透明度の低下，湖岸帯の劣化による産卵・稚魚の育成についてのマイナス条件，餌不足などが，自然湖沼より魚類の生息条件を悪化させているので，このことは魚類のトータルな生産力を大きく低下させている．ただし，玉川ダムや近畿・九州地方の多くのダム湖では，限られた種，例えばニッコウイワナ *Salvelinus leucomaenis pluvius*，ワカサギ *Hypomesus nipponensis*，ウグイ，オイカワ *Zacco platypus*，フナ *Carassius auratus* spp. などが単一の魚種としては，単位面積あたりの数量が自然湖沼よりも大きいことがある．本章では，個体数や密度，生産量など，量的な問題を扱わなかった．ダム湖特有の環境と特定の魚種の増加については，今後，十分な解析が期待される．

ダム上・下流の河川部分を比較するには，ダム下流は上流と種数はかわらないものの，環境要求の幅が狭い上流性魚類の生息割合が低かった．もともと下流は一般に上流に比較して，HIM2（河床の材質），3（水深），4（流速），8（水辺林），9（光），10（人との関わり）が低くなる傾向があるが，その低下の

大きさに対して，TN や Chl *a* といった水質関連項目が関係していることを考えると，単に下流であるからではなく，ダムによる改変も影響しているのだと考えられる．HIM は主にハビタットの物理的側面に目を向けたものであるが，水質が影響するのは，河川の上流的な環境を好む FHIM 評価点が高い魚種は水質汚染にも弱いことが多いので，そのことが現れているのだろう．また，発電も下流の魚類相の健全性に対して負の影響があった．目的に発電があるダムでは，下流で（とくに直下流で）減水や無水となる場合が多く，その影響があるのだろう．

参照文献

Karr, J.R. (1981) Assessment of biological integrity using fish communities. *Fisheries* 6: 21–27.
水野信彦 (1987) 日本の淡水魚相の成立．水野信彦・後藤　晃編『日本の淡水魚：その分布，変異，種分化をめぐって』pp. 231–244，東海大学出版会．
森下依理子 (1997) Fish IBI について．『淡水生物』73．淡水生物研究所．
森下郁子 (1996) 河川の生態学的評価 (MHF)．『淡水生物』72．淡水生物研究所．
森下雅子・森下依理子 (1998) 川の HIM をつくる．『淡水生物』76．淡水生物研究所．
森下郁子・森下雅子・森下依理子 (2000)『川の H の条件：陸水生態学からの提言』山海堂．
津田松苗 (1955) 生物学的水質判定の一方法：パトリック女史の提案．『淡水生物』3．淡水生物研究所．
津田松苗・森下郁子 (1974)『生物による水質調査方法』山海堂．

コラム6　生物多様性時代のダム

「**生物多様性**」が問われるようになってきた．「多様性」が数値化され，比較可能になったのは 1940 年代で，最初に種の数と個体数から多様性を数値化したのは統計学者である．Fisher et al. (1943), Simpson (1949), Shannon and Weaver (1949) が別々に多様性指数を発表した．

日本では 1955 年に津田が Beck の種数による指数を少し改変して Beck-Tsuda 法として表した（津田 1955．津田 1974, 1975 も参照）．これは，それぞれの種の個体数の多少にかかわらず，種数が指標になっている．以上までは，どちらかというと科学者の唱える多様性で「種数」がどのくらいあるかが考え方の中心であった．

その後，保全生物学から発達した生物多様性の概念は，昆虫学者のウイルソン（E.O. Wilson）らによって生物学以外の分野にまで広がってきた．そのきっかけとなったのが 1986 年の全米科学アカデミーとスミソニアン協会の後ろ盾で開催された「生物多様性フォーラム」である．保全生物学からみた生物多様性の考え方では，その多様性が種だけでなく，生物の生息している場や生物が多様になるための因子としての遺伝子にも着目され，「遺伝子」，「種」，「生態系」の三段階で多様性が維持されることが重要とされた．生物多様性の思想は 1992 年のリオ・デ・ジャネイロでの環境と開発に関する国際連合会議（通称：地球サミット）以降，世界の生物学者の間だけでなく，政治や一般の生活の場に広まってきた．すなわち環境の認識が新たな生物多様性に対する概念を生んだのである．

国連によるミレニアム生態系評価（World Resource Institute 2005）で生態系アセスメントの基礎概念となっているのは生態系サービスである（コラム 13 も参照のこと）．生態系が生産する食糧や燃料などの物質的な資源の直接的供給サービスだけでなく，精神的文化的などの間接的なサービスも含めて，生態系から私たちに持続的に利用可能に提供されるものをサービスとみなす．言い換えると生態系サービスは自然からの恩恵が安全や衣食住，健康，自由に生きる社会から人の命を保全することへ転換したのである．

生態系サービスは生物多様性の保全を目指すための概念であるが，生物

多様性という場合の多様性の保全には原生林や氾濫原などの原生の自然，人の手が及ばず利用できなくて放置されたままの自然，この自然が理学の学術的根拠になっているのであるが，その自然の場の多様性の保全と人が管理し，自然にストレスを与えることで保たれている自然，里山や水辺などの農学や水産，林学などの応用学の分野の扱う自然の場の多様性を分けて考えることが重要である．前者が自然保護の本来の思想であり，後者が地球サミットで提案され2000年からのミレニアム国連会議で主流になってきている生物多様性を目的とした生態系サービスの概念と考えることもできる．これまでの日本の開発に対する自然保護的思想は前者に偏り，人口の密集した都市の自然を前者の思想で論じられたところに無理があった．後者の視点は，人の命を守り，自然を利用しながら生物多様性を保全することであり，資源を有効に利用しつつ自然が再生できるよう配慮しながら持続可能性を追求するその姿勢が，いま見直されている．

　生物多様性を重視する概念は，生物が生物自身で存続する要因をより多く整えることにつながる．これは，それまで過度に人が環境にかかわってきたことに対する反省から生まれた．生物多様性を保全することで，種の多様性だけでなく，その環境に適した生物がどのくらい棲んでいるかに注視することにつながった．例えば，アユ *Plecoglossus altivelis altivelis* がいれば，そのアユが放流なのか自然に遡上してきた天然のアユなのかによって，アユと周囲の生物が存続していける度合いが異なってくる．そして人が自然から受ける恩恵も異なることを認識する．

　これまでの保全は，ホタルやトンボなどをシンボルとして用いた活動に代表される．コウノトリ *Ciconia boyciana* やトキ *Nipponia nippon* の野生復帰の取り組みはその活動の延長である．生物多様性の保全はシンボルをつくることではなく，それぞれがそれらしく生きていることをどう評価するのか，前述のミレニアム生態系評価で生態系サービスという言葉で表現された自然からの恩恵をどう受けとめたらよいのかである．その土地にあるはずの当たり前の生態系の存在の評価をすることから始まる．技術的手法についてはこれからである．

　治水や利水などの人の行為の結果としての景観は生態系サービスの重要な評価軸である．ダムができて下流に魚がいなくなるとするなら，ダムが

できてもダムがなかった時と同じように魚がいる川はつくれるのだろうか．河川の復元・回復による自然再生の考え方は多様性の考え方を根底におき，生物がすめる湖岸帯の整備，ダム下流への土砂の供給，ダムとダムとの間の導水による管理，常時は水を溜めないダムの建設などが，技術的に可能になるよう方向づけされている．いってみれば生物多様性の保全は，生態系を守りながら人々が暮らし，利用することで持続可能な資源の活用が成立することを目指している．

参照文献

Fisher, R.A., Corbet, A.S. and Williams, C.B. (1943) The relation between the number of species and the number of individuals in a random sample of an animal population. *Journal of Animal Ecology* 12: 42-58.

Shannon, C.E. and Weaver, W. (1949) *The Mathematical Theory of Communication*. University of Illinois Press.

Simpson, E.H. (1949) Measurement of diversity. *Nature* 163: 688.

津田松苗（1955）生物学的水質判定の一方法：パトリック女史の提案．『淡水生物』3．淡水生物研究所．

津田松苗（1974）『陸水生態学』共立出版．

津田松苗編（1975）『日本の湖沼診断』共立出版．

World Resource Institute, Millennium Ecosystem Assessment (2005) *Ecosystem and Human Well-being: Synthesis*. Island Press. 横浜国立大学21世紀COE翻訳委員会責任翻訳（2007）『国連ミレニアムエコシステム評価：生態系サービスと人類の将来』オーム社．

第7章
水鳥群集からみたダム湖の特徴

7.1 ダム湖の水鳥群集研究の意義

　ダムは河川を堰き止めて貯水することによって水体および周辺の環境を変え，以前からの生物相に大きな影響を及ぼす．さらに，ダムを操作（管理）することによって，水位・水質・周辺植生のようなダム湖の諸特性が変化する．したがって，ダム湖の管理においては，ダム湖の特性への影響を改善するための生物学的測定が当然なされるべきである．ダム湖の特性と生物学的環境との関係は適切なダム管理の在り方を示唆してくれるに違いない．

　開水面は水鳥類によく利用されるので，湖沼の形態や**湖沼標識**のような特性との関係において，水鳥の群集構造を明らかにしようとするいくつかの研究が自然湖沼において行われてきた（例えば，羽田 1954；Nilson and Nilson 1978；Pöysä 1983；Brown and Dinsmore 1986；杉森ほか 1989；Hoyer and Canfield 1994；Bell et al. 1997）．しかしながら，人工的なダム湖に関する，そのような検討はあまりなされておらず，ダムの管理形態の違いが水鳥群集にどのように影響を及ぼすかについての情報はほとんどないのが現状である．本章では，ダム湖の特性と水鳥群集との関係について検討を加え，ダム湖の管理の仕方が水鳥群集に及ぼす影響について試論してみたい．

7.2 水鳥の調査

7.2.1 水鳥類のカウント

近畿地方の9ダム（天ヶ瀬，高山，青蓮寺，室生，布目，一庫，猿谷，九頭竜，真名川ダム）において（図7-1），1998年12月7日から17日までの午前中に1回，ボートからの水鳥類のカウントを行った．越冬期の水鳥類のセンサスについては，この調査法で十分なことがすでに明らかになっている（Mori et al. 2000a）．これらの細長い形状のダム湖では，このセンサス法でダム湖のほぼ全数を把握することが可能である．

この調査は短期間に集中して行ったので，水鳥群集の調査時期による影響はほとんどなかったものと想定される（Mori et al. 2000a）．また，12月から2月にかけての冬季間は，個体数は多少変動するものの，この期間を通じて優占種は変わらないことがわかっているので（Mori et al. 2000a），本調査結果は水鳥の群集構造と，ダム湖の諸特性の関係を論ずるのに十分だと考えられる．なお，調査対象になったダム湖はすべて禁猟区になっている．

7.2.2 ダム湖の環境特性

各ダムの堤体近くの水面で水鳥の調査日に計測された環境特性のパラメータ（水温，pH，生物化学的酸素要求量（BOD: Biochemical Oxygen Demand），化学的酸素要求量（COD: Chemical Oxygen Demand），溶存酸素濃度（DO: Dissolved Oxygen），全窒素濃度（TN: Total Nitrogen），全リン濃度（TP: Total Phosphorus），懸濁物質（SS: Suspended Solids），クロロフィルa濃度（Chl a））を管理事務所発行の月報に基づき表7-1に示す．水温を除く，これらの変数はダム湖の栄養状況を示す指標となる．8変数の要因分析をして，総変数の85%を説明できる3要因を導き出した（表7-2）．

各ダムを取り巻く植生の状況は，ダム管理事務所の1994年から1997年のデータに基づき，ダム湖から500m以内の草地（水田を含む）と森林の面積を計算した．

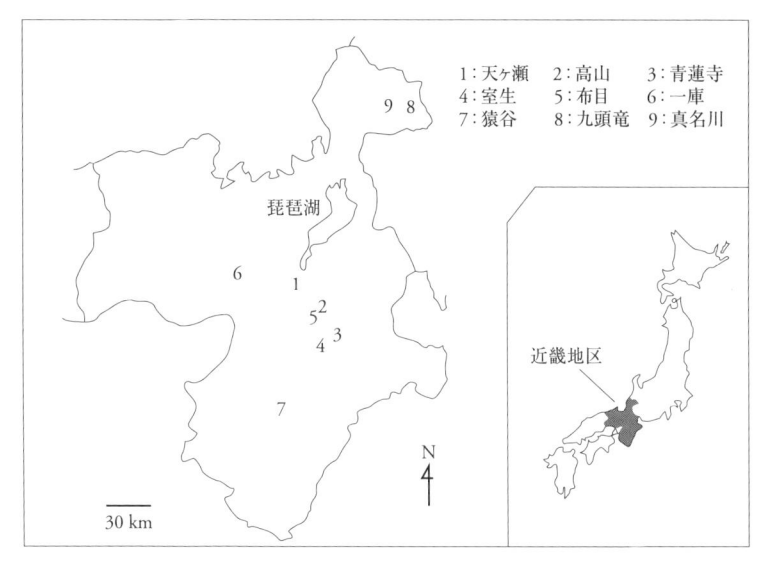

第 7 章 水鳥群集からみたダム湖の特徴

図 7-1 近畿地区における調査された 9 ダム湖の位置 (Mori et al. 2000b より)

ダム管理の目的でなされる水位操作は各ダムで普通に行われている．9 ダム湖は通常水位からの減少の程度によって 3 グループに分類される．すなわち，L1 グループは $-5\mathrm{m}$ から $0\mathrm{m}$ までである (青蓮寺，室生，布目，一庫ダム)．L2 グループは $-10\mathrm{m}$ から $-5\mathrm{m}$ までである (天ヶ瀬，高山，真名川ダム)．L3 グループは $-10\mathrm{m}$ 以上である (猿谷，九頭竜ダム) (表 7-1)．L1 グループのダム群は，湖岸が樹木で覆われている．それに対して L2 グループのダム群は湖岸の一部が草地に覆われている．L3 グループのダム群は植生には全く覆われていない (図 7-2)．

また，9 ダムは冬季のボートの一般使用が可能か不可能かで 2 分された (表 7-1)．

7.2.3 データの解析

水鳥群集とダム湖の諸特性との関係を解析するために，各ダム湖の水鳥群集の「豊かさ (richness)」(全個体数，種数，密度) と「**多様性** (diversity)」について Shannon の指数と Fisher の指数を計算した (表 7-3，表 7-4)．観察され

表7-1 9ダム湖の特性の概要. (A) 地理, (B) 水質, (C) 管理 (Mori et al. 2000b より).

	ダム湖*								
	天ヶ瀬	高山	青蓮寺	室生	布目	一庫	猿谷	九頭竜	真名川
(A) 地理									
標高 (m)	82	168	299	300	294	180	489	567	393
水深 (m)	70	23	35	31	40	39	8	80	57
開水面積 (ha)	188	260	104	105	95	140	100	890	293
森林面積** (ha)	469	273	183	180	28	411	226	2,558	1,246
草地面積** (ha)	81	87	30	39	25	27	14	40	89
(B) 水質***									
水温 (℃)	13.4	12.5	13.7	11.8	11.4	14.5	9.7	9.8	9.7
pH	7.6	7.1	7.3	7.4	7.2	7.4	7.0	7.3	7.6
BOD (mg/L)	0.9	1.0	0.6	0.4	0.7	0.3	1.1	0.2	0.2
COD (mg/L)	2.6	3.6	1.9	2.2	3.1	2.6	1.6	0.9	1.5
DO (mg/L)	9.4	6.2	8.9	8.9	11.1	7.9	8.9	9.9	10.1
TN (mg/L)	0.58	2.45	0.51	1.01	1.50	0.35	0.42	0.16	0.40
TP (mg/L)	0.02	0.02	0.01	0.01	0.04	0.04	0.02	0.01	0.01
SS (mg/L)	3.4	2.0	1.0	1.6	2.6	2.6	8.4	1.4	3.3
Chl a (mg/L)	4.7	5.3	3.0	2.3	4.3	1.8	11.0	1.4	2.3
(C) 管理									
ボート	0	1	1	0	1	0	0	0	0
水位変動	L2	L2	L1	L1	L1	L1	L3	L3	L2

TN:全窒素濃度, TP:全リン濃度, Chl a:クロロフィル a 濃度, ボート:0 = 運行なし, 1 = 運行あり. 通常水位からの変動:L1 = 0〜5m, L2 = 5〜10m, L3 = 10m 以上.
*　　各ダム湖の位置は図7-1に示す.
**　ダム管理事務所の陸上植物調査報告書による.
***ダム管理事務所の月報による.

た水鳥類は主に食性と生息場所選好によって,次の4グループに分類した (Nudds 1983; Suter 1994).

1) 水面採食型カモ類:マガモ Anas platyrhynchos (口絵16a), コガモ A. crecca, カルガモ A. poecilorhynchoa (口絵16b), ヨシガモ A. falcata, オカヨシガモ A. strepera, ヒドリガモ A. penelope
2) 堅果食のオシドリ Aix galericulata (口絵16c)
3) 水生植物や底生動物を潜って食べるカモ類:キンクロハジロ Aythya fuligula (口絵16e), ホシハジロ A. ferina (口絵16f)
4) 採魚型水鳥類:カイツブリ Tachybaptus ruficollis, カワウ Phalacrocorax carbo (口絵16dの右), カワアイサ Mergus merganser

表7-2 要因分析の結果. (a)水質変数の要因分析, (b)各要因についての9ダム湖の要因スコア (Mori et al. 2000b より).

(a) 水質変数の要因分析

	斜交解構造行列			共通性
	要因1	要因2	要因3	
pH	−0.641	−0.289	−0.017	0.602
BOD	0.754	0.304	0.181	0.851
COD	−0.068	0.679	0.812	0.963
DO	−0.074	−0.800	0.070	0.743
TN	0.001	0.813	0.526	0.848
TP	0.021	−0.007	0.917	0.906
SS	0.912	−0.442	−0.147	0.902
Chl a	0.981	−0.074	−0.062	0.989
固有値	3.46	2.18	1.17	
分散の割合(%)	43.2	27.2	14.6	

(b) 要因スコア

ダム湖	要因1	要因2	要因3
1. 天ヶ瀬	0.074	−0.330	0.317
2. 高山	0.117	2.478	0.409
3. 青蓮寺	−0.327	0.298	−0.760
4. 室生	−0.669	0.378	−0.196
5. 布目	−0.025	−0.405	2.063
6. 一庫	−0.692	−0.039	0.865
7. 猿谷	2.623	−0.962	−0.894
8. 九頭竜	−0.555	−0.548	−1.233
9. 真名川	−0.547	−0.870	−0.571

TN：全窒素濃度, TP：全リン濃度, Chl a：クロロフィル a 濃度.

ダム湖の特性（大きさ，栄養状況，植生）が水鳥群集の豊かさ，密度，組成に及ぼす影響について検討するには Kendall の順位相関を用いた．そしてダムの操作の仕方（水位，ボート使用の許可）の影響について検討するためには Kruskal-Wallis の検定と Mann-Whitney U 検定を用いた．Kruskal-Wallis の検定が有意だった場合には（$p<0.05$），その違いが何に起因するのか決定するために，多重比較検定を行った（Siegel and Castellan 1988）．

これらの解析に加えて，ダム湖の物理的特性と操作の仕方が調査地域の主

Part Ⅱ　ダム湖生物群集の特徴と分類

(a) 水位が高い（減水は0〜5m, L1）

(b) 水位が中間（減水は5〜10m, L2）

(c) 水位が低い（減水は10m以上, L3）

図 7-2　ダム湖岸の景観写真（Mori et al. 2000b より）

第 7 章　水鳥群集からみたダム湖の特徴

表 7-3　水鳥カウントのまとめ（Mori et al. 2000b より）

	ダム湖								
	天ヶ瀬	高山	青蓮寺	室生	布目	一庫	猿谷	九頭竜	真名川
(A) 個体数									
カイツブリ ‡	0	2	0	3	11	4	0	0	1
カワウ ‡	116	40	9	21	28	2	0	2	0
オシドリ	251	166	38	14	69	11	27	2	0
マガモ †	182	169	48	251	14	1	0	22	1,865
コガモ †	21	95	0	0	0	0	0	0	320
カルガモ †	82	4	2	36	12	26	0	0	350
ヒドリガモ †	16	33	0	0	0	4	0	0	57
ホシハジロ #	0	0	0	0	0	0	0	0	16
カワアイサ ‡	0	1	0	0	0	0	0	32	29
その他	2*	15*	0	0	0	0	0	0	6*
(B) 密度（羽 / ha）									
カイツブリ	0	0.008	0	0.029	0.116	0.029	0	0	0.003
カワウ	0.617	0.154	0.087	0.200	0.295	0.014	0	0.002	0
オシドリ	1.335	0.638	0.365	0.133	0.726	0.079	0.270	0.002	0
マガモ	0.968	0.650	0.462	2.390	0.147	0.007	0	0.025	6.365
コガモ	0.112	0.365	0	0	0	0	0	0	1.092
カルガモ	0.436	0.015	0.019	0.343	0.126	0.186	0	0	1.195
ヒドリガモ	0.085	0.127	0	0	0	0.029	0	0	0.195
ホシハジロ	0	0	0	0	0	0	0	0	0.055
カワアイサ	0	0.004	0	0	0	0	0	0.036	0.099
その他	0.011	0.058	0	0	0	0	0	0	0.020
(C) 水鳥群集									
個体数	670	525	97	325	134	48	27	58	2,644
種数	8	10	4	5	5	6	1	4	9
密度	3.56	2.02	0.93	3.10	1.41	0.34	0.27	0.07	9.02
Shannon の指数	1.50	1.59	1.02	0.80	1.33	1.30	0	0.81	1.21
Fisher の指数	0.94	1.36	0.60	0.46	0.59	1.09	0.20	0.68	1.00
(D) 組成**									
水面採食型カモ類(%)	45.1	60.2	51.5	88.3	19.4	64.6	0	37.9	98.2
オシドリ（%）	37.5	31.6	39.2	4.3	51.5	22.9	100	3.5	0
採魚型カモ類（%）	17.4	8.2	9.3	7.4	29.1	12.5	0	58.6	1.1

A 欄の種名についた記号は，†：水面採食型カモ類，#：水草・ベントス採食型カモ類，‡：採魚型カモ類を示す．
*　天ヶ瀬：カンムリカイツブリ‡(1)，オカヨシガモ†(1). 高山：ヨシガモ†(13)，オカヨシガモ†(2). 真名川：ヨシガモ†(4)，キンクロハジロ#(2).
**　水草・ベントス採食型カモ類は真名川ダムにだけ見られた（0.7%）.

表 7-4 水鳥群集構造に関するダム湖の特性と管理の効果（Mori et al. 2000b より）

	ダム湖の大きさ		要因スコア			植生		管理	
	水深	面積	1	2	3	草地面積	森林面積	ボート	水位変動
(A) 豊かさと多様性									
個体数	ns	ns	ns	ns	ns	0.67*	ns	ns	L2＞L3*
種数	ns	ns	ns	ns	ns	0.56*	ns	ns	L2＞L3*
密度	ns	ns	ns	ns	ns	0.50‡	ns	ns	L2＞L3*
Shannon の指数	ns	ns	ns	ns	0.56*	ns	ns	ns	ns
Fisher の指数	ns	ns	ns	ns	ns	0.57*	ns	ns	ns
(B) 組成									
水面採食型カモ類の%	ns	ns	ns	ns	ns	0.50‡	ns	ns	ns
オシドリの%	ns	−0.61*	ns	ns	ns	−0.61*	ns	＋*	ns
採魚型カモ類の%	ns	ns	ns	ns	ns	ns	ns	ns	ns
(C) 優占種									
カワウの個体数	ns	ns	ns	0.56*	ns	ns	ns	ns	ns
カワウの密度	ns	ns	ns	ns	ns	ns	ns	ns	ns
オシドリの個体数	ns	ns	ns	ns	ns	ns	ns	ns	ns
オシドリの密度	ns	ns	ns	ns	ns	ns	ns	ns	ns
マガモの個体数	ns	ns	ns	ns	ns	0.67*	ns	−*	ns
マガモの密度	ns	ns	ns	ns	ns	0.61*	ns	ns	ns
カルガモの個体数	ns	ns	ns	ns	ns	ns	ns	ns	ns
カルガモの密度	ns	ns	ns	ns	ns	ns	ns	ns	ns

数字は Kendall の γ．ボートと水位変動に関しては，それぞれ Mann-Whitney U 検定と Kruskal-Wallis 検定が行われた．有意水準は* $(0.01<p<0.05)$，** $(p<0.01)$，‡ $(p=0.06)$ で示され，ns は有意でないことを示す．要因スコアについては表 7-2 を参照のこと．
＋：正の効果，−：負の効果．
水位変動：通常水位から L1 = 0〜5m，L2 = 5〜10m，L3 = 10m 以上．

要 4 種（カワウ，オシドリ，マガモ，カルガモ）に及ぼす影響が解析された．9 ダム湖の水鳥群集構造の類似性を調べるためにクラスター分析をした．

7.3 水鳥群集とダム湖の特性との関係

マガモとオシドリは 8 ダム湖で出現した．これに次いで，カワウとカルガ

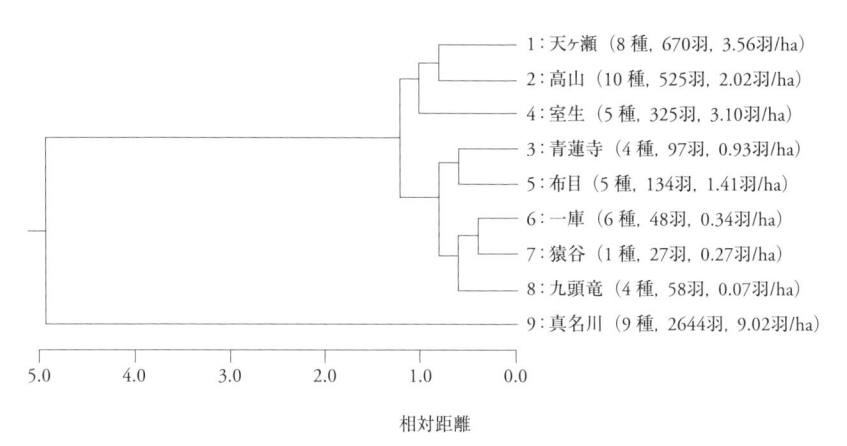

第7章 水鳥群集からみたダム湖の特徴

```
                    ┌─ 1：天ヶ瀬（8種，670羽，3.56羽/ha）
                  ┌─┤
                  │ └─ 2：高山（10種，525羽，2.02羽/ha）
                ┌─┤
                │ └──── 4：室生（5種，325羽，3.10羽/ha）
              ┌─┤
              │ │    ┌─ 3：青蓮寺（4種，97羽，0.93羽/ha）
              │ └────┤
              │      └─ 5：布目（5種，134羽，1.41羽/ha）
       ┌──────┤
       │      │  ┌─ 6：一庫（6種，48羽，0.34羽/ha）
       │      │ ┌┤
       │      │ │└─ 7：猿谷（1種，27羽，0.27羽/ha）
       │      └─┤
       │        └─── 8：九頭竜（4種，58羽，0.07羽/ha）
 ──────┤
       └────────────── 9：真名川（9種，2644羽，9.02羽/ha）

 5.0   4.0   3.0   2.0   1.0   0.0
                相対距離
```

図7-3　9ダム湖の水鳥群集の類似性をユークリッド距離を使ったデンドログラムで示す．
デンドログラムは表7-3（A）の数値を用いUPGMAで得られた．各ダム湖の位置は図7-1を参照のこと．（Mori et al. 2000bより）

モが7ダム湖で出現した（表7-3）．もっとも個体数が多かった種はマガモ，オシドリ，カルガモであった．キンクロハジロやホシハジロを含むハジロ *Aythya* 属のカモ類はまれにしか観察されなかった．採魚型の水鳥類ではカワウがもっとも普通に見られ，観察されたほとんどのカワアイサは九頭竜や真名川など北部に位置するダムにいた（表7-3）．

9ダム湖について，クラスター分析をUPGMA（アリスメティック平均を使った非加重結合法）を用いて，水鳥の個体数，種数，密度からユークリッド距離を計算することによって行ったところ，水鳥の群集構造は豊かさからみて3グループ（高い，中間，低い）に分けることができた（図7-3）．ダム湖の大きさ（深さ，面積）とか栄養状況についてのグループ分けには，ダム湖の位置は影響がなかった（表7-3）．しかし，草地面積は水鳥群集の豊かさ，および多様性と正の相関があった．これは草地面積がダム湖の水鳥群集の組成に影響することを示唆している．ボートの運航が許可されているダム湖では，許可されていないダム湖に比べ，マガモの数が少なく（$U = 2$, $p < 0.05$），オシドリの比率が大きかった（$U = 2$, $p < 0.05$）．水位の減少レベルは水鳥群集の豊かさと有意に関係があった（総個体数：$H = 6.74$, $p < 0.05$；種数：

$H = 6.30, p < 0.05$；密度：$H = 6.14, p < 0.05$）．水鳥群集がもっとも豊かだったのは，水位変動が中間レベル（L2）のダム湖群であり，変動がもっとも激しいダム湖群（L3）では，豊かさは最低だった（図7-4，多重比較検定，$p < 0.05$）．

近畿地区のダム湖では，マガモ，カルガモのような水面採食型のカモ類と，堅果食のオシドリが優占した．一方，キンクロハジロやホシハジロのような水生植物やベントスを潜って食べるカモ類はまれだった．日本野鳥の会研究センター（1989）は，一庫ダムの近く（20km 以内）に位置する昆陽池で1988年1月に2,917羽のキンクロハジロと403羽のホシハジロをカウントしている．水生植物や底生動物を潜って食べるカモ類は，湖岸近くの浅水域で潜水して採食する（羽田 1952，1962；森ほか 2007）．しかしながら，今回調査されたほとんどのダムは渓谷に建設され，ダム湖の浅水域は非常に限られている．これが水生植物や底生動物を潜って食べるカモ類が少ない理由だと思われる．

逆に，ダム湖におけるオシドリの密度は自然湖沼や河川で記録されるものより高かった．リバーフロント整備センター（1994）は高山，布目，青蓮寺，室生ダムの下流部では，64ヘクタールに15羽のオシドリがいたと報じている（0.23羽/ha）．これに対し，今回のダム水面の調査では0.51羽/haであり，ダムの方が有意に密度が高かった（t検定，$df = 3$, $t = 13.895$, $p < 0.001$）．わが国では，オシドリはダム湖のような人工湖を好むようであり（日本野鳥の会研究センター 1989），それは多分，このカモが主にドングリの実を好んで食するためで（羽田 1962），こうした実は山中のダム湖の周辺の方がたくさんあるからであろう．とはいうものの，オシドリの個体数や密度とダム湖の周りの森林面積との相関は今回は認められなかった（表7-4）．この可能性を検証するにはさらに調査する必要がある．

水鳥群集の豊かさとダム湖の周辺の草地面積との間に見られた正の相関は，おそらくマガモの個体数と密度が草地面積と正の相関を有していることを反映しているのだろう．すなわち，草地の面積が広くなると，水面採食型カモ類のうちでもっとも多く見られる種の一つであるマガモの数が増加するのだろう．この相関は，おそらくマガモは夜間に陸上部で主に草の種子を採食することによるだろう（羽田 1952，1962；Mori et al. 2000a）．マガモが湖岸

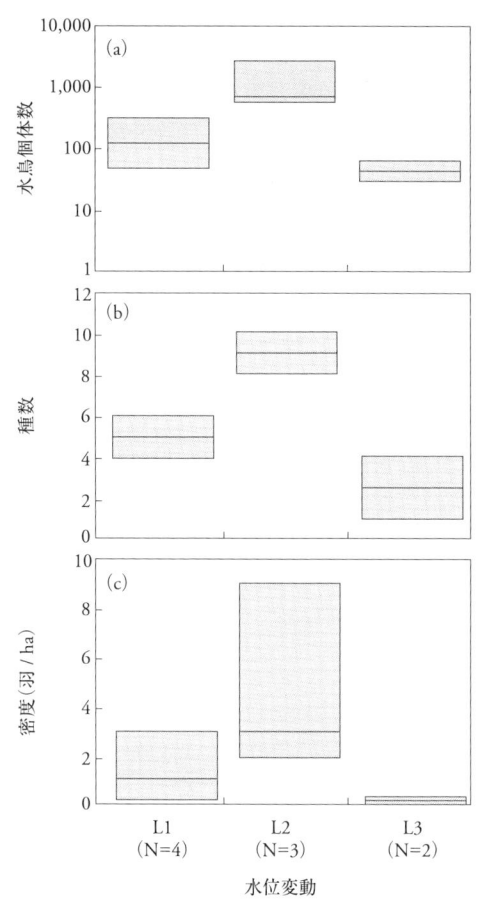

第 7 章　水鳥群集からみたダム湖の特徴

図 7-4　箱髭図 (a) 水鳥個体数, (b) 種数, (c) 密度 (羽 / ha).
箱の中, 下, 上の横線は, それぞれ中央値, 25, 75 パーセンタイルを示す. 水位変動レベルは, 通常水位から L1 = 0〜5m, L2 = 5〜10m, L3 = 10m 以上. ( ) はサンプルサイズを示す. (Mori et al. 2000b より)

の500m以内で採食しているかどうかは不明だが，採食場所としての可能性がある草地の面積の大きいダム湖を好むらしい．この知見はダム湖の管理にとっては重要な示唆を含んでおり，ダム湖の周辺500mの全植生をコントロールすることは，理論的にも所有権の問題からも実際上は困難な問題があろうが，植生面積を増加させることによってダムの管理者は水鳥類の多様性や豊かさを改善できることを示している．

水質はカワウの個体数と多様性（Shannonの指数）を除いては，水鳥の群集構造に影響を及ぼさなかった（表7-4）．自然湖沼における多くの研究では中程度の栄養状態は水鳥の豊かさや多様性を促進することがわかっている（例えばNilson and Nilson 1978；杉森ほか 1989；Hoyer and Canfield 1994；Suter 1994；Bell et al. 1997）．しかしながら，これらの分析は膨大なサンプルサイズと栄養状態の幅広さに基づいている．例えば，TNやTPは，Hoyer and Canfield (1994) では46か所で0.082〜3.25mg/L (TN)，Suter (1994) では20か所で0.02〜0.1mg/L (TP) の値を得ている．しかし，今回の研究では9か所でTNについては0.16〜2.45mg/L，TPについては0.006〜0.041mg/Lの値を得ただけである．今回の解析結果でダム湖の栄養状態が水鳥群集に影響をほとんど与えなかったのは，おそらく調査地点の少なさと栄養状態の幅が少なすぎることによるものだろう．日本中の74ダム湖で栄養状態と水鳥群集の豊かさおよび多様性との関係を検討したところ，まだ未発表ではあるが正の相関が得られているので，今後検討する必要があろう．

7.4 水鳥群集とダム湖の操作

ダム管理者がコントロールする水位は，ダム湖の水鳥群集の豊かさと多様性に明らかに影響する（表7-4，図7-4）．群集の豊かさは，水位変動L2のレベル（中程度の変動）のダム湖でもっとも高かった．L1レベルでは湖岸が森林に覆われているために水鳥類は少ないのであろう．L2のダム湖では湖岸の一部が草地で覆われていて，このことはダム湖の周辺の草地の面積と群集の豊かさに正の相関があったことと矛盾しない．マガモはササやまばらな草

に覆われた岸があるダム湖を好むことがわかっている（藤原ほか 1998）．しかし，水位変動のレベルとダム湖の周辺の植生が独立に効いているのかどうかは不明である．これを明らかにするには，水位を実験的に操作するなどの研究が必要であろう．

　種間競争は群集の種の豊かさに影響する（例えば，Begon et al. 1988）．もし種間競争が水位変動レベルに関連して変異するなら，水位変動は水鳥群集の豊かさに影響するだろう．水鳥は湖岸の植生を休息場や隠れ場としても使う．良好な湖岸を巡って**種間競争**が存在するに違いないから，種間競争の強さは水位に影響されるはずだ．湖岸の植生の被覆がダム湖における水鳥群集の豊かさに影響を及ぼす重要な要因であることが本研究から推測される．とはいっても実際は，湖岸の水位や植生は，それぞれのダムに目的があるので簡単には変えられない．さらに適切にダム湖を管理するためにはスケールの大きな植生調査を行う必要があろう．

　ボートや釣りのようなレクリエーション活動が水鳥の群集構造に影響を及ぼしている．Tuite et al. (1984) は手漕ぎボートやヨットや淡水魚釣りが，イギリスの水鳥に負の影響を与えていることを報じている．Bell et al. (1997) は，イングランド南部で，潜水性の水鳥は水上レクリエーション活動の影響を受けやすいが，水面採食型や採魚型の水鳥は魚釣りのような湖の利用活動を好むことが報告されている．本章の解析ではマガモの個体数が釣りのボートの活動の影響を受けやすいことが示された．ボートを利用できるダム湖でオシドリの優占度の比率が増加するのは，おそらくマガモの数が減るからであろう．ボートを禁止すべきだというつもりはないが，マガモはダム湖の水鳥群集では優占種なので，ボート利用の影響はダム管理者によって考慮されるべきであろう．

7.5　おわりに

　山間部ダム湖の水鳥の群集構造の特徴は，自然湖沼と比較して，水生植物やベントスを潜って食べるカモ類が少ないことである．これは山間部のダム

湖が，いきなり深くなる断面形状を持っており，浅水域が少ないことから，**エコトーン**がないことによる．こうしたダムは，水面採食型のカモ類によって主に休息の場として使用されており，夜間はほとんどのカモ類はダムの外部へ採食に出て行く．

　ダム湖の水鳥の群集構造は湖岸の植生とダムの管理の仕方に影響されている．ダム管理者はダム湖の生物学的環境を改善するために，注意深い管理計画を実行するべきであろう．ダム湖は洪水調節，貯水，発電用水など多様な目的を持っている．ダム湖を正しく管理するためには，これらの目的に沿う形で，生物学的環境を改善するためにさらなる調査研究が必要かつ重要である．

参照文献

Begon, M., Harper, J.L. and Townsend, C.R. (1988) *Ecology: Individuals, Population, and Communities*. 1st ed. Blackwell.

Bell, M.C., Delany, S.N., Millet, M.C. and Pollitt, M. (1997) Wintering waterfowl community structure and the characteristics of gravel pit lakes. *Wildlife Biology* 3: 65–78.

Brown, M. and Dinsmore, J.J. (1986) Implications of marsh size and isolation for marsh bird management. *Journal of Wildlife Management* 50: 392–397.

藤原宣夫・百瀬　浩・田畑正敏・舟久保敏・半田真理子・田中　隆（1998）ダム湖におけるカモ類の行動と環境選択．『環境システム研究』26: 37–44.

羽田健三（1952）湖沼の生産量を指標する雁鴨科鳥類の棲み分けについて（予報）．『陸水学雑誌』16: 96–105.

羽田健三（1954）内水面に棲息する雁鴨科鳥類における生態・Kineto-adaptation 並に Allometry に関する研究．『信州大学教育学部研究論集』4: 139–158.

羽田健三（1962）内水面に生活する雁鴨科鳥類の採食型と群集に関する研究．『生理生態』10: 98–129.

Hoyer, M.V. and Canfield Jr., D.E. (1994) Bird abundance and species richness on Florida lakes: influence of trophic status, lake morphology, and aquatic macrophytes. *Hydrobiologia* 297/280: 107–119.

Mori, Y., Kawanishi, S., Sodhi, N.S. and Yamagishi, S. (2000a) An evaluation of waterfowl sampling methods for the national census on river and dam lake environment. *Ecology and Civil Engineering* 2: 165–177.

Mori, Y., Kawanishi, S., Sodhi, N.S. and Yamagishi, S. (2000b) The relationship between waterfowl assemblage and environmental properties in dam lakes in central Japan: Implications for dam management practice. *Ecology and Civil Engineering* 3: 103-112.

森　貴久・川西誠一・Navjot S. Sodhi・山岸　哲（2007）ダム湖を利用するホシハジロの個体数と浅水域面積.『応用生態工学』10: 185-190.

日本野鳥の会研究センター（1989）第8回日本野鳥の会ガン・カモ類全国一斉調査（1989）結果報告.　*Strix* 8: 299-346.

Nilson, S.G. and Nilson, I.N. (1978) Breeding bird community densities and species richness in lakes. *Oikos* 31: 214-221.

Nudds, T.D. (1983) Niche dynamics and organization of waterfowl guilds in variable environments. *Ecology* 64: 319-330.

Pöysä, H. (1983) Resource utilization pattern and guild structure in a waterfowl community. *Oikos* 40: 295-307.

リバーフロント整備センター（1994）『平成4年度　河川水辺の国勢調査年鑑　鳥類調査編』山海堂.

Siegel, S. and Castellan Jr., N.J. (1988) Nonparametric Statistics for the Behavioral Sciences. McGraw-Hill.

杉森文夫・松原健司・岩淵　聖（1989）手賀沼に飛来するカモ類の環境利用と水質汚濁の関係.『山階鳥類研究所研究報告』21: 234-244.

Suter, W. (1994) Overwintering waterfowl on Swiss lakes: how are abundance and species richness influenced by trophic status and lake morphology? *Hydrobiologia* 297/280: 1-14.

Tuite, C.H., Hanson, P.R. and Owen, M. (1984) Some ecological factors affecting winter wildfowl distribution on inland waters in England and Wales, and the influence of water-based recreation. *Journal of Applied Ecology* 21: 41-62.

Part III

ダム湖の物質循環

　Part Iでダム湖の物理特性，水質や遷移過程について述べた．ここでは，より踏み込んだダム湖の生態系としての解析を行う．まず第8章で，水質そのものがダム湖の特性やダム湖水管理法と関係することを示す．第9章では，ダム湖に関わるさまざまな特性が水質に与える影響を安定同位体比分析により総合的に解析し，ダム湖の富栄養化の指標を検討する．安定同位体比を用いると比較的簡単に生態系全体が富栄養化の影響を受けていることや富栄養化の原因を解析可能である．第10章では，流域生態系管理のためのモデルの検討を行う．ここではダム湖生態系と下流河川生態系をモデル化し，生態系の健全性の観点から，ダム湖生態系と周辺流域環境の統合管理を検討する．また，ダム湖生態系や河川生態系のモデルでは，先に問題とした流入フロントの形成と物質蓄積との関係や栄養カスケード効果などについても言及する．

[前頁の写真]

釜房ダム（宮城県，名取川水系）
　堤高 45.5m の重力式コンクリートダム．湛水面積 390ha．総貯水容量 45,300千m^3．
　比較的人里に近い場所にあるダムであり，水が広範多目的に利用される一方，流入水の栄養塩負荷が大きい．1987年には湖沼水質保全特別措置法（湖沼法）の指定を人造湖としては唯一受け，さまざまな水質保全措置が試みられている．また，湖畔には湿地状の場所が形成され，希少な動植物の生息地となっている．（写真：国土交通省東北地方整備局　釜房ダム管理所）

第8章
リン濃度とクロロフィル a 濃度の関係からみたダム湖の特徴

8.1 湖沼におけるクロロフィル a 濃度

　Part Ⅰにおいて示したように，ダム湖は自然湖沼とは異なった湖沼遷移過程を持つと推測された．長年の栄養塩蓄積というダム湖という湖沼がもつ構造的な理由により，遷移第Ⅲ期が富栄養湖化期となると考えられる（3.2.2項参照）．それゆえ，**クロロフィル a**（Chl a）濃度の変動要因解析は重要な問題であり，本章で詳しく検討する．ここでは，個々のアオコ発生事象に対する発生要因解析ではなく，とくに年平均 Chl a 濃度を対象とし，ダム湖の Chl a 濃度の全体的な傾向に対する自然湖沼を基準とした要因解析を行う．

　自然湖沼においても，近年，その流入水質の悪化から，アオコの発生などに象徴される富栄養湖化が進んでおり，その Chl a 濃度（＝植物プランクトン現存量）の決定要因について，つまり，なぜアオコが発生するのかを明らかにする研究が多くなされてきた．その要因としては，①栄養塩類濃度（全リン（TP：Total Phosphorus）等），②湖水の回転率（年間の湖水入れ替え回数）または滞留時間，③栄養カスケード効果（食物連鎖構造の影響；コラム3参照）が挙げられている．この章では，この湖沼学の研究結果に基づく Chl a 濃度要因解析をダム湖に対して適用し，上記要因のうち，①栄養塩類濃度（TP等）および②湖水の回転率について検討したい．とくにダム湖においては濁度が重要な要因となっているため，Chl a 濃度との関係解析を具体的に示す．

　ところで，ダム湖の水平的な構造として，流入口側からダム堤体へ向けて，

流水帯，遷移帯，止水帯の三つのゾーンが区別されている（Thornton et al. 1990）．流入河川水は，その密度により，ダム湖水体の異なる層（水深）に流入していく．春期のように湖水温度よりも流入河川水温が相対的に高いと湖水表層へ流入するが，夏期の高温時は湖水表層水温の方が相対的に高くなり流入河川水は底層へ潜り込む．この潜り込み点が遷移帯に位置すると考えられている．本章で対象とする水質調査地点はダム堤体中央部で，ダム湖内では比較的透明度が高く濁水の影響の少ない植物プランクトンの一次生産が栄養塩制限となる止水帯に位置するといえる．

温帯域では，多くの湖沼で，TP濃度と植物プランクトンの現存量との間に直接的な関係があることが知られている（Horne and Goldman 1994）．この関係が成り立つということは，植物プランクトンによる一次生産の制限要因が栄養塩類であり，また，中でもリン制限であることを示している．年平均Chl a 濃度と年平均TP濃度とのこうした関係が成り立つ一つの理由は，湖水中のTPのほとんどが粒状物として存在しており，また，そのほとんどが植物プランクトンにより構成されていることによると考えられている．また，ここでは一次生産物が分解され再生されたリンも直ちに一次生産に再び利用されるとされている．

湖沼学では，滞留時間とリンの再生速度を考慮しながら，流入水質が持つ富栄養湖化の程度への影響を定量的に判定するために，平均深度/湖水の滞留時間（m/year）に対して湖水単位表面積あたり年間リン負荷量（$gP/m^2/year$）をプロットするVollenweider（1975）の図を用いることも多い．河川的特性の強いダム湖から湖沼的特性の強いダム湖まで幅広く富栄養湖化の程度を明確に示すことができる．ただし，このようなデータを集めるには比較的労力がかかるのである．

以上のことより，ダム湖のTP濃度とChl a 濃度をプロットするとそのダム湖の全般的な特性を比較的簡単に把握することができると考えられる．基準としては，Dillon and Rigler（1974）の関係式を用いた．ここで，Chl a は夏期の平均Chl a 濃度（$\mu g/L$）でTPは春期の平均TP濃度（$\mu g/L$）である．この関係式を元に，春のTP濃度からその年の夏のChl a 濃度を推定することができる．また，年平均Chl a 濃度と年平均TP濃度の関係と見てもよい．

$$\text{Log Chl } a = 1.449 \text{Log TP} - 1.136. (n=46, r=0.95)$$

これは本来自然湖沼において使われているものだが，その自然湖沼の関係性を基準としてダム湖の特性を把握するために適用検討した．本章では，以降この式をTP-Chl a 関係式という．ここでは，ダム湖の年平均TP濃度と年平均クロロフィル濃度 (Chl a) をプロットする．水質基準としては，富栄養湖の条件が，Chl a 濃度 $> 10\mu g/L$，TP $> 30 \sim 40 \mu g/L$ とされている（コラム7参照）．

また，日本の湖沼のデータをまとめた高村ほか (1996)（ただしダム湖のデータは除く）においても以下に示しているように，ほぼ同様の関係式が得られている（年平均TP濃度 (mg/L) の単位が違うので注意）．

$$\text{Log Chl } a = 1.223 \text{Log TP} + 3.052. (n=24, r=0.897)$$

8.2　ダム湖のクロロフィル a 濃度特性解析

8.2.1　解析対象ダム

本章での解析の対象は全国の国土交通省・水資源機構が管理する堰・ダムのうち，河口堰以外のものとしている．また，調査地点はダム堤体中央部に位置する標準水質観測点で，水質項目は，水温，濁度，TP，全窒素 (TN: Total Nitrogen)，Chl a とした．この水質観測の間隔が1月ごと，また，水深ごとの上記データがそろっているダム湖を解析対象とした．その結果，ここでは以下に示す国内55ダムのデータを集計している．

北海道地方：定山渓，美利河，豊平峡，二風谷，札内川，十勝，鹿ノ子，
　　　　　　岩尾内，大雪，滝里，芦別，金山，桂沢，漁川
北陸・中部地方：小渋，美和，矢作，味噌川，長島，蓮，岩屋
東北地方：三春，七ヶ宿，釜房，四十四田，月山，玉川
関東地方：相俣，五十里，二瀬，下久保，宮ヶ瀬

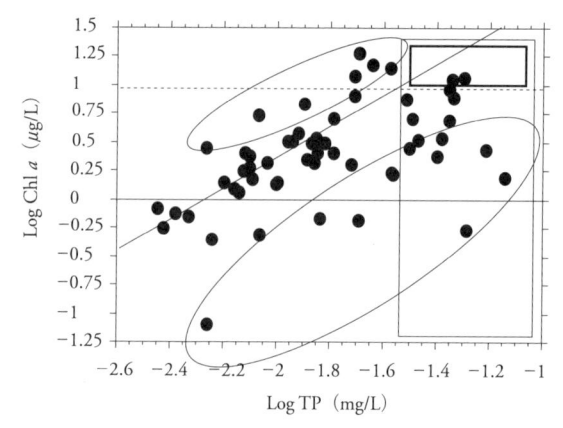

図 8-1　年平均 TP 濃度と年平均 Chl a 濃度との関係
図中の細い線による四角い枠は TP 濃度からみた場合の富栄養湖化の危険がある領域を示す．太い線による四角は富栄養湖域を示す．回帰直線は Dillon and Rigler（1974）の TP-Chl a 関係式の TP を mg/L と単位変換したものである．回帰直線の上下の楕円は回帰直線の予測からはずれている領域を示す．

近畿地方：室生，猿谷，青蓮寺，比奈知，天ヶ瀬
中国地方：八田原，土師
四国地方：野村，大渡，石手川，新宮，中筋川，池田，富郷，早明浦，柳瀬
九州・沖縄地方：寺内，緑川，鶴田，耶馬渓，厳木，漢那，下筌

これらのダムにおいて，すでにデータがそろっている 2001 年と 2002 年の 2 か年間を今回の解析対象とした．

8.2.2　ダム湖の特性分類

これら 55 ダム湖について，年平均 TP（mg/L）と年平均 Chl a 濃度（μg/L）をプロットすると以下のような四つのグループに分けることができた（図 8-1）．

（1）自然湖沼の TP-Chl a 関係式にのるダム湖．
（2）TP-Chl a 関係式の予測値よりも高い Chl a 濃度を示したダム湖

第 8 章　リン濃度とクロロフィル a 濃度の関係からみたダム湖の特徴

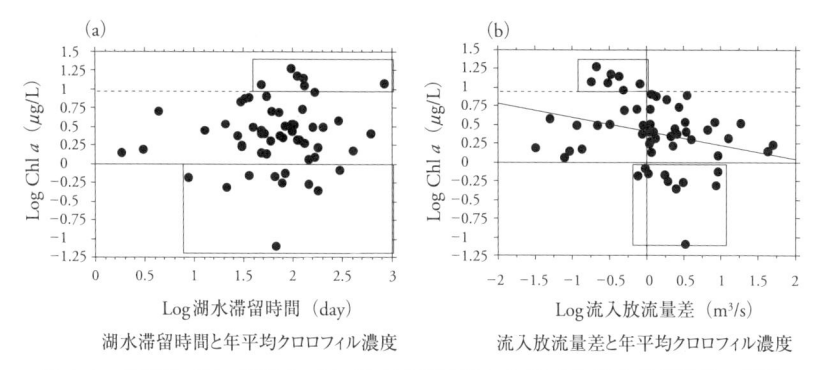

図 8-2　年平均 Chl a 濃度と (a) 湖水滞留時間および (b) 流入放流量差の関係
流入放流量差の求め方に関しては本文参照．それぞれのグラフにおいて，Log Chl a が 1 よりも大きいところにある四角い枠は富栄養湖域を，0 よりも小さいところにある四角い枠は貧栄養湖域を示している．

(3) TP-Chl a 関係式の予測値よりも低い Chl a 濃度を示したダム湖
(4) 富栄養湖域（Chl a 濃度 > 10μg/L，TP > 30μg/L）に入るダム湖．

(1) 自然湖沼の TP-Chl a 関係式にのるダム湖

　自然湖沼と同じような年平均 TP 濃度と年平均 Chl a 濃度との関係を示すダム湖がほとんどであった．上述したように，この関係が成り立つということは，植物プランクトンによる一次生産が，リン制限であることを示している．また，湖水中の TP のほとんどが粒状物として存在しており，また，そのほとんどが植物プランクトンにより構成されていると考えられる．

(2) TP-Chl a 関係式の予測値よりも高い Chl a 濃度を示したダム湖

　いくつかのダム湖は，関係式が示すよりも高めの Chl a 濃度を示した．これまで湖沼学では，Chl a 濃度の決定要因として湖水の滞留時間が重要であると指摘されてきた．これら高い値を示したダム湖の年平均 Chl a 濃度を決定すると思われる要因について検討した．図 8-2 において，(a) は滞留時間と年平均 Chl a 濃度との関係，(b) は流入放流量差と Chl a 濃度との関係を示している．(b) の流入放流量の差は，月ごとにダム湖への水の流入量とダ

ム湖からの放流量の差の絶対値をとり，その年平均値を計算した．(a) では，滞留時間が長くなるほど月平均 Chl a 濃度は高くなる傾向があるが，Log (湖水滞留時間) が，1～2.6 (1～399 日) の範囲では Log (年平均 Chl a 濃度) と Log (湖水滞留時間) との関係は不明確となった．富栄養湖域 (ここでは Chl a 濃度が 10μg/L 以上) に入るダム湖群と貧栄養湖域 (Chl a 濃度が 2μg/L 以下) に入るダム湖群を滞留時間によっては明確に分けることはできない．(b) では，流入放流量の差が大きくなるほど Chl a 濃度は低くなるが，富栄養湖域に入るダム湖は Log (流入放流量差) = 0 を境に急激に減少する．また，貧栄養湖域に入るダム湖が Log (流入放流量差) = 0 を境に増える．つまり，Log (流入放流量差) = 0 の点で両ダム湖群を明確に区別することができる．ダム湖への流入放流量差の絶対値が，約 $1m^3/s$ (Log 値で 0) を超えると高い Chl a 濃度がほとんど見られなくなる．ダム湖への流入放流量の差がその正負の符号には関係なく意味があり，この差はダム湖の水位が変動することと同義である．このダム湖の水位変動が大きいと高 Chl a 濃度の出現が抑えられるということである．

　これまで月平均 Chl a 濃度を予測する上で重要と考えられてきた滞留時間は 3～5 日 (Log 値で 0.5～0.7) で，これより大きくなると月平均 Chl a 濃度が 10 を超える可能性が高くなると予測されている．しかし，検討対象とした 55 ダムのうちこの滞留時間以下になるのは，大渡ダムのみであり，今回の場合ほとんどすべてのダムは滞留時間が 10 日から 1 年程度であり，高 Chl a 濃度出現の可能性があるということからこの予測自体にはほとんど意味がないといえよう．Soballe and Kimmel (1987) が示しているアメリカ合衆国の河川，ダム湖，自然湖沼に関する滞留時間と植物プランクトンの出現密度 (TP の影響を除去するために TP に対する回帰の残差で植物プランクトン量を表している) との関係図が図 8-2 (a) とほとんど同じものとなっているのは興味深い．ただし，彼らは植物プランクトンの出現密度に対して影響を与える滞留時間は 60～100 日以下としているが，彼らのデータから判断する限りやや過大評価の可能性がある．

　これに対し流入放流量の差と高 Chl a 濃度の出現との関係は意味があると考えられる．Log (流入放流量差) が，0 より小さくなると年平均 Chl a 濃度が

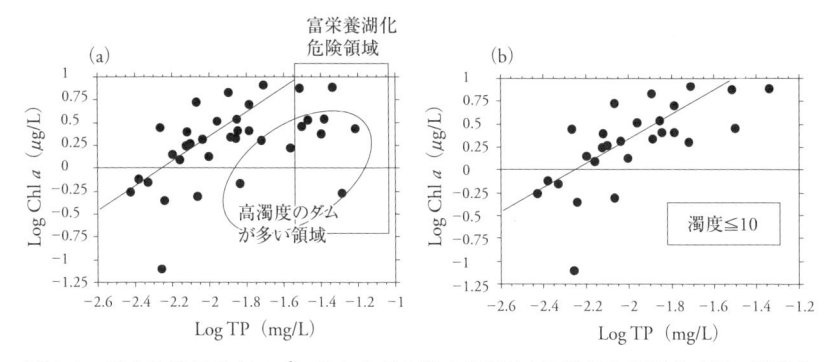

図 8-3 流入放流量差が 1m³/s 以上のダム湖の年平均 TP 濃度と年平均 Chl a 濃度との関係
(a) 高濁度（＞10）のダム湖を含めた関係，(b) 高濁度（＞10）のダム湖を除いた関係．

10μg/L を超える可能性が高くなると予測できるからである．

この流入放流量差はダム湖の水位変動と関連すると考えられるが，湖沼の水の循環にとって何を意味するのであろうか．Chl a 濃度の高濃度化は流出流入に関係する湖水の流動，つまり，ダム湖の水位変動（流入放流量差が大きな正の値の場合＝排出効果；大きな負の値の場合＝薄め効果）にかかわる物理的要因により大きく支配されている可能性がある．

(3) TP-Chl a 関係式の予測値よりも低い Chl a 濃度を示したダム湖

以下に濁度と Chl a 濃度との関係を検討する．流入放流量差が，1m³/s 以上のダム湖の年平均 TP 濃度（mg/L）と年平均 Chl a 濃度（μg/L）との関係を図 8-3 (a) に示している．濁度が高くなると予測よりも Chl a 濃度が低下する．これから濁度が 10 より大きいダム湖を除くと，散布データは TP-Chl a 関係式により適合するものとなる（図 8-3 (b)）．流入放流量差が 1m³/s 未満のダム湖群においても，同じく TP-Chl a 関係式により適合するものとなる（図 8-4 (a) と (b)）．除去後，流入放流量差が 1m³/s 未満のダム湖群（図 8-4）の方が，1m³/s 以上のダム湖群（図 8-3）よりも適合度は高くなっている．つまり，水位変動の大きい方がより複雑な Chl a 濃度の変動要因を持つと考えられる．

図 8-5 (a) では濁度の低いところも検討できるように Chl a 濃度とのデー

タが Log スケールでプロットされている．濁度 10 前後より両者に逆相関の関係が見られる．図 8-5 (b) に濁度と TP 濃度との関係が示されている．高濁度は高い TP 濃度と関わりがあるにもかかわらず Chl a 濃度が減少するのは高濁度による光量不足に起因する可能性もある．

　今回検討対象とした 55 ダムのうち (3) に属する多くが北海道のダムであり，日照不足・低水温のため，TP 負荷に対して一次生産量が相対的に低くなると推測された．つまり，植物プランクトンの一次生産速度の制限要因が栄養塩類濃度ではないと考えられる．(3) に属するダム湖のうち残りは，高い濁度が水中の照度不足を引き起こし，一次生産を低下させている可能性が考えられた．ダム湖への一時的な濁水の流入が光不足を引き起こし一次生産が一時的に抑えられるという報告もある (Kimmel 1981)．また，鉛直混合が有り，高濁度のダム湖で単位面積あたりの植物プランクトン生産量に光制限の影響が観測されている例もある．濁りが強いと光補償深度（光合成速度＝呼吸速度となる深度）が浅くなり，その深度を超えて循環が起こると一次生産が抑えられることになる (Kimmel and White 1979)．

　多くのダム湖の TN/TP 比が 30〜300 とリンが制限要因となる TN/TP 比＝13 よりもかなり大きく，植物プランクトン生産に対しリンが制限要因となっているといえる．しかし，この (3) に属するダム湖のうち，北海道地方の十勝ダム (TN/TP 比＝4.3〜26)，大雪ダム (TN/TPP 比＝4.7〜18)，桂沢ダム (TN/TP 比＝2.3〜41)，また，北陸・中部地方の小渋ダム (TN/TP 比＝1.5〜70)，美和ダム (TN/TP 比＝6.3〜126)，長島ダム (TN/TP 比＝8.2〜55) の各ダム湖は，他の多くのダム湖と異なり，TN/TP 比が 13 よりも小さい月が多く，制限要因が窒素である可能性がある．つまり，これらのダム湖の Chl a 濃度が標準の関係式により予測されるよりも低いのは，制限栄養塩の違いにある可能性もある．ただし，上記したように小渋ダムや美和ダム等のダム湖群については，濁度も高くリンが懸濁粒子に吸着され光合成に有効ではない可能性もある (Sonzogni et al. 1982)．

　以上に加えて，自然湖沼で見られる植物プランクトン量に対するプランクトン食魚類や魚食魚の栄養カスケード効果を考慮してみる必要がある (Bronmark and Hansson 2005)．ダム湖においても同様の効果があるのかどう

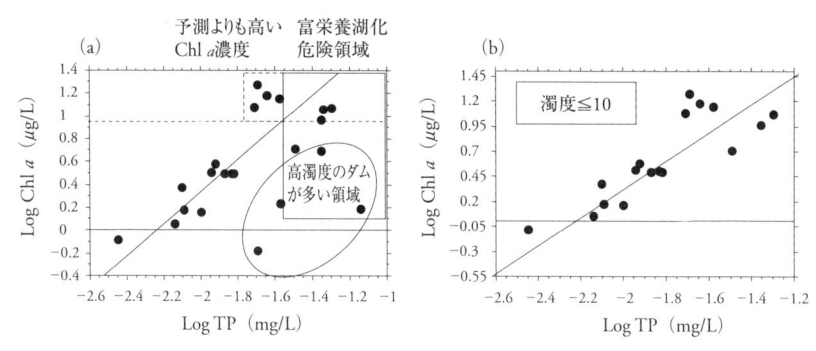

第 8 章　リン濃度とクロロフィル a 濃度の関係からみたダム湖の特徴

図 8-4　流入放流量差が 1m³/s 未満のダム湖の年平均 TP 濃度と年平均 Chl a 濃度との関係
(a) 高濁度（>10）のダム湖を含めた関係，(b) 高濁度（>10）のダム湖を除いた関係．

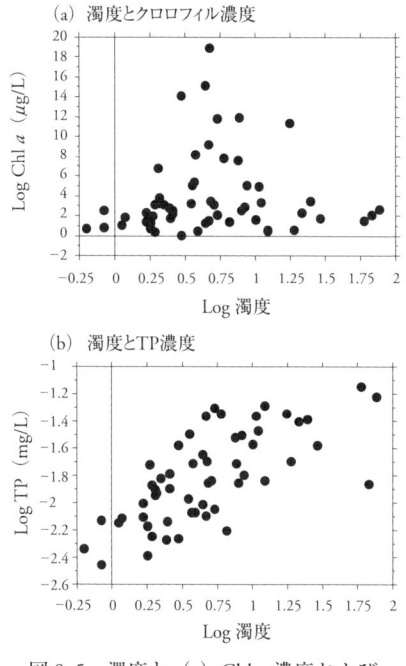

図 8-5　濁度と (a) Chl a 濃度および (b) TP 濃度との関係

183

か，今後，TP − Chl *a* 関係式よりも下側に位置するダム湖の魚類相や動物プランクトン相の検討もあわせて行う必要がある．

　上記したようにダム湖の水の交換率（回転率）は，大渡ダムや池田ダムのような**流れダム**以外は植物プランクトンの大増殖を可能とするレベルにあると考えることができる．しかし，動物プランクトンについても同様の効果を考える必要がある．動物プランクトンは，植物プランクトンの限界より遅い湖水交換率でないと個体群を維持できないはずである．現に流水である河川に，植物プランクトンはいうに及ばず動物プランクトンもほとんど分布していないことからでもこのことは明らかである．逆に，遊泳力があり，流出からの回避を行うことのできる動物プランクトン食性魚類や魚食性魚類は，湖水回転率の変動には影響を受けない可能性がある．極端に減水したとき，ダム湖生態系の各生物要素は，また，生態系全体はどのような影響を受けるのか検討する必要がある．結果として，そのことがアオコの増殖やそれに伴うカビ臭の発生とどのような関係があるのかが，自然湖沼との比較をする上で大事な点である．第4章で言及したように出水などで流入水が増大し，湖水水位が急上昇したとき，動物プランクトンなどは直ちに増殖することは不可能である．しかし，動物プランクトン食性魚類には影響はないとすると動物プランクトンへの捕食圧は増大する．このことが出水後のアオコの増殖を招いている可能性もある．水位の減少は，また，魚類の相対的密度を増加させている可能性もある．更に，ダム堤体中位からの放水を行うとダム湖の中層から深層にかけて日中分布すると考えられる動物プランクトンをダム湖より選択的に放出することになる (Horne and Goldman 1994)．つまり，ダム湖の水位変動が大きいと，また，ダム堤体中位からの放水を行うとダム湖生態系の中位の動物群（動物プランクトン）の個体群維持に不利に働き，自然湖沼に比べこの動物群（動物プランクトン）に対する栄養カスケード効果が強く働く可能性がある．それは，逆に，植物プランクトンの増殖を許す結果となろう．

　海洋植物プランクトンだと回転率（1日あたり細胞分裂数）$= 0.59 e^{(0.0633 \times Temp)}$ となり，Temp. $= 25$℃の条件下で1日2.87回の分裂を行う計算となる (Kremer and Nixon 1978)．しかし，この値は実験培養のもので野外ではもっと遅くなる．Westlake (1980) によれば，野外での植物プランクトンの倍加時間は

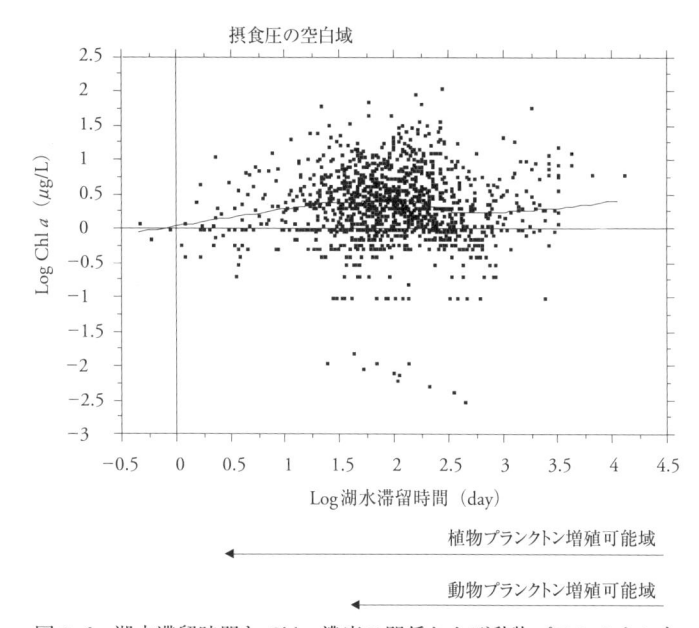

第 8 章　リン濃度とクロロフィル a 濃度の関係からみたダム湖の特徴

図中ラベル：
- 摂食圧の空白域
- Log Chl a (μg/L)
- Log 湖水滞留時間 (day)
- 植物プランクトン増殖可能域
- 動物プランクトン増殖可能域

図 8-6　湖水滞留時間と Chl a 濃度の関係および動物プランクトンと植物プランクトンの増殖可能な湖水滞留時間
曲線は lowess による平滑化曲線を示す．

0.12～7.5 日とされている．また，動物プランクトン（淡水ワムシ類・枝角類）について，世代時間 = 2～3 日ということは，1 日あたりの分裂回数は 0.3～0.5 回となる（Horne and Goldman 1994）．一方，海外のダム湖や自然湖沼の滞留時間は，概ね 1～10 年との報告がある（Horne and Goldman 1994）．これに対して，日本のダム湖は，10 日から 1 年の比較的短い滞留時間を持つ（第 1 章参照）．すでに述べた通りこれまで月平均 Chl a 濃度を予測する上で重要と考えられてきた滞留時間は 3～5 日（Log 値で 0.5～0.7）で，これより大きくなると月平均 Chl a 濃度が 10μg/L を超える可能性が高くなると予測されている．つまり，植物プランクトンの大増殖が起こりやすくなることが知られている．これに対して，植物プランクトンの 1/9～1/5 倍ほどの増殖速度（実験培養データの比較）である動物プランクトンは，少なくとも 15～45 日程度までの滞留時間のダム湖では増殖しにくいと予想される．

図8-6は55ダムの各月のChl a濃度を湖水滞留時間に対してプロットしたものである．Chl a濃度の湖水滞留時間に対する平滑化曲線は基本的には増加しつつあるものの，摂食圧の空白域を超えた100日（Log値で2）あたりで一度減少する．この減少分が植物プランクトンに対する動物プランクトンの摂食圧である可能性がある．つまり，動物プランクトンによる植物プランクトンへの摂食圧が効きにくい「栄養カスケード効果の空白」がある可能性がある．注意点は，大型の植物プランクトンを摂食できる動物プランクトンは大型種のみでありその個体群成長率は小さいことと，ダム湖の湖水交換速度は出水期に年平均よりもかなり高くなり動物プランクトンの増殖を上回る可能性もあることである．これらは，動物プランクトンの植物プランクトンに対する栄養カスケード効果を著しく損なうことになる．つまり，ダム湖の場合「栄養カスケード効果の空白」域が実際はもっと広い可能性があることに注意する必要がある．

　今後，この湖水滞留時間と動植物プランクトンの増殖率との関係を考慮して生態系の反応を計算してみる必要がある．また，ダム湖下流の河川への影響を見る際に河川モデルが必要となるが，河川生態系の藻類-藻類食者関係に関して，栄養カスケード効果を第10章の河川生態系モデル解析のところで検討する．

(4) 富栄養湖域（ここではChl a濃度 > $10\mu g/L$，TP > $30\mu g/L$）に入るダム湖

　富栄養湖域に入るダム湖はほとんどないが，ここに適合した場合，流域からの負荷の削減を第一として環境改善施策を行った方が効果的といえよう．ここでは，富栄養湖の定義が問題となる．本章では富栄養湖の一般的な値を採用しているが，OECDの富栄養湖に関する定義（OECD 1982），と多少異なっている（コラム7参照）．

8.3　ダム湖をどのように管理したらよいのか

　これまでに述べてきた知見をもとに，ダム湖の水質管理，とくにChl a濃

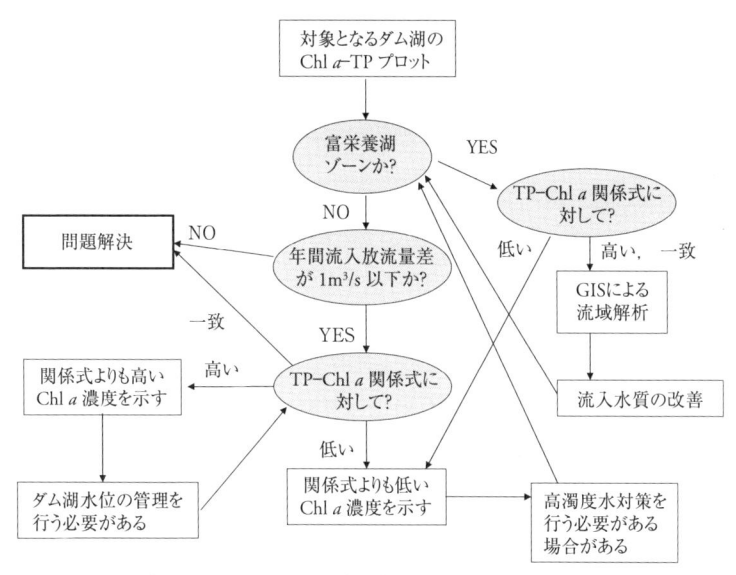

第8章　リン濃度とクロロフィル a 濃度の関係からみたダム湖の特徴

図 8-7　ダム湖湖水の管理フローチャート

度の管理法について図 8-7 のようなフローチャートを提案する．

　まず，対象とするダム湖の年間平均 Chl a 濃度および年間平均 TP 濃度を求めプロットし TP-Chl a 関係式との関係を検討し，富栄養湖域に入るかどうか判定する．

(1) 富栄養湖域に入る場合

　流入河川水の水質改善・溶出栄養塩類の負荷低減を図る以外にない．次のような管理を行う必要がある．

　1) 流入水の水質改善：土地利用に関する地理情報システム (GIS：Geographic Information System) 解析を利用し水質環境に重要な要素を抽出し，流入水質の改善を行う．どの程度の流入水質の改善が，富栄養湖ゾーンに入らないために必要かを推定するためには，平均深度/湖水の滞留時間に対してリン負荷量をプロットする Vollenweider (1975) の図を用いるのが便利である．また，草場・盛谷 (2007) はより適合性の高い予測が可能なロジスチック統計モデルを提案してい

る（コラム 1 参照）．
2) 湖底に堆積した有機物を 10 年オーダーの年数をかけて徐々に分解・排出すること：湖水の鉛直緩流循環の実施等．

(2) 富栄養湖域には入らない場合
(a) 自然湖沼の TP-Chl a 関係式上にのる場合：ダム湖についてとくに問題ない．
(b) TP-Chl a 関係式よりも高い平均 Chl a 濃度を示す場合：ダム湖の放流管理の変更，すなわち流入放流量差を小さくする．
(c) TP-Chl a 関係式よりも低い平均 Chl a 濃度を示す場合：濁度の高いダム湖に多い．逆に高濁度に対する対策が必要な場合がある．

　ダム湖水特有の交換速度に依存した植物プランクトンの増殖効果を抑えるにはどのようにしたらよいか．ダム湖水の利用制限は事実上困難であるので，通常は表面放水を行うことやプランクトン食魚（陸封アユ Plecoglossus altivelis altivelis やホンモロコ Gnathopogon caerulescens 等）の放流をやめること等が挙げられる．表面放流の場合，上流から絶え間ない栄養塩類の供給により，植物プランクトンの増殖を促進する場合もあるので注意を要する（Turner et al. 1983）．また，オオクチバス Micropterus salmoides の若齢個体による動物プランクトン摂食＝植物プランクトンの増大という栄養カスケード効果過程存在の可能性もあり，オオクチバス個体群の管理についても検討する必要がある（Carpenter and Kitchell 1993）．
　このように，今後，ダム湖の水質管理において，循環ポンプによる湖水の鉛直混合の促進など工学的な対症療法による管理だけでなく，抜本的な水質改善を目指して，生態系の構造，とくに生物要素（生物群集）の構造における栄養カスケード効果等を考慮したダム湖の生態系管理手法を確立していく必要があるといえよう．

参照文献

Bronmark, C. and Hansson, L.-A. (2005) *The Biology of Lakes and Ponds,* 2nd ed. Oxford University Press.

Carpenter, S.R. and J.F. Kitchell (1993) *The Trophic Cascade in Lakes.* Cambridge University Press.

Dillon, P.J. and Rigler, F.H. (1974) The phosphorus-chlorophyll relationship in lakes. *Limnology and Oceanography* 19: 767–773.

Horne, A.J. and Goldman, C.R. (1994) *Limnology,* 2nd ed. McGraw-Hill.

Kimmel, B.L. (1981) Land-Water Interactions: Effects of Introduced Nutrients and Soil Particles on Reservoir Productivity. *Technical Completion Report No. A–088–OKLA.* Office of Water Research and Technology, U.S. Department of Interior.

Kimmel, B.L. and White, M.M. (1979) DCMU-enhanced chlorophyll fluorescence as indicator of the physiological status of reservoir phytoplankton: An initial evaluation. In: Loreazen, M.W. ed., *Phytoplankton-Environmental Interactions in Reservoirs,* pp. 246–262. U.S. Army Engineer Waterways Experiment Station.

Kremer, J.N.K. and Nixon, S.W. (1978) *A Coastal Marine Ecosystem: Simulation and Analysis* (Ecological Studies vol. 24). Springer-Verlag.

草場智哉・盛谷明弘（2007）ダム貯水池の富栄養化（アオコ発生）の簡易的な予測手法の研究．『平成18年度ダム水源地環境技術研究所報』pp. 3-9. ダム水源地環境整備センター．

OECD（1982）*Eutrophication of Waters.* OECD.

Soballe, D.M. and Kimmel, B.L. (1987) A large-scale comparison of factors influencing phytoplankton abundance in rivers, lakes and impoundments. *Ecology* 68: 1943-1954.

Sonzogni, W.C., Chapra, S.C., Armstrong, D.E. and Logan, T.J. (1982) Bioavailability of phosphorous inputs to lakes. *Journal of Environmental Quality* 11: 555-563.

高村典子・石川　靖・三上英敏・三上　一・藤田幸生・樋口澄男・村瀬秀也・山中　直・南條吉之・猪狩忠光・福島武彦（1996）日本の湖沼34水域の栄養塩レベルと細菌，ピコ植物プランクトン，鞭毛藻（虫）および繊毛虫の密度の関係．『陸水学会誌』57: 245-259.

Thornton, K.W., Kimmel, B.L. and Payne, F.E. (1990) *Reservoir Limnology: Ecological Perspectives.* John Wiley & Sons.

Turner, R.R., Laws, E.A. and Harris, R.C. (1983) Nutrient retention and transformation in relation to hydraulic flushing rate in a small impoundment. *Freshwater Biology* 13: 113-127.

Vollenweider, R.A. (1975) Input-output models: With special reference to the phosphate loading concept in limnology. *Schweizerische Zeitschrift für Hydrologie* 37: 53-84.

Westlake, D.F. (1980) Primary production. In: LeCren, E.D. and Lowe-McConnell, R.H. eds., *The Functioning of Freshwater Ecosystems,* pp 141–246. Cambridge University Press.

コラム7　水質基準

　水質汚濁にかかわる環境基準が，公害対策基本法（1967年）により定められ，その後，環境基本法（1993年）として改められた．そこでは人の健康保護に関する基準と生活環境に関する基準の二つに分けて定められており，後者がここでは対象となる．河川，湖沼等，また，海域などの公共用水域に対応して，それぞれ水質基準が定められている．ちなみに河川についての水質基準は，主に生物化学的酸素要求量（BOD: Biochemical Oxygen Demand）により規定されている．そのほかに，溶存酸素濃度（DO: Dissolved Oxygen），懸濁物質量（SS: Suspended Solids），pH，大腸菌数，亜鉛の各項目が挙げられている．湖沼等では，BODが化学的酸素要求量（COD: Chemical Oxygen Demand）に代わるほか，全窒素（TN: Total Nitrogen），全リン（TP: Total Phosphorus）が加わる．海洋では，さらにn-ヘキサン抽出物質が対象となる．各水域の類型ごとに上記した項目について環境基準が設定されている．具体的には，それぞれの水域やその一部の区域について都道府県が類型指定を行う．例えば著者の居住する松山市重信川水系の石手川支流および重信川本流の基準は，BODについて，石手川の遍路橋から重信川合流点では5.0ppm（C類型），重信川の重信橋より下流では2.0ppm（A類型）である．2004年の分析において，石手川は基準を達成できているが（4.1ppm　国土交通省計測），一方，重信川は基準を満たしておらず，達成できていない状態である（2.1ppm　国土交通省計測）．この設定されたBOD基準値達成の割合により，水質管理状況を評価するようになっている．

　しかし，BODだけで河川の環境影響評価を行うことは困難である．河川に対しては，アメリカ環境保護庁（EPA）の提案している硝酸NO_3濃度，アンモニアNH_3-N濃度およびTPに関する以下のような水質基準を参考にすることができる．

- NO_3濃度（地下水に適用）：10ppm　ただし，EPA（1998）の場合．

- NH_3-N濃度：0.21ppm　EPA（1986）では，アンモニアNH_3濃度で表現されており，0.26ppmとなる．ただし，全アンモニアN濃度で表現す

るときは 2.3ppm である（感受性の高い種を含む場合，pH＝8.2, Temp.＝25℃）．全アンモニア N 濃度＝NH_3-N＋NH_4^+-N．生物にとって有毒なのは NH_3 だが，測定されているのはアンモニアイオンを含む全アンモニア濃度の場合が多いのでここに示した．温度および pH が一定だと全アンモニア濃度中に占める NH_3 濃度の割合は一定となる．EPA（1986）では，全アンモニア濃度で表現されており，2.8ppm となっている．

・TP：0.1μg/L　この EPA の水質基準が厳しすぎるために，日本の一級河川の平均 TP 値 0.115ppm（国土交通省計測）を参考に挙げておく．

また，湖沼等の COD は，水質基準の対象とする妥当性について疑問視されている．近年，琵琶湖北湖を筆頭に，霞ヶ浦，印旛沼，十和田湖，野尻湖，富山湾などでも溶存態 COD の漸増現象が見られるようになってきた．共通する特徴としては，冬期にこれまで減少していた COD が減少せずに増加に転じたことである．これは，水域の富栄養湖化の段階に関係なく，また，淡水・海水にかかわりなく見られることなどから，人間由来の難分解性溶存有機物が増加しているのではないかと推測されている（今井 2002）．ただし，日本の標準的な COD 分析は，過マンガン酸カリウム法であり，その有機物酸化能力が弱いことから，色々な条件，とくに問題なのは，溶存している有機物の種類の違いによって分解効率が違ってくることである（欧米では重クロム酸カリウム法が標準であり分解力に問題はない）．つまり，現在見られている溶存態 COD の漸増現象が，溶存有機物の絶対量が増えたのか，過マンガン酸カリウムによる分析では分解が困難な有機物が増えたのか判断できないのである．推奨されるべきは，COD 法にかえて全有機炭素（TOC: Total Organic Carbon）を計測することとされている．

近年よく水質評価の根拠とされているのが OECD 水質基準である（OECD 1982）．OECD では，富栄養，中栄養，貧栄養に分け，富栄養のうち基準を大きく上回るものを過栄養，貧栄養のうち基準を大きく下回るものを極貧栄養と呼び，表 C7-1 左のような基準を策定している．Lee et al.（1981）は，OECD の水質基準の根拠である Vollenweider and Kerekes（1980）と他のデータを含めて，表 C7-1 右の富栄養化指標を示している．

表 C7-1　湖沼の富栄養化指標

区分	OECD (1982)			Lee et al. (1981)		
	平均 TP (μg/L)	平均 Chl a (μg/L)	平均透明度 (m)	平均 TP (μg/L)	平均 Chl a (μg/L)	平均透明度 (m)
極貧栄養湖	≦4.0	≦1.0	≦12.0	−	−	−
貧栄養湖	≦10.0	≦2.5	≦6.0	<7.9	<2.0	>4.6
中栄養湖	10〜35	2.5〜8	6〜3	12〜27	3.0〜6.9	3.7〜2.4
富栄養湖	35〜100	8〜25	3〜1.5	>40	>10	<1.7
過栄養湖	≧100	≧25	≧1.5	−	−	−

　以上に挙げた水質基準について，湖沼の全リン濃度は富栄養湖の基準から経験的に決められているというように，その決定は恣意的であるともいえる．本書でも，これらの指標を参考にしているものの，状況によって若干異なった基準を用いている．
　最近では，河川などのリン・窒素濃度を含めた水質改善を図るときにその目標として「昭和 30 年代の水質」に戻すという試みも行われるようになってきた（例えば，愛媛県の肱川流域清流保全推進協議会の取り組みなど）．つまり，「昭和 30 年代の水質」を水質基準にしようということである．とりあえずの目標としてはよいが，究極的に果たしてそれでよいのかという問題は依然残っている．日本全国どこでも「昭和 30 年代の水質」に戻すことでよいのかということでもある．日本における石油エネルギー時代開幕の直前を水質基準にするということであるが，江戸時代末期の近代化以前に基準を置くことも考えられる．しかし，具体的に水質基準とする場合には，水質分析のデータが残っている前者が現実的であろう．
　沿岸海域では，水質基準を生態系の機能解析から導く試みも行われている（Omori et al. 1994; Omori and Takeoka 1999）．沿岸海洋生態系は，一次生産を担う表層生産系（pelagic system）と底層分解系（benthic system）とに便宜的に分けることができる．このうち分解系の機能，つまり，有機物分解能力は，究極的には，有機物が堆積する底泥への分解に必要な溶存酸素の供給能力に依存している．溶存酸素の供給能力の限界以上に表層の生産系から有機物が負荷されると底層の溶存酸素濃度はほぼ 0 となり，好気的な分解

は極端に減少し，嫌気的な分解で生成される硫化水素などの還元物質の酸化にほぼすべての酸素が消費されるようになる．逆に，表層から底層への有機物負荷が仮に0となった場合，もちろん，底泥で有機物分解のために溶存酸素が消費されることはない．好気的な分解が0となる負荷量と負荷量0との両極端の間に好気的分解量が最大になる有機物負荷量が少なくとも一つ存在するはずである（Omori and Takeoka (1999) により，ある条件下でそのような点はただ一つと証明されている）．そのような最適な有機物負荷量に対応する最適な溶存酸素濃度を水質基準とすることも可能である．河川については，その生態系の特性から，生態系の機能群解析に基づく異なったアプローチが必要と考えられるが，ダム湖に対しては沿岸海域と同じような考え方を適用することができる．

参照文献

EPA (1986) *Quality Criteria for Water.* (EPA 440/5-86-001)

EPA (1998) *National Strategy for the Development of Regional Nutrient Criteria.* (EPA 822-R-98-002)

今井章雄（2002）湖沼における難分解性溶存有機物の蓄積．『海洋と生物』24：203-208.

Lee, G.F., Jones, R.A. and Rast, W. (1981) *Alternative Approach to Trophic State Classification for Water Quality Management.* Report G. Fred Lee & Associates, El Macero.

OECD (1982) *Eutrophication of Water: Monitoring, Assessment and Control.* OECD.

Omori, K., Hirano, T. and Takeoka, H. (1994) The limitations to organic loading on a bottom of a coastal ecosystem. *Marine Pollution Bulletin* 28: 73-80.

Omori, K. and Takeoka, H. (1999) Sustainable usage of coastal ecosystems. In: Ozhan, E. (ed) *Land-Ocean Interactions: Managing Coastal Marine Systems* vol.1, pp. 529-534, MEDCOAST.

Vollenweider, R.A. and Kerekes, J.J. (1980) *Background and Summary Results of the OECD Cooperative Programme on Eutrophication.* OECD.

コラム8　日本のダム湖における植物プランクトン・動物プランクトン・魚類の関係

　第4章で検討してきたように，ダム湖ではさまざまな生物が関係を持ちながら生態系が構成されている．動物プランクトンを食べる生物が増えれば動物プランクトンは減り，動物プランクトンに食べられている植物プランクトンは増えるかもしれない．このコラムでは，そのような現象が実際に日本のダム湖で確認できるかどうかをダム間の比較によって検討してみたい．

　動物プランクトン食性の生物としては，ダム湖では魚類が挙げられる．ダム湖の魚類は第6章でみてきたように，ダムの地理的な位置やサイズ，運用に影響を受ける．また，第5章でみてきたように動物プランクトンや植物プランクトンの組成は，ダムの位置とともに，水質の影響を強く受ける．ここでは，ダムの位置やサイズ，運用，水質を考慮したうえで，魚類，動物プランクトン，植物プランクトンの関係性を紐解こうというわけである．

　具体的な検討としては，まず以下のような解析をした．魚類のデータは，河川水辺の国勢調査の2005年までのもっとも新しい調査年の結果を利用した．河川水辺の国勢調査の魚類調査は，ダム湖のみならず，流入部や上流・下流河川にも調査地点が設けられ，さまざまな方法により採集されているが，ここでの解析はダム湖内の刺し網で採集された個体数の年間の総合計を各魚種の多寡の指標として用いた．魚類は生態的な特性が類似した近縁群は一括し，コイ *Cyprinus carpio*，フナ属 *Carassius*，オイカワ属 *Zacco*（最近カワムツやヌマムツが *Nipponocypris* に変更されているが，過去の調査では *Zacco* と記録されているため，ここでは *Zacco* に含めた），ウグイ属 *Tribolodon*，モツゴ *Pseudorasbora parva*，タモロコ属 *Gnathopogon*，カマツカ *Pseudogobio esocinus esocinus*，ニゴイ属 *Hemibarbus*，スゴモロコ属 *Squalidus*，ワカサギ *Hypomesus nipponensis*，サケ科 Salmonidae，ブルーギル *Lepomis macrochirus*，オオクチバス *Micropterus salmoides* の13分類群にまとめた（この13分類群で，総個体数の95%を占める）．

第8章 リン濃度とクロロフィル a 濃度の関係からみたダム湖の特徴

　動物プランクトンと植物プランクトンは，第5章の解析データのうち夏のデータを利用した．このとき，動物プランクトンとしては，もっとも大きく（それは魚に食べられやすいことに通じる）植物プランクトンの濾過能力が高い（かつ大きな群体をつくるアオコ原因プランクトンの摂食も可能な）*Daphnia* を中心としたミジンコ科 Daphniidae を対象とした．植物プランクトンでは，アオコのもっとも主要な原因プランクトンである藍藻類の *Microcystis* と *Anabaena* の細胞数（密度）を対象とした．また，これらの生物群に影響を与えると考えられる基本的な環境要因として，ダムの位置（緯度，標高），ダム湖面積，湖水回転率（5年平均），水質（ここでは全リン（TP）；5年平均），濁度（5年平均），水位変動（年変動幅の10年の中央値），発電利用の有無を取り扱った．これらの関係を総合的に，かつ他の要因の影響を排除して変数間の直接的な関係を推定するために，相関係数とともに偏相関係数を用いて探索的に検討した．なお，このとき，生物の密度，および TP，濁度に関しては，正規分布に近似するために変数変換を行った．今回の解析は，全部のデータがそろった39ダムで行った．それぞれの変数のデータが得られた年が違うこと，偏相関を見るためには変数の多さに対してサンプルサイズ（ダム数）が少ないこと，コラム5で述べられているように藍藻類は正確にカウントされていない可能性があることから，暫定的な解析であることを付記しておく．

　Microcystis と *Anabaena* の密度には，他の多くの研究で知見が積み重ねられているように，TP と正の相関があった．緯度や標高が低いほど密度が高い関係があったが，これは水温との関係だと考えられる．なお，アオコの発生は一般に湖水回転率とも関係すると考えられているが（コラム1参照），今回は湖水回転率との有意な関係は認められなかった．*Microcystis* と *Anabaena* の密度と他の生物とで有意な関係が認められたものは，ブルーギルであった．これは，相関係数で0.8，偏相関係数で0.6と強い正の相関が認められた．ミジンコと *Microcystis* や *Anabaena* の密度，ブルーギルとミジンコの密度の間には，有意な関係は認められなかった．つまり，ブルーギル（とくに稚魚のうちは動物プランクトン食であると考えられる）がその摂食によってミジンコの密度を下げるために，*Microcystis* や *Anabaena* が増加しているというわけではないらしい．ちなみに，他の要因を調整した

場合(偏相関係数でみた場合),ミジンコの密度と明確な関係が認められる魚類は見出せなかった.

次に,それぞれのダムにおけるブルーギルの定着と植物プランクトンの関係を解析してみた.ブルーギルは外来種であり,日本において定着するダム湖は徐々に増加している.ブルーギルが定着する前と後で植物プランクトン量は変化するだろうか.ここでは,ブルーギルがずっと定着していないダム湖,調査回を通して生息が確認され続けているダム湖,調査の途中で定着したと考えられるダム湖の3グループにおいて,植物プランクトンの総量の指標と考えられるクロロフィル a (Chl a) 濃度の変化を検討した.Chl a 濃度としては,夏(7〜9月)のChl a 濃度を用いた.解析には,現時点でブルーギルが確認されていない北海道と沖縄を除く本州・四国・九州のダムのデータを用いた.データがそろったダム数は61ダムである.多くのダムでは河川水辺の国勢調査は本解析までに3回行われているために(河川水辺の国勢調査は,1990年以降,各ダムでおよそ5年周期で行われている),それぞれ2回の変化が検討できる.のべ106回の変化を解析に用いた.ブルーギルと同様,**特定外来生物**に指定されているオオクチバスについても解析した.

その結果を図C8-1に示す.ブルーギルやオオクチバスが2回連続して確認されたダム湖や,逆に2回連続して確認できなかったダム湖では,その2回の間のChl a 濃度の変化は大きくなかった.ブルーギルやオオクチバスが確認されるダムは,確認される以前からChl a 濃度がそれらが生息していないダム湖よりも高く,ブルーギルが確認されているダムとほぼ同様のChl a 濃度を示した.つまり,ブルーギルやオオクチバスが生息するダム湖はChl a 濃度が高いのだが,それはブルーギルやオオクチバスが入ったために高くなったのではなく,Chl a 濃度が高いダムほど,それぞれの種が侵入しやすいことを示している.これは,水質が定着を可能にするのか,Chl a 濃度が高いダムの多くは流域の人口密度が高いだろうから,それが放流機会の多さと関連するのか,その原因の分離はできない.ブルーギルの場合は,ダム湖に新たに確認された場合,確認される前よりもChl a 濃度が増加する傾向があることは,ブルーギルのなんらかの影響を期待させるが,この傾向は,ブルーギルがずっと確認されないダム湖やずっと

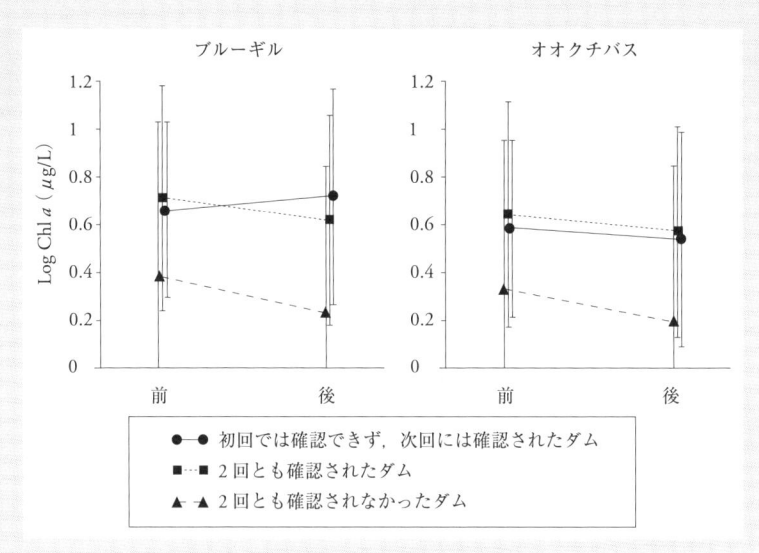

第 8 章　リン濃度とクロロフィル a 濃度の関係からみたダム湖の特徴

図 C8-1　ブルーギルとオオクチバスの確認状況によってグループ化したダム湖における魚類調査間の Chl a 濃度の変化
値は平均値±標準偏差.

確認されているダム湖の傾きと統計学的に有意な差は認められない.

つまり，今のところのデータでは，ダム湖にある種の魚類が存在すると，その直接的・間接的な効果によりダム湖間に植物プランクトン量の変化をもたらすということは確認できなかったというわけである.

ダム湖の場合，とくに山地の峡谷部につくられたものである場合，湖内の異質性が大きいことが知られている．例えば，魚類の多くは深い場所に生息しないために，ダム湖上流端や河川流入部では魚類の密度が高かったとしても，ダム湖の中央やダム堤体近くは，魚類の密度が低い場合が多い．そのために，魚類の摂食を受けやすい $Daphnia$ など大型の動物プランクトンの密度は，上流部に比べてダム堤体で高くなることが知られている（例えば，Urabe 1990; Hülsmann et al. 1999）．それはダム堤体近くは上流部に比べて植物プランクトンの量が少ないことにつながる．今回解析したプランクトンや水質のデータはダム湖の中央やダム堤体近くでとられているが，魚類の多くは浅い場所でとられているという調査場所の違いにより関係が

見出せなかったのかもしれない．たぶん，ダム湖において生物間相互作用による植物プランクトンの量的変動を明確に検出しようとするなら，ダム湖内における各対象生物群の空間的な分布（それはダム湖の大きさや形状に依存するだろう）を踏まえた調査が必要になるだろう．

参照文献

Hülsmann, S., Mehner, T., Worischka, S. and Plewa, M. (1999) Is the difference in population dynamics of *Daphnia galeata* in littoral and pelagic areas of a long-term biomanipulated reservoir affected by age-0 fish predation? *Hydrobiologia* 408/409: 57-63.

Urabe, J. (1990) Stable horizontal variation in the zooplankton community structure of a reservoir maintained by predation and competition. *Limnology and Oceanography* 35: 1703-1717.

第9章
ダム湖における水質形成の特徴と安定同位体比を用いた富栄養化の解析

9.1 安定同位体比を用いて富栄養化を解析する

　ダム湖は，治水や利水など人間生活には必要不可欠であり，また，ダム湖の水を利用するためには，その水質が良好であることが重要である．それゆえ，ダム湖の水を効果的に利用するためには，その水質をモニタリングし，かつ，その評価を行うことが必要である．

　PartⅠで自然湖沼とダム湖の違いを述べているが，ダム湖の特徴についてRyder (1978) をもとに再び整理をしてみたい．1) 水位変動が不規則であるため，湖岸が物理的に不安定になる，2) 水位が人工的に制御されるため，ダム湖の水塊構造は複雑で，容易に変化する．加えて，湿潤変動帯に含まれる日本のダム湖においては地理的および水文的な違いから，自然湖沼と比較して以下の違いがみられる．1) ダム湖岸は傾斜が急な山林で形成されていることから，湖岸が急勾配である，2) そのため，ダム湖は急深で，少しの風では容易に鉛直混合しない，3) その一方で，梅雨や台風期の大雨や灌漑期における灌漑用水の放流により，急激に水位が変動する．このような，水文的，物理的環境の変化はダム湖の水質を決める要因となる．

　生物的な観点からみると，多くのダム湖は単純で貧相な生態系が形成されている (Ryder 1978)．自然湖沼でも同様であるが，富栄養化が進むと，ダム湖内において栄養塩が長期間にわたって蓄積したり (Soltero et al. 1973; Whalen et al. 1982)，*Microcystis* 属や *Anabaena* 属をはじめとする植物プランクトンや

鞭毛藻類がブルームをひき起こす (Herrgesell et al. 1976). また，ダム湖の一次生産の増大は下流の河川生態系に影響を与える．それは，ダム湖が富栄養化すると，ダム湖内で大量に生産された有機物がダム湖水を放流することにより，下流へ大量に供給されるためである (Martin and Arneson 1978). 近年では，ダム湖における水質や生態系の保全に関する研究が盛んに行われてきている．例えば，ダム湖の水質の富栄養化の位置づけに関する研究 (De Ceballos et al. 1998), ダム湖集水域の土地利用がダム湖水質に与える影響に関する研究 (Brainwood et al. 2004) などである．

日本においては，ダム湖水の利用に悪影響を与える藻類のブルームに関する研究や (Nakamoto 1975), ダム湖上流および下流における生物相の変化に関する研究 (御勢 1963) のように生物学的な視点からのダム湖の研究が行われてきた．しかしながら，ダム湖における生態系の管理，保全を行うためには湖内における生態系の基盤となる物質循環過程を明らかにし，それに沿った管理手法を構築していくことが重要であると考えられる．国内では，自然湖沼においては物質循環の観点からの研究は古くから数多くなされている．これらの研究は，湖の炭素，窒素，リンといったさまざまな元素量を基にして比較し，特徴付けを行うものであり (吉村 1931, 1937；Sakamoto 1966), これらは自然湖沼の生態系に関する知見を与えていると考えられる．このような研究を生態系の管理・保全の観点からダム湖研究にも取り入れていく必要があると思われる．

さらに，近年の環境問題への意識の高まりから，ダム湖の管理において生態系の保全に関する取り組みが求められるようになっている．今までも，ダム湖の水質汚濁に関する研究や調査は数多くなされてきているが，その視点は人間による水利用に資するためのもので，直接的な健康への影響，施設への障害等に関するものである (Soltero et al. 1973; Herrgesell et al. 1976; Whalen et al. 1982). 今日，我々が必要とするのは長期的な視点からの良好な水資源の確保であり，そのためには自然界における水・物質循環のバランスが良好に保たれる必要があると考えられるようになっている．人間が水循環を操作することが自然の主要な構成要素である生態系にどのような影響を及ぼしうるのか，どのような生態系を維持していけばよいのか？　このような命題に取

第9章　ダム湖における水質形成の特徴と安定同位体比を用いた富栄養化の解析

り組むことが，今後の良好な水資源の確保のために要求されているのである．
　しかしながら，維持すべき生態系，すなわち，良好な水環境の観点からみた健全な生態系とはどういうものか，また，それをどのように評価すればよいのかについて明確な考えや手法があるわけではない．とくに大規模な貯水池であるダム湖では，本来，流水環境で成り立っていた生態系が，止水環境の生態系に変化している．人間によって新しく形成された生態系についてその健全性を評価する必要がある．ダム湖に適用できる生態系の健全性の評価軸が求められているのである．現在は，さまざまな生物の種類や組成から生態系の状態を解析する手法が用いられている．生態系の主役である生物を評価対象とすることは，当然であるが，解析結果は複雑で，多岐にわたるため，系の基準を示し，健全性に言及することは難しい．しかし，土台をみてみると，生態系は，炭素や窒素といった元素の循環の基盤の上に成り立っている．これらの循環を担っているのは微生物で，その機能を単純化することは比較的容易である．生態系の物質循環を単純化し，自然界におけるルールをもとにつくった基準で，ダム湖生態系の状態を評価し，健全性を判断することは，もっとも可能性の高いやり方であると思われる．
　生態系における炭素や窒素循環を解析するのに有効な方法として，生元素**安定同位体**比法が挙げられる．学術研究では，物質動態，**食物連鎖・食物網**の解析をするための手法として用いられている（小倉ほか 1986；Yoshioka et al. 1988）．この手法は，自然界の物質循環を簡便に把握する方法として近年よく理解されている．炭素や窒素は生態系内での生物，化学反応等を通してその形態を変化させる．このとき，物質中の炭素や窒素はその同位体比も変化させる．そのため，生態系内の生物や物質の安定同位体比（$\delta^{13}C, \delta^{15}N$）を測ることによって系内の物質循環や食物連鎖・食物網を解析することができるのである（小倉ほか 1986；Yoshioka et al. 1988；山田・吉岡 1999；山田・中島 2003）．生態系における生物や物質の$\delta^{13}C$，$\delta^{15}N$はその起源となる物質の$\delta^{13}C$，$\delta^{15}N$や生理状態を反映した値を示す．例えば，$\delta^{13}C$値は生態系において，一次生産者である植物プランクトンの活性が高くなったときに値が上昇する．降水中の$\delta^{15}N$は 0‰付近を示すのに対し，農業・畜産排水，生活排水は 3～7‰以上の値を示すため（Heaton 1986），利用している窒素源

によって系の $\delta^{15}N$ は変わってくる. また, $\delta^{15}N$ 値は硝化, 脱窒系が活発に駆動している場合や高次消費者ほど高くなる (Blackmer and Bremner 1977). このように, $\delta^{13}C$, $\delta^{15}N$ は系の物質循環のプロセスを反映するため, これらを指標として用いることで, 生態系の炭素, 窒素循環のフレームワークを理解することが可能になるのである.

本章では生元素の分布からダム湖の水質形成の特徴を明らかにするとともに, ダム湖生態系の健全性の指標としての炭素, 窒素安定同位体比の有効性について述べる.

9.2 ダム湖における物質循環調査

9.2.1 調査対象ダム

調査は集水域の降水量が異なる四国山地および讃岐山脈に位置する6基のダム湖において行った (図9-1). 対象は吉野川上流の四国山地に位置する大森川ダム湖, 早明浦ダム湖, 富郷ダム湖, 香川県の讃岐山脈に位置する川股ダム湖, 前山ダム湖, 長柄ダム湖である. 年平均降水量は吉野川上流で3,171mm (本川) と多く, 香川県の平野部は1,124mm (高松) と少ない (気象庁 2006). ダム湖およびその集水域の概要は表9-1に示した. 大森川ダム湖は吉野川の支流大森川にありダムの標高約700m, 集水域面積21.5km^2, 運用後44年 (調査時までの年数. 以下同じ) の比較的古いダムである. 集水域には人家や農地は全くない (総務省統計局 2001). 早明浦ダム湖は吉野川本流上流にありダムの標高239m, 集水域面積472km^2, 運用後28年の四国最大のダム湖である. 富郷ダム湖は吉野川の支流銅山川にあり, ダムの標高は345m, 集水域面積101.2km^2, 運用後4年の新しいダムである. これら, 四国山地のダム湖に比べて, 讃岐山脈のダム湖の規模は小さい. 川股ダム湖は香川県の東に位置する馬宿川の上流にあり, 1963年に元々あった池を改築したダム湖である. ダム湖としての運用から50年近く経た比較的古いダム湖である. 集水域は大森川ダム湖と同じく人家, 農地は全くない (総務省統

第 9 章　ダム湖における水質形成の特徴と安定同位体比を用いた富栄養化の解析

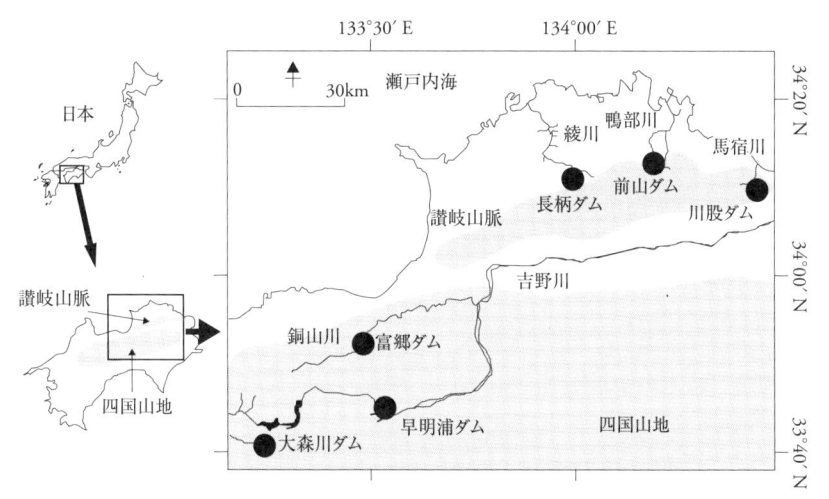

図 9-1　四国の地形と調査対象ダム

表 9-1　ダム湖およびその集水域の特徴

	集水域					
	集水域面積	降水量[*,1]	人口密度[2]	森林面積[**,3]	水田面積[**,3]	家畜頭数[3] (牛)
	(km^2)	(mm/year)	(人/km^2)	(%)	(%)	(頭/km^2)
大森川ダム湖	21.5	3,341	0	100	0	0
早明浦ダム湖	472.0	2,820	9.2	92	0.6	1.6
富郷ダム湖	101.2	1,757	4.3	94	0.8	0
川股ダム湖	7.0	1,593	0	100	0	0
前山ダム湖	10.7	1,253	31.0	93	6.5	0
長柄ダム湖	33.9	816	46.9	90	6.4	2.5

*　ダム湖周辺付近の雨量観測所の雨量
**　集水域面積に占める割合
1) 気象庁 (2006)
2) 総務省統計局 (2001)
3) 農林水産省大臣官房統計部 (2002)

計局 2001).　前山ダム湖は香川県の中央部に位置する鴨部川上流にあり，ダムの標高 105m，集水域面積 10.7km^2，運用後 28 年のダム湖である．長柄ダム湖は香川県の西部に位置する綾川，西長柄川両河川を堰き止めてつくった

比較的平地にあるダム湖であり，ダムの標高はもっとも低く95.6m，集水域面積約34km^2，運用後約50年の古いダム湖である．集水域の人口密度は約47人/km^{2}であり，ダム湖上流から河川源流域まで人家，田畑が存在し，ダム湖畔に養豚場が存在する．2002～2003年の月降水量は21～270mmで，調査期間中1年間の総降水量は816mmと六つのダムの中でもっとも少なかった（気象庁2006）．また調査期間中の水深は7～21mで変動した．讃岐山脈の河川源流域におけるNO_3-N濃度は高く，調査期間の平均的なダム湖流入水のNO_3-N濃度は大森川ダム湖約50μg/L，川股ダム湖約200μg/Lであった．

9.2.2 観測および分析

これらのダム湖において，2002年5月から2003年12月までの1年間，毎月1回，堰堤付近に定点を設けて湖水を鉛直採水した．底層水はどの地点も湖底から1m上とした．現場において水温（WT），溶存酸素（DO）を多項目水質計（W-22XD；堀場製作所）で測定した．採水はバンドーン型採水器で採水し，Whatman社製GF/Fガラスフィルターで濾過した濾液についてNO_3^--N, NO_2^--N, NH_4^+-N, PO_4^{3-}-Pを分析し，孔径150μmのプランクトンネットでリターなどをとりのぞいた試料について全窒素（TN: Total Nitrogen），全リン（TP: Total Phosphorus），クロロフィルa（Chl a）の濃度を測定した．NO_3^--N, NO_2^--Nはイオンクロマトグラフ法（870-UV；日本分光），NH_4^+-Nはインドフェノール青法（Scheiner 1976），PO_4^{3-}-Pはモリブデン青法（Murphy and Riley 1962）で測定した．また，TNはアルカリ性ペルオキソ二硫酸カリウムで分解後（D'Elia et al. 1977），イオンクロマトグラフ法（870-UV；日本分光），TPはペルオキソ二硫酸カリウム分解法（Menzel and Corwin 1965）で測定した．Chl aはアセトン抽出・蛍光法で測定した（Holm-Hansen et al. 1965）．

また，**懸濁態有機物**（POM: Particulate Organic Matter）のδ^{13}Cとδ^{15}Nも測定した．あらかじめ450℃で強熱処理したガラスフィルター（GF/F; Whatman, England）で試水を濾過し，0.1NHClで脱炭酸塩処理後，乾燥し，元素分析計（NC2500; Thermo Electron, Germany）と連結した質量分析計（DELTA plus; Thermo Electron, Germany）で分析した．

2002年6〜7月，10月には早明浦ダム湖，長柄ダム湖において，オオクチバス Micropterus salmoides，ブルーギル Lepomis macrochirus をはじめとする魚類の採取を行った．2003年9月には大森川ダム湖，川股ダム湖，前山ダム湖において，オオクチバスの採取を行った．いずれも，釣り，投網，刺し網，カゴを使用し試料を採取し，研究室に持ち帰った．富郷ダム湖は新しいダム湖であるために魚類の採取は行わなかった．魚類の試料は筋肉を採取し乾燥後，粉末状にしたものを脱脂し，POMと同様に $\delta^{13}C$，$\delta^{15}N$ を測定した．なお，$\delta^{13}C$，$\delta^{15}N$ は以下の式によって算出した．

$$\delta X = [R_{sample}/R_{standard} - 1] \times 1000 (‰)$$

ここで，X = ^{13}C または ^{15}N，R = ^{13}C/^{12}C または ^{15}N/^{14}N，Standard = PDB（標準試料）または大気中の窒素ガスを表す．

9.3 ダム湖の生元素分布と物質循環

9.3.1 元素の分布からみた富栄養化の分類と物質循環の特徴

まず，調査対象にしたダム湖の水質の概要について述べる．日本においては，Sakamoto (1966) が，日本の主要な湖沼の富栄養化の分類を行っている．その中で，**貧栄養湖**は，TN濃度が0.2mg/L以下およびTP濃度が0.02mg/L以下，中栄養湖はTN濃度が0.1〜0.7mg/LおよびTP濃度が0.01〜0.03mg/L，**富栄養湖**はTN濃度が0.5〜1.3mg/LおよびTP濃度が0.01〜0.09mg/Lであるとしている．また，Forsberg and Ryding (1980) はスウェーデンのさまざまな湖沼の富栄養化の分類を行っており，それによると，貧栄養湖はTN濃度が0.4mg/L以下およびTP濃度が0.015mg/L以下，中栄養湖はTN濃度が0.4〜0.6mg/LおよびTP濃度が0.015〜0.025mg/L，富栄養湖は，TN濃度が0.6〜1.5mg/LおよびTP濃度が0.025〜0.1mg/L，過栄養湖はTN濃度が1.5mg/L以上およびTP濃度が0.1mg/L以上であることを示している．アジアにおいては，Jin (2002) が中国の湖沼において，Kim et al. (2001) が韓国の

表9-2 各ダム湖表層 (0m) における TN, TP 及び Chl a 濃度の年平均値

	TN 濃度 (mg/L)	TP 濃度 (mg/L)	Chl a 濃度 (μg/L)
大森川ダム湖	0.18	0.005	3.0
早明浦ダム湖	0.23	0.007	3.6
富郷ダム湖	0.36	0.005	2.7
川股ダム湖	0.56	0.011	4.7
前山ダム湖	1.45	0.018	13.7
長柄ダム湖	1.88	0.057	44.3

湖沼において，Rai (2000) がネパールの湖沼において富栄養の程度による湖沼の分類を行っている．

また，Forsberg and Ryding (1980) は，Chl a 濃度を用いた湖沼の分類を行っており，貧栄養湖は 3μg/L 以下，中栄養湖は 3〜7μg/L，富栄養湖は 7〜40μg/L，過栄養湖は 40μg/L 以上であると報告している．これと同様の方法を用いた分類はアジアにおいては Satoh and Sagisaka (1997)，Rai (2000)，Kim et al. (2001) および Jin (2002) がさまざまな湖沼において行っている．

これらの分類をもとに，本研究におけるダム湖の富栄養の程度を解析した．各ダム湖における水深 0m の TN，TP および Chl a 濃度の観測期間中の平均値を表9-2に示した．以上より，降雨が多い四国山地に位置する大森川，早明浦，富郷の各ダム湖は貧〜中栄養湖，降雨が少ない讃岐山脈に位置する川股ダム湖は中栄養湖，前山ダム湖は中〜富栄養湖，長柄ダム湖は，過栄養湖に分類された．

讃岐山脈に位置するダム湖は，四国山地に位置するダム湖よりも富栄養化の程度が高く，とくに窒素濃度が高かった．TN 濃度において，讃岐山脈に位置する川股ダム湖は，四国山地に位置する大森川ダム湖よりも約3倍高かった．川股ダム湖や大森川ダム湖においては集水域に人家や農地はない．川股ダム湖で TN 濃度が高い理由としては，讃岐山脈源流域における高濃度窒素が考えられる．讃岐山脈源流域の窒素濃度は高く，とりわけ，讃岐山脈中央部においては $NO_3^- $-N 濃度で 1.5mg/L を超える (Nakashima and Yamada 2005)．讃岐山脈においては，少ない降水量が，森林内での高い水の濃縮率

の要因となり，源流域の窒素の濃度形成に大きな影響を与えている．そのことは，ひいては，ダム湖内における窒素の濃度形成にも大きな影響を及ぼしていると考えられる．降水が少ない地域には小規模なダムが数多くつくられる傾向にあるが，それらの水質は多雨地域の大規模なダム湖に比べて，汚濁が進行しやすいことを示している．今後は**集水域**の降水量も水質に影響を及ぼしうる重要な要因としてとらえる必要がある．

　調査対象のすべてのダム湖は春期～秋期にかけて年一回成層する亜熱帯湖であった（図9-2～9-3）．四国山地におけるダム湖においては，DOは成層期の終わりに底層水中で低くなるもしくは無酸素となった．一方で，讃岐山脈におけるダム湖は，成層期の中深水層の大規模な水塊で無酸素となった（図9-3）．ダム湖における無酸素水塊が形成される理由としては，ダム湖中に有機物が大量に流入することや表水層中の有機物生産（一次生産）の増大が要因である（Lasenby 1975）．讃岐山脈に位置する三つのダム湖においてはNH_4^+-NやPO_4^{3-}-Pが高濃度に存在していた（図9-3）．通常，NH_4^+-NやPO_4^{3-}-Pが水中に高濃度になるということは，酸素が欠乏しているということであり，これらのダム湖においては嫌気的な環境が進行していることが考えられる（Soltero et al. 1973）．嫌気的な水塊はダム湖集水域に人間活動の影響のない川股ダム湖においてもみられた．讃岐山脈に位置するダム湖は水深が20m程度で貯水量が少なく，規模の小さいダム湖が多い．春期から秋期にかけては，水深5～10mに水温躍層が形成される．亜熱帯湖では，この時期には，水温躍層が形成され，その水深は日本においては多くのダム湖で数m～20m程度である．それゆえ，規模の小さいダム湖では水温躍層以深の深さが30～50mである大規模ダム湖に比べ浅く，水量も少なくなると思われる．その結果，讃岐山脈のダム湖では，四国山地に位置する規模の大きいダム湖と比較して，溶存酸素の消費速度が相対的に速くなると解釈される．

　加えて，讃岐山脈に位置する三つのダム湖は，深水層において，嫌気的な環境が1年の3/4もの長期間継続している（図9-3）．この期間，各ダム湖の深水層におけるNO_3^--Nは少なく，窒素の主要な形態が有機態窒素またはNH_4^+-Nになっていた．8～12月の深水層における窒素の主要な形態はNH_4^+-Nであり，また，この期間，TN濃度は増加した．これは，表水層に

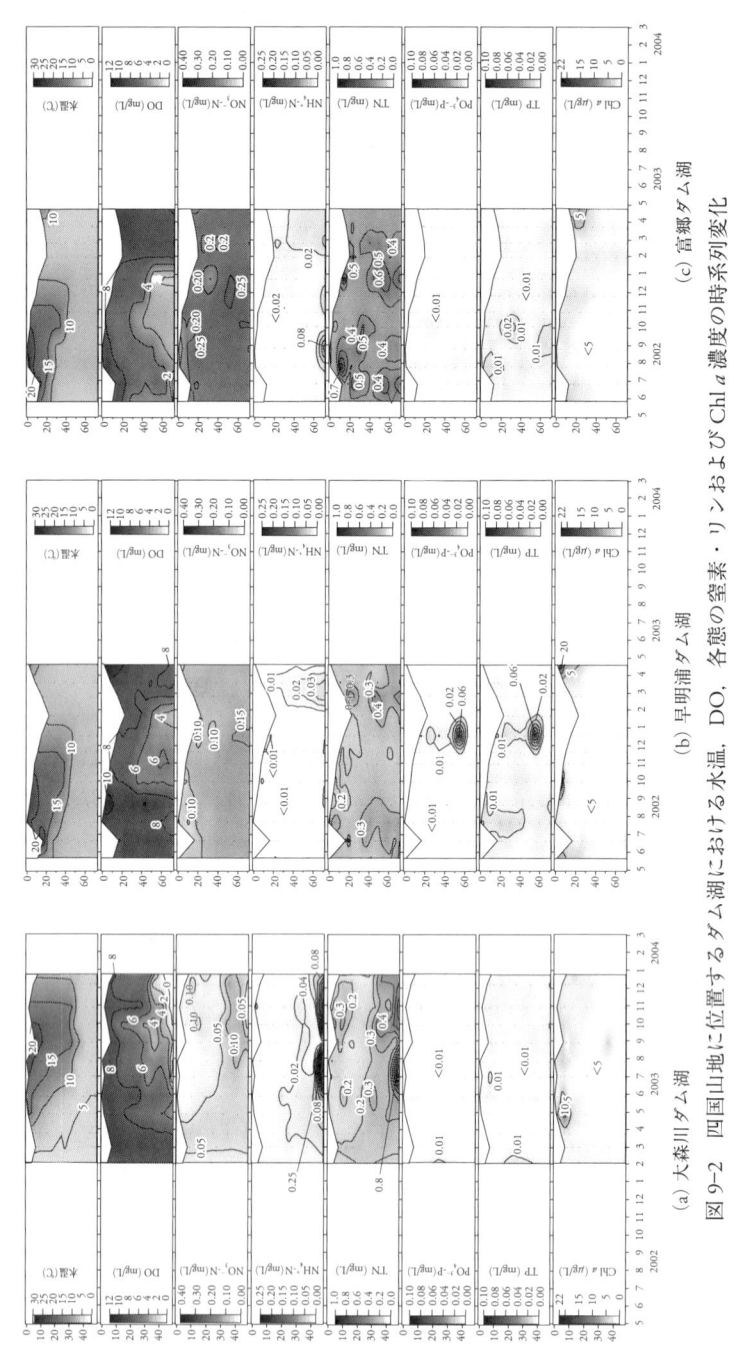

(a) 大森川ダム湖　　(b) 早明浦ダム湖　　(c) 富郷ダム湖

図9-2　四国山地に位置するダム湖における水温，DO，各態の窒素・リンおよびChl a濃度の時系列変化

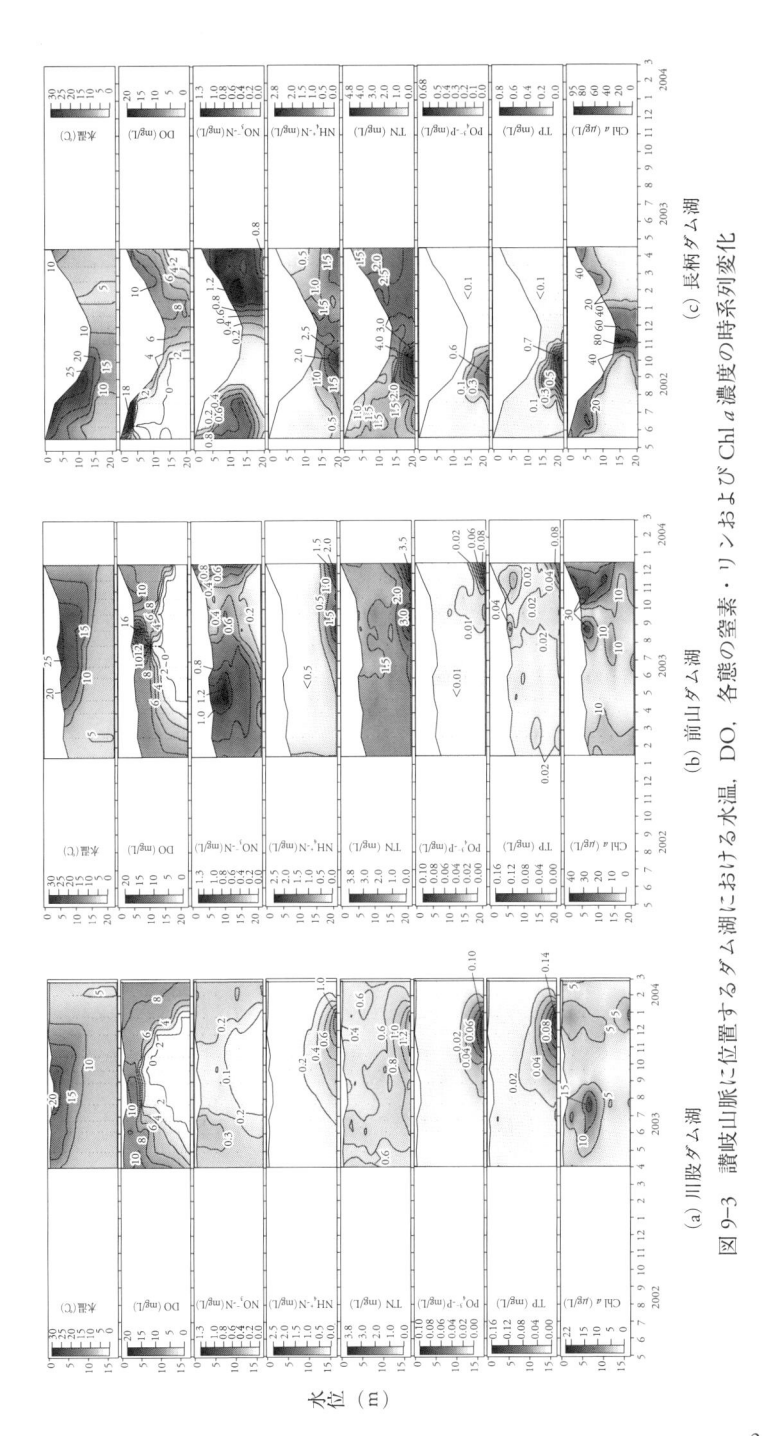

図 9-3 讃岐山脈に位置するダム湖における水温，DO，各態の栄養・リンおよび Chl a 濃度の時系列変化
(a) 川股ダム湖　(b) 前山ダム湖　(c) 長柄ダム湖

おいて生産された有機物が湖底へ沈降し，底層において分解され，NH_4^+-N として蓄積していることを示している．これは，溶存酸素欠乏のため十分な硝化が行われていないことを示しており，結果として窒素を湖外に放出する脱窒も行われなくなる．一方で，ダム湖水が鉛直混合した後，窒素の主要な形態は NO_3^--N となった．また，讃岐山脈に位置する三つのダム湖の深水層において，NH_4^+-N の濃度が増加した後，2〜3か月経てから PO_4^{3-}-P の濃度が増加した．PO_4^{3-}-P の湖底からの溶出は，湖の富栄養化を促進させることが知られている (Perkins and Underwood 2001)．

長柄ダム湖の秋期においては，表水層では，Chl a 濃度が高いにもかかわらず，DO は低い状態のままであった（図9-3 (c)）．10月の表水層においても DO が低い状態であったのは，夏期，水温躍層より浅い水が下流へと放流されたことから，ダム湖の水位が急激に低下し，深水層の無酸素水塊が表層へ現れたためと考えられる．この時期，長柄ダム湖においては，ダム湖流入水が少ないにもかかわらず，表水層の水は灌漑用水として放流していた．さらに，例年と比較すると (1,148mm)，2002年は6割程度の降水量しかなかった (712mm；気象庁 2006)．また，2002年8月のダム湖流入水量は 1.47m^3/s，9月は 1.37m^3/s であった (香川県 2003)．その一方で，ダム湖放流水量は8月が 15.13m^3/s，9月は 7.22m^3/s であった (香川県 2003)．その結果，表水層の水温の高い湖水が大量に放流されることとなったと考えられる．通常，このような，急速な水位の減少による表水層の下流への流出は，自然湖沼では観測されない．それゆえ，このように，嫌気的な深水層の水塊が表層に現れる現象は人為的に水位操作がされているダム湖の特徴の一つであると考えられる．これらの結果，長柄ダム湖においては，10月に表層 (0m) の DO が 3.4mg/L（酸素飽和度39%）となり（図9-3 (c)），その貧酸素は11月まで続いた．長柄ダム湖においては，表水層の水が下流へ放流された後，水温は鉛直的に同じ水温となった．その結果，その後ダム湖水は翌年2月まで鉛直混合する状態となった．さらに，深水層水はつねに無酸素であり，この水がつねに表水層へ供給されることから，表水層において DO は継続して低い状態であったと考えられる．

10月の鉛直混合後の表水層における高濃度の Chl a は深水層から供給さ

れる豊富な栄養塩を利用して植物プランクトンが活発に光合成をした結果によるものと考えられる（図9-3 (c)）．Chl a 濃度が高くなる10月から懸濁態有機窒素（PON: Particulate Organic Nitrogen）の $\delta^{15}N$ 値は低くなり，10月に表水層の $\delta^{15}N$ 値は2.9～3.4‰と，8月と比較して3～5‰程度低くなった．11月下旬に最低値を示し，-7.6～-3.7‰となった（図9-3 (c)，口絵19）．植物プランクトンの NH_4^+-N の取り込み時の分別係数は $\alpha = 1.020$ (Waser et al. 1998) と NO_3^--N の取り込み時の分別係数よりも大きく，十分に NH_4^+ のプールがある場合，植物プランクトンの $\delta^{15}N$ 値は基質の NH_4^+ に比べ，-20‰の低い値を示す．長柄ダム湖における NH_4^+-N の $\delta^{15}N$ 値は10月に8.4‰，11月初旬に15.4‰であることから，これを利用した植物プランクトンの $\delta^{15}N$ 値は-11～-5‰の値を示すと考えられる．この値は実際の植物プランクトンの $\delta^{15}N$ 値と同程度であり，この時期，植物プランクトンは深水層で生成された豊富な NH_4^+-N を用いて増殖していると考えられる．それにもかかわらず，長柄ダム湖においては，植物プランクトンの増殖がみられる時期においても表水層は貧酸素であることから，植物プランクトンによる酸素の生産または大気平衡による湖水への酸素の供給による表水層水への酸素の供給速度よりも，有機物の分解による酸素の消費速度の方が速いと考えられ，ダム湖生態系は好気的生物にとって非常に好ましくない状態であると考えられる．このように，人為的な水位操作はダム湖の水質汚濁を促進する重要な要因であると考えることができる．

以上の結果，降水量が少ない讃岐山脈に位置するダム湖においては，降水量に起因するダム湖における物理的環境の変化が，水質に大きな影響を及ぼしていることがわかった．讃岐山脈に位置するダム湖においては潜在的に水質汚濁する傾向があると考えられる．

9.3.2　ダム湖の水質に及ぼす水文環境の影響

通常，湖沼の水質は集水域の土地利用によって大きな影響を受ける (Brainwood et al. 2004)．さらに，讃岐地方のように，森林の規模および河川の集水域面積が小さく，地表面に存在する水が少ない地域においては，ダム湖集水域における人間活動と同様に集水域の「水が少ないこと」もダム湖の

表 9-3 ダム湖の水質汚濁に関する影響因子の評価

ダム湖集水域における特徴	TN回帰係数	標準誤差	標準回帰係数	F 値	TP回帰係数	標準誤差	標準回帰係数	F 値
降水量	−0.0002	0.000009	−0.25	670*	−0.00001	0.000006	−0.35	4.8
人口密度	0.042	0.001	0.94	1214*	0.006	0.0008	2.79	51.0*
森林面積	0.064	0.002	0.31	840*	0.005	0.002	0.48	9.4
水田面積	0.021	0.007	0.08	10	−0.024	0.005	−1.89	28.4

* $p < 0.01$

水質に大きな影響を及ぼすであろう．讃岐山脈に位置するダム湖の水質汚濁メカニズムに関わる一つの要因として降水量を考える必要がある．各ダム湖の観測期間中の全層の TN 濃度および TP 濃度の加重平均値を目的変量とし，集水域における土地利用および降水量を説明変量として，重回帰分析した結果を表 9-3 に示す．重回帰分析は Stat View 4（SAS Institute Inc., Cary, USA）を用いて行い，TN 濃度および TP 濃度の加重平均値は，IGOR Pro 5（Wave Metrics Inc., Oregon, USA）を用いて算出した．その結果，集水域における特徴が TN 濃度，TP 濃度に与える影響について評価すると，TN 濃度，TP 濃度ともに，人口密度がもっとも影響が大きく，標準回帰係数はそれぞれ 0.94，2.79 と正の影響を与えていた．また，TN 濃度においては，人口密度に次いで，森林面積が 0.31 と正の影響を与えており，次いで集水域における降水量が −0.25 と負の影響を与えていた．これらのことは，ダム湖の水質，とくに TN 濃度には，集水域における人口密度や森林面積と同様に降水量が関係していることを支持している．ダム湖における物理的環境の変化に影響を与える水文学的環境は集水域における人間活動の影響と同様にダム湖における水質汚濁の要因として重要視しなければならないといえる．

9.3.3 ダム湖における炭素・窒素安定同位体比の分布

各ダム湖表層における POM の $\delta^{13}C$，$\delta^{15}N$ の分布の特徴を挙げると，$\delta^{13}C$ は各ダムとも夏期の植物プランクトンの活性が高い時期に高くなるという傾向を示した（口絵 18）．これは光合成時の炭酸同化時のみかけの分別係数が小さくなっているためだと解釈される．

第9章　ダム湖における水質形成の特徴と安定同位体比を用いた富栄養化の解析

　長柄ダム湖のδ^{15}Nは，5〜8月にかけて10‰程度の高い値を示した(口絵19)．2002年は例年にないダム湖の水位の低下のため鉛直混合した10月以降-4‰まで減少した．これは，先に述べたように，植物プランクトンの活性が高い時期に鉛直混合が起こり，通常，底層にある高濃度のNH_4^+-Nが表層に達し，これを植物プランクトンが利用したためと考えられる．水量が豊富な年は秋期に鉛直混合が起こることはないため，10‰程度の高い値で冬まで推移すると考えられる．

　一般的に日本人のδ^{15}Nを10〜11‰程度とすると(山田・中島 2003)，生活排水のδ^{15}Nは7〜8‰程度と考えられる．市販されている食用の肉が5〜6‰であることから考えて，畜産飼料は2〜3‰程度と見積もられる．また，湖に流入するまでに**脱窒**などの生物地球化学的過程で上昇する．一方，降水中のNO_3^--Nは0‰程度と低い．総じて，人間由来のδ^{15}Nは，降水起源のものより高くなる．

　POMのδ^{15}Nは集水域に人家，農地がない大森川ダム湖，川股ダム湖では0〜3‰(春〜秋：口絵19)の低い値を示している．これは，降水由来の無機態窒素のδ^{15}Nを反映していると解釈できる．集水域に人家や農地が少数存在する早明浦ダム湖，富郷ダム湖は，0〜5‰(春〜秋：口絵19)，前山ダム湖は1〜6‰(春〜初夏：口絵19)と若干高かった．これは窒素源として降水由来の無機態窒素に加えて，生活排水等の人為的負荷が存在することを示している．一方，7〜12‰(春〜夏；口絵19)を示した長柄ダム湖では集水域に人口，田畑が多く，ダム湖畔に養豚場があるなど，農業，生活排水由来の窒素の大規模な負荷が考えられる．これらのδ^{15}Nは5〜7‰と降水由来の窒素に比べて高い．また，湖内や集水域における窒素循環の活発化も系のδ^{15}Nを上昇させる大きな因子になる．長柄ダム湖では集水域からの人為的負荷の影響に加え，活発な**硝化**，脱窒のため，7‰を超える高い値を示すと解釈できる．このようなことからダム湖におけるPOMのδ^{15}Nは，人為的な負荷の増大や微生物活性を反映していると考えられるため，ダム湖の富栄養化の有効な指標になりうると思われる．

9.3.4　魚類の炭素・窒素安定同位体比を指標とした富栄養化の解析

湖内の POM の δ^{15}N は集水域からの生活排水，農業，畜産排水の流入，湖内や集水域の生物地球化学的過程の活発化を反映して上昇する．しかし，POM は短期間の生物活動を反映することから，平均的な値を得るには頻繁な観測が必要であり，そのため，多くの労力を要し，かならずしも恒常的なダム湖の管理，保全に適しているとはいえない．POM の δ^{15}N は魚類に反映されることから，魚類の δ^{15}N を測定すると湖の富栄養化の評価が可能になると考えられる．一般に**一次生産者**の安定同位体比の変化は**食物網**に属する多くの生物の安定同位体比に反映し，魚類の安定同位体比にも反映することから，魚類の安定同位体比は富栄養化の解析指標となる．魚類を用いることの利点としては，1) 栄養段階が高いため，生態系の特徴をよく反映する，2) 元素のターンオーバーが長いため年間を通して値の変動が小さく，調査回数が少なくてよい等が挙げられる．一方，魚類を用いるときの注意点としては，1) 対象とする魚類の**栄養段階**が同位体比分析上は同じであること，2) 普遍的な種であること，3) 個体間でのエサの選択性がないこと等が挙げられる．以上から考えて富栄養化の評価の対象として魚食性の魚類がよいと考えられ，オオクチバスは採集の簡便さから考えて対象の一つに挙げられるであろう．栄養段階の安定性について，貧〜中栄養でダム湖の規模の大きい早明浦ダム湖と過栄養でダム湖の規模の小さい長柄ダム湖というダム湖生態系の状態が正反対のダム湖に生息するいくつかの魚類とオオクチバスとの関係を比較してみると，オオクチバスの δ^{15}N 値は自身より小さい他の魚類の値より，早明浦ダム湖において 3.0‰，長柄ダム湖において 3.7‰ 高い値を示す（図9-4）．このことよりオオクチバスは他の魚類よりも栄養段階が一段階高いところで安定していると考えられる．

　図9-5 は各ダム湖のオオクチバスの δ^{15}N の比較を示したものである．オオクチバスの栄養段階を 4 と仮定した場合，その δ^{15}N は降水由来の窒素が生態系の主要な窒素源のとき約 10‰，人間活動の廃棄物由来の窒素が生態系の主要な窒素源のとき約 17‰ を示すと考えられる．上流に人家や農地がない大森川ダム湖，川股ダム湖が 10‰ 程度と低く，生態系内を循環してい

第9章 ダム湖における水質形成の特徴と安定同位体比を用いた富栄養化の解析

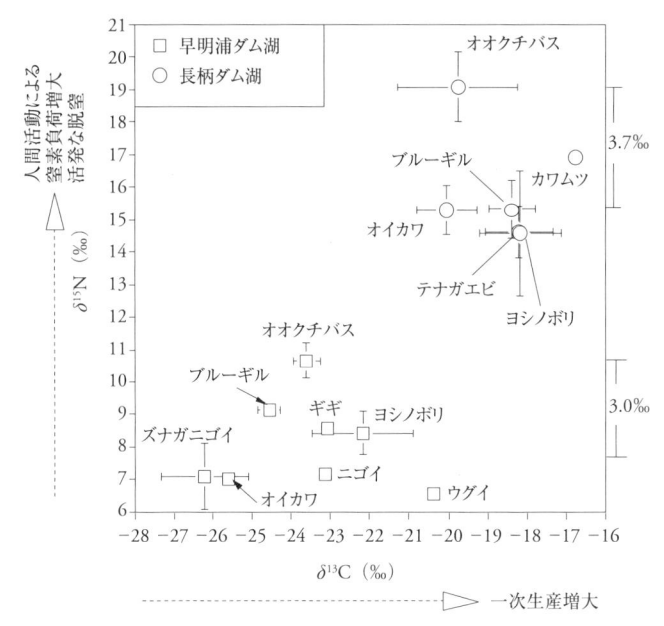

図9-4 早明浦ダム湖，長柄ダム湖における魚類のδ^{13}C値・δ^{15}N値

る窒素は降水由来であると解釈できる．若干の人間活動の影響がある早明浦ダム湖は若干値が高くなり，ダム湖内で循環する窒素源は，降水に加え，若干の人為的に負荷された窒素であると考えられる．集水域の土地利用に応じてδ^{15}Nは上昇し，長柄ダム湖で約19‰ともっとも高くなる．長柄ダム湖内で循環する窒素の大部分は人為的に負荷されたものであり，湖内および集水域における活発な硝化・脱窒も示唆される．以上より，オオクチバスのδ^{15}Nは集水域からの窒素負荷や湖内の微生物活性の特徴を反映しており，それに基づいた窒素循環の解析が可能であることから，オオクチバスのδ^{15}Nは湖の富栄養化の評価指標として有効であることが考えられる．

ダム湖集水域に人家や農地がない大森川ダム湖や川股ダム湖においては，底層における溶存酸素消費等の富栄養化が認められた．しかしながら，オオクチバスのδ^{15}Nからは湖内を循環している窒素は降水由来で人為的な影響を受けていないと解釈された．それゆえ，ダム湖における富栄養化を低減す

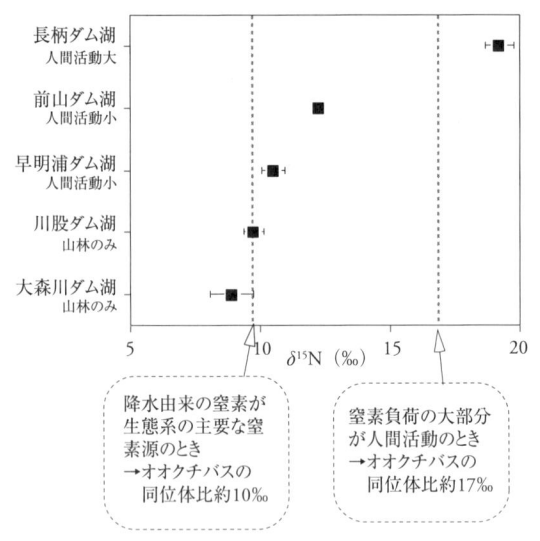

図9-5 さまざまなダム湖におけるオオクチバスの $\delta^{15}N$ 値の比較と富栄養化診断

るには流入負荷に加え，降水量などの立地条件や湖盆形態など構造的な側面も視野に入れる必要があるといえる．

中流域の大規模なダムである早明浦ダム湖は生元素による評価から，貧～中栄養湖に位置付けられた．しかし，オオクチバスの $\delta^{15}N$ が比較的高い $\delta^{15}N$ を示すことから，ダム湖内に循環する窒素源について，降水由来の窒素に加え，若干の人為的な窒素負荷が示唆され，流入負荷の削減等により，さらなる水質改善の可能性が考えられる．生元素による評価から中～富栄養湖と位置付けられた降水量の少ない平野部のダム湖である前山ダム湖も同様な解釈ができる．

集水域に人家や農地が多数存在する長柄ダム湖は，湖内の窒素濃度，リン濃度，有機物濃度がともに高く，極度に富栄養化が進んでいた．オオクチバスの $\delta^{15}N$ からも湖内を循環している窒素は集水域からの人為起源の排水，ダム湖内および集水域における活発な生物地球化学的過程を経た窒素であると解釈された．さらに，初夏に酸素飽和度が150％を超え，水深3m以深の大規模な水塊において酸素が枯渇し，また，湖水が循環する前の9月に表層

水の溶存酸素が 4mg/L まで低下するといった現象がみられる．これらのことから考えると，過剰な有機物の流入や生産に湖内の浄化能力が限界に達しており，生食食物連鎖網が衰退していると示唆される．それゆえ，詳細な物質循環の解析や流入負荷削減を目的とした早急な対策が必要であると考えられる．

9.4 新たな生態系の評価軸

これまでの点を踏まえ，表 9-4 に生態系の評価に求められる軸をまとめた．最初に，生態系の解析のために必要なのが，系の基盤となっている生元素の濃度や生物の種類，分布の把握である．これらについては，これまで長期にわたってモニタリング手法も熟成されている．次に，物質の変換や食物連鎖などの物質循環の経路を解析するための指標である．例えば，先に述べたオオクチバスの $\delta^{15}N$ を指標とした解析がこれに相当すると考えられる．生態系を構成している物質の起源や循環を明らかにすることは，生態系の成り立ちを解析する上で重要である．これらの視点があると，生態系の成り立ちや仕組み等は理解することができる．しかしながら，もっとも重要なのが系の構造の健全性の評価である．上記二つの解析からでも，学術研究のレベルで詳しく解析すれば，ある程度の知見は得られるが，ダム湖の環境評価の現場にこれを要求することは難しい．そこで，三つ目として，我々は生態系の健全さを物質循環の潤滑さで評価することが必要になる．一般的に水域において人間活動による生元素の負荷が増大すると，有機物汚濁が促進される．この状態が進行すると有機物が過剰になり，水中の溶存酸素を用いた分解が追い付かなくなる．結果として，嫌気的に有機物を分解する微生物が活発に活動することになる．この分解は酸素を用いる分解に比べ，速度が著しく遅い．そのため，有機物の生産→分解（微生物による分解，動物による摂食）→栄養塩→有機物の生産といった湖の生態系のプロセスが滞ることになる．この時に微生物によって生産されるのがメタン CH_4 である．とくに，自然界においては，ダム湖のような深い水塊においては有機物生産が少なく，溶存酸素

表 9-4　ダム湖生態系の評価軸

定量化，状態把握のための指標
水温……水塊構造，水の動態（基本的な知見）
溶存酸素……酸化還元状態，有機物の生産・分解，好気的生物の生存
炭素，窒素，リン……有機物汚濁，富栄養化，水利用
アンモニア態窒素，リン酸態リン……湖の還元状態
生物相……水質汚濁，富栄養化（植物プランクトン），湖底の還元状態（底生生物）
プロセスの解析のための指標
炭素，窒素安定同位体比……物質循環のプロセス
流入物質の起源，食物連鎖網，微生物過程，集水域の状態　→　メカニズムの解析
健全性，人間へのフィードバックの診断のための指標
（嫌気的環境の評価）
ガス態物質……湖生態系の最終産物
CO_2　光合成，好気的分解
CH_4　N_2O　還元状態における有機物分解が増大　→
物質循環が停滞（過剰な有機物生産や流入）不健全な生態系

は大気平衡になっているため，ダム湖においてメタンが多く生成されることは，一般的な自然のルールからはずれることを意味している．それゆえ，ダム湖における CH_4 を指標とすれば，物質循環やそれを基盤としている生態系の健全さが評価できる．

　これらの視点，つまり，物質循環を解析するための指標と生態系の健全さの指標を組み合わせることで，効果的な生態系の評価が可能になると思われる．そこで，窒素安定同位体比とメタンを指標として用いると，どのような解析ができるか考えてみる．

　調査は四国にある前山ダム，長柄ダム，豊稔池ダム，千足ダム（以上，香川県），石手川ダム，野村ダム，富郷ダム（以上，愛媛県），大森川ダム，早明浦ダム，長沢ダム（以上，高知県）の 10 のダム湖において行った（各ダムの諸元に関しては巻末付表 2 参照）．堰堤の付近において，湖水を鉛直的に採水し，それらの TN の安定同位体比，CH_4（溶存メタン）濃度を分析した．全有機態窒素（TON: Total Organic Nitrogen）は有機物量指標となり，TN から各形態の無機態窒素を引くことで算出した．

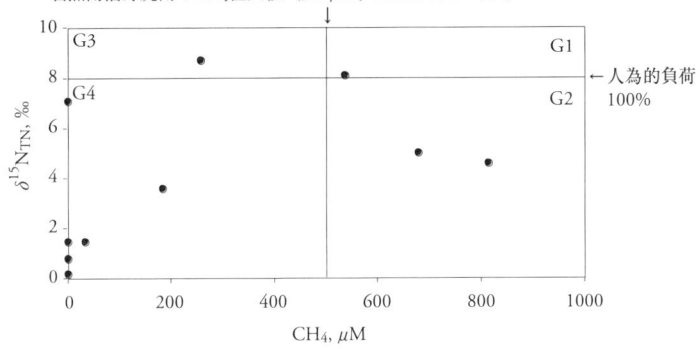

第9章　ダム湖における水質形成の特徴と安定同位体比を用いた富栄養化の解析

自然湖沼野尻湖のCH_4極大値（500μM, Utsumi et al. 1998）

G1: 窒素源（生元素）はほぼ人為的負荷. 生態系の浄化能力の限界を超えている. 流入負荷の削減が必要.
G2: 人為的負荷の割合は高くないが, 生態系の処理能力が小さく, 浄化能力は限界に達している. 流域における水文, 湖盆形態など生態系を取り巻く環境構造を解析する必要がある.
G3: 人為的な負荷が大きいが生態系において処理出来ている状態. 流入負荷が大きいダム湖の目標.
G4: 自然湖沼の領域. 人為的負荷が小さく, 生態系の処理能力内.

図9-6　$\delta^{15}N_{TN}$-CH_4マップを用いたダム湖生態系の健全性の分類
グラフには調査した四国10ダム湖の値をプロットした.

$\delta^{15}N_{TN}$-CH_4を軸とした湖生態系メタボリックマップ

　流域から供給される窒素の$\delta^{15}N$について考えてみると, 日本におけるヒトの毛髪の$\delta^{15}N$は10～11‰で, これから推定される食料の$\delta^{15}N_{TN}$は7～8‰である. 農業で用いられる肥料の$\delta^{15}N$は化学合成されたものと有機肥料とで差があり, 0～10‰と幅がある. 家畜の$\delta^{15}N_{TN}$は5～6‰程度であるので, その餌の値は3‰程度である. 自然負荷である降雨中の$\delta^{15}N$は-2～0‰程度と見積もられる. 流域で発生するこれらの窒素が直接, または微生物による生物地球化学的プロセスを経て, ダム湖に流入する. 概して, 自然負荷である降雨中の窒素の$\delta^{15}N$値は低く, 人間活動によって発生する窒素の$\delta^{15}N$値は高いといえる. 図9-6より, 前記の10のダム湖の$\delta^{15}N_{TN}$は高いもので8‰をやや超えていることがわかる. 人為起源の$\delta^{15}N$が高い窒素の流入と流域やダム湖内における脱窒（2～3‰の上昇）を考えた場合, 8‰という値はダム湖への人為的な負荷を考えるときの一つの閾値として用いて

もよいだろう．$\delta^{15}N_{TN}$ が 8‰ であると，湖水中の TN の大部分が人為起源であると解釈されるのである．

富栄養湖では水中の有機物量が多くなるほど，CH_4 濃度が高くなる．CH_4 は溶存酸素が無くなると，CH_4 生成細菌が有機物を分解することで生成する．水中の CH_4 濃度が高くなることは，多くの有機物が嫌気的環境において分解されていることを示している．先にも示したように，嫌気的分解では有機物の分解効率が減少するため，湖で生産または流入した有機物が速やかに分解しない．つまり，分解系に有機物が蓄積し，湖内の物質循環が停滞していることを示している．著しく高い CH_4 濃度は生態系の流入負荷の処理能力の限界を示しており，その湖では良好な生態系が形成されているとはいえないのである．

CH_4 濃度で生態系を解析するには閾値を設ける必要がある．これは，貯水量や水深によってどのような値が適当なのか，考えなくてはならない．いずれにしても自然湖沼で得られている値を参考に求めるのがよいと思われる．例えば，中栄養湖である野尻湖では $500\mu M$ という極大値が得られており，一つの基準となるであろう (Utsumi et al. 1998)．これは，かなり高い値であり，この値を超える濃度は自然湖沼では観測しがたいと考えてよい．

以上のことを踏まえ，ダム湖生態系の健康診断を試みる．図 9-6 は人為的負荷の指標となる $\delta^{15}N_{TN}$ と湖生態系の浄化能力の指標となる CH_4 濃度を組み合わせた $\delta^{15}N_{TN}$–CH_4 マップである．これは生態系の物質の供給と代謝を軸にしたものであることから，メタボリックマップと呼ぶことができる．このマップを，$\delta^{15}N_{TN} = 8$‰，$CH_4 = 500\mu M$ で区切ると，四つのグループに分類される．右上を G1，右下を G2，左上を G3，左下を G4 とする．G1 は $\delta^{15}N_{TN}$ が 8‰ 程度で，CH_4 が高いダム湖である．湖へ負荷される窒素の大部分が人為的起源で，生態系の処理能力の限界を超えており，生態系が大きく疲弊している湖である．もっとも不健康な湖であり，生態系保全のために流入負荷の削減が要求される．G2 については流入負荷が生態系の処理能力を超えているのは G1 と同様である．違うのは，G1 では流入負荷の大部分が人為負荷であると考えられるのに対して，G2 では流入負荷に占める自然負荷の割合も少なくないことである．これは，湖の規模や降水量や湖

盆地形等の水文・地形的要因により，湖生態系の浄化能力が小さいことを示している．ダム湖のもつ環境要因を考慮した保全対策が求められる湖であるといえる．G3は人為的な流入負荷が大きいが，流域や湖で処理されているダム湖である．$\delta^{15}N_{TN}$が若干高くなるのも，脱窒といった窒素の浄化能力の高さを示しているといえる．例えば，自然湖沼では琵琶湖がこのグループに属すると考えられる．G4は人為的な流入負荷が少なく，生態系も健全に機能しているダム湖である．

このように，$\delta^{15}N_{TN}$やCH_4といった指標はダム湖の生態系の健全性を評価するのに有効であることがわかった．G1とG2に分類されたダム湖はG3を目指すように生態系の回復策を立てるのがよいと思われる．回復のモニタリングも$\delta^{15}N_{TN}$やCH_4マップ上で行うのがわかりやすい．今後，さらなるデータを蓄積して，解析の精度を高めれば，実用的なダム湖健全性評価手法が確立されると思われる．

参照文献

Blackmer, A.M. and Bremner, J.M. (1977) Nitrogen isotope discrimination in denitrification of nitrate in soils. *Soil Biology and Biochemistry* 9: 73–77.

Brainwood, A., Surgin, S. and Maheshwari, B. (2004) Temporal variations in water quality of farm dams: impacts of land use and water sources. *Agricultural Water Management* 70: 151–175.

De Ceballos, B.S.O., König, A. and De Oliveira, J.F. (1998) Dam reservoir eutrophication: a simplified technique for a fast diagnosis of environmental degradation. *Water Research* 32: 3477–3483.

D'Elia, C.F., Stendler, P.A. and Corwin, N. (1977) Determination of total nitrogen in aqueous samples using persulfate digestion. *Limnology and Oceanography* 22: 760–764.

Forsberg, C. and Ryding, S.O. (1980) Eutrophication parameters and trophic state indices in 30 swedish waste-receiving lakes. *Archiv für Hydrobiologie* 89: 189–207.

御勢久右衛門（1963）黒淵ダム建設前および建設後の丹生川の水生昆虫群集．『陸水学雑誌』25: 113–123.

Heaton, T.H.E. (1986) Isotopic studies of nitrogen pollution in the hydrosphere and atomosphere: a review. *Chemical Geology* (Isotopic geoscience section) 59: 87–102.

Herrgesell, P.L., Sibley, T.H., Knight, A.W. (1976) Some observations on dinoflagellate population density during a bloom in a California reservoir. *Limnology and Oceanography* 21: 619–624.

Holm-Hansen, O., Lorenzen, C.J., Holms, R.W. and Strickland, J.D.H. (1965) Fluorometric determination of Chlorophyll. *Journal du Conseil/Conseil Permanent International Pour l'Exploration de la Mer* 30: 3–15.

Jin, X. (2002) Analysis of eutrophication state and trend for lakes in China. *Journal of Limnology* 62: 60–66.

香川県（2003）長柄ダム管理月報 2002 年度版.

Kim, B., Park, Ju-H., Hwang, G., Jun, Man-S. and Choi, K. (2001) Eutrophication of reservoirs in South Korea. *Limnology* 2: 223–229.

気象庁（2006）気象統計情報　気象観測（電子閲覧室）．香川県，愛媛県，高知県（降水量の平年値及び 2002 年〜2003 年の日別降水量）．http://www.data.kishou.go.jp/etrn/index.html

Lasenby, D.C. (1975) Development of oxygen deficits in 14 southern Ontario lakes. *Limnology and Oceanography* 20: 993–999.

Martin, D.B., Arneson, R.D. (1978) Comparative limnology of a deep-discharge reservoir and a surface-discharge lake on the Madison River, Montana. *Freshwater Biology* 8: 33–42.

Menzel, D.W. and Corwin, N. (1965) The measurement of total phosphorus in seawater based on the liberation of organically bound fractions by persulfate oxidation. *Limnology and Oceanography* 10: 280–282.

Murphy, J. and Riley, J.P. (1962) A modified single solution method for the determination of phosphate in natural waters. *Analytica Chimica Acta* 27: 31–36.

Nakamoto, N. (1975) A freshwater red tide on a water reservoir. *Japanese Journal of Limnology* 36: 55–64.

Nakashima, S. and Yamada, Y. (2005) Temporal-spatial distributions of high nitrogen concentrations in headwater areas of regions with low precipitation. *Limnology* 6: 53–60.

農林水産省大臣官房統計部（2002）『2000 年世界農林業センサス』第 1 巻.

小倉紀雄・木村健司・関川朋樹・山田和人・南川雅男（1986）東京湾内湾部における懸濁有機物の炭素安定同位体比.『地球化学』20: 13–19.

Perkins, R.G. and Underwood, G.J.C. (2001) The potential for phosphorus release across the sediment-water interface in an eutrophic reservoir dosed with ferric sulphate. *Water Research* 35: 1399–1406.

Rai, A.K. (2000) Limnological characteristics of subtropical Lakes Phewa, Begnas, and Rupa in Pokhara Valley, Nepal. *Limnology* 1: 33–46.

Ryder, R.A. (1978) Ecological heterogeneity between north-temperate reservoirs and glacial lake systems due to differing succession rates and cultural uses. *Verhandlungen Internationale Vereinigung für Theoretische und Angewandte Limnologie* 20: 1568–1574.

Sakamoto, M. (1966) Primary production by phytoplankton community in some Japanese lakes and its dependence on lake depth. *Archiv für Hydrobiologie* 62: 1–28.

Satoh, Y. and Sagisaka, H. (1997) Trophic status of Lake Akimoto and physicochemical comparison with two sister lakes of the same age. *Japanese Journal of Limnology* 58: 359-372.

Scheiner, D. (1976) Determination of Ammonia and kjeldahl nitrogen by indophenol method. *Water Research* 10: 31-36.

Slawyk, G. and Raimbault, P. (1995) Simple procedure for simultaneous recovery of dissolved inorganic and organic nitrogen in ^{15}N-tracer experiments and improving the isotopic mass balance. *Marine Ecology Progress Series* 124: 289-299.

Soltero, R.A., Wright, J.C. and Horpestad, A.A. (1973) Effects of impoundment on the water quality of the Bighorn River. *Water Research* 7: 343-354.

総務省統計局（2001）『平成12年国勢調査. 第一次基本集計. 人口，世帯及び住居に関する結果並びに高齢世帯，外国人等に関する結果』

Utsumi, M., Nojiri, Y., Nakamura, T., Nozawa, T., Otsuki, A., Takamura, N. and Watanabe, M. (1998) Dynamics of dissolved methane and methane oxidation in dimictic lake Nojiri during winter. *Limnology and Oceanography* 43: 10-17.

Waser, N.A.D., Harrison, P.J., Nielsen, B., Calvert, S.E. and Turpin, D.H. (1998) Nitrogen isotope fractionation during the uptake and assimilation of nitrate, nitrite, ammonium, and urea by a marine diatom. *Limnology and Oceanography* 43: 215-224.

Whalen, S.C., Leathe, S.A., Gregory, R.W. and Wrigh, J.C. (1982) Physicochemical limnology of the Tongue River Reservoir, Montana. *Hydrobiologia* 89: 161-176.

山田佳裕・吉岡崇仁（1999）水域生態系における安定同位体解析．『日本生態学会誌』49: 39-45.

山田佳裕・中島沙知（2003）流域研究における標準的指標としての安定同位体比の利用．『陸水学雑誌』64: 197-202.

吉村信吉（1931）日本の湖水の化学成分．Ⅰ総論．『陸水学雑誌』1: 25-31.

吉村信吉（1937）『湖沼学』三省堂．

Yoshioka, T., Wada, E. and Saijo, Y. (1988) Isotopic characterization of Lake Kizaki and Lake Suwa. *Japanese Journal of Limnology* 49: 119-128.

※参照したWEBサイトのURLは，本書執筆時のものである．

コラム9　生態系の健全性

　流域，あるいは，もっと狭く，ある森林地帯や河川区間を管理する際，その管理目標を明確にする必要がある．管理対象が河川区間であれば，現在も行われているように水質基準を設けそれを管理目標とすることができる．ただ，この水質基準が経験に基づいたものであり，その根拠が薄弱であるところに問題がある（コラム7参照）．ここでは生態系の健全性をその管理目標とする場合を考える．しかし，この「生態系の健全性」をどのように定義するかに多くの議論がある（Rapport 1995）．また，広く考えると先に述べた水質基準に基づくのも，このくらいの水質であれば自然の健全な「生態系」が維持できるという経験に基づく「健全性」の定義と考えられなくはない．ここでは，まず「生態系の健全性」に関するこれまでの流れを Rapport et al. (1999) に従って辿ってみよう．

　この概念は，18世紀スコットランドの有名な地質学者 James Hutton が提唱した「統合システムとしての地球」という考え方にさかのぼることができるようだが，近年では，1970年代から1980年代にかけて，個体の健康診断の類推としての生態系の健全性が議論されている（Rapport et al. 1979; Rapport et al. 1985）．その後，生態系調査技術の進展とともに，「生態系の健全性」の概念が形成されるようになった（Rapport 1989）．

　Costanza (1992) は「生態系の健全性」を「生態系は，もし，安定で持続性があれば，つまり，その活性が高く，また，その構造および変動に対する自立性を維持でき，そして，ストレスに対する抵抗性があれば，健全であり厳しい症状を示すことはない」と表現している．Mageau et al. (1995) は，生態系の活性（つまり，生産性），その構造，そして，変動に対する**復元力**（**レジリエンス**）に関する「生態系の健全性」の機能的な分析を提案することにより，この定義についてより詳細に述べた．これに対し，ある研究者は，これらの概念は実際において十分ではなく，単純なそして直接の生物学的な生態系の状態計測のほうが人間活動が自然を破壊している程度を証明する上でより確かであり，また，十分であるとしている（Karr 1999）．具体的には，北米の河川における水生昆虫相についての検討で人

間活動の低い自然度の高い河川における高い多様性を上限の基準とし，それ以外の人間活動の影響を受けた劣化した河川の水生昆虫相の状態を相対的に評価して「河川生態系の健全性」を定量化する手法である．これまでに述べた定義は，「生態系の健全性」の生態学的側面を強調したものである．これに対し，人間の健康という側面を取り込んだ，より総合的な観点を示すこともできる．つまり，この総合的な観点は，生態系管理の予防診断的な，そして，予後の手当的な側面に対する系統だったアプローチや生態系の健全性と人間の健康との間の関係性の理解をも含むものである．ここで，健康＝「健全性」の本質的な部分は，生態系が持つサービス機能（コラム13参照）に対する人間の要求の上限，または，容量ということができる．以上が「生態系の健全性」に対する一般的理解といってよいであろう．

ここで検討する海洋や湖沼などの水域生態系は，溶存気体量が少ないことから，構成生物の生存や活性にとって必須である溶存酸素の供給が制限されている場合が多く，それが「生態系の健全性」の現実的な基準になると考えられる．とくに水域生態系のバクテリアによる有機物分解機能に対して，溶存酸素は重要な要素となっている（コラム2参照）．よって，水域生態系における好気的な有機物分解速度の最大の状態を生態系の健全性の限界と考え，水域の「生態系の健全性」の定義とすることが可能であろう（コラム7参照）．河川中流域に対しては，有機物生産とその利用・分解のバランスがとれていることと定義できる．これは水質のような物理化学的環境と生態系の健全性との関係をブラックボックス化せずに明らかにすることから「健全性」を定義する試みである．

上記した水域生態系以外の上流域の河川においては，また別の考え方が必要である．とくに，上流域においては，一次生産者がほとんどいない場合が多く（コラム2参照）独立の生態系として成り立っているかどうか検討の余地がある．むしろ，河川上流域は森林生態系の一部を構成すると考えた方がよいように思われる．河川と森林の境界域における鳥類，水棲小型哺乳類，陸生哺乳類による捕食を通した河川生物の森林への持ち出しは，森林生態系の一部として河川上流域をとらえる場合，とくにリンに関して，他に流入経路もなく持ち出しの絶対量が少なくとも重要な生態系の物質再循環過程といえよう．ダム湖の形成により，河川と森林の境界域が長い距

離にわたり消滅することはこの機能の消失を意味しており，その定量的評価も行う必要がある．これに対し，ダム湖への両側回遊魚（主としてヨシノボリ類）の**陸封化**が知られている．陸封化により，ダム湖の植物プランクトンや動物プランクトンで成長した稚魚が，ダム湖上流の河川に遡上し，そこで生活することは，河川上流部から流れ出た物質の回帰ということになり，さらに，そこから森林域へ食物連鎖を通じて，物質が持ち上げられる可能性がある．これは，ダム湖の上流域森林へのプラス効果といえよう．河川上流域における「生態系の健全性」に対するダム湖の影響を考える場合，先に述べた物質の再循環経路となる河川—森林境界域のダム湖形成による減少と両側回遊魚のダム湖への陸封化による物質回帰・再循環の促進とのバランスを検討することが大事である．

参照文献

Costanza R. (1992) Toward an operational definition of ecosystem health. In: Costanza, R., Norton, B.C. and Haskell, B.D. eds. *Ecosystem Health: New Goals for Environmental Management*, pp. 239–256. Island Press.

Karr, J.R. (1999) Defining and measuring river health. *Freshwater Biology* 41: 221–234.

Mageau, M.T., Costanza, R. and Ulanowicz, R.E. (1995) The development and initial testing of a quantitative assessment of ecosystem health. *Ecosystem Health* 1: 201–213.

Rapport, D.J. (1989) What constitutes ecosystem health? *Perspectives Biology and Medicine* 33: 120–132.

Rapport, D.J. (1995) Ecosystem health: Exploring the territory. *Ecosystem Health* 1: 5–13.

Rapport, D.J., Thorpe, C. and Regier, H.A. (1979) Ecosystem medicine. *Bulletin of Ecological Society of America* 60: 180–182.

Rapport, D.J., Regier, H.A. and Hutchinson, T.C. (1985) Ecosystem behavior under stress. *The American Naturalist* 125: 617–640.

Rapport, D.J., Bohm, G., Buckingham, D., Cains Jr., J., Costanza, R., Karr, J.R., de Kruijf, H.A.M., Levins, R., McMichael, A.J., Nielsen, N.O. and Whitford, W.G. (1999) Ecosystem health: The concept, the ISEH, and the important tasks ahead. *Ecosystem Health* 5: 82–90.

第10章
ダム湖物質循環のモデル解析と生態系の健全性

10.1 生態系モデルをつくる目的

　Part Ⅲでは，Part Ⅰのダム湖の生息環境（そのまとめとしてのダム湖遷移過程）とPart Ⅱの生物群集との相互作用系としてダム湖生態系をとらえ，その物質循環機能を検討してきた．本章ではダム湖生態系モデルとその下流環境の解析に必要な河川生態系モデル，流域生態系モデルについて検討する．モデル解析の中で，Part Ⅰで述べた流入フロントというダム湖の流動特性が持つ物質保持機能やPart Ⅱで述べた**生物群集**管理に関わる栄養カスケード効果の検証を行う．

　また，生態系の持つ生産と分解のバランスに影響を与える要因を解析する．生産と分解のバランスは流域生態系の健全性の指標になると考えられ，これは次のPart Ⅳで扱う生態系管理目標につながる．

　Part Ⅰのコラム1「モデルによるアオコ発生予測」で数理モデルによる予測の一端を紹介した．ここでは，ダム湖とその下流環境である河川の生態系モデルについて説明する．本章で扱う生態系モデルは，予測対象となる特定のダム湖があり，検討すべき現実的な問題があるような実用的な生態系モデルではない．一般的な設定の基に，ダム湖や河川生態系を構成する要素やその構造が生態系全体の物質循環に対してどのような特性を持つかを検討する概念モデルである．よって，ダム湖生態系や河川生態系の持つ物質循環機能維持に生態系の健全性の基礎をおき，生態系の健全性と生態系の構造との関

係の解析をすることがここでのモデル解析を行う目的となる．

10.2 ダム湖生態系モデル

コラム1で説明したように植物プランクトン増殖のモデルには，生態系モデルと統計モデルがあり，コラムでは後者の統計モデルについて詳述した．生態系モデルについては，次節の河川生態系モデルで細かく説明するが，ダム湖については図10-1のようなフローチャートが標準的なものとなる．ただ，予測モデルに動物プランクトン（ここでは懸濁物食者SFとしている）や魚類を含めているものは少ない（梅田・和泉 2008）．一般的には，鉛直・水平の二次元流動モデルを基本として，その上に生態系モデルを構築している．ここでは，流動モデルを含まない，その代わりに含めることが少ない動物プランクトンや魚類などの高次消費者の要素を含めた生態系モデル解析を紹介する．この解析により，これまで何度か言及した「栄養カスケード効果」を検証する．また，流入フロントの効果についても検討する．

ここでは，ダム湖生態系の生物群集構成，とくに，植物プランクトンと藻類食者または懸濁物食者としての動物プランクトンが，下流河川や湖底への有機物負荷量にどのような影響を持つか数理モデルにより検討する．さらに動物プランクトン食の捕食者の効果も検討する．ここで基本生態系とは，植物プランクトン，無機栄養塩類，懸濁態有機物の3者で構成される生態系を表す．とくに懸濁態有機物については，簡単化のために，微生物によるその分解過程も含めている．

10.2.1 ダム湖生態系モデルの構成

図10-1に示すようなダム湖生態系のモデルを作成し，その物質循環特性を検討した．成層期を考慮した鉛直3層モデル（表層，底層，湖底）とし，その表層へ河川水の流入（1万m^3/hour）があると考えている．総貯水容量3,000万m^3，平均水深40m．また，水量のバランスはとくに考慮せず，流入量に対し，表層から同量の放流があるとしている．中層放流はここでは考慮して

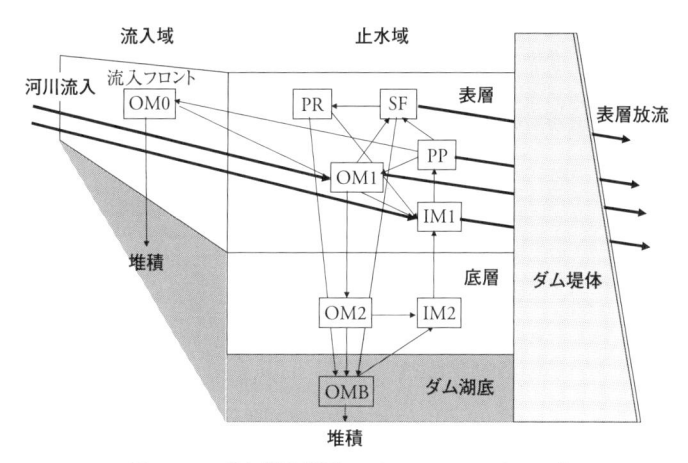

第 10 章　ダム湖物質循環のモデル解析と生態系の健全性

図 10-1　ダム湖生態系モデルのフローチャート
鉛直 2 層構造の止水域に流入域をもつモデル構造で，河川流入量と放流量は等しく水位変動はないとして計算する．また，放流は表層からのみとしている．細い矢印は各要素間の物質の移動を示す．
PP：植物プランクトン，SF：動物プランクトン，PR：動物プランクトンの捕食者，OM0：流入フロント域の懸濁態有機物，OM1：表層の懸濁態有機物，OM2：底層の懸濁態有機物，OMB：湖底の堆積態有機物，IM1：表層の無機栄養塩，IM2：底層の無機栄養塩．

いない．**一次生産**は，表層に限定され，その一部は分解し，残りは底層へゆっくりと沈降する．また，表層（混合層）が深くなるとそれに伴い光合成に有効な光量が相対的に減少するとしている．また，表層における生物要素は，植物プランクトン（PP），動物プランクトン（懸濁物食者 SF），動物プランクトン食の捕食者（PR）を考慮している．しかし，それ以上の上位栄養段階者は考慮していない．SF および PR の糞は速やかに湖底へ堆積するとしている．非生物構成要素は，無機栄養塩類（表層：IM1，底層：IM2），懸濁態有機物（流入フロント：OM0，表層：OM1，底層：OM2），堆積態有機物（湖底：OMB）を考慮している．すべての要素を N（窒素）当量で表現している．図 10-1 に示された各要素間の物質の移動は，各要素の濃度または密度に比例するとした．

各要素間の物質の移動に関する主な係数に対して以下の値を使いモデル計

算を行った．また，時間単位は時間（hour）である．面積は，湖面全体としている．

- 一次生産速度係数 = 0.01（/hour）
- 一次生産者による有機物（N）の細胞外漏出速度係数 = 0.00005（/hour）
- 動物プランクトンによる一次生産者および有機懸濁物の摂食速度係数 = 0.048（/mgN/hour）
- 捕食者による動物プランクトンの摂食速度係数 = 0.15（/mgN/hour）
- バクテリアによる有機物の分解速度係数 = 0.0001（/hour）
- 湖底における有機物分解速度係数 = 0.0005（/hour）
- 懸濁態有機物の沈降速度係数（表層の OM1 から底層 OM2，また，底層 OM2 から湖底 OMB への，また，SF および PR から直接湖底 OMB への沈降割合／時間）= 0.0001（/hour）

（表層の容積）／（底層の容積）の比を 0.1 から 1.0 まで，また，流入水質を 1〜3ppm まで変化させて計算した．

10.2.2　ダム湖生態系モデル計算の結果

　計算結果については，ダム湖への物質の蓄積の多寡，流出物質が生物を含む有機態か，無機態か，また，富栄養化の指標となる湖内の植物プランクトン量や有機物濃度という観点で検討する．ダム湖への物質の蓄積が多くなれば湖沼遷移のなかで富栄養化の程度が進み，植物プランクトン量や有機物濃度が高くなる．また，これらが流出することにより下流河川環境への有機物負荷が大きくなる．つまり，ダム湖への物質の蓄積を回避して有機態ではなく無機栄養塩で多くの物質を下流に流せるとダム湖の水質管理としては理想的といえよう．以下そのような条件を検討する．

　流入フロントがない条件下で，流入水質（無機態 N：有機態 N = 1：1）が 1ppm（図10-2）また 2ppm（図10-3）の時の流入水質・放流水質差および各要素（PP, IM, OM）の濃度と表層／底層の容積比との関係を求めた．流入水質・放流水質差が，正の値であるとダム湖内への物質の蓄積が進むことを示している．流入水質（無機態 N ＋ 有機態 N）が 1ppm また 2ppm のいずれの場合も植物プランクトン PP のみの場合（Case 1）は，比較的流入水質・放流水質差

第 10 章　ダム湖物質循環のモデル解析と生態系の健全性

流入水質＝1ppm

- ● Case 1 　植物プランクトンのみの場合（動物プランクトン及び動物プランクトンの捕食者なし）
- ▲ Case 2 　動物プランクトンを含む場合（動物プランクトンの捕食者なし）
- ○ Case 3 　動物プランクトン及び動物プランクトンの捕食者を含む場合

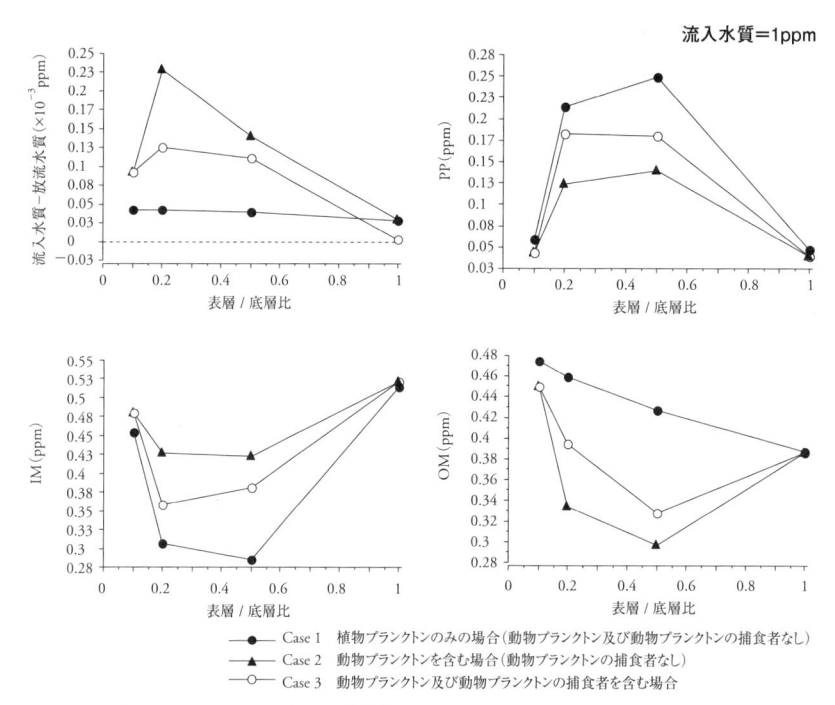

図 10-2　流入フロントがなく流入水質が 1ppm の時の流入水質・放流水質差および各要素（植物プランクトン PP，無機栄養塩 IM，懸濁態有機物 OM）の濃度と表層／底層の容積比との関係

は安定している（図 10-2 および図 10-3 左上：黒丸）．しかし，他の条件では，とくに動物プランクトン SF が存在する場合（Case 2），比較的流入水質・放流水質差が大きくなり，ダム湖への物質の蓄積が進むことになる（図 10-2 および図 10-3 左上：黒三角）．しかし，PP や OM を見ると Case 2 の条件の時に圧倒的に小さくなる（図 10-2 および図 10-3 右：黒三角）．また，これらの値は捕食者 PR が入る（Case 3）と Case 1 に近づいた（図 10-2 および図 10-3 右の上下：白丸）．つまり，動物プランクトンが植物プランクトンを摂食するという栄養カスケード効果が，少なくともこのモデルの設定係数で明確に見られている．また，この場合，PP の減少に対して IM が高くなっている．PP は，Case 1，Case 3，Case 2 の順に減少するが（図 10-2 および図 10-3 右上），IM

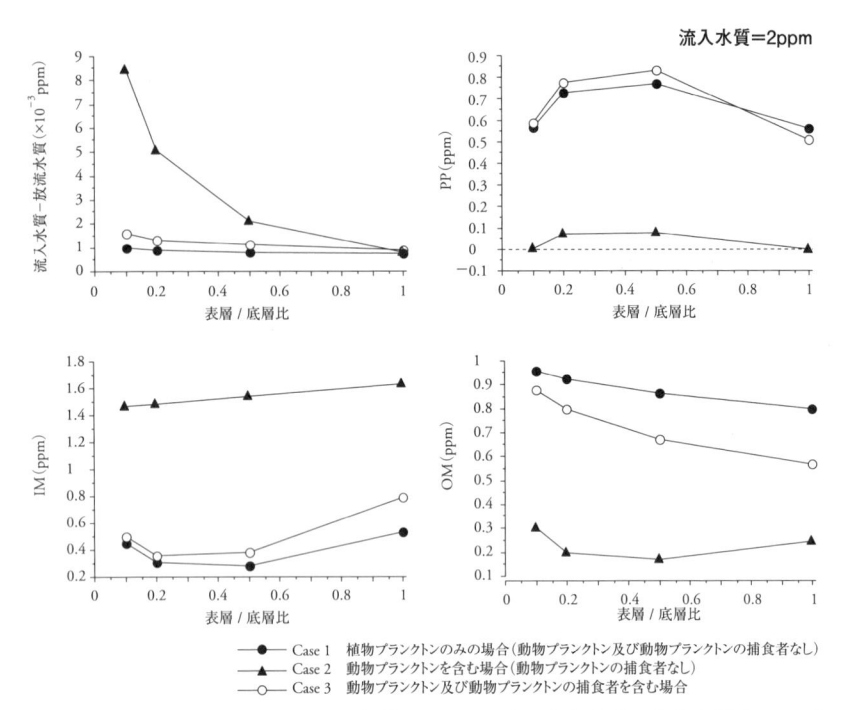

図 10-3 　流入フロントがなく流入水質が 2ppm の時の流入水質・放流水質差および各要素（植物プランクトン PP，無機栄養塩 IM，懸濁態有機物 OM）の濃度と表層／底層の容積比との関係

― ● ― Case 1 　植物プランクトンのみの場合（動物プランクトン及び動物プランクトンの捕食者なし）
― ▲ ― Case 2 　動物プランクトンを含む場合（動物プランクトンの捕食者なし）
― ○ ― Case 3 　動物プランクトン及び動物プランクトンの捕食者を含む場合

は，この順に増加する（図 10-2 および図 10-3 左下）．つまりダム湖全体の物質の無機化が進行する．表層の厚さ（図 10-2 および図 10-3 の横軸）が薄くても，厚くても流出物質の構成は条件（Case 1 ～ 3）に関係なく収束する．

　全体的な傾向として，流入してきた栄養塩類が植物プランクトンに吸収されてその現存量となり，その遺骸がダム湖へ有機粒子として蓄積し，また，流出物質に占める有機物粒子の割合が大きくなるといえる．これらの傾向は，ダム湖への流入物質と下流への流出物質の構成の変化を示す第 2 章の図 2-5 の傾向（流入栄養塩濃度のほうが放流栄養塩濃度よりも高い）と一致している．

　以上は流入フロントのない条件での計算結果であった．流入フロントが出

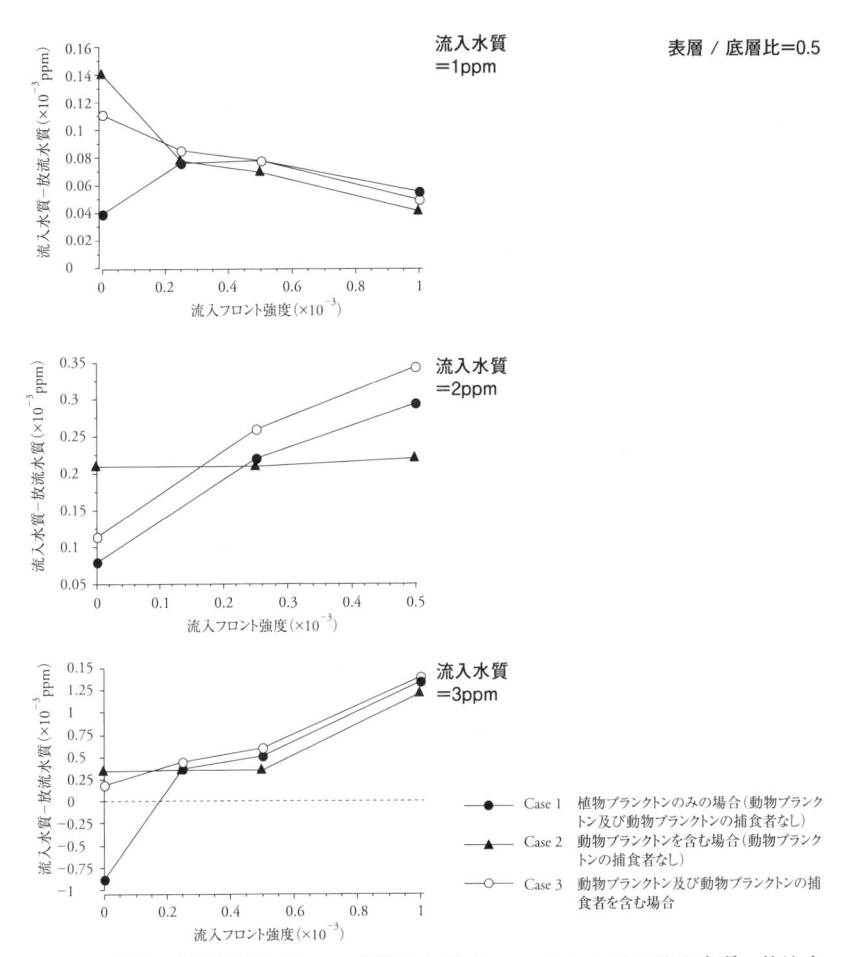

第 10 章　ダム湖物質循環のモデル解析と生態系の健全性

図 10-4　表層／底層容積比が 0.5 で各流入水質（1～3ppm）における流入水質・放流水質差と流入フロント強度との関係

現し，またその強度が変化した時，流入水質・放流水質差の変化パターンは，Case 1～3 の各条件，また，流入水質のレベルで異なっていた（図 10-4）．ここで，流入フロントの強度とは，止水域表層の PP のうち，時間あたりに流入域（流入フロント）へ移行する率と考えてもらえばよい．流入水質が 1ppm の場合，流入フロントの強度が高くなると物質蓄積量が減少するが，2ppm

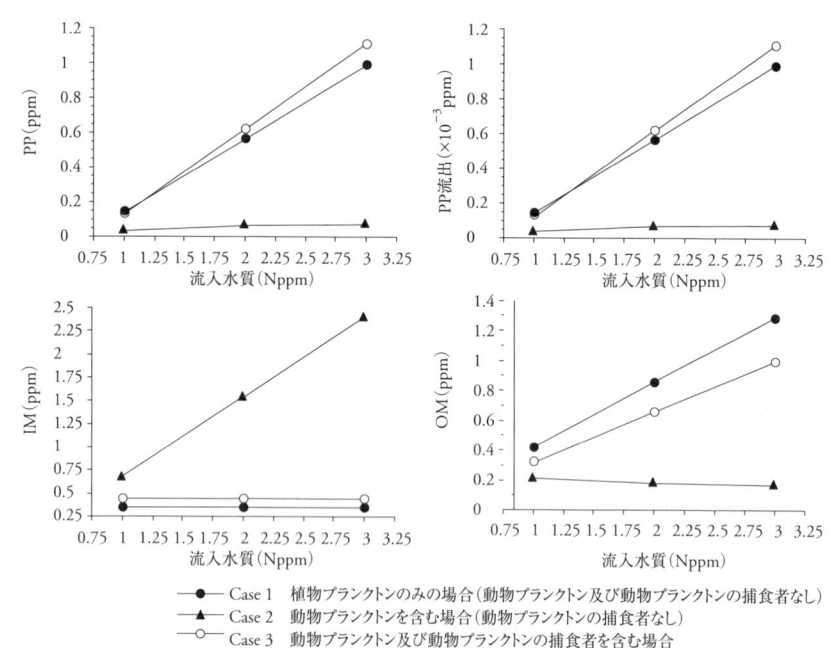

流入フロント強度＝0.00025
表層／底層比＝0.5

図10-5 流入フロント強度が0.00025で表層／底層の容積比が0.5の時の各要素（植物プランクトンPP，無機栄養塩IM，有機物OM）の濃度と流入水質（1〜3ppm）との関係

や3ppmの場合に比べて絶対値そのものはごく小さい．2ppmや3ppmの場合には全体的な傾向として，流入フロントの強度が高くなるとダム湖内への物質蓄積量は大きくなる．注目すべき結果は，Case 2である．流入水質が1〜2ppmレベルであれば，流入フロントの強度が変化しても，他の条件に対して，Case 2は，つねに湖内への物質の蓄積量が比較的小さくなる．とくに，流入水質2ppmの場合，流入フロントの強度が変化しても，流入水質・放流水質差がほとんど変化しない（図10-4中：黒三角）．また，そのときの水質を見ると，Case 2では，つねにPPおよびOMが極端に少なく，IMが多い（図10-5および図10-6右上と左下：黒三角）．また，流出するPPも少ない．

第 10 章　ダム湖物質循環のモデル解析と生態系の健全性

流入フロント強度＝0.0005
表層／底層比＝0.5

- ● Case 1　植物プランクトンのみの場合（動物プランクトン及び動物プランクトンの捕食者なし）
- ▲ Case 2　動物プランクトンを含む場合（動物プランクトンの捕食者なし）
- ○ Case 3　動物プランクトン及び動物プランクトンの捕食者を含む場合

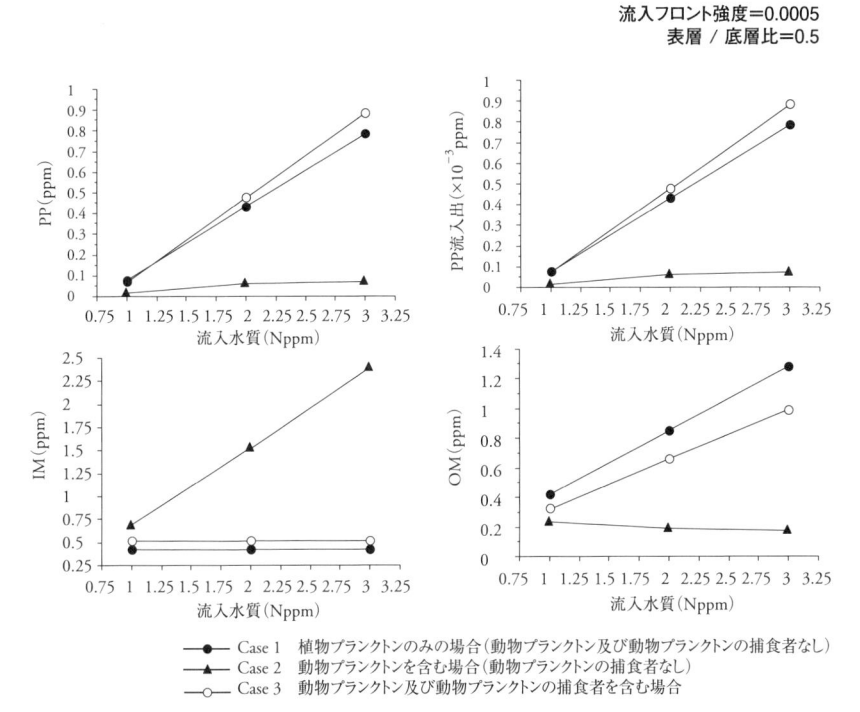

図 10-6　流入フロント強度が 0.0005 で表層／底層の容積比が 0.5 の時の各要素（植物プランクトン PP，無機栄養塩 IM，有機物 OM）の濃度と流入水質（1～3ppm）との関係

つまり，Chl a 濃度を低く抑え富栄養化指標を小さくし，ダム湖への物質の蓄積を回避して，物質の多くを無機栄養塩類の形で下流に流すというダム湖の水質管理としては理想的な条件がそろっているといえよう．そこに動物プランクトンの捕食者を導入すると（Case 3）栄養カスケード効果が失われ，Chl a 濃度が高くなってしまう（図 10-5 および図 10-6 上：白丸）．

10.2.3 ダム湖生態系モデルの結論：ダム湖の生物群集管理と流入フロント

以上述べてきたように，懸濁物食者である動物プランクトンの活性を高める方向のダム湖管理が必要である．逆にいえば植物プランクトンの増殖を抑えることが，動物プランクトンによる栄養カスケード効果を高めることになる．流入フロントの出現が少なくともダム湖止水域の植物プランクトンの増殖活性を（流入域への移出があるため）一時的に抑える効果があり，それと連動する形で（動物プランクトンの場合は流入域への移出がないため）動物プランクトンによる栄養カスケード効果がきいていると考えられる．また，多くのダム湖で行われている曝気などによる強制的な鉛直混合による表層の増大も流入フロントと同様の効果があると考えられる．

一般に，動物プランクトンの植物プランクトンに対する摂食効果は，このモデルでも再現できているが，ワカサギ $Hypomesus\ nipponensis$ など動物プランクトン食魚の導入によりその効果は低下するとされている．また，ホンモロコ $Gnathopogon\ caerulescens$ やオオクチバス $Micropterus\ salmoides$ の若齢魚も動物プランクトン食ともいわれており，これらの魚類の管理が植物プランクトン低減に対して効果的となる可能性がある．

流入水質が悪くなればどんな条件でも，流入フロントの強度に応じてダム湖に対する物質蓄積量が増大する．とくに，植物プランクトンのみの場合（Case 1）は，つねに，流入フロントの強度が強くなると湖内への物質蓄積量が増大する（図10-4）．動物プランクトンの摂食効果が低下しているような場合，流入フロントを破壊することはダム湖への物質蓄積量を低減する効果的な方法となろう．逆に，動物プランクトンの摂食効果を発揮できるダム湖生態系であれば（Case 2），流入フロントを維持した方がよいと判断できる．いずれにしても，実用モデルのレベルで，動物プランクトンの摂食効果や流入フロントの物質蓄積効果を検討する必要がある．

以上の過程を考慮し，ダム湖特有の湖沼遷移を再現できる湖沼モデルを構築する必要がある（図2-9のダム建設からの経過年数による栄養塩濃度の変化参照）．その際，流入水量および土砂の流入を含み，物質蓄積の動態を詳しく

第10章　ダム湖物質循環のモデル解析と生態系の健全性

推定する必要がある．

　これまでダム湖生態系モデルの解析結果に基づき，動物プランクトン食魚が動物プランクトンに与える影響が持つ間接的な効果（栄養カスケード効果）としての植物プランクトンの増減について述べてきた．しかし，4.2節においても詳述したようにダム湖の湖水管理（中層放流が日周鉛直移動を行う動物プランクトンの下流への選択的放出効果を持つ可能性がある）そのものが，動物プランクトンに対して動物プランクトン食魚と同様の負の間接効果を持つ可能性がある．つまり，動物プランクトン食魚が導入されたダム湖では，栄養カスケード効果が二重に働くことになる．その上，流入フロントの形成およびその結果としての流入端への植物プランクトン集積は，流入域内においては動物プランクトンによる摂食圧から開放されており，アオコの発生＝ダム湖への有機物の蓄積を三重に促進する場合もある．流入フロントが形成される場合，河川水は中層へ貫入する．つまり，表層の植物プランクトンは上流側の流入フロントへ移動し，日周鉛直移動を行う動物プランクトンは，中層へ一日に一回は潜るとすると植物プランクトンに対して相対的に下流側へ移動する可能性が高い．

　このように，自然湖沼に対するダム湖の特性である（A）自然条件：流入フロントの形成および（B）湖水管理：ダム湖の水位変動（3.1節参照）に絡む中層放流が，アオコを引き起こす大きな原因となっている可能性がある．これらの点について，今後検討が必要である．

10.3　河川生態系モデル

10.3.1　河川生態系モデルの構成

　ダム湖の出現など人為的な環境改変が，どのような過程をへて下流の河川生態系へと影響を与えるのかを検討する．人為的環境改変は陸上生態系での改変と河川生態系の直接的改変とに分けられる．とくに前者は間接的に河川生態系へ影響を与えることになる．

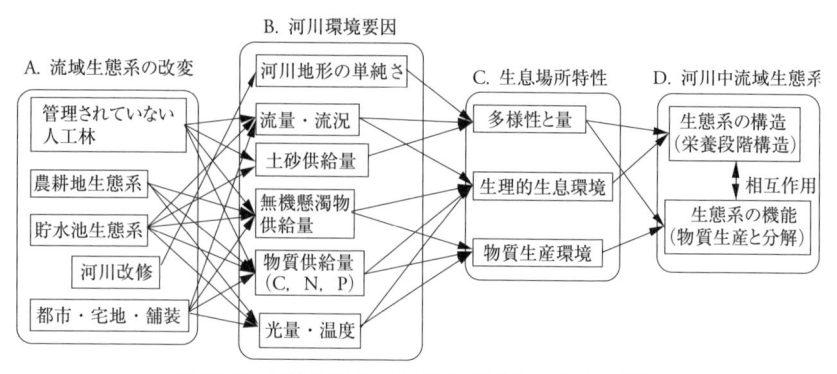

図 10-7　流域生態系の改変が河川環境に与える影響
流域土地利用の改変が，河川環境要因の変化を通して，河川の生息場所特性を改変し，河川中流域生態系の構造と機能に影響を与える．

　これらの人為的環境改変は，図 10-7B に挙げる複数の集約された河川環境要因の変化となって現れ，生息場所特性の改変を通して河川生態系に影響を与える．
　ここで河川水の性質が，地質構造と相まって河川地形の形成に直接関わっているのは論を待たない．逆に，河川地形が河川水の質を決めることもある．このような河川の物理化学的環境が生物群集の生息場所を直接形成していく（一次的生息場所）が，生物群集の中でもとくに一次生産者が一次的生息場所で生育することにより，さらに二次的生息場所（生物が改変した生息場所）の形成に至る場合が多い．生息場所の特性と河川環境要因とには図中にしめしたような対応関係がある．
　ここで挙げているように生態系の特質と人為的環境改変との関連を明らかにすることは重要である．ただ，これらの各要素間の関係がわかったとして，次に議論すべきはどの程度の人為的改変ならば許容できるのかということであろう．どのような特性を持った生態系が健全かを規定する必要がある．ただ，少なくとも種多様性や**栄養段階**数が多い生態系ほど良い（＝生態系の健全度が高い）という価値基準は，論を待たずに万民の認めるところであろう．つまり，河川生態系を構成する生物群集の種多様性を指標化し，それに基づいて河川生態系の健全性を考えるというのが現在の主流ということである

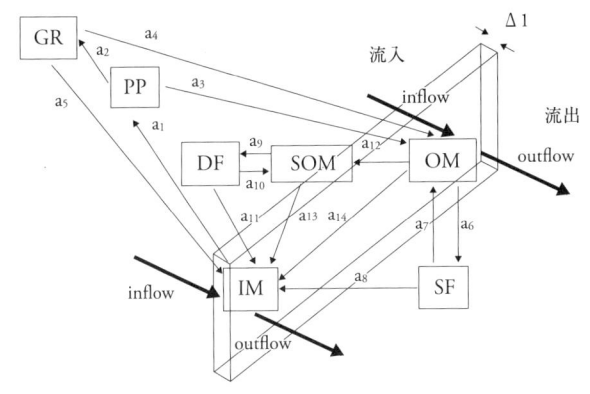

第10章　ダム湖物質循環のモデル解析と生態系の健全性

図 10-8　河川生態系モデルのフローチャート

河川生態系モデルの構成要素と要素間の物質移動（細い矢印）関係を表している．
PP：付着藻類，GR：藻類食者，SF：懸濁物食者，DF：堆積物食者，OM：懸濁態有機物，IM：無機栄養塩，SOM：堆積態有機物．

$$\partial_t(PP) = (a_1 IM - a_2 GR - a_3) PP \tag{1}$$

$$\partial_t(GR) = (a_2 PP - a_4 - a_5) GR \tag{2}$$

$$\partial_t(SF) = (a_6 OM - a_7 - a_8) SF \tag{3}$$

$$\partial_t(DF) = (a_9 SOM - a_{10} - a_{11}) DF \tag{4}$$

$$\partial_t(SOM) = a_{12} OM - a_{13} SOM - a_9 SOM\, DF + a_{10} DF \tag{5}$$

$$\partial_t(IM) = -\partial_1(uIM) - a_1 IM\, PP + a_5 GR + a_8 SF \\ + a_{11} DF + a_{13} SOM + a_{14} OM \tag{6}$$

$$\partial_t(OM) = -\partial_1(uOM) + a_3 PP + a_4 GR + a_7 SF \\ - a_6 OM\, SF - a_{12} OM - a_{14} OM \tag{7}$$

図 10-9　河川モデルの関係式

PP：付着藻類，GR：藻類食者，SF：懸濁物食者，DF：堆積物食者，OM：懸濁態有機物，IM：無機栄養塩，SOM：堆積態有機物．

（コラム 9 参照）．そして，多様性が高いほど健全性が高いとするのである．しかし，ここでは環境構造と種多様性との内部関連が与えられないまま指標化されている．そのため，現時点での相対的な健全度は評価できるにしても，ある与えられた河川環境を改善しようとした場合，何をどのように行ったら改善されるかが定かではない．ここでは，とりあえず生態系を構成する生物

Part Ⅲ　ダム湖の物質循環

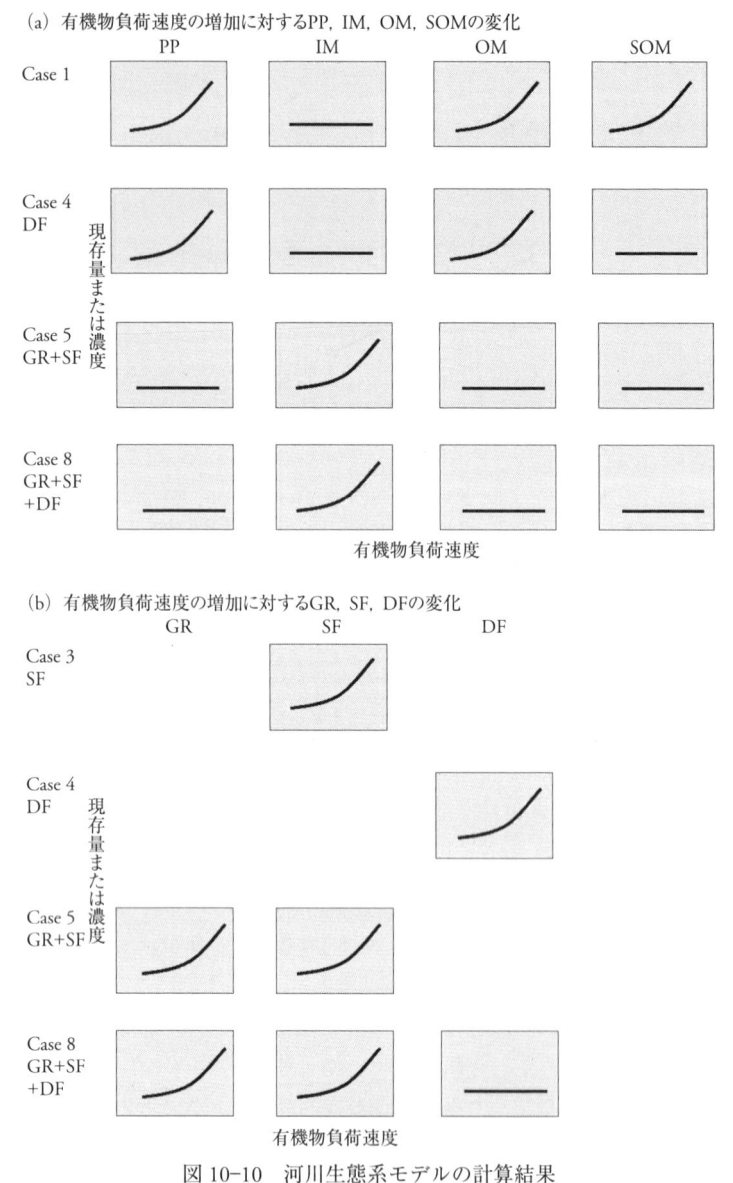

(a) 有機物負荷速度の増加に対するPP, IM, OM, SOMの変化

図 10-10　河川生態系モデルの計算結果
河川生態系の構造 Case 1〜8 の組み合わせに対する河川生態系モデルの計算結果を表す．各小図の横軸は有機物負荷速度，また，縦軸は現存量または濃度を表している．

群集全体の種多様性は後の検討課題としておき，生活形分類による**機能群**の構造的な多様性について検討する．

以下に検討する河川生態系モデルは，湿潤変動帯に位置する日本の主たる河川の特徴である礫底河川をその対象としている．その中に瀬淵構造が形成されるが，河川生態系の一次生産は主に礫表面の付着藻類により行われ，その生産部は瀬となると考えられる（コラム10参照）．ここで取り扱うモデルは，以上のような礫底河川の瀬を対象としたものである．

生産者と分解者と有機物・無機物のプールとで構成される基礎生態系部分に加えて，藻類食者，懸濁物食者，堆積物食者が機能群として挙げられる．すべての機能群が同時に出現するとは限らないけれども，環境構造の変化に伴い複数の機能群の組み合わせとして河川生態系を構成する生物群集も変化するであろう．その際，その機能群の多さが生物群集の構造的多様性の高さを示す．この生物群集の構造は直接的に生態系の機能と結びついている．生態系のモデル解析（図 10-8 および図 10-9）により生物群集の機能群構造と生態系の機能との関係を検討し，健全性について考察した．

簡略化した河川生態系モデルの概念図（図 10-8）と微分方程式系（図 10-9）を示した．また，微分方程式系の河川生態系モデルを流程に沿って積分し解を求めた（図 10-10 (a) と (b)）．

10.3.2 河川生態系モデル計算の結果

解の性格をわかりやすくするために有機物負荷速度に対する各変数の変化を示す．ここでは，群集構成として以下の通り八つの場合に分けて計算している．ここでは Case 1 の組み合わせを基本生態系と呼ぶことにする．

Case 1：付着藻類（PP）＋無機栄養塩（IM）＋懸濁態有機物（OM）＋堆積態有機物（SOM）

Case 2：基本生態系＋藻類食者（GR）

Case 3：基本生態系＋懸濁物食者（SF）

Case 4：基本生態系＋堆積物食者（DF）

Case 5：基本生態系＋藻類食者（GR）＋懸濁物食者（SF）

Case 6：基本生態系＋藻類食者（GR）＋堆積物食者（DF）

Case 7：基本生態系＋懸濁物食者（SF）＋堆積物食者（DF）
Case 8：基本生態系＋藻類食者（GR）＋懸濁物食者（SF）＋堆積物食者（DF）

図 10-10 (a) と (b) には，一部の Case に対する各生態系パターンの構成要素に関する結果を示している．PP，IM，OM と SOM の要素だけで構成される場合（Case 1），有機物負荷の増大に対して IM 以外のすべての要素が増大し，河川全体の有機汚濁化が進む．一方，GR と SF を含む系（Case 5 と 8）では，有機物負荷が増大しても IM が増加するだけであるが，その他では現存量（GR，SF）の増大に結びついている．しかし，GR を欠く系（Case 3 と 4）では，現存量（PP，DF）も増えるが OM まで増えることになり，河川の有機汚濁化が進む．このように藻類食者（GR）を含む複雑な系が河川の有機物汚染に対し強い耐性を示すことが明らかである．しかし，それにも限度があり，次項に示すように，ある限界有機負荷速度をこえると系が崩壊し，単純な系となって有機汚濁化が進むと予測される．

10.3.3 河川生態系モデルの結論：下流河川環境の動態

河川生態系におけるレジームシフトは今回の河川生態系モデルから直接導き出せる結論ではないが，ここでは以下のような考察によりその可能性を指摘した（図 10-11 右）．

河川生態系モデルの解析により，生態系を構成する機能群の多様性が高い場合，定常状態では有機物の流入に対し無機化の高い能力を示すことが明らかとなった．しかし，その多様性が低下すると流入有機物を無機化できなくなり流水中の有機物濃度が増加する．また，無機化の能力は生物現存量の増加により高まるにしてもそこには限界があり，それを超えた有機物負荷の増大は水中の有機物濃度を増大させる結果となる．この生息環境の悪化から生態系を構成する機能群の多様性が低下しレジームシフトが起こると考えられる．つまり，以上の結果は河川生態系の健全性の急激な悪化とその河川環境改善（生態系の健全性回復）の困難さを示していると推定される．

ダム湖の存在により引き起こされる現象の一つとして，下流側の有機汚濁

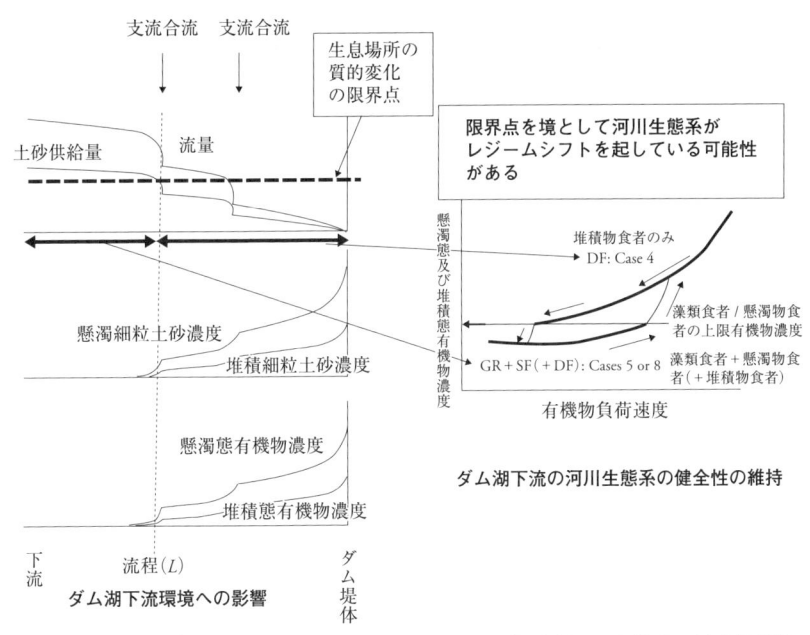

第10章　ダム湖物質循環のモデル解析と生態系の健全性

図10-11　河川におけるレジームシフト（右）とそれに基づく河川生態系の健全性維持
河川生態系は，懸濁態・堆積態有機物濃度が高い状態で生態系の構造が単純なCase 4の状態と，懸濁態・堆積態有機物濃度が低い状態で生態系の構造が多様なCase 5やCase 8の状態との二つの安定状態を持つ．堆積細粒土砂濃度および堆積態有機物濃度は時間とともに増加する．

化が挙げられるが，そこでレジームシフトが生じている可能性がある．この場合，有機汚濁化だけではなく河床構造の変化なども含めたより総合的な生息場所指標をもうけ，それを横軸としてこの問題を検討することがより現実的なアプローチとなると考えられる．ただし，河川生態系のレジームシフトは，有機汚濁化が起こらない限り生じないと考えられる（図10-11）．

　巻末付表1にダム湖が下流河川生態系に与える影響をまとめている．ここではその中でとくに重要と思われる影響，河川流量と土砂供給量（流量の変動パターンが変わる流況改変と土砂供給遮断，図10-11左上），懸濁細粒土砂濃度と堆積細粒土砂濃度（濁水長期化による細粒土砂分の河床堆積，図10-11左中），懸濁態有機物濃度と堆積態有機物濃度（ダム湖で生産された植物プランクトン由来の有機物による下流環境の有機汚濁，図10-11左下）のダム堤体からの

流程 (L) に沿った変化量を表している．この変化量は以下に示す例のような定式化により推測可能である．

河川流量 (m³/s) = ダム放流量 (m³/s) + 0.0458 ($W(L)^{0.990} - W_d^{0.990}$)
$W(L)$ は L よりも上流側の流域面積 (km²)，W_d はダム湖の集水域面積 (km²)（図 1-6 参照）

土砂供給量 (m³/year) = $\alpha(W(L)^{0.3} - W_d^{0.3})$
α は地域の地質特性依存の係数，$W(L)$ は L よりも上流側の流域面積 (km²)，W_d はダム湖の集水域面積 (km²)，（芦田ほか (1983) を改変）

懸濁細粒土砂濃度 C_L (g/m³) = $C_{L0} e^{-(awL/U)}$
ここで C_{L0} はダム湖放流水の懸濁細粒土砂濃度，a は沈降係数，w は河川幅，U は平均河川流量 (m³/s) となり，懸濁細粒土砂濃度は流程とともに減少する．粒子の拡散および再懸濁は考慮していない（本シリーズ第 1 巻（池淵 2009）のコラム 3 「河床変動解析」参照）．

堆積細粒土砂濃度 (g/m²) = $aC_L t$
ここで，t は時間で，堆積細粒土砂濃度は時間とともに増加する．

懸濁態有機物濃度 O_L (g/m³) = $O_{L0} e^{-(bwL/U)}$
ここで O_{L0} はダム湖放流水の懸濁態有機物濃度，b は沈降係数で，懸濁態有機物濃度は流程とともに減少する．

堆積態有機物濃度 (g/m²) = $bO_L t$
ここで，堆積態有機物濃度は時間とともに増加する．ここで再懸濁および生物作用は考慮していない．

各要素は互いに関係していることがこれらの関係式からわかる．また河川生態系の各構成要素とも深い関係をもっている．流量が低下するとダム湖からの懸濁細粒土砂や懸濁態有機物は流程に沿って河床へ急速に堆積し，有機汚濁や酸素欠乏など河川生物群集に大きな影響を与える．一方，河床への砂礫などの土砂供給量の減少は，大洪水時における砂礫の河床から下流側への流出分を補うことができずに，河床の巨礫化・アーマーコート化を引き起こす．河川生物群集の生息場所を単純化し生息個体群密度に影響を与える．図

中のこれらの要素の流程に沿った変化を見てわかるように，河川環境は，下流に下るにしたがって徐々に回復するが，支流からの流入により流量や砂礫供給量が大きく増え，それに伴い生物作用も受けながら回復していくと考えられる．

このように上記した河川生態系モデルにこれらの要素を組み込むと，次に述べるようにダム湖が下流河川生態系に与える影響を定量的に評価することができる．

10.4 流域生態系モデルによる解析

これまで幾度か述べてきたように，ダム湖はその下流河川環境へ大きな影響を与えることになる．ここでは，第12章で述べる流域個体群の分断化の影響を推定する上で必要な，下流河川環境の改変が各機能群個体群の上限サイズに与える影響に対する定量化を流域モデル構築により試みる．

図10-11左にダム湖下流の河川生態系がダム湖より受ける影響項目として以下の四つを挙げている (10.3.3項参照)．

① 河川流量
② 土砂供給量
③ 放流水の懸濁シルト (細粒土砂) 濃度と河床の堆積細粒土砂濃度
④ 放流水の懸濁態有機物濃度と河床の堆積態有機物濃度

これらの影響は，下流で他の支流と合流する過程で大きく解消されていくことになる．その他の支流と合流する前の河川生態系の状態を以下のようにモデル化した．流域の流出モデルとしてはキネマティックウェーブ法 (本シリーズ第1巻 (池淵 2009) のコラム2参照) を用い，10.3節において紹介した河川生態系モデルを基に流域生態系モデルを構築した．

まず，流域面積 $400 \mathrm{km}^2$，流程 $40 \mathrm{km}$，標高差 $600 \mathrm{m}$ の流域を想定している．流程に沿った土砂供給量は，土砂流出量 $(\mathrm{m}^3/\mathrm{year}) = \alpha(W(L)^{0.3} - W_\mathrm{d}^{0.3})$，で求めている (芦田ほか (1983) を改変)．ここで，α は地域の地質特性依存の係数，$W(L)$ は L (km) よりも上流側の流域面積 (km^2)，W_d はダム湖の集水域面積

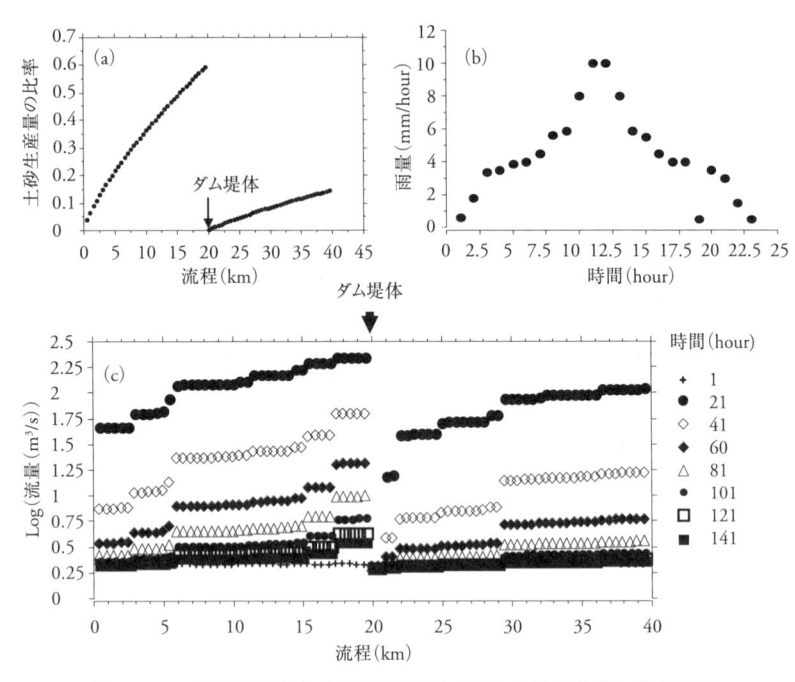

図 10-12　土砂生産量および河川流動モデルの前提条件と計算結果
(a) 流域にダムがある場合の流程の各地点における流域全体に対する土砂生産量の比率の流程に沿った変化予測，(b) モデル計算に用いた入力雨量データ，(c) モデル計算に基づく流域にダムがある場合の流程の各地点における流量の時間変化予測．

(km^2) である．ダム堤体は上流端から流程 20km 地点に建設されているとする．図 10-12 (a) は，ダムがある場合の流域の土砂流出量 (m^3/year) の流程に沿った変化を示している．ダム堤体直下では，上流からの土砂供給は 0 だが流出は多少あるので結果として土砂堆積量は少なくなる．いわゆるアーマーコート化であるが，ここでは，以下に述べるように土砂供給量が生物の生息場所の量と関係するとしており，土砂堆積量そのものは細粒土砂（浮遊砂）以外考慮していない．また，細粒土砂の出水等イベントによる洗い流しも考慮していない．

　流出解析は，流域に図 10-12 (b) に示した時間変化で雨が降ったと想定し，500m を単位河川区間として計算している．図 10-12 (c) は流程に沿っ

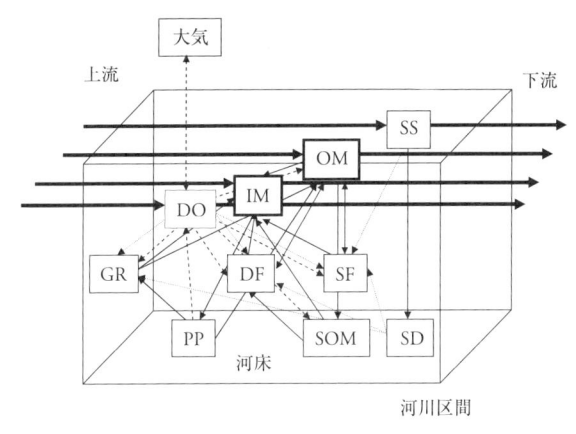

第10章 ダム湖物質循環のモデル解析と生態系の健全性

図 10-13　ダムの影響を定量化するための流域生態系モデル解析フローチャート

OM：懸濁態有機物，IM：無機栄養塩，
SOM：堆積態有機物，PP：付着藻類，
GR：藻類食者，DF：堆積物食者，
SF：懸濁物食者，SS：懸濁細粒土砂量，
SD：堆積細粒土砂量，DO：溶存酸素量

→ 外部との物質収支
→ 物質の流れ
⇢ DOの流れ
⋯▶ DO, SS, SDの影響

河川生態系モデルに，酸素，細粒土砂の動態を組み込んだ河川生態系モデルを，河道流動モデルの流量計算結果に基づいたダム下流の流況条件下で計算し，生態系各要素の動態を予測した．

た流出流量の時間変化について示している．24時間後の流程に沿った流出流量条件で以下に述べる生態系モデルの動態を解析した．

また，河川生態系モデルのフローチャートを図10-13に示している．10.3節で紹介した付着藻類（PP），藻類食者（GR），懸濁物食者（SF）や堆積物食者（DF）により構成される河川生態系モデルに，溶存酸素動態および細粒土砂動態を加え，溶存酸素量（DO），懸濁細粒土砂量（SS）および堆積細粒土砂量（SD）が，低酸素状態や泥の堆積という形で生態系の機能群の増減に影響を与えるとしている．実線の矢印は物質の流れを示し，破線はDOの流れ，点線はSSやSDの与える影響を表している．DOは，その低下によりすべての機能群生物の生存率を低下させる．SDは，PPの摂食を通してGRに負の影響を与え，SFやDFへも懸濁物の無機物割合の増加＝質の低下を通して負の影響を与えている．SSは堆積物の無機物割合の増加＝質の低下を通

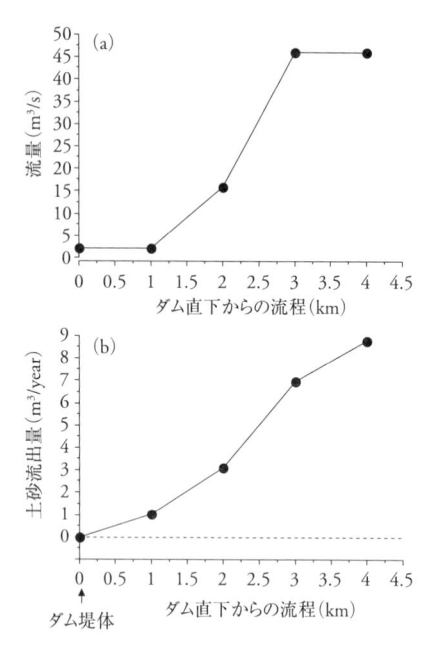

図 10-14 土砂生産および河川流動モデルの計算結果
(a) ダム直下から流程に沿った流量の回復状況，(b) ダム直下から流程に沿った土砂流入量の回復状況．

してSFへ負の影響を与えている．また，土砂流出量の低下は，GRおよびSFに対して生息場所の減少として影響を与えると設定している．

流出解析および土砂流出量解析から推定されたダム堤体から下流側の流程に沿った流量 (a) と土砂流出量 (b) の変化を図 10-14 は示している．上述したように，ダム堤体直下の河川環境全体は，まず，流量の低下により大きな影響を受ける．OM の堆積が促進され，SOM が増加する．その SOM の分解のために DO が消費されることにより，低酸素環境が形成され，生物機能群に影響を与える．また，SS の堆積が促進され，SD が増加し，河床環境を劣化させ生物機能群に影響を与える．

ダム堤体から下流側へ下るに伴い流量が少しずつ回復し（図 10-14 (a)），また，生息場所を形成する土砂流出量も回復してくる（図 10-14 (b)）．それに伴って，DO・堆積土砂環境も改善してくる．ダム堤体直下 2km 区間内で

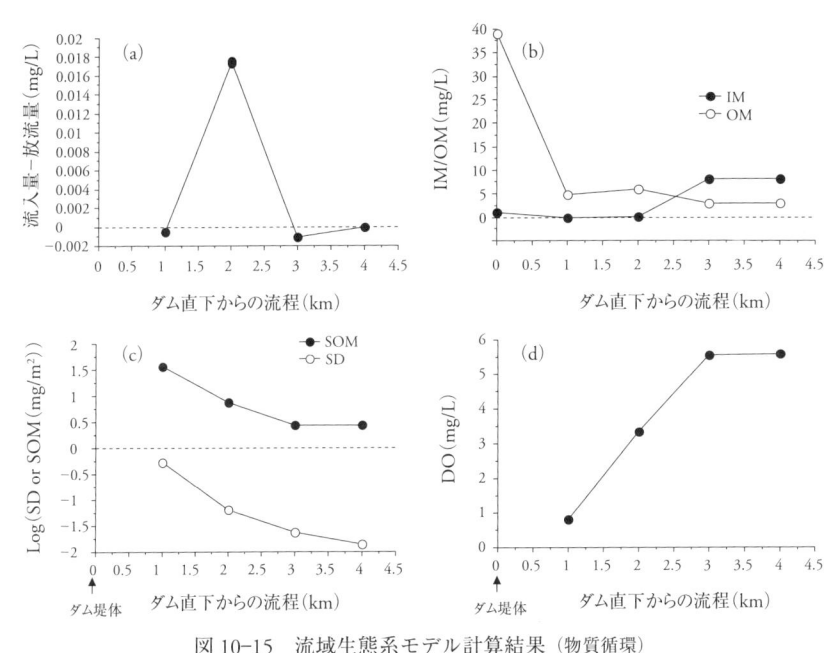

第 10 章　ダム湖物質循環のモデル解析と生態系の健全性

図 10-15　流域生態系モデル計算結果（物質循環）
(a) ダム直下から流程に沿った物質（懸濁態有機物 OM＋無機栄養塩 IM）の流入量と放流量差の変化，(b) ダム直下から流程に沿った IM/OM 比の変化，(c) ダム直下から流程に沿った堆積態有機物量 SOM および堆積細粒土砂量 SD の変化，(d) ダム直下から流程に沿った溶存酸素量 DO の変化．

物質（OM＋IM）が蓄積している（図 10-15 (a)）．また，2km 区間までは OM が卓越するが，3km 区間より IM が代わって卓越するようになる（図 10-15 (b)）．SOM および SD はダム堤体から流程に沿って幾何級数的に減少していく（図 10-15 (c)）．堆積した分は水中から河床へ取り除かれることになるので水中の懸濁物量は減少していく．また，DO はダム直下から 2km 区間まで低く推移するが，3km 区間で回復する（図 10-15 (d)）．

これらの河川環境に対応して生物機能群の構成が変化する．1km 区間までは，何れの生物機能群も出現しない．生物機能群の初期現存量として小さい値を設定した場合（図 10-16 (a)），流量が増加する 2km 地点でも GR は出現しないが，大きい初期値を設定したとき GR が出現し安定化する（図 10-16 (b)）．このとき，小さな初期値の場合に対して IM は増加するが，OM よ

249

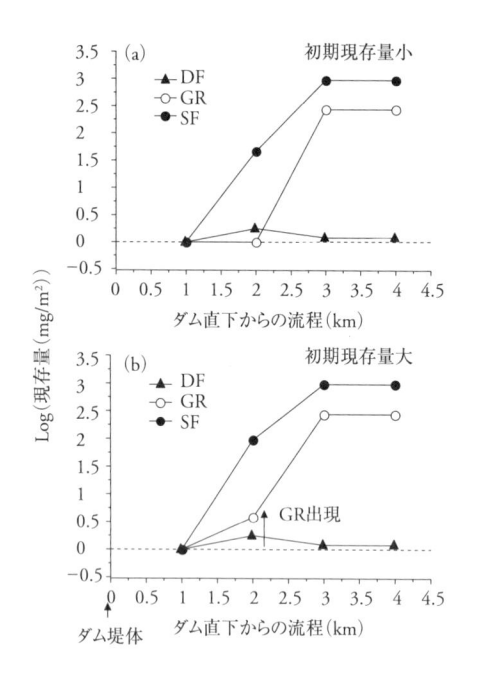

図 10-16 流域生態系モデル計算結果 (生物機能群)
(a) 各生物機能群の初期現存量として小さい値を仮定した場合のダム直下から流程に沿った各生物機能群の回復状況. (b) 初期現存量として大きい値を仮定した場合のダム直下から流程に沿った各生物機能群の回復状況.
DF：堆積物食者，GR：藻類食者，SF：懸濁物食者.

りも大きくなることは無かった．また，3km 地点では，河川環境の回復に伴い，すべての生物機能群が何れの初期値でも出現安定する．ここで初めて，IM が増加し，OM よりも大きくなる．生物機能群による有機物の無機化効果が顕著となってくる（図 10-15 (b)）．

上述したように，このモデル解析においては 2km 区間において，レジームシフトが生じているといえる．GR の生物量が低くなっていると河川環境が多少回復しても，GR の生物量を維持することはできない．区間外から 2km 区間へ GR の大量移入があると多少とも生物量を回復し，GR 個体群を安定化することができるようになる．

第 10 章　ダム湖物質循環のモデル解析と生態系の健全性

他の条件は同じで流量の初期条件のみを $2m^3/s$ から $46m^3/s$ と変えて計算するとやはりダム湖直下の河川区間でレジームシフトが生じる．各機能群の初期生物量が低いと最終的に DF のみとなるが，初期生物量を高くするとすべての機能群が揃う群集構成で安定する．つまり，ダム湖からの放流量のみを増やしても直ちにすべての機能群が復活するとは限らないということである．河川生物群集を復活させるためには，流量増加に加えてダム湖から放出される細粒土砂量・有機物量などを同時に減らす必要がある．

ダム湖による流域個体群の分断化を考える時，ダム湖による河川環境の劣化が原因で個体群上限サイズ（環境収容量）が低下することに対する評価を行う必要があり，ここで紹介した流域生態系モデルはその予測を行うものである．

10.5　生態系の管理目標：ダム湖生態系と下流河川生態系の健全性

これまで，ダム湖生態系，河川生態系および流域生態系について説明してきた．それはダム湖およびその周辺流域環境を管理するために，これらの生態系を定量的に記述する必要があるからである．次に必要となるのは，これらの生態系をどのようなものとして維持管理したいのかという管理目標を明らかにすることである．つまり，ここで取り上げるもう一つの問題は，ダム湖生態系またその下流の河川生態系の健全性とは何かである（コラム 9 参照）．これまでにも述べてきたが健全な生態系とは，**独立栄養者**（植物プランクトンや付着藻類などの一次生産者）により生産された有機物や外来性の有機物が多様な**従属栄養者**（藻類食者・分解者等）によりほぼ完全に消費され無機化される状態が持続的に維持される生態系と考えられる．ここでは，生産と分解がバランスしているのが健全な生態系と定義する．

10.5.1　ダム湖生態系の健全性

先行研究として，沿岸海洋生態系の例がある（Omori et al. 1994）．沿岸海洋生態系では，表層一次生産物（生産）が沈降して海底に堆積し，そこで生物

による分解作用（分解）を受ける．この有機物分解過程において，酸素を直接消費する好気的分解過程が先行し酸素濃度が低下するにしたがって酸素を必要としない嫌気的分解過程へと進む．この好気的分解による酸素消費が最大となる有機物負荷量を沿岸生態系の限度（環境収容量）とし，好気的分解過程の卓越を健全性の指標とする考え方である（コラム7参照）．ダム湖でも同様の考え方が適用できると考えられる．

このように生産と分解のバランスからダム湖生態系の健全性を検討する場合，分解の限界をどうとらえるかが重要となる．温度成層の長期化ということから，成層型ダム湖においては一般に，成層化前の底層に含まれる溶存酸素および底層への水温躍層を通しての酸素供給速度より，湖底での分解能力を推定する方法が適当と考えられる．その結果，推定される分解能力はかなり低いものとならざるを得ない．

この分解力の実測調査を行った広島県にある八田原ダム湖は，3月から11月と長期間にわたり温度成層が維持され，水平方向の流動による底層への酸素供給はないと考えられる．夏期は午後上流向きの風が卓越し，表層において，上流流れ込み方向への流動が頻繁に観測された．また，上流流れ込み周辺に流入フロントが形成されてアオコが発生していた．流入河川水は，中層に入り込んでいるが，表層水の循環に寄与できる規模ではないと考えられた．ここで得られた観測結果から，ダム湖湖底において，最大9か月間で約 $100g\,O_2/m^2$ に相当する有機物（約 $4gN/m^2$，または N/P 比 13 で $0.308gP/m^2$）の分解が可能である．湖底の温度が夏期でも 5℃ 前後と低く，底層における分解活性はかなり低いと考えられる．6月時点でも底層の溶存酸素は比較的高く，沈降した有機物が分解されないまま保持されている可能性もある．それゆえ，底層の全溶存酸素量と等価の有機物負荷量では過小評価となり，この湖底の分解能力に基づく手法の適用には現場温度での負荷量に対する底泥酸素消費量を知る必要がある．

このような考え方とは別に生態系の構造から，その健全性を判断することもできる．これまでに何度も述べてきたが，生態系の健全性維持のために生産と分解のバランスがとれている必要がある．その際，生態系の構造からみると一次生産者を摂食する一次消費者つまり藻類食者の存在が重要となる．

この場合のように**栄養段階**数が2の時は，一次生産者を低く抑えることが可能であるが，藻類食者を摂食するワカサギやホンモロコなどの捕食者（つまり，栄養段階数3）が存在する場合と同じ栄養カスケード効果により，一次生産者の抑制がきかなくなる．生産と分解のバランスを取るためにはさらに高次の捕食者の存在が必要となる（つまり栄養段階数4）．しかし，日本のダム湖生態系の場合，一般的には栄養段階数3で一次生産者の生産が過剰となる場合が多いと考えられる．この場合，栄養段階数3の生物を人間が漁獲物として計画的に利用することがもっとも管理しやすいと考えられる．さらに，漁獲により過剰な物質をダム湖生態系外へ取り出すこともできることから短期的なダム湖生態系の管理だけではなく，長期的な湖沼遷移の過程における物質蓄積の低減化も可能となる．10.2節でも述べたが動物プランクトン食者の管理により動物プランクトンの密度を維持可能な場合，つねに植物プランクトン量および有機物量が少なく，無機栄養塩が多い状態を維持できるようになる（図10-5および図10-6）．つまり，富栄養化指標を小さくし，ダム湖への物質の蓄積を回避して無機栄養塩として多くの物質量を下流に流すというダム湖の水質管理としては理想的な条件を維持できるといえよう．ただし，10.2.3項で述べたように，自然湖沼に対するダム湖の特性が，ダム湖湖水の管理方法を通して，三重に植物プランクトンの増殖＝ダム湖への有機物の蓄積を促進している可能性があり，ダム湖湖水の管理を再考する必要がある．

10.5.2 下流河川生態系の健全性

生産と分解のバランスを取りダム湖生態系の健全性を維持することにより，ダム湖への物質の蓄積を回避して，生産された有機物を分解し無機栄養塩として多くの物質量を下流に流すことが可能となる．このことにより長期的な湖沼遷移過程における物質蓄積の低減化＝富栄養化の程度の緩和が可能となる．多くの物質が下流に流れるが，本来ダム湖がなければ難分解性の有機物として流下するものが，いったんダム湖で分解され無機栄養塩として適度な量が下流に流されるとすると下流河川生態系の生産力を上げることにつながる．易分解性の有機物（植物プランクトンの遺骸等）として流すよりは，

無機栄養塩の方が下流河川生態系にかかる負担は低減される．このとき下流河川生態系の健全性，（生産と分解のバランス）が維持されていると，いったん河川性の有機物として生産されるとしても直ちに分解されることになる．10.3 節で述べたが，河川生態系の構造的な多様性，つまり，基本生態系の要素に加えて，藻類食者および懸濁物食者が維持されているとある程度の物質負荷には耐えることができる（図 10-15 (b)）．つまり，物質負荷量が増加しても分解と生産のバランスを維持できる．しかし，同じ物質量でも有機態か無機態かで河川生態系への負担は異なる．負荷される物質が有機態だと，いったん無機態へ分解する必要があり，酸素欠乏など河川環境の悪化を引き起こすことがある．この悪化が時として河川生態系の構造的な多様性を低減させることになり，そこでの分解と生産のバランスが維持できなくなる．

10.5.3　ダム湖生態系と下流河川生態系の管理

ダム湖から流出する物質の質と量が河川生態系にダメージを与えレジームシフトを引き起こし，河川生態系の構成要素が質的に変化する可能性がある．10.3.3 項ですでに説明したが図 10-11 左にダム湖下流河川生態系がダム湖より受ける影響諸項目を挙げている．河川流量と土砂供給量（上），懸濁細粒土砂濃度と堆積細粒土砂濃度（中），懸濁態有機物濃度と堆積態有機物濃度（下），の流程に沿ったモデル解析による変化量を表しており，支流からの流入を受けながら変化する．また，生物群集に与える生息場所の質的変化の限界点を概念的に示している図 10-11 左上図の水平破線は，生息場所の質的変化の限界点を境に上流側前半部の生息環境への影響の大きい部分とその影響から回復しているその下流部分に分けている．この限界点を境として河川生態系がレジームシフトを起こしている可能性がある（図 10-16 参照）．このレジームシフトを引き起こさないように，または，それを起こしている区間をなるべく短くするように，次に示すようなダム湖が流出する物質の質と量の管理を行う必要がある．

図 10-17 にダム湖生態系の健全性維持（主に水質の維持）のための諸項目を挙げている．ある一定レベル以上の流入水質は，土地利用解析を基とした流域管理による流入負荷制限を行う必要があり，アオコ発生に対しては流入放

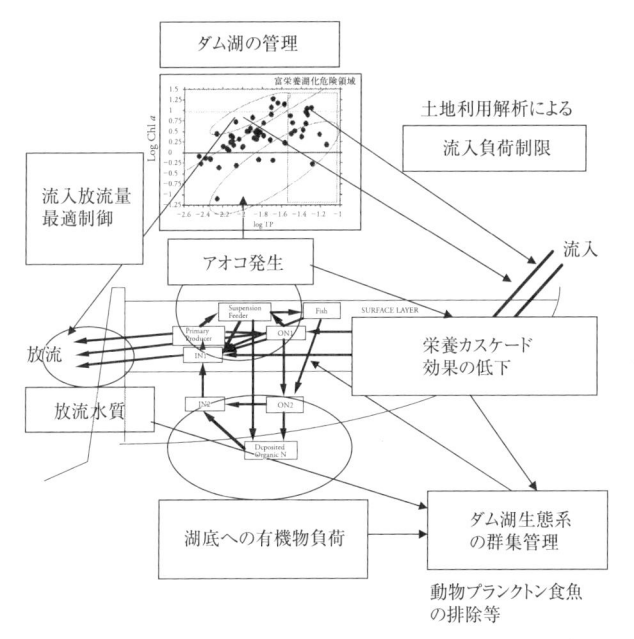

第10章 ダム湖物質循環のモデル解析と生態系の健全性

図 10-17 ダム湖生態系の健全性維持

　流量制御や栄養カスケード効果の回復をはかるダム湖生態系のダム湖湖水管理とともに生物群集管理を行う必要がある．また，生物群集管理および強制攪拌による成層・流入フロント破壊等の組み合わせにより，ダム湖に蓄積される物質量は最低限に止め，また，下流側には無機化された物質を流すダム湖水管理が必要である．ダム湖に蓄積される物質量を最低限に止めるための管理された漁業の振興も効果的であろう．これは，ダム湖外への物質の取り出しとなる．ダム湖の下流河川環境は下るごとに，また，支流が合流するごとに大きく回復していく（図10-11左，図10-15）．ダム湖生態系の健全性が維持され，ダム湖生態系で生産された有機物が無機化された形で下流側に流されるとその量が多くても下流河川生態系は健全性を維持しやすくなるといえるだろう．
　ダム湖周辺流域の管理において，河川生態系がレジームシフトを起こしていない生産と分解のバランスがとれた状態を指標とし，ダム湖湖水管理と生

物群集管理を通して，ダム湖生態系と下流河川生態系の健全性維持を同時に考える必要がある．

参照文献

芦田和夫・高橋　保・道上正規（1983）『河川の土砂災害と対策』森北出版．
池淵周一編著（2009）『ダムと環境の科学Ⅰ　ダム下流生態系』京都大学学術出版会．
Omori, K., Hirano, T. and Takeoka, H. (1994) The limitations to organic loading on a bottom of a coastal ecosystem. *Marine Pollution Bulletin* 28: 73-80.
梅田　信・和泉恵之（2008）ダム湖の植物プランクトン予測．『応用生態工学』11: 213-224.

コラム10　河川生態系

　流域生態系内における河川環境の持つ機能は，表流水の流出，また，その流れによって運ばれる土砂，懸濁物，溶存物質（無機栄養塩・希少元素等のイオン類）の下流への輸送が挙げられる．また，河川性生物の生息場所とともに移動経路を構成する．河川生態系はその中で，有機物の生産と分解を通した物質の循環を機能として持っている．例えば，流域の中で落差2m以下の小さな堰がつくられた場合，土砂の輸送を一部遮断して堆積を促進し，河床の傾斜を緩くして浅くて長い瀞を形成する場合が多い．懸濁物は沈積しやすく，底にたまり，それに含まれる有機物の分解が進行し，栄養塩類が溶け出してくる．堰により水が滞留するようになり水の流出率とのバランスで増殖率が上回るようになると，浮遊性の植物プランクトンが栄養塩を利用して増殖するようになる．上流部では水温も低く河川表面への日射量も少なくなることからこのような堰による植物プランクトン増殖による問題は起こりにくいが，下流部に行くほど逆の環境条件となり大きな問題となりやすくなる．その典型が河口堰であろう．河口では，流域全体の物質負荷が流入してくることになり，また，河川中流域での付着性藻類の易分解性有機生産物の残渣も大量に流れ込む．また，河床傾斜が非常に緩く河川水の滞留時間が長くなることからも植物プランクトンの増殖に最適の環境となる．近年では，上流域から浮遊植物のホテイアオイ *Eichhornia crassipes* や新たな外来種であるボタンウキクサ *Pistia stratiotes* などが河口堰に流れ着き，またそこで大増殖して湛水面を覆い尽くすことが多く見られるようになってきており，問題となっている．

　逆に大きな堰，つまり，ダムを考えてみると，下流部では日本においては地形的な制約からダム建設は困難であり，主として山地渓流部につくられることが多い．そのため，とくに西日本では形成されるダム湖の湖盆形態が河川横断方向でV字型となるものが多い．基本として土砂の移動は制限され，懸濁物も沈降したまりやすい．また，懸濁物も森林性の難分解性有機物が多い．ダム湖水の滞留時間が長いと浮遊性植物プランクトンの増殖率が上回るようになり，難分解性有機物から分解され溶出してくる栄

養塩や上流からの栄養塩類を利用して増殖する（第8章参照）．

　河川中に堰が建設され，河川水の滞留域が形成されると，物質循環的には，難分解性の森林性有機物・河川付着藻類性易分解性有機物と流入する栄養塩類を植物プランクトン等の易分解性微細有機物に変換し下流へ流す機能をその堰は持つことになる．これが，堰やダムの持つ影響の一つである下流域における有機汚濁化の原因となっている．ダム湖については，物質の出入りだけを考慮するとダム建設時に水没した樹木有機物由来の栄養塩類の溶出分を除けば，むしろダムは上流からの物質の一部をため込む機能も持っているといえよう．このダム湖の持つ易分解性有機物化の変換機能を漁獲などによる生物生産の利用と絡めてうまく利用することにより，一石二鳥でダム湖の富栄養湖化と下流域の有機汚濁化問題を解決することが可能となる．

　また，落差があることから，このような堰は出水時の越流によっても遡上できない遡上力の弱い河川性生物にとっては移動阻害となる．農業用取水堰は至る所にあり河川性生物個体群の分断化に大きな影響を与えている可能性がある．

　河川生態系全体を物質循環の観点から見通すモデルが，以下に述べるようにいくつか提案されている．

RCC（河川連続体仮説）

　河川生態系は，河川上流から下流にかけて河川とその周辺環境の連続的な変化が見られる特有の生態系である．その特徴を表すモデルとして有名なのが，河川連続体仮説（RCC: River Continuum Concept）である（Vannote et al. 1980）．上流域の主たるエネルギー源は，周辺の森林からの落葉等の有機物（粗粒懸濁物 CPOM: Coarse Particulate Organic Matter の方が細粒懸濁物 FPOM: Fine POM よりも多い）であり，河畔林により覆われることの多い河川中の一次生産者は大きな働きを持たず，中流域の河畔林の林冠部が開け，川面に多くの光が供給されるようになると付着藻類などの一次生産者が生産の多くを占めるようになる．下流域では，川面に十分な光が供給されるが，流域の色々な物質が溶け，付着藻類の剥離物なども増え，河川水の透明度が落ちる．さらに，水深が深くなることにより底生付着藻類などの一

次生産は低下し，河川流速の低下もあり，河川水中の植物プランクトンによる一次生産が高まる．有機物の供給源としては，河川中の一次生産量よりも流域からの有機物負荷（細粒懸濁物 FPOM の割合が増える）の方が大きくなると考えられる．この有機物供給様式の流程に沿った違いから，それに依存する従属栄養生物としての底生生物群集の構成も流程に沿って変化する．上流域では CPOM の割合が大きいことから，落葉片などを餌とする破砕食者の割合が多く，中流では河川内の底生生産物が多くなることから藻類食者や堆積物食者が増加し，下流部では堆積物を餌とするものの割合が増えることになる．以上の全体が，日本の河川に当てはまるとはいえないものの上流・中流域の底生生物群集の構成などは，この仮説と一致する面があるといえる．しかし，日本の河川の下流域は概して短く，また，湿潤変動帯にあることから，この仮説とは一致しない可能性がある（1.5.4項参照）．ただし，河口堰などが設置されている場合は，小規模ではあるが典型的な河川下流域の環境が形成され，図らずもこの仮説の通りになっており，アオコなどが大量に発生することも普通となっている．

河川内スパイラルモデル

　栄養塩類が上流から下流に流下するに従い，有機物化されてはまた無機化される循環を繰り返していることを定量的にとらえたモデルである（Webster and Pattern 1979）．河川内スパイラルモデルと呼ばれているが，その表現として，スパイラル長を用いる．例えば一つの窒素原子が水中を無機態で流下し，あるところで有機化され河床上を移動し，再び無機化され水中へ放出されるまでの流下距離のことである．河川の流速が速いとこのスパイラル長が長くなり，河川内での栄養塩類の回転率が低下するが，遅くなるとスパイラル長は短くなり栄養塩類の回転率は増加し，より多くの生物群集に利用されることになる．河川内に堰などがあるとこのスパイラル長が短くなり，より効率よく利用される側面もあり，生物多様性の増大につながることもある．とくに日本の河川のように河川勾配が急な場合効果は大きくなる．しかし，漁獲量など取り出し可能な生物生産量ということから考えると，定常状態では河川内に入ってきた物質量しか生産物としては取り出せないので，結局のところ栄養塩類のスパイラル長が変化して

も，それが河川長よりも十分に短ければ生物生産量の増減はない．

物質の河川内スパイラルと河川構造との関係：河川では，土砂の下流への輸送から生じる流速の早い瀬や遅い淵などの物理的な河川構造が形成される．この瀬淵構造と生物群集とには明白な関係性が存在する．とくに河川中流域において，それを支えているのは，瀬淵構造と河川の生産構造との間にある強い関係性である．瀬では底生付着藻類による一次生産が活発であり，淵では一般に低くなる．そのため，瀬にはアユ *Plecoglossus altivelis altivelis*，ボウズハゼ *Sicyopterus japonicus*，カゲロウ類など藻類食者また懸濁物食者であるトビケラなど造網性昆虫類が多く分布し，また，淵には堆積物食者が多く分布する．瀬は，河川に占める相対的な割合は低いものの単位面積あたりの一次生産と分解が活発なところで，逆に，淵は単位面積あたりの一次生産も分解も低いが面積比が大きく絶対量は多くなると考えられる．生産と分解の最終的なバランスの結果，例えば四万十川中流域の蛇行区間において，栄養塩類の濃度が瀬頭から淵頭にかけて短い流程で急激に低下し，淵頭から瀬頭にかけて長い流程で徐々に高くなる現象を観測したことがある（大森 未発表データ）．瀬では生産が卓越し，淵では分解が生産を上回っていることを示している．このことから，河川をすべて瀬にしてしまうような河川改修を行った場合，瀬での有機物生産が卓越するためアユなどの藻類食者は増加するものの，分解とのバランスが崩れ，下流側で有機汚濁化する可能性がある．また，栄養塩類の河川内スパイラルモデルから考えると栄養塩のスパイラル長は活発な生物生産作用により瀬で短く淵で長くなるという構造があるといえよう．河川全体として評価するにしても，このような河川の物理的構造も考慮する必要がある．

森・川・海の連携

森・川は，海の一次生産に必須な微量元素の鉄等の流出に関係するといわれている．しかし，外洋域ではともかく，少なくとも内湾域・沿岸域で生物生産に鉄が不足しているということはあまりきかない．また，12.3.2項でも述べているが，流域の森林面積率が高くなると河川水中のリン・窒素濃度は著しく低下する．森林が多くなると海洋での生産に必須の元素が出ていかなくなるのである．一方，森・川・海の連携を考える場合，森林

面積の増大により，土壌流出が低下し，高い透明度が海洋での生産に有利に働いている可能性はある．また，河川の有機汚濁を低下させると，海域に流入する有機物負荷が低減し，その分解という海域への負担を軽減することにより高い海洋生産につながるということは起こり得る．逆に，上流域に成熟した森林が保持されていると先に述べたように（1.5.4 項参照）河川を経由して大量の森林性有機物が沿岸域へ供給されている可能性がある．このことが高い海洋生産と関係しているかもしれない．

参照文献

Vannote, R.L., Minshall, G.W. and Cummins, K.W. (1980) The river continuum concept. *Canadian Journal of Fisheries and Aquatic Sciences* 37: 130–137.

Webster, J.R. and Pattern, B.C. (1979) Effects of watershed perturbation on stream potassium and calcium dynamics. *Ecological Monographs* 49: 51–72.

コラム 11　レジームシフト

　多くの生態系は，気候，栄養塩類の負荷，生息場所の分断化や人間による生物種の利用のゆっくりとした変化に晒されている．自然は，多くの場合，このゆっくりとした環境要因の変化に対して，連続的に淀むことなく反応するように見える．しかしながら，湖，珊瑚礁，外洋，森林や乾燥地についての多くの研究が，この生態系の連続的に淀むことない反応が，突如，対照的な状態への転換へ劇的に切り替えられることを示している．多くの事態がこのような劇的な切り替えの引き金を引きうるが，最近の研究では，生態系の**復元力**(レジリエンス)の喪失が，その生態系の対照的な状態への突然の切り替えを引き起こしていることを示している (Scheffer et al. 2001)．ここで生態系の復元力とは，近年，生態系の保全や管理において重要であると指摘されている生態系の重要な特性で，Odum and Odum (1971) が，生態系の機能の一つとして挙げた生態系の恒常性と同じ概念と考えてよい．

　ここでは，水域生態系の一つである湖での例を挙げる (図 C11-1；Carpenter et al. 1999)．この浅い湖に関するグラフィックモデルは，二つの対照的な安定状態を持っているが，以下の三つの仮定を基本として，栄養塩負荷量の変化に応じて二つの状態のうちのどちらかを維持する特性を持つ．

　(1) 湖の濁度は，栄養塩負荷量の増大とともに高くなる．
　(2) 沈水植物は，濁度を低下させる機能を持つ．
　(3) 限界濁度を超えると沈水植物は消失する．

　この二つの状態のうちの一つは，沈水植物が湖の底を覆っているもので高い透明度をもつ．風雨による攪乱も底泥を巻き上げるようなことはない．また，ある範囲内の栄養塩負荷量の増大に対しても高い透明度を維持することができる．これに対して，ある閾値を超えた栄養塩負荷量では，沈水植物は消失し，多少の風雨でも底泥が巻き上げられ高濁度の状態が維持されるようになる．この浅い湖では，低い栄養塩負荷量の範囲では，高い透明度を維持することができる沈水植物の成育する状態のみがあり，また，

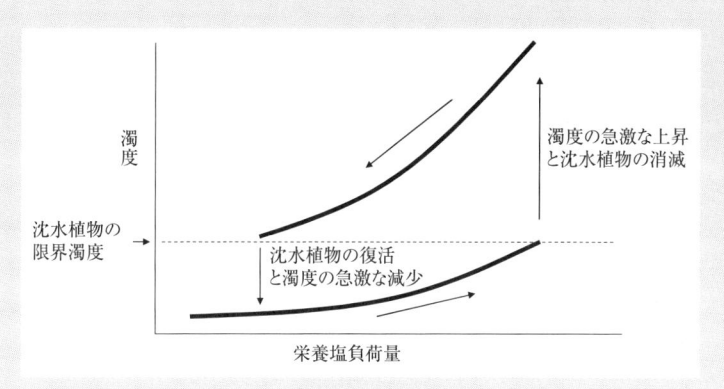

第 10 章　ダム湖物質循環のモデル解析と生態系の健全性

図 C11-1　浅い湖沼のレジームシフトに関するグラフィックモデル
栄養塩類負荷量が少ないときは沈水植物の浄化機能により，広い範囲で濁度が抑えられるが，負荷量の限界を超えると沈水植物が消失し，濁度が急激に上昇する．負荷量を減少させても濁度はすぐには回復せず，かなり低い栄養塩負荷量で沈水植物が復活し，濁度も低下する（Scheffer et al. 2001 を改変）．

　高い栄養塩負荷量の範囲では，沈水植物のない高濁度の状態のみが存在する．その中間の栄養塩負荷量の範囲には，沈水植物がある場合とない場合の二つの状態が存在可能である．栄養塩負荷量の低い状態から，徐々に増加して行く段階では沈水植物の成育する濁度の低い状態が維持されるものの，その増加に対し濁度も徐々に増加し，沈水植物の限界濁度を超える程度に栄養塩負荷量が増大すると沈水植物が消失し，突如として沈水植物のない高濁度の状態へと移る．その後，環境改善のために栄養塩負荷量を減らそうとしても栄養塩負荷量増大時よりも大きく負荷量を減らさないと沈水植物の成育する濁度の低い状態へと戻ることはできない．栄養塩負荷量の変化に対する生態系の現状を維持しようとするヒステリシス（負荷を元に戻しても，生態系の状態が元に戻らないこと）が存在するといえる．
　高濁度の状態を維持するのに魚類と餌となる *Daphnia* 属の動物プランクトンとの捕食被食関係が示す栄養カスケード効果も重要である（コラム 3 参照）．*Daphnia* 属の動物プランクトンは，濁度成分の一つである植物プランクトンを摂食することにより高い透明度を維持する機能を持つ．ところが動物プランクトンを摂食する魚類が，その密度を低く抑えることになる

と植物プランクトンが増大し透明度が低下するのである．さらに，魚類が底生動物を探すために底泥を撹乱し濁度を高める効果も持つ．これらの魚類に関係する要因が高濁度状態を維持するのに貢献している．よって，浅い湖において大量の魚類を除去するという実験が透明度の高い状態への移行を引き起こした実例がある（Meijer et al. 1994）．

1994年，レジームシフトが琵琶湖の南湖でも起こり，その後，沈水植物の少ない高濁度の状態から沈水植物の成育する透明度の高い状態へ劇的な転換が起こった．このきっかけになったのが，異常渇水で，高濁度状態ではあっても水深が浅くなり，底部にまで光が届き沈水植物の成育が良くなった結果であった（Hamabata and Kobayashi 2002）．

環境要因の安定化に対する生態系内における生物による環境改変 biological engineering の過程の有無によって引き起こされていると考えられる．この過程を支える生物要素がこの対象となる環境要因により逆に制限される場合にレジームシフトが起こるのである．

河川生態系におけるレジームシフトは，有機汚濁物質濃度に対する耐性が，藻類食者と懸濁物食者に対し，堆積物食者の方が高いことに起因すると考えられる．また，ダム下流でよくみられるが，濁度の上昇と同時に土砂供給量の変化による生息場所の改変から早瀬における礫層の破壊が生じると，藻類食者と懸濁物食者の分布に大きな負の影響を与えることになる．この場合は，不可逆な変化となる．

参照文献

Carpenter, S.R., Ludwig, D. and Brock, W.A. (1999) Management of eutrophication for lakes subject to potentially irreversible changes. *Ecological Applications* 9: 751–771.

Hamabata, E. and Kobayashi, Y. (2002) Present status of submerged macrophyte growth in Lake Biwa: Recent recovery following a summer decline in the water level. *Lakes and Reservoirs: Research and Management* 7: 331–338.

Meijer, M.L., Jeppesen, E., van Donk, E., Moss, B., Scheffer, M., Lammens, E., van Nes, E., van Berkum, J.A., de Jong, G.J., Faafeng, B.A. and Jensen, J.P. (1994) Long-term responses to fish-stock reduction in small shallow lakes: interpretation of five-year results of four biomanipulation cases in The Netherlands and Denmark.

Hydrobiologia 275/276: 457-466.

Odum, E.P. and Odum, H.T. (1971) *Fundamentals of Ecology*. Sanders.

Scheffer, M., Carpenter, S., Foley, J.A., Fokes, C. and Walker, B. (2001) Catastrophic shifts in ecosystems. *Nature* 413: 591-596.

Vollenweider, R.A. and Kerekes, J.J. (1980) *Background and summary results of the OECD cooperative programme on eutrophication*. OECD.

Part IV

流域環境の保全

　これまで，自然湖沼とダム湖の比較において，主にダム湖生態系および周辺流域環境の話を行ってきた．その中で，ダム湖固有の湖沼遷移の存在，ダム湖の湖水回転率の高さが明らかとなった．Part IVでは，流域環境の中で自然湖沼とダム湖の比較を行う．第11章では，両者の直接的な比較をデータとともに検討する．第12章では，流域の中での複数のダム湖が持つ環境への影響を検討する．また第13章では，自然湖沼とダム湖の違いを一般化するとともに，本書全体のまとめとして，ダム湖が持つ環境への影響に対して今後どのようにすればよいか，流域生態系管理についての提案を行う．

[前頁の写真]

矢作ダム(愛知県・岐阜県,矢作川水系)
　堤高100mのアーチ式ダム(コンクリートを主材料としてアーチ状の構造をつくり,水圧を両側面の岩盤で支える型式のダム).湛水面積270ha.総貯水容量80,000千$\cdot$m^3.
　2000年9月に東海地方を襲った恵南豪雨により大量の土砂がダム湖に流れ込み,堆砂が著しく進行した.そのため,浚渫など土砂を取り除く事業が進められている.また,矢作川では漁業協同組合など河川に関連する諸団体が連携した流域管理が続けられている.(写真:国土交通省中部地方整備局　矢作ダム管理所)

第11章
止水域が流域環境に与える影響

11.1 流域環境の何に注目すべきか？

　10.4節で自然湖沼やダム湖（止水域）が流域環境に与える影響をすでにモデル化した．止水域が与える影響を考えるにあたり，その対象となる流域環境をここで改めて特定しておく．流域環境といっても，河川水が上から下へ一方向的に流れることを考えると，止水域下流側の河川環境が強く影響を受けることは想像に難くない．よって，ダムの流域環境への影響としては，下流側に生息する生物にとって重要な生息場所環境が考察の対象となる．また，多くの自然湖沼（汽水湖は除く）や大型ダム（河口堰は除く）が山地部にあり河道はもともと蛇行形態を持ち固定化されている（井口 1979）．そのため，扇状地や平野部での河川改修等で取り上げられる河道の固定化は問題とはならず，以下に挙げるように河床構造や水量変動等の河川環境そのものが影響に対する検討対象となる（水野 1995）．

- ・河床構造：瀬淵構造そのものと淵の深度の維持
- ・適度な流量と攪乱（大中小洪水）の維持

以上は，生息環境を維持する要因としての土砂供給と流量変動とまとめることができる．さらに，礫表面の微細生息環境の健全性を維持するための条件として次のものが挙げられる．

- ・水中の微細な懸濁態無機物（シルト）粒子の濃度が低いこと
- ・水中の易分解性懸濁態有機物粒子の濃度が低いこと

前者について，シルト濃度が高い場合，礫表面に堆積して微細生息環境また餌資源としての付着藻類の質を低下させる．また，両者は礫間に堆積しその有機物分解による酸素消費から溶存酸素量（DO: Dissolved Oxygen）を低下させ微細生息環境の質をさらに落とすことにつながる．以上は，濁水とアオコ等による有機物負荷とすることができる．

また，河川環境中に存在する止水域による移動阻害を原因とする個体群の分断化も考察対象とする．この移動阻害による分断化の影響は上流下流どちらにも影響が及ぶだろう．

つまり，ここで止水域が形成された場合，流域に対する影響項目として，以下のことを列挙することができる（10.4節参照）．①流量変動，②土砂供給，③濁水，④アオコ等による有機物負荷，に加えて⑤個体群の分断化である．これらの影響について，この章では，まず，自然湖沼とダム湖が流域河川に与える影響がどのように違うのかを検討する．

11.2 自然湖沼とダム湖の比較から何が明らかとなるのか？

すでに述べたように，ダム湖の生態学を議論するにあたり，自然湖沼とダム湖との比較から始めるのはその常である．本書のこれまでの章での比較は，主にダム湖自身についてであり，湖沼遷移などその長期的時間スケールの変化も含めてのものであった．ここではさらに，流域環境に影響を与える止水域としての比較を行う．このような自然湖沼とダム湖の比較は実際問題の直接的な解決には結びつかないかもしれない．けれども，問題のもっと根幹の所で深く結びついてくることもある．つまり，何を保全し，何を回避するべきかという議論との関わりにおいてである．ダム問題がクローズアップされている現在，今一度この問題を根本から見直し整理してみたい．

(1) ダム湖の周辺環境への影響を緩和していく第一段階として，自然湖沼が河川にあたえる影響をダム湖のあるべき姿の判断基準とすることができる．

自然湖沼対ダム湖という対比で検討していくなかで，ダム湖環境問題に対

してバランスのとれた考え方が可能となるのではないか．元々河川環境にダムを建設したので，その河川環境への影響回避において，あたかもダム湖がないかのように改善すべしとの考え方もある．しかし，それは自然湖沼であっても生じる河川環境への影響を無視した，ややバランスを欠いた考え方であるかもしれない．この場合，対症療法としての影響回避手段は，巨大な魚道や清水バイパスなどの工学的手法が主となるのであろうが，そのことによりまた別の環境問題を引き起こす可能性もある．ダムが無い状態を比較対照とすることも重要であるが，出発点としてダム湖がある状態を認識して，自然湖沼であっても生じうる河川環境への影響レベルをダム湖環境問題群解決への第一段階の基準とすることも必要であろう．

(2) 流域全体のなかでダム湖群の影響回避のための環境管理を行う必要がある．

　自然湖沼とダム湖の流域環境に与える影響の比較において，根本的な違いが両者に存在することをこの Part IV では指摘する．つまり，河川の連続性の遮断である．ダム湖が存在するとその上・下流域間で河川生物種個体群の自由な交流が不可能となる．自然湖沼では，下流側に滝がない限りそのようなことは一般的には起こらない．そのため，この Part IV では，ダム湖の環境問題を，ダム湖単体ではなく流域内のダム湖群全体を単位として考える見方を示す．また，流域のダム湖群全体を単位とするのは，生態学において生態系を考えるときの最小単位が流域であることもその根底にある．流域の河川環境に対する影響とは，河川生態系を構成する生物群集の種組成や生態系の持つ機能に対する影響であることがその理由である．ダム湖群のある流域生態系全体の問題を見渡し，もっとも深刻な部分に対して，ダム湖群全体を調整しながら解決していくことが重要である．例えば，山地にあるダム湖は沿岸帯がないのでカモ類の高い種多様性を維持できないから人工的に沿岸帯をつくらないといけない等の考え方がある．一方，同じ流域の平野部に位置する浅場を多く持つ河口堰などを保護区とすることによりガン・カモ類の良好な生息場を確保することも可能である．ダム湖は，自然湖沼に対して，水底採食型カモ類の種数が一般に低い．このダム湖単体の相対的に低い種多様性等を補うことができるという流域のダム湖群全体を単位とする考え方もあ

るということである.

11.3 自然湖沼とダム湖が流域に与える影響

11.3.1 自然湖沼とダム湖の特性比較：データの比較

　自然湖沼やダム湖から流出する河川の形状に基づいて，湖沼をいくつかのタイプに分けることができる．ここでは，大型のダムが湿潤**変動帯**の渓谷河川につくられていることから，その主たる河床材料が礫の河川を考察の対象とする．また，中流域の河川生態系の生産は主に付着性微細藻類により支えられており，その主な付着基質は礫であることも対象とするもう一つの理由である．河川にダム湖が出現するとその下流側河川の河床が，巨礫化・アーマーコート化することが知られている（波多野ほか 2005）．その現象とともに流程に沿った河床の回復を以下に見てみた．

　A) 湖沼の下流側から山間部を通る傾斜の急な (90 度未満) 上流型の河川が流出しているタイプ：十和田湖，中綱湖，諏訪湖（天竜川流出口（釜口水門））．

　→下流側の河川は，流出口に近い部分では山が迫り傾斜が急で礫はサイズが大きく角ばっている．この山間部と途中で流入する支流が礫の供給源となっている．より下流側の平野部になると礫はサイズが小さくなり形状も丸くなる．

　B) 湖沼の下流側から平野部に対し河川が流出しているタイプ：木崎湖など．

　→流入河川は山間部を通っており礫底であるが，礫の供給源が下流側に少なく流出河川は砂質の河床となっている．

　C) 湖沼の下流側が段差を持つ (90 度) 滝となっているタイプ：中禅寺湖など．

　→下流側の河川は，岩盤上に巨礫が積み重なっている．

　もっとも形状がダム湖に近いのは，Cタイプであろう．また，ダム湖によ

り土砂の供給が減少するのは明らかであり，その影響軽減のためには下流側に礫供給源があるかどうかが重要となる．このことは自然湖沼でも同様である．しかし，自然湖沼ではAタイプが多く，山間部に位置しており，一般的には下流側に，山端や途中で流入する支流から礫供給があると考えられる．

自然湖沼の下流側における河川環境を明らかにするために，長野県に位置する仁科三湖のうちの中綱湖と木崎湖，また，木崎湖下流側河川の調査を行った．中綱湖は上記のAタイプにあたり，急勾配の河川となって流出する．流出口付近では，岩盤上に角張った礫が多く堆積し，勾配がきつくなると大礫となる（図11-1）．同図には円形度の流程に沿った変化を示している．ここで円形度とは，礫の面積を円として計算した直径を，礫外周長を円周として計算した直径で割った値で，1に近くなるほど礫の形が円形に近くなる．これらの計算は，画像処理ソフトウェアを使用して行った．中綱湖流出口から2kmほど下流側で小支流が合流し，4km下流で木崎湖に流入する．木崎湖流入口上流側では，礫は小さくなり丸みを帯びるようになる．

木崎湖はBタイプとなり平野部への流出となる．流出口の河床は軟泥であるが，平野部にはいると砂となる（図11-1）．所々山端から礫が供給されるものの全体として河床材料は砂である．また，所々に大礫が転がっていた．1990年に「多自然型川づくりの推進について」という文書が建設省（現国土交通省）から出され，「河川が本来有している生物の良好な生育環境に配慮し，あわせて美しい自然景観を保全あるいは創出する」という川づくりが進められるようになった．流出河川はその多自然型川づくりの先行事例となった農具川であり，コンクリートの護岸で覆われていた川の岸辺に木枠を設置し，その中に礫を投入するなど伝統工法に基づく川づくりが行われている．木崎湖流出口より4kmほど下流で川づくりの一環として河床に直接大量の直径十数cm大の礫の投入を行っている．その礫表面に木崎湖流出口から4kmまではみられなかったヒゲナガカワトビケラ類が高密度で出現していた．

次に諏訪湖について同様の調査を行った．諏訪湖の流出口となる釜口水門（S-2）から天竜川の下流25km地点（S2）までの河床材料の変化を図11-2に示している．諏訪湖もAタイプとなっている．釜口水門から，2kmほど平坦地を通り，山間部へとはいる．5km地点でも，岩盤に長径1〜2mほどの

Part IV 流域環境の保全

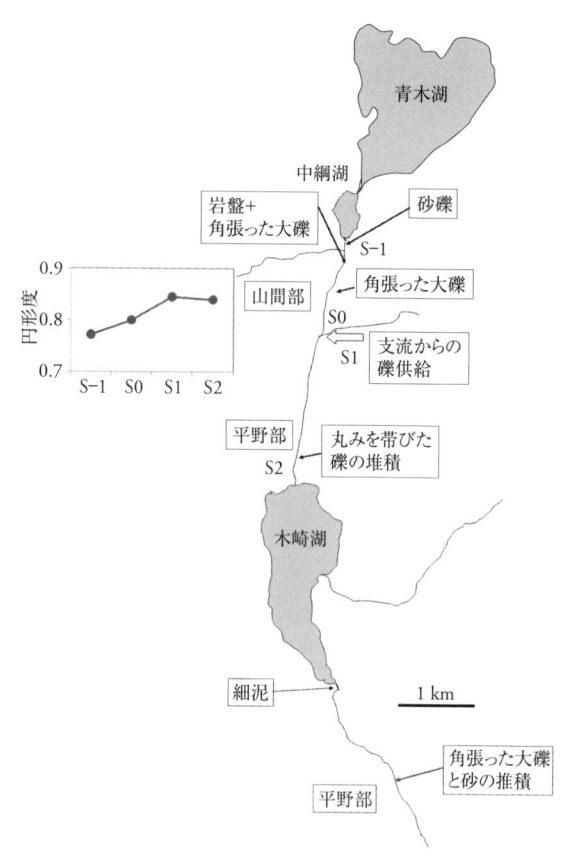

図 11-1 仁科三湖の下流域の礫の状況
仁科三湖のうち上流から2番目に位置する中綱湖直下では巨礫が多く角張っているが約3km下流の木崎湖流入口では丸みを帯びた礫となっている．最下流の木崎湖から下流は平野部となり極く少数の角張った大きい礫と砂で構成されている．

巨礫が乗っている状態である．しかし，河道の蛇行区間内側には，やや丸みを帯びた大礫がたまっている．河川水は，アオコの色を濃く残している．10km地点で支流が流れ込み，さらに下流の15km地点から平野部へとはいる．このあたりになると礫は小さくなり，丸みを帯びるようになる．25km地点になると河川水も無色透明となる．

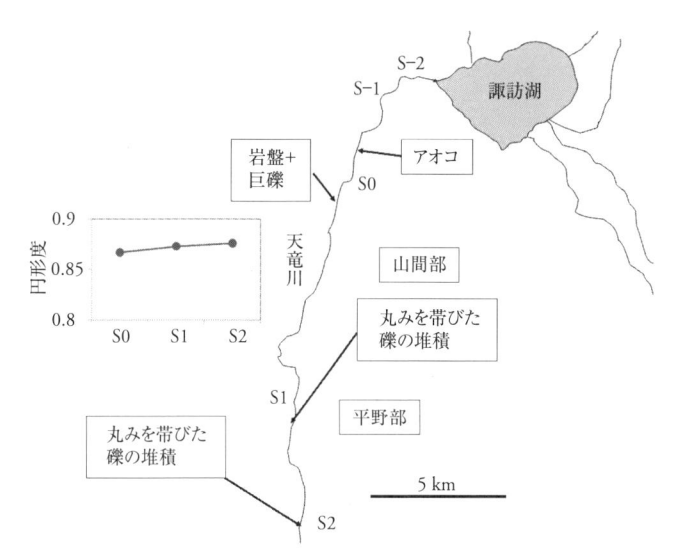

図 11-2 諏訪湖が流出する天竜川の礫の状況
諏訪湖とその下流の天竜川における河床材料の変化を示している．諏訪湖直下では巨礫が多く角張っているが約 15km 下流では丸みを帯びた礫となっている．

　以上は自然湖沼についての観察であるが，これに対して，ダム湖についても同様の調査を行った．広島県芦田川水系八田原ダム下流河川の河床調査結果を図 11-3 に示している．

　ダム直下は，直径 1m 以下の巨礫が岩盤の上に多く積み重なっていた．平野部を通り 4km 下流（S2）においても丸みをおびた大礫がまばらにある程度である．以後山間部となり，6km 下流で支流である阿字川と合流し，その合流点で直径 10cm 前後の丸みを帯びた礫が堆積した大規模な瀬を形成していた．それまで出現していなかったヒゲナガカワトビケラ類が高密度で出現した．それよりも下流側では，瀬において直径 10cm 前後の丸みを帯びた礫がつねに堆積していた．

　愛媛県松山市の重信川水系の石手川ダムについても調査を行った（図 11-4）．ダム堤体直下では，岩盤に 1m 前後の巨礫があった．山間部を通り，3km ほど下流地点（S1）では，丸みを帯びた 10cm 前後の礫の堆積が砂とともに見られた．4km 地点で支流と合流し，平野部へと流れ込む．その地点（S2）

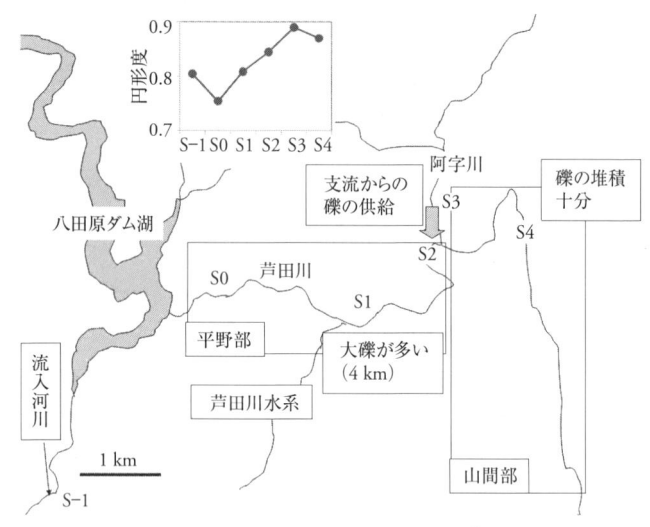

図11-3 八田原ダム湖の下流域の礫の状況
八田原ダム湖とその下流の芦田川における河床材料の変化を示している．ダム湖下流約4kmまでは大礫が多いが，支流である阿字川の合流点（S2）より丸みを帯びた礫となっている．

では，砂床の上に10cm前後の礫の堆積が見られた．

以上のように，河川の流程に沿った土砂移動の止水域での遮断とその下流側での回復について，自然湖沼とダム湖とでほぼ同じ過程がみられるといえる．ダム湖の下流環境への影響の度合いは，下流のある地点における集水域面積とダム湖の集水域面積の割合で指標化できるという (Petts et al. 1993)．そのため，ダム湖は自然湖沼と比較して河川次数がより大きい区間（つまり，より下流側）につくられることが多いこと (Thornton et al. 1990) を考慮すると，一般的にダム湖の方が下流環境へ与える影響は，質的には変わらないにしても相対的に大きいといえる．ただ，単純に流域面積比でダムの影響を評価するとおそらく過小評価となる場合もあろう．それは，環境のどの要素に対する影響を考えるかで違ってくる．湖への流入量については流域面積の0.99乗で近似できるということから（図1-6参照），集水域面積比でダムの影響を評価しても問題はなく，前述したように，結果として自然湖沼に比べて

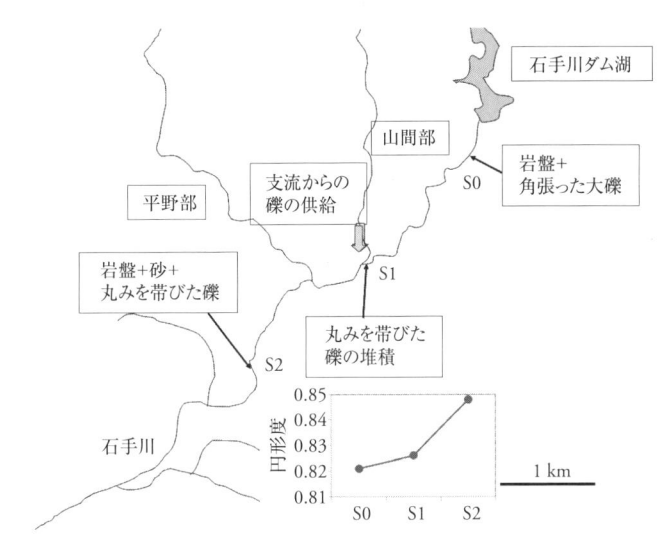

図11-4　石手川ダム湖の下流域の礫の状況
石手川ダム湖とその下流の石手川における河床材料の変化を示している．ダム湖直下は岩盤と角張った大礫により構成されるが，約2km下流の支流の合流点(S1)より丸みを帯びた礫となっている．

ダム湖の方が流入量に与える影響は多少大きいといえるであろう．しかし，土砂流入量に関しては，流域面積の0.3乗で近似できるとすると（芦田ほか 1983），ダムが下流に位置するほどダム下流側の流程に沿った土砂流出量の回復度合はかなり悪くなると推定できる（図11-5）．これらより，自然湖沼に比べてダム湖の方が土砂動態に与える影響はより大きいといえる．

　発電ダムなどでは取水した水の落差を大きく取るために数km先の下流へ放水することがよくある．この際ダム湖堤体直下流に無水区間が出現する．建設省（現国土交通省；河川の所管省）は，1988年に通商産業省（現経済産業省；発電の所管省）と発電取水部直下の流量を確保するためのガイドライン（発電ガイドライン）を定め，2005年までに一級河川の減水区間約6,300kmのうち，約5,100kmの環境改善を行っている（池淵 2009）．このように多くのダムで，ダム堤体直下河川の無水区間を解消するため維持流量が常時放流されるようになり，下流環境が改善されてきてはいる．しかし，吉野川水系

Part Ⅳ　流域環境の保全

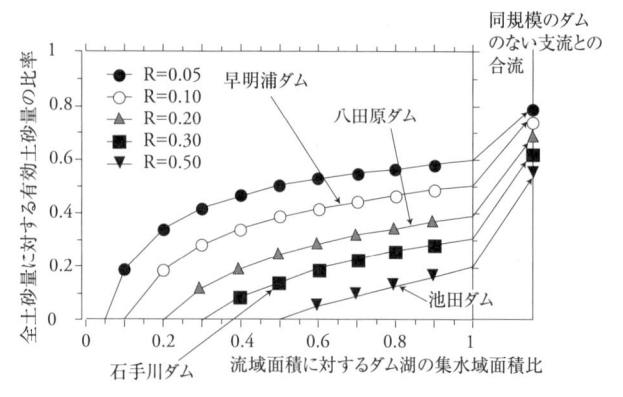

図 11-5　ダムサイトから下流に沿ってダムが土砂流出に与える影響

流域の途中にダム湖がある場合，上流から流れてきた土砂がそこで遮断される．ダムの直下では土砂の供給がなくなるが，下流に行くに従い土砂の供給が回復してくる．その回復の過程を，芦田ほか（1983）の流域面積とダム湖への堆砂量との関係に関する経験式に基づき，ここでは示している．各曲線の開始点（R）は流域内でのダムの位置を示しており，流域面積全体に対するそのダムが持つ集水域面積の割合で表現されている．この値が大きいほど流域の下流側にダム湖が位置していることを示す．

　銅山川の柳瀬ダムや新宮ダムの下流数km区間は，ダムで開発された水が発電や瀬戸内海側で利用されるために無水区間となっているし，また，吉野川本流に位置する早明浦ダムでも冬期無水区間（または無流水区間）が出現する時間帯が1日の内であるというように改善の余地は大きい．自然湖沼ではこのような無水区間の出現は一般にはない．

　河川の流量変動について，ダム湖があるとその下流側が平準化されることが知られている．図11-6はダム湖への流入量に対する流入量・放流量差の変化を示している．ダムの運用として，中小洪水を貯水して，大洪水の時はそのまま流下させるという洪水調節方法をはっきりと見ることができる．また，流量が少ない時はダム湖からの環境維持放流で水量を保っていることも明らかであり，ダム湖の存在により河川流量が平準化している．

　この流況変動について上流側に自然湖沼があれば，程度の差はあれ平準化を避けることはできない．この点については，自然湖沼もその多くで水資源

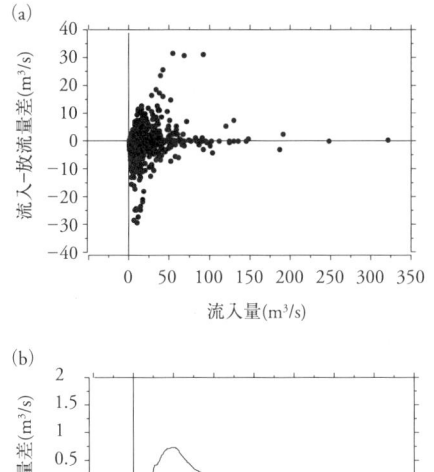

第 11 章　止水域が流域環境に与える影響

図 11-6　全国 55 ダムの月平均流入放流量差
(a) は実際のデータ，(b) はそのスプライン補間線を示す．流入放流量差が正の場合ダム湖に貯水され，負の場合ダム湖から放流されることを意味する．

開発が行われており，現時点では自然湖沼の自然の水位変動や流入流出関係をみることは難しくなっている．

ここでは諏訪湖をモデル化して下流河川流量の平準化について示す（図 11-7）．諏訪湖の湖面積，湖水容量，平均流入流出量については図中に示している．図 11-8 は平均流入量を正弦関数により 1 年周期で変動させた時に流出量がどのように変化するかを示したものである．計画高水に対する水深比より諸係数を計算して，流出口の平均流速を**シェジーの公式**より求めた．水門幅は，諏訪湖唯一の流出河川である天竜川への流出口にある釜口水門の幅である．現在の 20m 幅の場合（図 11-8 (a)），それを改修前の 5m 幅に狭めた場合（図 11-8 (b)）の結果を示している．狭めた場合，流入と流出の位相

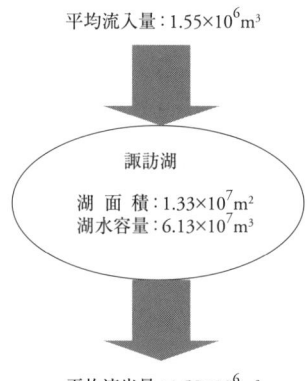

平均流入量：$1.55 \times 10^6 \mathrm{m}^3$

諏訪湖
湖　面　積：$1.33 \times 10^7 \mathrm{m}^2$
湖水容量：$6.13 \times 10^7 \mathrm{m}^3$

平均流出量：$1.58 \times 10^6 \mathrm{m}^3$

図11-7　諏訪湖の流出流入水量のバランス

(a) 水門幅=20m

(b) 水門幅=5m

(c) 水門幅=5m 湖水面積4倍

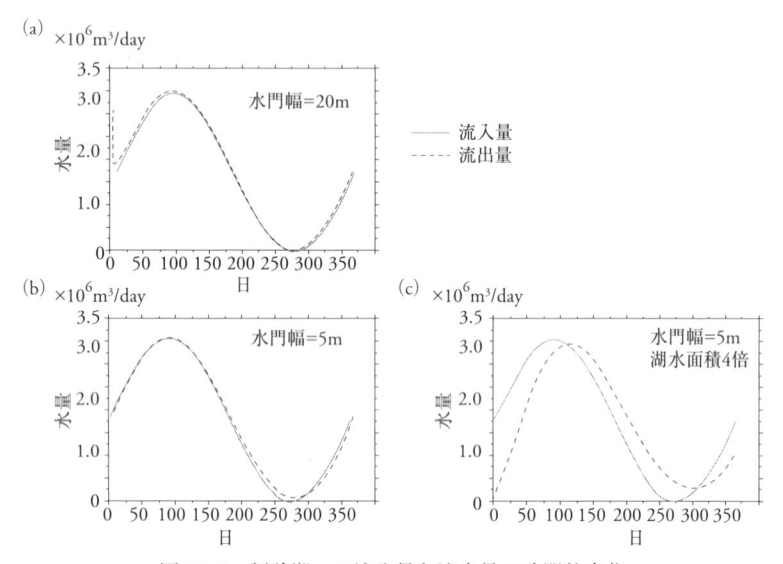

―― 流入量
---- 流出量

図11-8　諏訪湖への流入量と流出量の時間的変化

諏訪湖の水収支に関する簡単なボックスモデルの計算結果を示している．(a) 現在の諏訪湖の釜口水門の幅20mでの計算結果，(b) 改修前水門幅が5mであった場合の計算結果，(c) 水門幅は5mで仮に湖水面を現在の4倍の面積としたときの計算結果．

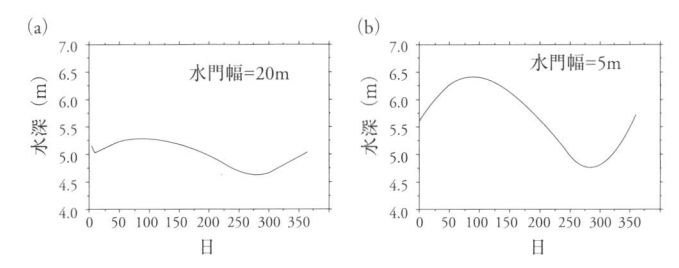

図11-9 水門幅20mと5mの場合の水位変動に関するモデル計算結果
(a) 現在の諏訪湖の釜口水門の幅20mでの計算結果, (b) 水門幅が5mであった場合の計算結果.

が14日ずれ,流量は最大流量の5％程度を最低でも維持している.現在の水門幅20mでは,ほとんど位相差はなく流量差もない.また,湖水位は水門幅5mで2m近くの変動を示すが,20m幅では0.7m程度に抑えられている(図11-9).諏訪湖は自然湖沼の中では湖水の回転率が大きく(図1-7参照),この現実的な設定による比較では少しわかりにくいので,湖の水深はそのままで湖水面積を4倍にした平均的な自然湖沼に近い仮想条件下での変動パターンも示している(図11-8 (c)).水門幅5mとすると流出量は大きな変化を示す.最小流出量はより多くなり最大流入量の9％程度となり,また,最大流出量も最大流入量に対して減少している.流入量の変動幅に対して,流出量の変動幅が小さくなっており,湖の存在による流量の平準化をよりよく示している.

図11-10 (b) では,流程に沿った河川流量の変化を示している.天竜川水系では,源流部に諏訪湖があり,その下流側に流程に沿って主なダム・堰として,西天竜取水堰,大久保発電取水堰,吉瀬ダム(堰),泰阜ダム,平岡ダム,佐久間ダム等が発電用として連続的に設置されている.佐久間ダムは豊川用水への取水もあるし,近年,洪水調節容量の設置も行われようとしているが,このダムまでの天竜川の流量は集水域面積に比例して増加している.水を利用し発電しても最終的には天竜川水系へ戻すようになっているので,自然湖沼の諏訪湖およびダム・堰があっても河川流量の大きな変化は見られていないと考えられる.一方,早明浦ダムから下流の吉野川水系に関す

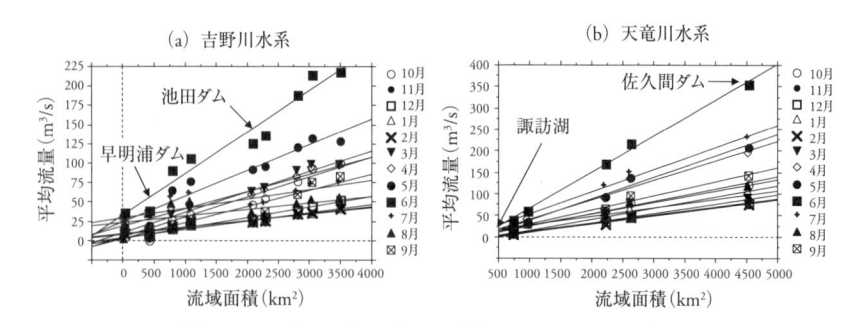

図 11-10　吉野川と天竜川の流程に沿った流量の変化
下流河川の流程に沿った流量の変化から，ダム湖や湖沼の流量への影響を調べた．流程に沿った流域面積と流量の変化との相関係数は，(a) 吉野川で 0.42～0.966，(b) 天竜川で 0.87～0.999 であった．

る河川流量の流程に沿った変化を図 11-10 (a) は示しているが，ダム湖前後で流量が大きく変動している．とくに，前述したように吉野川水系の銅山川には，柳瀬ダムや新宮ダムが設置されており（図 1-12 上図），その下流数 km 区間は，ダムで開発された水が分水され，発電や瀬戸内海側で利用されるために無水区間となっている．つまり，洪水時以外銅山川から吉野川本流へ河川表流水はほとんど流れ込んでいない．また，早明浦ダムで開発された水が香川用水として香川県へ下流の池田ダムから分水されている．そのために流程に沿った河川流量の変化に，ダム湖によりつくられた無水・減水区間の影響が現れていたのである．

　このダム湖下流側河川における無水区間の出現はダム湖を挟んで河川上下流の分断化の象徴的なものであるが，常時維持流量をダム湖より流して無水区間を解消したとしてもダム堤体による河川分断化にはかわりがない．このことについて，C タイプの自然湖沼ではダム湖と同じであるが，自然湖沼は多くの場合 A タイプであるとすると，この点においてダム湖との本質的な違いを指摘することができる．

　ダム湖下流において植物プランクトンの流出が多くみられるが，これは人為的に富栄養湖化した自然湖沼（諏訪湖—天竜川など）でも普通に見られる現象である（片山ほか 2003）．諏訪湖の釜口水門（図 11-2 の S-2）から，下流25km 地点となる伊那市北部までの流程に沿った河川水中の懸濁態有機物の

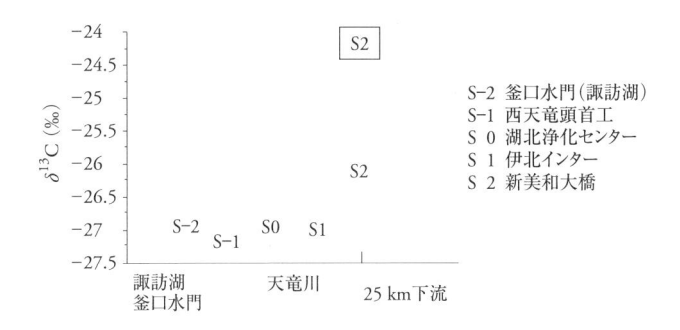

図 11-11　懸濁態有機物の炭素安定同位体比の流程に沿った変化
諏訪湖の釜口水門から天竜川下流に沿って採集された懸濁態有機物の炭素安定同位対比の変化を示している．四角囲みの S2 は，S2 地点での礫表面に付着する微細藻類（付着藻類）の値を示す．S-2 の懸濁態有機物は，アオコが多く含まれたものである．

安定同位体比の変化を夏季に調べた（図 11-11）．その結果，釜口水門では，高濃度のアオコが見られたがその影響が 25km 下流の伊那市周辺でもまだ解消されずに残っていることが明らかとなった．河川水の色はすでに無色透明になっていたが，有機物としては，まだ，諏訪湖の影響が強く残っている可能性がある（片山ほか 2003）．ただし，25km ほど下流の S2 では $\delta^{13}C$ の値が上昇し，底生藻類の値に近づいており，河川内の生産物が増加しつつあることを示している．

11.3.2　流域環境に与える影響

　流域環境に与える影響における自然湖沼とダム湖との違いを検討しているのであるが，何度か述べたように，ダム湖水管理の方法によっては必要以上に植物プランクトンの増殖を高めてしまうこともある．また，自然湖沼の場合流入水量に対する湖の総容量が大きく元々濁水の影響が出にくい構造を持っている可能性はあるが，やはり第 1 章でも述べたようにダム湖水管理の方法により濁水の長期化を引き起こしているとも考えられる．現時点において両者に違いがある場合でも，その違いが両者のもつ本質的な違いに由来するとは単純にはいえないこともある．以上のことも含めて，流域環境に与える影響について，自然湖沼とダム湖との違いを 11.1 節の①〜⑤の影響項目

に対応させてまとめると以下のようになる．

①流量変動

　河川の流量変動についても上流側に自然湖沼があれば平準化を避けることはできない．また，とくに利水・治水容量を持つダム湖の場合は，中小洪水のカットが目的の一つであり，その本質としての平準化は避けられない．この中小洪水のカットによる平準化は，中規模攪乱説によれば適度な攪乱による種多様性の維持機能の低下につながる．大洪水の時は河床堆積物の移動等が起こりうるがその頻度は低い．自然河川では，より頻繁に起こる中小洪水により河床に堆積した微細粒子が一掃され，河床の付着藻類の遷移が再び起こるようになると，種多様性の維持が可能となる．しかし，自然湖沼ではその平準化の程度は比較的小さい可能性がある．

　無水区間の出現については，渇水期を除いて自然湖沼では普通起こらない．それに対し，発電用ダムや他流域への分水を行っているダムでは起こりがちである．これに対して，環境維持容量の設定（無水区間をなくすためにダムから一定の流量で放流を行う）が行われているダムも増えてきている．

②土砂供給

　Bタイプの自然湖沼では下流河川での土砂供給の低下が見られる．それ以外のタイプの自然湖沼では，下流側にある山地渓流また支流からの供給があり川床の回復がある程度可能である．ダム湖の場合もその立地条件により下流への土砂供給状況は変わりうる．この土砂供給問題に関しては，自然湖沼とダム湖とで本質的な差はない．

③濁水

　濁水長期化に関して，自然湖沼に関する情報を収集する必要があるが，第1章で述べたように放流水の取水位置などダム湖水管理により濁水期間を長期化している可能性がある．

④アオコ等による有機物負荷

　ダム湖下流において植物プランクトンの流出が多くみられるが，これは人為的に富栄養湖化した自然湖沼（諏訪湖—天竜川など）でも普通の現象である．ただし，ダム湖水運用法により必要以上に河川に対して有機物負荷をか

けている可能性がある．逆に，中小洪水のカットにより，沿岸に対する流域からの栄養塩供給を低下させている可能性も指摘されている．その分がダム湖に溜まり富栄養湖化に寄与することになる．自然湖沼でも同様のことが生じていると考えられるが問題はその程度である．自然の遷移としての富栄養湖化の速度をその基準とすることができる．

また，ダム湖生態系の構造に直接与える影響として，栄養カスケード効果の空白域が存在する可能性を指摘した(8.2.2項，11章)．つまり，自然湖沼では存在しないが，ダム湖では植物プランクトンは増殖可能で動物プランクトンは増殖不可能な湖水交換速度の範囲が存在し，一部のダム湖の交換速度がこれに該当している(図1-7参照)．この空白域の存在が，植物プランクトンの増殖を引き起こし，下流河川への有機物負荷へとつながる場合もあると考えられる．

⑤河川生物個体群の分断化

河川の分断化について，Cタイプの自然湖沼はダム湖と同じであるが，多くの場合自然湖沼はAタイプであるとするとダム湖との本質的な違いを指摘することができる．ただし，大きな止水域では流入口と流出口との間を移動することができないといわれる生物種も存在しており，この点では自然湖沼であろうとダム湖であろうと違いがない．

最後の⑤を除いて，①〜④までの各要因に関する下流河川環境への影響は，当然のことながら，同時に起こる可能性が高く，その影響は複合的なものとなっている．とくにダム湖や周辺流域からの有機物負荷・シルト流入が生息環境の改変を複合的に促進している．100年前の山林は荒れており，河川へのシルトの流入は普通の現象であったと思われるが河川環境がそれほど悪化したとは思えない．中小洪水カット＝河川流量の平準化による河床に堆積した微細粒子の洗い流し効果の低減化が，河床へのシルト・有機物粒子の堆積を促進して低酸素化を引き起こし，生息環境を著しく損ねるようになった可能性もある(図11-12)．

礫供給量の減少や中小洪水のカットと濁水長期化およびダム湖産有機物の流下が重なると，下流河川で有機物＋微細粒子の河床堆積が進行し，付着藻

Part Ⅳ 流域環境の保全

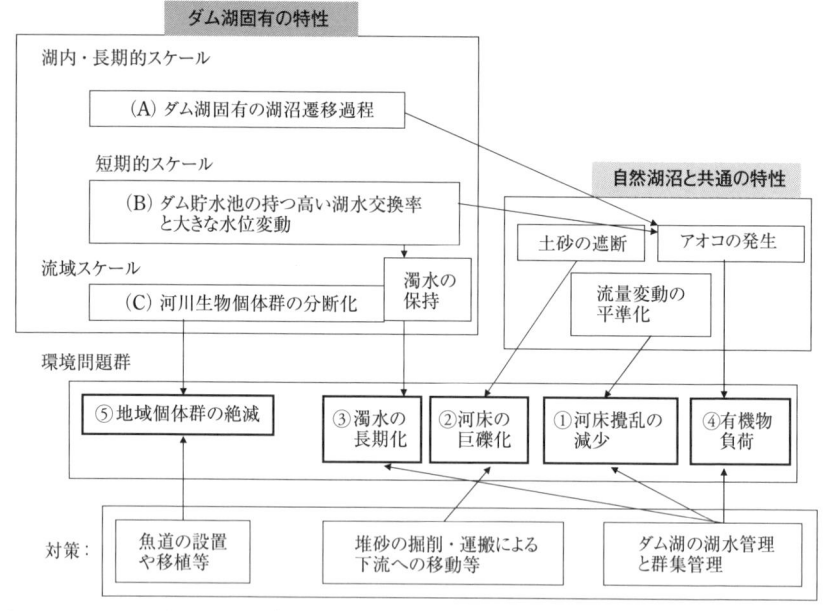

図 11-12 自然湖沼とダム湖の特性比較と環境問題群
図中の①〜⑤は，11.1 節および 11.3.2 項に挙げた環境への影響項目と対応している．

類の生産阻害，餌となる有機物としての質の低下や生息場所環境の悪化（巨礫環境，低酸素環境）が引き起こされる．

①〜④までの各要因については以上のように河川環境を悪化させる複合的な要因としてまとめることができるであろう．これらの河川環境の悪化による生物種への影響については本シリーズ第 1 巻（池淵 2009）参照のこと．

11.4 まとめ：止水域による下流環境への複合的な影響

自然湖沼との比較は，ダム湖生態系を自然湖沼のようにしなければならないということを想定しているわけではない．与えられた水質等の同等の環境条件に対して，例えば植物プランクトンの現存量が自然湖沼よりも多くなっているというときその要因を探り，ダム湖水位操作等によりその低減化を図

ろうということから検討している．また，土砂（礫）供給の遮断は，自然湖沼でもみられる現象であるが，下流環境に与える影響は大きく改善の必要性は高い．ただ，その影響は流域全体の中で評価する必要がある．山間部であればダム湖でも自然湖沼と同じく下流側での支流の合流や両岸からの供給である程度は回復可能である．しかし，ダム湖の下流が平野部へと続く場合，自然湖沼の場合と同じく，側面からの礫の供給などは少なくなる．清水や土砂のバイパスをつくるならばそのような立地条件のところで行うべきであると提言できる．このような提言ができることがダム湖を自然湖沼と比較することの意義の一つである．山間部でダム湖下流環境を改善できる可能性があるのにもかかわらず，土砂バイパスなど人為的措置を講ずるのは，別の問題を引き起こしたり，無駄な投資になる可能性もあるということである．

以上に述べた問題群のうち，ダム湖水管理による影響緩和が可能なものとして，
・流量の平準化と無水区間の解消
・水質（有機物負荷）および濁水の改善
が挙げられる．また，流域環境の保全を通して，以下に挙げる流域ダム湖群が流域環境全体に与える影響の緩和の可能性がある．
・土砂（礫）供給量の減少からの回復
・河川分断化の緩和

結論として，流域河川環境に与える影響について自然湖沼とダム湖との本質的な違いは，図 11-12 に (C) として挙げた「流域スケール：河川分断化（＝河川生物個体群の分断化）」にあると判断される．

これ以外の相違は，多くの場合程度問題といえよう．しかし，その違いの程度を明らかにし，その差を縮める努力をすることが，ダム湖の河川環境に与える影響を軽減するための第一段階として必要であろう（図 11-12）．同時に，河川の分断化の克服に努力する必要がある．次の第 12 章において，「河川生物個体群の分断化」に対する詳しい検討を行う．

参照文献

芦田和男・高橋　保・道上正規（1983）『河川の土砂災害と対策：流砂・土石流・ダム堆砂・河床変動』森北出版.

波多野圭亮・竹門康弘・池淵周一（2005）貯水ダム下流の環境変化と底生動物群集の様式.『京都大学防災研究所年報』48B: 919-933.

池淵周一編著（2009）『ダムと環境の科学Ⅰ　ダム下流生態系』京都大学学術出版会.

井口昌平（1979）『川を見る：河床の動態と規則性』東京大学出版会.

片山幸美・中山恵介・金　昊柔・米沢佐世子・朴　虎東（2003）移流拡散モデルを用いた天竜川の藍藻 *Microcystis* の動態解析.『陸水学雑誌』64: 121-131.

水野信彦（1995）『魚にやさしい川のかたち』信山社

Petts, G., Armitage, P. and Castella, E. (1993) Physical habitat changes and macro-invertebrate response to river regulation: the River Rede, UK. *River Research and Applications* 8: 167-178.

Thornton, K.W., Kimmel, B.L. and Payne, F.E. (1990) *Reservoir Limnology: Ecological Perspectives*. John Wiley & Sons.

第12章
ダム湖群と流域の健全性

12.1 河川の分断化と生息場所の改変

　第11章の議論から，自然湖沼とダム湖との違いのなかでその本質的なものは生物の生息場所としての河川の分断化＝河川生物個体群の分断化であると述べた．一般的に河川生物は，種ごとの環境選好性に従って流域分布していると考えられる．よって，あるダム湖が与える河川分断化の影響解析は，流域全体の個体群に対する評価を通して行う必要がある．ここでは，その河川の分断化にはじまる，ダム湖が流域全体に与える影響を以下のような項目に従って検討する（図12-1, 図10-7）．

A　河川生態系の構造に対する影響（12.2節）
　・個体群の分断化：
　　(1) 生息場所の分断化による生物種個体群の分断化（11.3.2項⑤参照）
　・生息場所の改変：個体群上限サイズ（環境収容量）の減少や個体群増加
　　　　　　　　　率の平均やばらつきへの影響（10.3〜10.4節参照）
　　(2) 河川流量変動の減少と平準化（11.3.2項①参照）
　　(3) 土砂供給量の減少（11.3.2項②参照）
　　(4) 濁水長期化（11.3.2項③参照）
　　(5) アオコ等による有機物負荷（11.3.2項④参照）

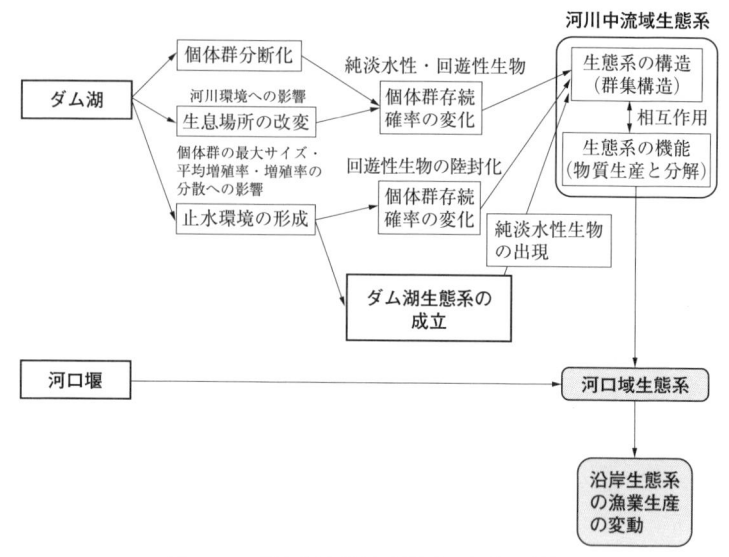

図 12-1　ダム湖が流域生態系に与える影響

B　河川生態系の機能に対する A の影響（12.4 節）
　　(1) 藻類食機能種群の増減：アユ *Plecoglossus altivelis altivelis*，ボウズハゼ *Sicyopterus japonicus* 等
　　(2) 懸濁物食機能種群の増減：ヒゲナガカワトビケラ類，シマトビケラ類等
　　(3) 堆積物食機能種群の増減：ユスリカ類等
C　止水環境（ダム湖）の形成（両側回遊性魚類の陸封化）（12.2.5 項）
D　沿岸生態系に対する B の影響（12.5 節）
　　(1) 沿岸域への栄養塩供給量の減少
　　(2) 沿岸域への有機物負荷の増大

　流域に与えるダム湖の影響についての上記した項目は，都市地域や農地等からの影響とともに以下に述べるように相互に関連性を持っている．
　ダム湖の出現による A (1)，(2)，(3)，(4)，(5) の影響は生息場所の減少や劣化を引き起こす．その結果として河川生物群集構成種の個体群サイズの

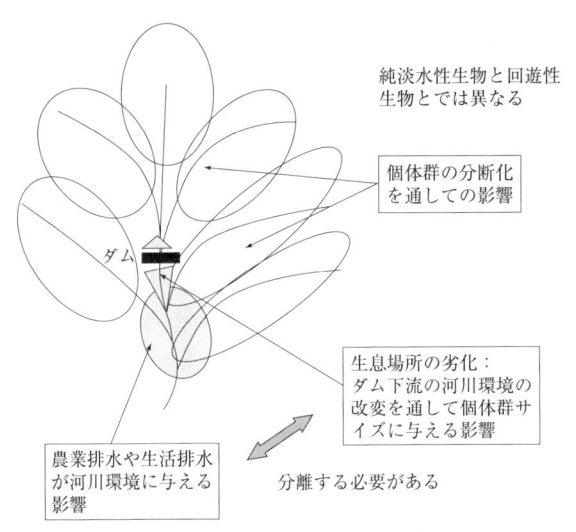

図 12-2 個体群の存続確率に与える影響の要素
図中の白い楕円は小流域，黒の長方形はダム堤体，三角形はダム湖，逆三角形はダムがもつ下流環境への影響範囲，灰色の楕円は流域の土地利用が河川環境に与える影響範囲を示している.

減少を引き起こし，その群集組成に変化を与える．とくに，生息場所が限定される特定種などの絶滅危惧種については，その個体群の存続に大きな影響を与える場合がある．

この河川生物群集組成の変化は，河川生態系を構成する機能種群の存否に影響を与えることを意味する（B (1), (2), (3)）．また，この機能種群の存否への影響は，河川水質の変化を引き起こすと考えられる．つまり，河川水中の全物質に対する無機栄養塩の割合が減少し有機物の割合が増え生態系に負荷を与えることになる．最終的に，河川水の流出先となる沿岸生態系における漁業生産に影響を与える可能性がある（D (1) と (2)）．

ダム湖の出現により，湖沼性生物の定着や**両側回遊**性魚類の湖沼**陸封化**が生じる．このことは，流域全体の中におけるこれらの生物の個体群存続に大きな影響を与えることになろう（C）．

以上に述べたもののうち，河川分断化による個体群の分断化が，個体群の存続に与える影響については，**個体群存続確率分析**（**PVA**: Population Viability

Analysis) に基づき説明する (A (1)). 生息場所の改変の一部については，その解析方法に関して説明する (A (2), (3), (4) と (5)). ダムや堰などの河川横断工作物により分断化されるとその効果自身が，まず，個体群の存続確率に影響を与える (A (1)). さらに，分断化された各個体群の上限サイズ等個体群特性値に影響を与えるのが生息場所の量と質の改変であり (A (2), (3), (4) と (5)), それが最終的に流域全体の個体群の存続確率に影響を与える (図12-2). また，ダム湖による環境改変を通した河川生態系の**機能群**とその構成変化が河川水質に与える影響について説明する (B (1), (2), (3)).

12.2 ダムによる河川分断化に対する河川生物絶滅リスク評価

12.2.1 個体群存続確率分析

河川横断工作物は，河川生物群集を構成する種の流域個体群の分断化を引き起こしている．この分断化が流域個体群に与える影響をその個体群存続確率の変化に関する評価により定量化することができる．この方法は，PVA法として知られている (Foley 1994). この分析のためには，対象となる種個体群の対象となる地域での長期的な個体数変動データが必要となる．この方法の草分けとなる Foley (1994) に従って，具体的な方法を以下に説明する．個体数変動データから求めるものは，平衡個体数または上限個体数 (k), **個体群増加率** (r), 個体群増加率の分散 (v_r) および自己相関関数 (ρ) で，これらより個体群の平均絶滅時間 (T_e) を推定する．また，年々の令構成および産卵曲線のデータがあれば，同様の計算を行うことができる．

野外個体群の調査期間 ($t=0$ から $t=t_{max}$) の個体数変動データがあるとする．平衡個体数または上限個体数 (k) には，野外個体群が平衡状態にあるとして調査期間中の平均個体数をあてる．個体群増加率 (r) は，以下のようにして算出する．

$$r_t = \ln(n_{t+1}/n_t) \tag{1}$$

$$r = \left(\sum_t r_t\right)/t_{\max} \tag{2}$$

また，個体群増加率の分散 (v_r) および自己相関関数 (ρ_τ) は以下のようにして求める．ここでτは任意の時間間隔を示している．

$$v_r = \sum_t (r_t - r)(r_t - r) \tag{3}$$

$$\rho_\tau = \sum_t (r_t - r)(r_{t+\tau} - r) \tag{4}$$

個体群の平均絶滅時間 (T_e) を求めるために以下のような確率微分方程式をたてる．個体群変動を表す関係式の単純さが結果に影響を与える場合がある．例えば，ロジスチック式を使えばより現実に近い密度依存的な個体数変動も考慮することができる．しかし，ここでは密度効果は考えておらず，代わりに上限値 k（反射）と下限値 0（吸収）を境界条件として設定する．

$$dn = r_d dt + \sqrt{v_r}\, dW(t) \tag{5}$$

ここで，$dW(t) \sim N(0, dt)$ とし，$dW(t)$ と $dW(t+\tau)$ とは 0 でないすべての τ について相関はないとする．これらを個体群増加率 $r_d \neq 0$ の条件で解き平均絶滅時間 (T_e) を求めると次のようになる．

$$T_e = \frac{k^2}{v_r}\left(1 + \frac{2}{3}(sk)\right) \tag{6}$$

ここで，$s = r_d/v_r$ とする．また，現在から t 時点までの個体群の存続確率 ($P(t)$) は，ポアソン分布に従うと仮定すると個体群の平均絶滅時間 (T_e) から以下のように得られる．

$$P(t) = e^{-t/T_e} \tag{7}$$

ただし，$\tau = 1$ の時，自己相関関数 (ρ_τ) の絶対値が 0 よりも大きい場合（$-1 < \rho < 1$），確率微分方程式を解く前提条件が満たされなくなる．よって以下のような補正を個体数増加率の分散 (v_r) に施す必要がある．

$$v_{re} \doteqdot \frac{1+\rho}{1-\rho} v_r \tag{8}$$

ここで v_{re} は，補正された個体数増加率の分散である．これを式 (6) に代入し補正された個体群の平均絶滅時間 (T_e) を推定する．

以上に述べた PVA 法の問題点についても述べておく．多くの意見があるが，もっとも重要な問題点は，短期間の個体数変動データでは，個体群の平均絶滅時間の推定誤差が大きくなり正確な推定ができなくなることである (Lotts et al. 2004)．多くの場合，調査期間は 10 年程度である．しかし，十分な精度を確保するためには 20 年以上の個体数変動データが必要とされている．

また，個体群サイズが小さい場合，個体群増加率変動の分散が小さくても短期間で絶滅する場合がある．このように個体群が短期間で絶滅したとすると短期間で絶滅したがために個体群増加率変動の分散が小さくなることがある．そのような場合を含めて個体数変動の分散と個体群の存続確率との関係をとると負の相関が得られることがある．しかし，十分な時間をかけた個体群サイズの十分大きい野外個体群に対する多くの観察データからは，はっきりとした正の相関が得られている (Vucetich et al. 2000)．この点からも十分サイズが大きい個体群の変動データが必要である．

以上のことから個体群の平均絶滅時間を推定するときの注意点として，20 年以上の長期間にわたる十分個体数の多い個体群の個体数変動データが必要ということである．この調査には膨大な時間とコストがかかり，PVA 法の実用性については場合に応じて詳細な検討が必要である．後ほどこの点について再び議論する．

12.2.2 流域全体の河川横断工作物による種個体群分断化に対する効果

流域全体で複数 ($n-1$) の河川横断工作物によりある種の個体群が n 個に分断化されているとする．この場合，分断化されたすべての個体群 ($i=1, n$) について 100 年後の絶滅確率 ($P(t)_{\text{total}}$) を計算し，以下のようにすべてを掛け合わせて流域全体としての対象種個体群の絶滅確率を計算する必要がある．ここで，$P_i(t)$ は i 個体群単独の場合の年あたり個体群存続確率である．

$$P(t)_{\text{total}} = (1-(1-P_1(t))^{100}(1-P_2(t))^{100} \ldots (1-P_n(t))^{100})$$
$$= (1-\prod_i (1-P_i(t))^{100}) \tag{9}$$

　しかし，ダムや大堰とは異なり，落差の低い中小堰は，魚道がない場合でも上流側から下流側への移動は可能である場合が多い．その際，移動を考慮した個体群存続確率の計算方法が必要となる．砂防ダムのようにやや大きな堰の場合，堰の上流側に分布する分断化された個体群の存続確率 ($P_i(t)$) が，下流側の分断化された個体群の存続確率 ($P_{i+1}(t)$) に一方的に影響を与えることになる．河川に，$n-1$ 個の堰 ($j=1, n-1$) が連なっているとすると，一つ上流側の堰からの影響を考慮した各分断化された個体群の存続確率 ($P_i(t)'$, $i=1, n$) は以下のような式で得られる．

$$P_1(t)' = P_1(t)$$
$$P_2(t)' = (\sum_{n=1}^{100} P_1(t)'^{n-1}(1-P_1(t)')(1-P_2(t))P_2(t)^{100-n+1}$$
$$+ (1-P_2(t)^{99})P_2(t)^{100-n+1}P_1(t)'^n + P_2(t)^{100})^{-100}$$
$$\ldots$$
$$P_n(t)' = (\sum_{n=1}^{100} P_n(t)'^{n-1}(1-P_n(t)')(1-P_n(t))P_n(t)^{100-n+1}$$
$$+ (1-P_n(t)^{99})P_n(t)^{100-n+1}P_{n-1}(t)'^n + P_n(t)^{100})^{-100} \tag{10}$$

　これらから，この分断化された個体群全体としての 100 年後の存続確率 ($P(t)_{\text{total}}$) は，以下の通りとなる．

$$P(t)_{\text{total}} = (1-(1-P_1(t)')^{100}(1-P_2(t)')^{100} \cdots (1-P_n(t)')^{100})$$
$$= (1-\prod_i (1-P_i(t)')^{100}) \tag{9'}$$

　以上の式をもとに，流域全体の河川横断工作物すべてによる個体群分断化の効果を考慮した，ある種の個体群に対する存続確率の計算を行う必要がある．その後，分断化された個体群に対する生息場所改変による個体群サイズや増殖率，また，その分散への影響を考慮して，最終的なある種の個体群に

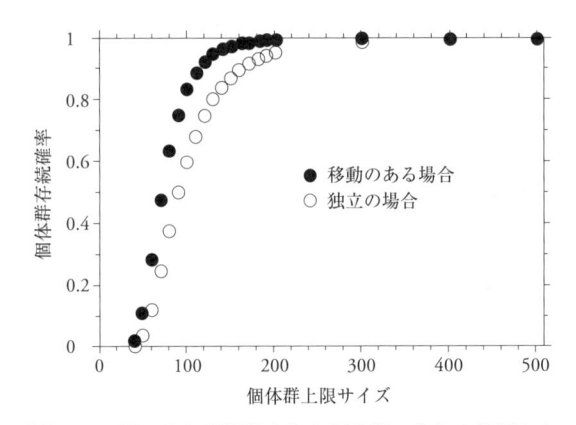

図 12-3　堰により分断化された個体群のうち上流側から下流側のみ移動がある場合の個体群存続確率
二つの連続する生息場所があるとして，黒丸は上流側からの個体の流入がある場合，また白丸はそれぞれが独立している場合の全体の存続の確率を表す．横軸は個々の生息場所に生息する有効な個体群サイズを示す．

対する存続確率の計算を行う必要がある．

　河川内に一つの堰で分断化された二つの個体群があるとして，その 100 年後の存続確率 ($P_i(t)'$, $i=1, 2$) を上記の式により得られる．ここで，$r_d = 0.002$ および $v_r = 100$ として，各個体群単独の場合の年間の個体群存続確率 $P_1(t)$，$P_2(t)$ を求め，$P_1(t)'$ と $P_2(t)'$ を実際に計算してみると図 12-3 のようになる．図中の白丸は，堰を挟んだ二つの個体群の個体群サイズが独立に変動しているとしたときの 100 年後の個体群存続確率となる．黒丸は，上流側の個体群が存在すると下流側の個体群は絶滅しても復活するとしたときの 100 年後の個体群存続確率となる．この図から 95％の存続確率に必要な個体群サイズが，各個体群が独立の場合の約 200 個体から，下流側に影響するときの約 140 個体まで小さくなっていることがわかる．

　ここでは，上流側から下流側への影響は小さい（つまり一つ下の個体群とのみ関係する）としたが，より大きい場合，元々の個体群動態を表現する式に移出入を考慮する項を導入し，確率微分方程式を解いて個体群の平均絶滅時間を与える式を求め直す必要がある．

より小さな堰になると堰を挟んだ上下の交流が可能な場合もある．この場合，集団遺伝学的手法により二つの集団間の移出入を定量化することができる．遺伝子分化係数 G_{ST} は，各集団の有効な個体数 N，集団の数 h，移住率（移出入率）m，突然変異率 μ から次のように表現できる（Takahata and Nei 1984）．

$$G_{ST} = 1/[1 + 4N(h/(h-1)(m+\mu))] \tag{11}$$

ここで，集団の数 $h=2$ および $m \gg \mu$ で，$G_{ST}=0.01$ とすると mN は 12.25 となる（多くの種で $G_{ST}<0.1$ となり（Nei 1987），この場合 mN は 1〜2 となる）．2 集団間で，1 世代あたり 12〜13 個体が移動すると遺伝子分化係数が十分小さくなり，**遺伝的分化**は起こっていないと判断できる．集団の数が増加すると遺伝的分化が起こらないために移動すべき個体数は減少するが，多数の集団間の移動の時間を考慮していないために実際は推定値よりは多くの移動個体数が必要となろう．

以上のように集団間の遺伝子分化係数 G_{ST} から集団間の移出入を定量化できるが，1 世代の間に集団の大きさにかかわらず 10 数個体の繁殖可能な個体が移動すれば，2 集団間の遺伝的分化は起こらない．これより大きな移出入率の場合，集団遺伝学的手法では必要移動個体数は推定できないが，当然遺伝的分化は起こらないことになる．魚道があれば直接観察法も可能であるし，マーキング（標識法）やトラッキング（追跡法）による生態学的方法も有効であり，堰等の個体群分断化効果の有無を明らかにできる．もし十分な個体数（上記した 10 数個体）の交流が確認できれば堰による上・下流個体群の分断化を考慮しなくてよいということになる．効果的な魚道の設置（コラム 12 参照）という方法もあるが，早く確実な方法は，河川管理者が河川生物個体群（群集）の状況をモニターしながら定期的に適度な数量の個体を捕獲・移動させることである（第 13 章参照）．この生物群集管理は，とくにダムなどの効果的な魚道設置が困難な場合，または，設置に多額の予算が必要な場合には有効な手段である．しかし，生態学の専門的知識を持つ要員の配置が必要となる．流域全体の河川生物群集のモニターが必要な点も流域生態系管理においては重要な点である．

淡水域と海域を行き来する**両側回遊性生物**の場合，また別の解析が必要となる．とくに成体の生息場所が淡水域の場合，隣接する n の流域に生息する種個体群が相互に関係を持っており，十分な遺伝子交流を持つ一つの地域個体群を形成すると考えられる場合もある．その時は，次に挙げるような100年間の個体群存続確率を推定する関係式が成り立つ．ここで流域 i の年あたり個体群存続確率を $P_i(t)$ とする．

$$P(t)_{\text{total}} = (1-(1-P_1(t))(1-P_2(t))\cdots(1-P_n(t)))^{100}$$
$$= (1-\prod_i(1-P_i(t)))^{100} \tag{12}$$

例えば二つの流域の場合，次のような式となる．

$$P(t)_{\text{total}} = (1-(1-P_1(t))(1-P_2(t)))^{100} \tag{13}$$

ここでは，二つの流域でそれぞれ単独の場合の年あたり個体群存続確率 $P_1(t)$ および $P_2(t)$ を持ち，また，相互に十分な交流があるとするとして，100年後の二つの流域を合わせた個体群存続確率 $P(t)_{\text{total}}$ を求めている．$r_d = 0.002$ および $v_r = 100$ として，各上限サイズ (k) に対して個体群単独の場合の年間の個体群存続確率 $P_1(t)$，$P_2(t)$ を実際に求め，$P(t)_{\text{total}}$ を計算してみると図12-4のようになる．相互の遺伝子交流がなく各流域が単独の場合（白丸）100年後の個体群存続確率が95％となるためにはそれぞれの流域で上限サイズ (k) として約200個体の成熟個体が必要であるが，相互の遺伝子交流がある場合（黒丸），約70個体で個体群存続確率が95％となる．**回遊性生物**の個体群存続における有利さは明らかである．

個体群存続確率を用いた一つの応用例として，同じ流域の中で一つの大きなダムと合計で大きなダムと同じ集水域面積を持つ多くの小さなダムでは，どのように流域の河川生態系に与える影響が異なるかという問題がある．これに PVA 法を適用してみると次のような式を得ることができる．

$$P(t)_{2/2} = (1-(1-e^{[-t/T_{e,1/2}]})^2) >$$
$$P(t)_{2/2,\,2/2} = (1-(1-e^{[-t/T_{e,1/2}]}))(1-(1-e^{[-t/T_{e,1/6}]})^3) \tag{14}$$

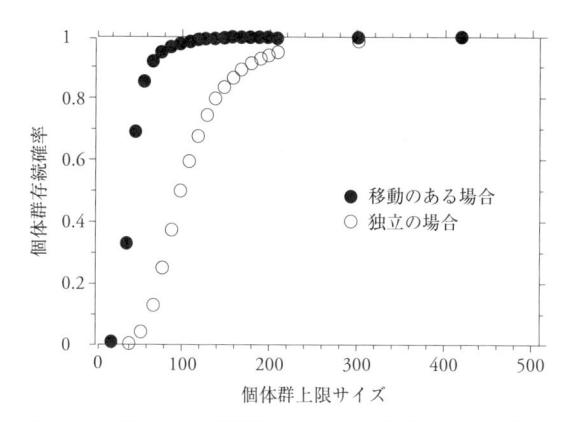

第12章 ダム湖群と流域の健全性

図12-4 堰により分断化された個体群間相互の移動を
考慮した100年後の個体群存続確率
二つの隣接する流域があるとして，黒丸は相互の遺伝子交流が
ある場合，また，白丸はそれぞれが独立している場合の全体の
存続の確率を表す．横軸は個々の流域に生息する有効な個体群
サイズを示す．

この場合，**純淡水性生物**についての計算式である．ここで不等式の左辺は大きなダムによる流域2分割の場合の個体群存続確率を与える式であり，右辺が小さなダム三つによる流域4分割の場合の個体群存続確率を与える式である（図12-5）．

この不等式で明らかなように大きなダムのほうが純淡水性生物に与える個体群分断化の影響は小さいと判定される．ただし，ここでは，ダムが下流側個体群の個体群サイズ等に与える影響はダムの集水域面積に比例すると仮定している．また，もし回遊性生物が陸封されるとするならば，全体で同じ上限サイズを持っていても分断化されると個体群存続確率は低下することから，回遊性生物についても小さなダム三つのほうが与える影響は大きくなる．回遊性生物がダム湖で陸封されることがないならばどちらのダムでも同じということになる．

しかし，本流に沿った土砂供給量から考えると下流方向へ流域面積の0.3乗で増加するので（10.2.3項参照），本流の途中に大きなダムがあるとそれよりも下流側の土砂供給量の回復は緩やかなものとなり河川生物に大きな影響

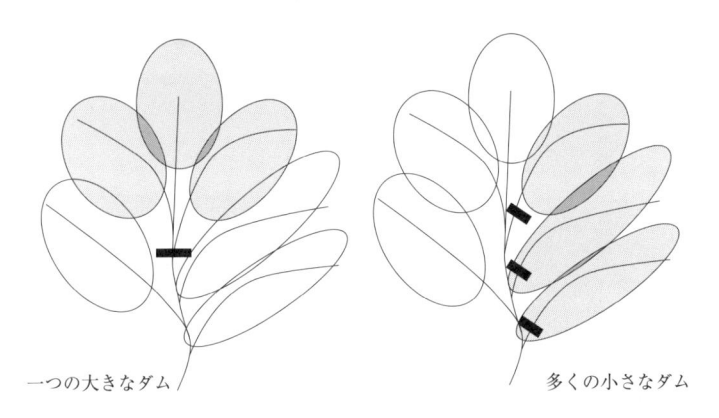

一つの大きなダム　　　　　　　　多くの小さなダム

一つの大きなダムと合計で同じ流域面積を持つ多くの小さなダムでは，どのように河川生態系に与える影響が異なるか？

図 12-5　大きなダムと小さな複数のダムが個体群存続確率に与える影響の解析概念図

を与えると考えられる．これに対して，支流にダムがある場合は，本流に沿った土砂供給量は徐々に減少するためにその影響は比較的穏やかなものとなろう．流水量の回復については，河川流出量が流域面積にほぼ比例するため，どちらの場合でも回復の程度はかわりはない．

実際には，次項に述べる内容を考慮して，流域全体の河川横断工作物による河川分断化が生物種に与える影響評価を行う必要がある．

12.2.3　個体群および流域の大きさ

流域における生物種個体群の障害物は，個体群の分断化そのものに関わるダム・大堰などの大きな河川横断工作物と分断化された個体群の存続確率を低下させる農業用取水堰などの小型で多く設置されているものとがあり，十分な考慮が必要である．また，ダムの存在が，上流側にはダム湖の出現による河川区間の消滅に由来する生息場所の減少，また，下流側にはダム直下河川区間の生息環境の劣化を引き起こす．よって単純に流域内個体群の行き来の分断化だけでダム湖等が与える河川群集への影響を評価することはできない（12.6 節参照）．手続きに沿った注意深い評価が重要である．この手続きに

ついては後ほど詳しく述べる．ここでは，いくつかの注意点を述べておく．
- 遺伝的交流のある複数の流域を含む地域個体群全体に対する分断化されたある流域個体群が占める流程距離や平衡個体数または上限個体数（k）そのものがまず第1に重要となる．しかし，対象種個体群の分布域内の例えば河川中への地下水の湧きだし，深い淵，わんどなど，また，産卵床に必要な礫底や早瀬など量的というよりも対象種の生息・繁殖に関わる質的・特徴的な環境・ホットスポットの存在（つまり，あるかないか）が個体群の存続に重要となる場合がある．
- 河川水量の平準化は，固着性の巣などを形成する一部の種にとっては，生息環境の安定化となり個体群増加率の変動性の低下，つまり，個体群の安定化につながる．下流側の方が水位等の変動性が大きく，よって比較的個体群増加率の変動性が高くなることがある．このようなダム湖を挟んだ上流側と下流側での個体群変動パターンの違いを考慮する必要がある．
- 分断化された個体群の生息場所の大きさを流程距離で評価するとき，同じ流程距離であれば上流側に対し，下流側個体群の個体群サイズが大きくなるような生物種も存在する．河川の流程に沿った個体群のサイズの変化特性を各種について明らかにしておく必要がある．例えば，アユ *Plecoglossus altivelis altivelis* などのように瀬の河床全般を利用するものからオタマジャクシ（カエル類の幼生）のように河岸周辺のみに分布するものまで種に依存して個体群のサイズに対する流程の効果は異なる．前者の個体群サイズは，瀬に分布するため流程距離に対し二次元的（平面的）な変化を示す．

12.2.4 対象生物種

上記したように，ダム湖の存在は個体群の分断化を引き起こすが，日本の流域にはダムよりも堤高の低い利水用取水堰・砂防堰堤等が無数に設置されている．現実的にダム湖の影響を検討する場合，個体群の分断化を引き起こす可能性のあるこれらの堰も考慮する必要がある．その際，どのような生活史特性や遡上能力を持つ生物種への影響を考えるかで評価が異なってくると考えられる．また，一般的に純淡水性か回遊性かで，また，回遊性であれば河川内での生息場所や産卵場所が流程のどこにあるのか，また，遡上能力の

違いでダム湖および堰から受ける影響度合いは大きく異なってくる．さらに，湖沼陸封化を起こしやすいかどうかということも，ダム湖の影響度合いを考える上で重要な生物特性である．例えば地理情報システム (GIS: Geographic Information System) を使った淡水魚へのダムの影響に関する網羅的な検討について，その得られた結果は全体の一般的な傾向を見る上できわめて有効である (福島 2010)．しかし，得られた結果から地域個体群の消滅など個々の事例を解釈するときに生物種の生活史特性を考慮しないと正確な要因解析ができなくなる場合がある．

また，甲殻類や水生昆虫類など他の**無脊椎動物**と比較して相対的に個体数の少ない魚類は，流域内でのダム湖等による個体群分断化の影響を受けやすい．しかし，流域の土地利用等により生息環境が劣化し個体数が減少している重要種・絶滅危惧種等では，分類群の違いに関係なくダム湖等の影響を受けることになる．

ここでは流域生態系を構成する主要な生物種の生活史特性や個体群存続確率を推定するときの注意点をみてみよう．

I．魚類および甲殻類：
 i．純淡水性：ダム湖の出現からもっとも影響を受ける生活型である．個体群の分断化や個体群サイズの縮小化に対して，これまでに述べてきたPVA法を用いその影響を評価する必要がある．また，利水用取水堰を越える上下移動の可能性が個体群存続確率を推定するときに重要となる．ただし，河口堰による純淡水魚への影響は少ない．
 ii．回遊性：生活史として河川・湖沼等淡水域と海域とを回遊する生物種群である．回遊の遮断とダム湖等への陸封化から個体群サイズの縮小化が起こる場合がある (12.2.5 項参照)．とくに，河川内での生息場所・産卵場所が流程のどこにあるのかで影響は大きく異なる．また，その生活史は多様であり注意を要する (川那部・水野 1989；後藤ほか 1994)．ただし，河川内での生息場所にかかわらず流域の水系への入り口に建設される河口堰が回遊性生物へ与える影響は甚大であり，効果的な魚道が必要である．

⦿両側回遊性（成体の生息場所：河川上・中流域；産卵場：河川中・下流域；稚仔生育場所：汽水域・沿岸・湖（陸封の場合））：アユ，ボウズハゼ類，ヨシノボリ類，ヌマチチブ *Tridentiger brevispinis*，カジカ類，テナガエビ類，ヌマエビ類等

これらの種群は一般的に高い遡上能力を持っている．各種の遡上能力の評価により，中小の堰による個体群分断化評価を行う必要がある．ただ，中小の堰は，出水時に段差がなくなり遡上が容易になることもある．これらの中でも，カジカ小卵型はとくに四国において絶滅の危機にある．その遡上能力の低さや河川中・下流に生息することから，堰等の河川横断工作物や土地利用による水質汚染など生息環境の悪化に影響を受けやすい種であり，PVA 法などの解析がもっとも必要といえる．エゾハナカジカ *Cottus amblystomopsis* 等その他の両側回遊性カジカ類でも同様のことがいえよう．

また，ヨシノボリ類・ヌマチチブはダム湖等により湖沼陸封が起こりやすいので，個体群存続の解析は注意を要する（陸封化については 12.2.5 項参照のこと）．これに対して両側回遊性の淡水エビ類のダム湖等による陸封化の報告は，テナガエビ *Macrobrachium nipponense* 以外はない．ダム湖が出現すればそれよりも上流側にはテナガエビ以外の両側回遊性の淡水エビ類は生息しなくなる．アユなどでは，ダム湖上流側に放流された種苗がダム湖で陸封化を起こすことがある．これは地域個体群の復元とみなすこともできるが，本来分布していたであろう海産アユのダム湖陸封の例は多くはない．

⦿遡河回遊性（成体の生息場所：河川・湖沼・沿岸・外洋，ただし同一種内で降海（湖）個体と河川残留個体が存在する場合がある；産卵場：河川上流域・中流域・下流域）：サケ・マス類ほか

・降海型：シロサケ *Oncorhynchus keta*，カラフトマス *Oncorhynchus gorbuscha*，カワヤツメ *Lethenteron japonicum*，シロウオ *Leucopsarion petersii*

湖沼陸封を起こさないタイプで，河川上・中・下流域の産卵場所への遡上に対する堰・ダム湖による河川分断化の影響は甚大であ

る．これらの工作物に対する流下・遡上能力の評価が，これらの個体群の存続確率を推定する際に重要となる．また，サケ類など母川回帰の性質がある場合は，隣接する流域個体群との交流が無いため，この面における個体群存続確率の増加のメリットはない．

・降湖型：ビワマス *Oncorhynchus masou* subsp., ヒメマス *Oncorhynchus nerka*

　　河川残留個体はない．湖への流入河川が産卵場所となる．堰・ダム湖による流入河川の分断化が起こると基本的に産卵場所の縮小となる．個体群存続確率評価の際，このことを考慮する必要がある．ただし，ヒメマスは湖岸でも産卵する．

・降海型（降湖型）+ 河川残留型：サクラマス/ヤマメ *Oncorhynchus masou masou*（東日本で降海型が多い），サツキマス/アマゴ *Oncorhynchus masou ishikawae*（河川残留型が多い），アメマス *Salvelinus leucomaenis leucomaenis*

　　本来降海型+河川残留型でダム湖等による河川分断化が生じた場合に湖沼陸封化が起こることのあるタイプであり，個体群存続確率分析では注意を要する（12.2.5 項参照）．降海型が多い場合，湖沼陸封化が起こらないと個体群の存続に大きな影響を与える．また，雌の河川残留個体はまれであり，堰により河川陸封を起こす場合があると河川分断化の影響は甚大である．

・降海・降湖型 + 河川残留型：ワカサギ *Hypomesus nipponensis*

　　海または湖に流下し，成熟後湖岸または河川を遡上し産卵を行う．

・降海型 + 河川・湖沼型：イトヨ類

　　雌の河川残留個体はまれであり，ダム・堰等による分断化は，降湖型が出現しない限り，とくに，その上流側個体群の存続への影響が甚大となることがある．

・降湖型 + 河川残留型：ミヤベイワナ *Salvelinus malma miyabei*，ヤマトイワナ *Salvelinus leucomaenis japonicus*

　　雌の河川残留個体はまれであり，ダム・堰等による分断化は，降湖型が出現しない限り，とくに，その上流側個体群の存続への影響

が甚大となることがある．
- 河川残留型：オショロコマ *Salvelinus malma krascheninnikovi*，アマゴ，ヤマメ，ヤマトイワナ，ゴギ *Salvelinus leucomaenis imbrius*

  国内ではほとんどの個体が河川残留型となる場合，個体群存続確率分析では純淡水魚と同様の扱いとなる．このうちヤマトイワナは本来河川残留型であるがダム湖等による河川分断化が生じた場合に湖沼陸封化を起こすことのあるタイプであり，個体群存続確率分析では注意を要する（12.2.5項参照）．

⦿ 降河回遊性（成体の生息場所：河川上・中流域；産卵場：汽水域・沿岸・外洋）：

アユカケ *Cottus kazika*，ヤマノカミ *Trachidermus fasciatus*，ウナギ *Anguilla japonica*，モクズガニ *Eriocheir japonica* 等

　とくに，アユカケやヤマノカミは，稚魚の遡上能力が低く，潮止めの堰などの低いものでも上流側にある生息場所への回帰に対して影響を受けやすい．ただし，ウナギの遡上能力はかなり高いといえる．これらの種のダム湖等による湖沼陸封の報告はない．

II．二枚貝類：生活環の一部で魚類に寄生するものも多く，魚類個体群の動態に大きな影響を受ける．逆に，二枚貝類を産卵母貝としているタナゴ類の個体群維持は，イシガイ類の分布に強く影響される．このことはタナゴ類が宿主に対する種特異性をある程度持つことからもいえる．日本産イシガイ類は17種ほどであるが，新しい環境省のレッドリストにはこの内13種が絶滅危惧種に選定されていることから（環境省 2007），タナゴ類も絶滅に瀕しているといわざるを得ない．タナゴ類の個体群存続確率の推定には注意深い検討が必要である．

　イシガイ類はその生活史の中で幼生期（グロキディウム幼生）に魚類への外部寄生が必須となっており，宿主特異性が見られる．カワシンジュガイ *Margaritifera laevis* 等低水温に適応しているものではアマゴ等サケ科魚類，またイケチョウガイ *Hyriopsis schlegeli* 等琵琶湖周辺水域特産種でゼゼラ *Biwia zezera* 等に寄生するものがいるが，それら以外のイシガイ類はヨシ

ノボリ類，オイカワ Zacco platypus，カワムツ Nipponocypris temminckii と河川中・下流域に生息する普通種を宿主としており（近藤 2008）．宿主の分布に強く自身の分布が制限されるということは事実上ないであろう．

Ⅲ．水生昆虫類：ほとんどが純淡水性生物ということから河口堰による影響は少ない．
・幼虫：個体群の分断化や生息場所の改変による個体群サイズの縮小化が起こる．源流域のヒゲナガカワトビケラ Stenopsyche marmorata の分散が強く制限されており，下流域は逆に他流域との遺伝子交流がよく行われているという遺伝学的な研究がある一方で（風間 2009），本種について，ダム湖湛水面積の大きさが原因で，ダム湖をはさんだ上下流の個体群間に遺伝的分化が進んでいるとの報告もある（Watanabe and Omura 2007）．また，カワゲラ類については，ダムの上流個体群の遺伝的分化は，尾根を越えて隣接する支流との交流により見られないという報告もある．
・成虫：幼虫段階において分断化されても成虫段階における遡上飛行などの分散行動が分断化を補償することになる．しかし，これらの成体の移動や飛翔行動が，堰やダム（落差 15m 以上の堤体）によりある程度抑制されているとの指摘もある（谷田 2001）．昆虫類には迅速な気圧の調節ができない種がおり，一気に 15m 以上の堤高を持つダム堤体を越えて上流側へ移動するのは困難が伴うこともある．ただ，上述したように尾根を越えてダム下流で合流する隣接した支流との交流が可能であれば，遺伝的分化がそれほど進まないこともあろう．

12.2.5　ダム湖による陸封化が個体群の存続確率に与える効果

アユやヨシノボリ類のように一部の両側回遊性生物において，河川に形成された湖沼やダム湖により**陸封化**され独立した個体群を形成する場合がある（高木ほか 2009；谷口・池田 2009；鈴木・向井 2010）．このとき陸封された種の個体群存続確率は増大するのであろうか．一般的には，海洋に孵化仔魚が流下する回遊性のタイプよりも陸封された方が個体群存続確率は高くなると考えられる．ただし，陸封されることにより回遊性生物がその上流域に回帰

する確率は，一般的には高くなると考えられるが，陸封された湖沼やダム湖の大きさ等の特性が稚仔の育成に適しているかどうかにより陸封された個体群の上限サイズは変化する可能性がある．さらに，ダム等により陸封され単一の流域内にだけ個体群が限定されても，両側回遊性生物なのでダム湖下流に残された個体群と隣接する複数の流域個体群との交流の可能性を考慮すると，流域全体の個体群としては大きな個体群存続確率の低下に結びつくことはないであろう．ダム湖の下流側に稚仔が流下する可能性のあるダム湖等に陸封された個体群があるとすると（高木ほか 2009），その分布する流域内の他の支流で，ダム湖の下流側に海まで下る特性を保持している両側回遊性の個体群が同時に存在することは，陸封された個体群を含む複数の交流のある流域個体群全体の存続確率を高めることになろう．

以下に数字を入れて具体的に考えてみる．(13) 式にあるように二つの流域の個体群間で交流があるとすると，流域ごとに約 70 個体生息していれば 100 年後 95％の個体群存続確率を維持することができる．例えば，もともと各流域に 200 個体ほどいたとするとそのうちの一つの流域で個体数の 50％（つまり，100 個体）がダム湖で陸封されて両側回遊個体群から切り離されたとしても，相互交流のある残りの流域個体群全体（つまり，100 個体＋200 個体）の個体群存続確率はほとんど変わらない．陸封個体群とそれ以外の二つの流域個体群とを含めた個体群全体の存続確率は，それぞれが関係しないという条件の下で (9) 式により，多少とも増加することがわかる．

しかし，一つの流域で個体数の 100％（つまり，200 個体）近くがダム湖で陸封されて両側回遊個体群から切り離されたとすると二つの流域が独立ということになる．一つの流域 200 個体（$=k$）で 100 年（$=t$）後の個体群存続確率は，(6) および (7) 式から，$r_d=0.002$ および $v_r=100$ として，$P(t)=0.779$ となる．この条件で 100 年後 95％の個体群存続確率を維持するためには，約 500 個体が必要となる．また，二つの流域を合わせて少なくともどちらか一方が存続する確率を (9) 式（$n=2$）で計算すると，100 年後 95％の個体群存続確率を維持するためには，各流域約 200 個体が必要となる．つまり，ダム湖のない状態で，同じ個体群存続確率を得るのに約 70 個体で済んでいたところが，3 倍ほど多くの上限サイズが必要になるということである．

ここで，前述したようにダム湖から下流側へ個体の供給がある場合，(10)および (11) 式 ($n=2$) から，100 年後の個体群存続確率は，上限サイズ $k=200$ 個体で 0.994 となる．100 年後 95％の個体群存続確率を維持するためには 140 個体の上限サイズで十分である．

以上のように，ダム湖の出現が回遊性生物に陸封化を生じさせる場合，その個体群の存続確率に与える影響を考察したが，流域全体の中でダム湖が分断化し両側回遊性個体群から切り離す個体群の割合が重要であることがわかる．

以上述べたようにダム湖に陸封された種の個体群が維持される可能性があるが，その一方で考慮しなければならないのは元々ダム湖の形成された場所から上流側に分布する種の存続確率への影響である．とくにそのような種が，陸封された種と河川生態系内において同様のニッチを占めると問題が生じる可能性がある．ヨシノボリ類ではオオヨシノボリ *Rhinogobius fluviatilis* がよくダム湖に陸封されるが，その上流には純淡水魚のカワヨシノボリ *Rhinogobius flumineus* が分布している．ダム湖に陸封されたオオヨシノボリ個体群が効率よく生活史を縮めて増加率を高めるとカワヨシノボリ個体群が競争に負け絶滅する可能性が出てくる．両側回遊性生物の陸封を通したダム湖の流域生態系への影響を評価する場合，このような事態を考慮しておく必要がある．

このことについて少しモデルを使って説明しておく．カワヨシノボリは，両側回遊性ヨシノボリ祖先種から種分化したと考えられる．その種分化機構を解明するために，モデルによる解析が行われている（大森・柳沢 2001）．

上流の L_a 地点に親個体群が生息しそこで孵化した仔魚が河口域の L_0 まで流下し，そこから成長しながら遡上してくる過程をモデル化している（図 12-6）．流速 $\alpha f L(t)$ ($\alpha f > 0$)，に対して $\alpha w S(t)$ ($\alpha w > 0$) の遊泳力で流下遡上してくる．ここで $L(t)$ は t 時点での仔魚の流程上の位置を表し，$S(t)$ は仔魚の体サイズである．また，流下遡上の過程において，流下仔魚は $\alpha n L(t) + \beta n$ ($\alpha n < 0$ かつ $\beta n > 0$) の栄養環境下で成長する．また，仔魚の流下過程における生残数は $Ns(t)$ で表現される．生残率が環境要因と $\alpha ml L(t)$ ($\alpha ml < 0$) と体サイズ依存 $\alpha ms S(t)$ ($\alpha ms < 0$) で変化するとしている．これらの

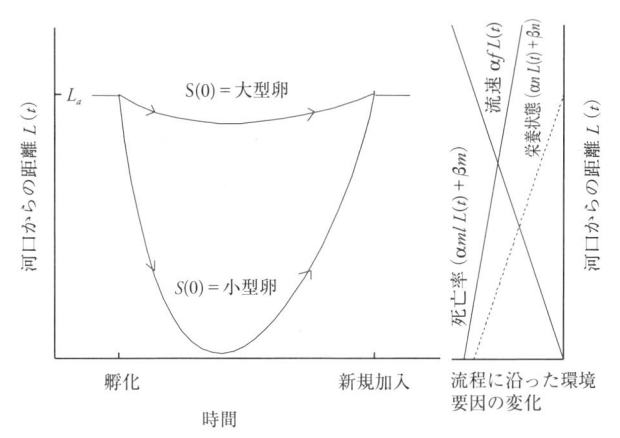

図12-6 両側回遊性種から河川陸封性種への進化のプロセス
左図：上流の親個体群の所で孵化し流下した稚魚は成長とともに上流へ遡上する．右図：環境要因の流程に沿った変化を示している．

要因以外の生残要素分を βm （>0）としている．上記した過程は以下のようにモデル化できる．

$$dS(t)/dt = (\alpha n L(t) + \beta n) S(t) \tag{15}$$

$$dL(t)/dt = \alpha w S(t) - \alpha f L(t) \tag{16}$$

$$dNs(t)/dt = -(\alpha ml L(t) + \alpha ms S(t) + \beta m) Ns(t) \tag{17}$$

このモデルでは tm 時に Ns (tm) の生残数を持つとしこれを目的関数としている．その際，$S(0)$ を卵サイズとして総産卵量 $Ns(0) S(0)$ を一定とした（=C）．解析結果は次のようになる．

以下の条件（上流域に対応）が満たされると陸封大卵型の生活史タイプが選択される．

$$(\alpha ml + \alpha ms \alpha f/\alpha w)/\alpha n - 1 > 0 \tag{18}$$

ここで，$\alpha ml < 0$, $\alpha ms < 0$, $\alpha f > 0$, $\alpha w > 0$, $\alpha n < 0$, かつ $\alpha f > 4\beta n > 0$ である．

逆に，(18)式左辺が負（下流域に対応）となると両側回遊小卵型が選択さ

れる.ここで問題となる生残と栄養環境に絡む要因に注目すると,αml の絶対値(生残率)が小さく αn の絶対値(栄養条件)が大きくなると両側回遊小卵型が選択されることになる.親個体群の生息場所近くのダム湖で陸封されると流程に沿った死亡要因が大きくかからないうちに栄養条件のよい生育場所へ到達できるので,環境条件が両側回遊小卵型選択の方向へ変化すると予測できる.つまり,ヨシノボリ類の例でいうと,陸封型大卵型のカワヨシノボリがダム湖で陸封された両側回遊小卵型のオオヨシノボリとの競争に負けることになると予測される.一方,両側回遊性ヌマエビ類祖先種から種分化し陸封型となったミナミヌマエビ *Neocaridina denticulata* と両側回遊性ヌマエビ類の間ではこのようなことは生じない.逆に,流域にダム湖ができてもヤマトヌマエビ *Caridina multidentata* 等の両側回遊性ヌマエビ類はダム湖で陸封化されないため,ダム湖よりも上流側でミナミヌマエビ個体群が繁栄することになる.もちろん,カワヨシノボリの場合でも両側回遊性ヨシノボリ類が陸封されなければ同様のことが生じうる.

12.2.6 簡易 PVA 法とその吉野川での適用例

重要種・希少種の PVA では,詳細な調査が必要とされようが,いずれにしても前述したように 20 年間の個体数変動データを取るのは一部の例外を除いて困難である.以下に,対象種の存続可能な最小個体群サイズ $N_{\min}$ をどのように設定するべきかについて述べる.一般的には,ショウジョウバエの研究から得られた 50/500 則といわれるものがある.遺伝的多様性の維持のためには 50 個体,できれば 500 個体以上が必要というものである(Franklin 1980).さらに,野外個体群については安全率を考慮してこの数倍の個体群サイズが望ましいと考えられている.また,Foley (1994) に基づく式 (6) から計算するとどのような個体数増加率 (r) とその分散 (v_r) を仮定しても,100 年後の存続確率が 95% を超える成体個体群サイズは約 300 個体以上必要となる.これらより最小個体群サイズ $N_{\min}$ が,安全率を考慮して少なくとも成体 500 個体以上であれば十分と考えられる(図 12-7).

ここでは,PVA により推測される個体群存続(つまり,100 年後の個体群存続確率が 95%)を保証する限界密度が,魚類の生息密度確率分布のどの辺に

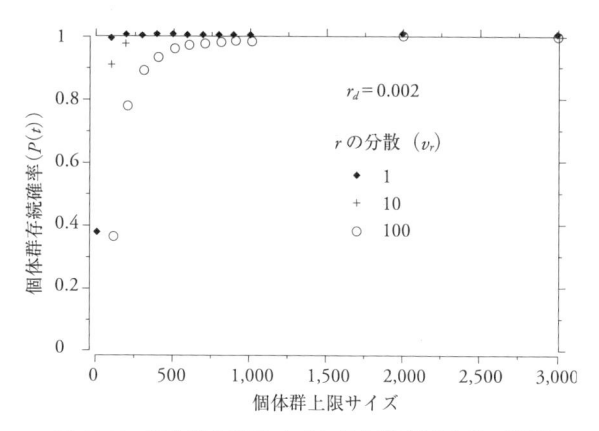

図12-7　個体群上限サイズと個体群存続確率の関係

位置するかを検討し，個体群分断化の影響評価を試みる（図12-8）．ここで生息密度確率分布については後に述べる．

　魚類のポテンシャルマップ（潜在分布域）を以下のように求めた．日本の河川における魚類分布の決定要因として水温が影響すると考えられる．そこで，河川水温は気温の一次式で推定し，標高データを加えて環境要因とし，魚類分布と環境要因を対応させポテンシャルマップを推定した（環境要因からポテンシャルマップを作成することをポテンシャルハビタット分析と呼んでおく）．魚種の分布については環境省による「第2回～4回自然環境保全基礎調査，河川調査」のデータを用いた．

　対象種としては，推定されたポテンシャルマップより吉野川第十堰から池田ダム直下まで分布していると予測されるアユおよびカワムツ（ここではヌマムツ *Nipponocypris sieboldii*（旧カワムツA型）とカワムツ（旧カワムツB型）とは区別していないが，ほぼカワムツと考えられる）を影響評価の対象とした（図12-9，愛媛大学大西秀次郎 未発表データ）．アユについては，放流事業が各地で行われており，密度については自然状態とは異なるものであるが，データ数が多くここでは例示として取り上げている．

　個体群存続の基準密度推定：吉野川の下流に位置する第十堰から池田ダム直下までの全水表面積を土地利用図から求め，8.49km^{2}という値を得た．成

Part Ⅳ　流域環境の保全

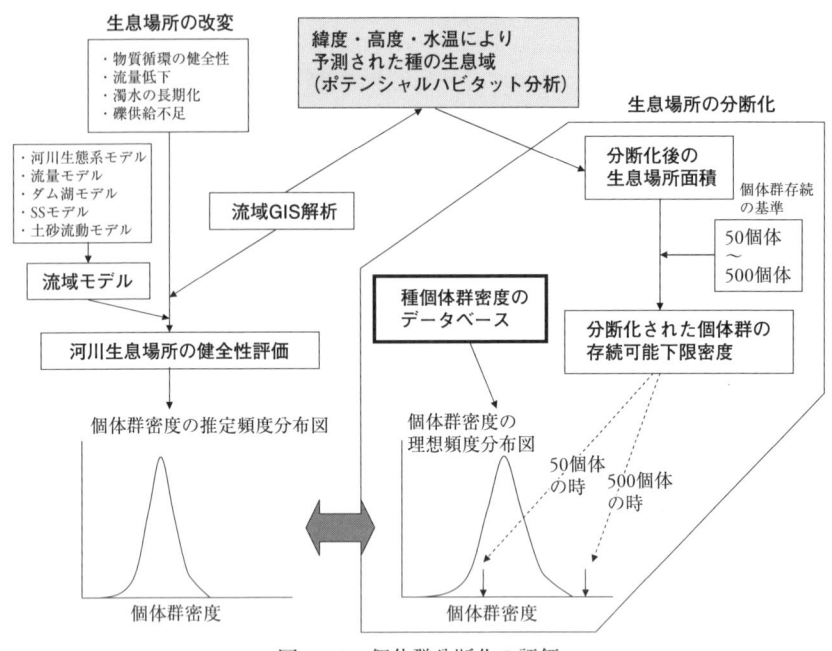

図 12-8　個体群分断化の評価

体 500 個体を個体群存続の基準とすると 0.59×10^{-4} 個体数 / m^2 の密度レベルが必要である．

　アユの密度分布：四国周辺の河川調査により得られた密度データをもとに bootstrap resampling 法により繰り返し抽出から生息密度確率分布を推定した（図 12-10）．この密度確率分布からわかるように，第十堰から池田ダム直下の範囲で，個体群存続の基準である 0.59×10^{-4} 個体数 / m^2 の密度レベルは，アユの生息密度確率分布に比べ十分低い．

　カワムツの密度分布：四国周辺の河川調査により得られた密度データをもとに bootstrap resampling 法により生息密度確率分布を推定した（図 12-11）．この密度確率分布からわかるように，第十堰から池田ダム直下の範囲で，個体群存続の基準である 0.59×10^{-4} 個体数 / m^2 の密度レベルは，カワムツの生息密度確率分布に比べ十分低い．

　以上の二つの例は，試算の段階であるが，以上のようなプロセスで河川横

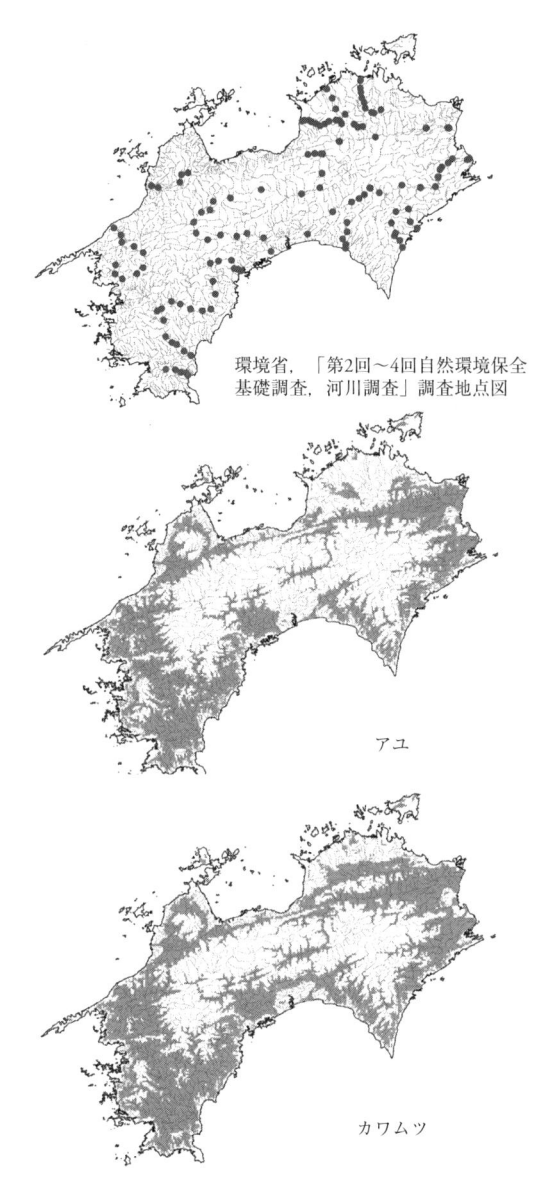

第 12 章　ダム湖群と流域の健全性

環境省，「第2回～4回自然環境保全
基礎調査，河川調査」調査地点図

アユ

カワムツ

図 12-9　アユとカワムツの潜在分布域（ポテンシャルマップ）
点線は河川を灰色の部分は分布可能域を表している（大西秀次郎　未発表データより）．

313

Part IV　流域環境の保全

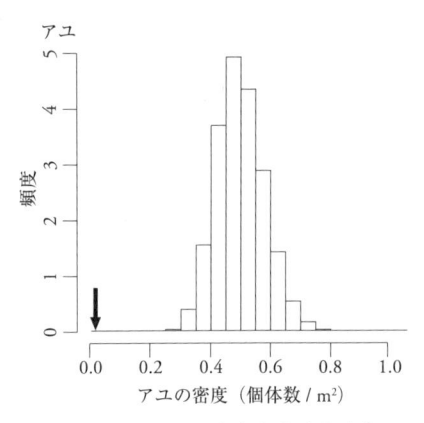

図 12-10　アユの生息密度確率分布
矢印は，吉野川の第十堰から池田ダム直下の範囲で個体群存続に必要な最低密度を示す．実際にあり得る密度の平均 0.5 個体 /m² と比較して最低密度は十分に低く，個体群は存続可能と判断される．

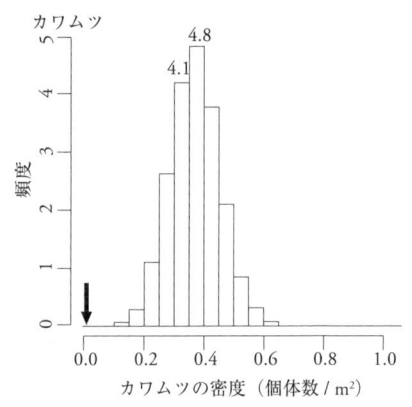

図 12-11　カワムツの生息密度確率分布
矢印は，吉野川の第十堰から池田ダム直下の範囲で個体群存続に必要な最低密度を示す．実際にあり得る密度の平均 0.4 個体 /m² と比較して最低密度は十分に低く，個体群は存続可能と判断される．

断工作物の個体群分断化効果の評価を行うことができる．

12.3　ダム湖の富栄養化による下流河川の有機汚濁化および濁水の長期化

12.3.1　ダム湖による周辺河川環境の改変

　前項では，ダム湖による個体群の分断化効果が個体群の存続に与える影響を定量的に扱う方法を検討してきた．これまでに述べてきた個体群の分断化では生息場所の質的変化を問題としないで上限サイズを議論してきた．この個体群存続にもっとも大きな影響を与える個体群の上限サイズは環境の持つ環境収容量と強い関係を持つ．ここでは，ダム湖による生息環境の改変＝環境収容量の変化について扱う．ダム湖は，

1) 上流側には湛水域の出現による河川区間の消滅という量的環境変化を

与え，

2）下流側には河川環境の改変という質的な変化を引き起こす．

これらの影響により環境収容量が低下し，上限サイズもまた低下する．そのため，環境の質的変化についての解析も行い，これらを合わせて初めてダム湖等が流域個体群全体に与える個体群の分断化効果を評価することができたといえる．すでに，第10章で流域生態系モデルによる上限サイズの予測法を紹介した．ここでは，ダム湖下流河川環境に対する，ダム湖自身による影響と農業や居住地など土地利用による有機物負荷からの影響を分離して評価する．ここでは，重信川流域でのダム湖が与える環境影響解析を具体的に示す．また，貯水池としては小規模である溜池等による河川環境への影響についても検討する．

12.3.2 重信川流域における解析

ダムの運用は，下流側の分断化された各個体群に対して，個体群の分断化そのものの他に，下流河川の有機汚濁化等河川環境の改変を通して，その最大サイズ，個体群増加率，その変動性に影響を与える．これらのパラメータの変化からこの二つの要因を区分する必要がある．前者の個体群分断化の効果だけで個体群の存続確率が大きく低下する場合もありうる．しかし，後者による効果は，回遊性生物にとっては，残された下流側個体群の存続確率の更なる低下となり，ダムによる負の影響は大きくなる．また，藻類食・懸濁物食機能種群にとっては個体群の存続確率の低下につながる．ただ，堆積物食機能種群にとっては，その増加につながる場合もある．しかし，日本の河川流域は小さく，中・下流側に農地，住宅地，工場などが密集しており，その排水などが引き起こす有機汚濁化の河川への影響とダム下流側へのダムの影響とを分離する必要がある（図12-2）．下流域の有機汚濁に関しては，ダム以外の要因の影響が大きい場合も多いと考えられる．

以下に流域環境の中のダム湖について述べるが，流域環境全体から見た場合の河川環境への影響をダム湖も要因の一つとして考慮したGIS解析結果を簡略化して示す．対象流域は，松山平野重信川水系である（図12-12）．図中に調査地点を黒丸で示している．

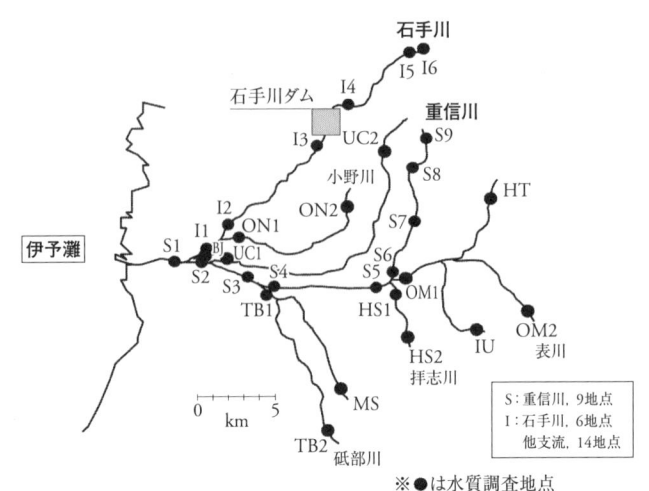

図 12-12　重信川流域の調査地概要

　各調査地点において，窒素，リン，炭素の各水質項目，河床上の藻類量の分析を行った．また，水生無脊椎動物群集を単位面積で4季節にわたり採集し各調査地点での群集組成を明らかにした．

　水質調査結果の一部を示す．図 12-13 には，無機態窒素（硝酸態窒素，アンモニウム態窒素）の流程に沿った変化を表している．石手川ダムをはさんで無機態窒素濃度が減少している．また，図 12-14 には，リン濃度の流程に沿った変化を示している．無機態であるリン酸態リン濃度は若干減少している．しかし，全リン濃度はわずかに増加している．いずれにしても，微少な変化であった．窒素・リン濃度ともに河口近くでは，かなり高濃度となっている．それと比較して，ダムの上下流で大きな変化はないといえる（第2章参照）．図 12-15 には，全有機炭素量（TOC: Total Organic Carbon）の変化を示している．TOC はダム湖をはさんで増加している．この変化は，ダム湖の特性としてよく見られる現象である．ただし，**粒状有機物**（これは図中ではTOC と溶存有機炭素（DOC: Dissolved Organic Carbon）の差）は減少傾向を示していた．ここでダム湖は窒素・粒状炭素について除去効果を持つと考えられた．

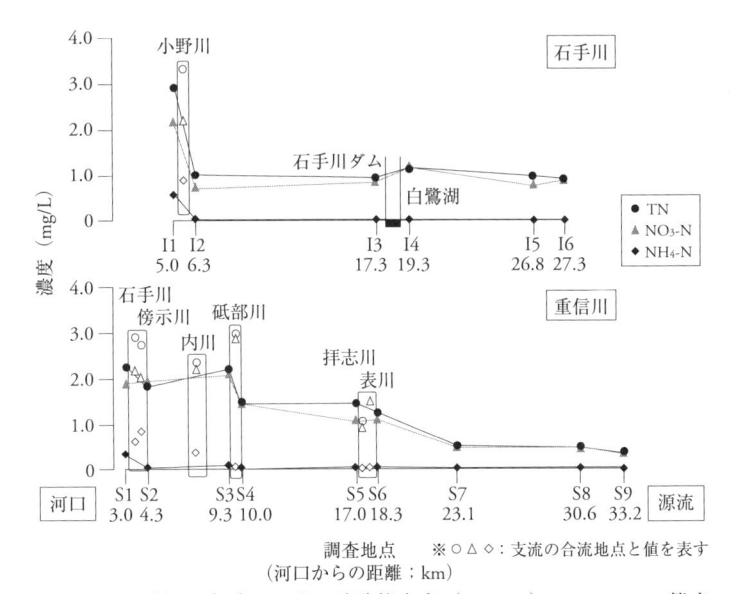

図 12-13 重信川水系における硝酸態窒素（NO$_3$-N），アンモニア態窒素（NH$_4$-N）および全窒素（TN）濃度の年平均値の変化

　表 12-1 には，土地利用と河川水質環境との関係について重回帰分析した結果を示している．ここで，ダム湖を含む開水面面積も独立変数として解析を行ったが，どの水質要因にも有意な影響を示さなかった．ここで水質環境に対し有意な影響を示したのは，果樹園面積と都市部面積であった．果樹園面積および都市部面積は，窒素，リン，炭素に関係する要因の多くに対し正の相関を示したが，森林面積は，リン酸態リンの濃度に対してのみ負の相関を示していた．

　表 12-2 には礫に付着する藻類に関する各種変量に対する栄養塩類の影響を示している．有機物量，クロロフィル a 量に対しては，リン酸態リンが有意な影響を，フェオフィチンに対しては，硝酸態窒素が有意な影響を与えていた．

　表 12-3 には，河川環境と水生無脊椎動物群集との関係を示している．水生無脊椎動物群集の変量としては，密度，種数，EPT（河川上流域に多いカゲロウ類 Ephemeroptera，カワゲラ類 Plecoptera，トビケラ類 Trichoptera の分類群数），

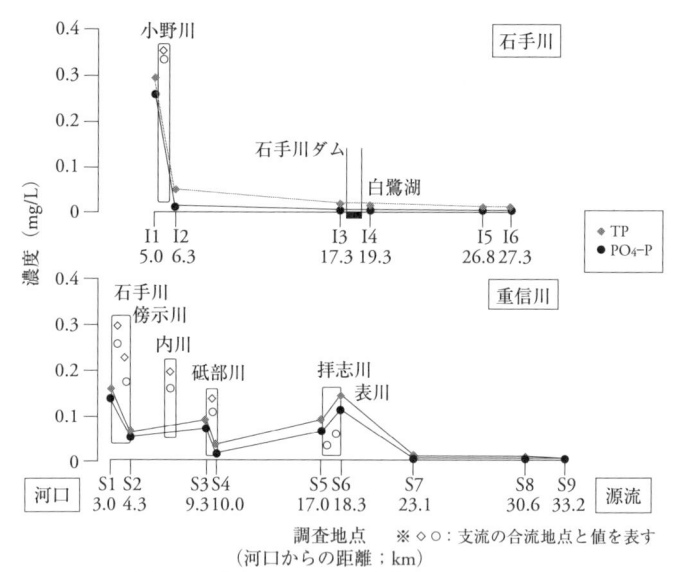

図 12-14 重信川水系におけるリン酸態リン（PO_4-P）および全リン濃度（TP）の年平均値の変化

多様性，均衡度を指標にした．付着藻類のクロロフィル a 量は，水生無脊椎動物の全密度に正の影響を与え，TOC は種数および分類群の多様性に対し負の効果を示した．

　これらの結果をまとめると水生無脊椎動物の全密度は，リン酸態リンの増加を通して都市部から正の影響を受けており，一方，水生昆虫群集の多様性は，TOC 濃度の増加を通して，都市部および果樹園から負の影響を受けていると推測された．

　結論として，重信川流域全体として考えたとき，石手川ダム湖が河川水質環境改変を通して河川水生無脊椎動物群集に与える影響は比較的小さく，河川環境を改善するためには，ダム以外の農業活動や居住等の人間活動の環境への負荷軽減をまず検討する必要がある．ただし，一つの水系での検討であり，より多くのデータを蓄積することでより正確にダム湖の流域環境全体へのインパクトを定量化できると考えられる．

　次に，重信川流域の一支流である砥部川水系に限定し（図 12-16），下流域

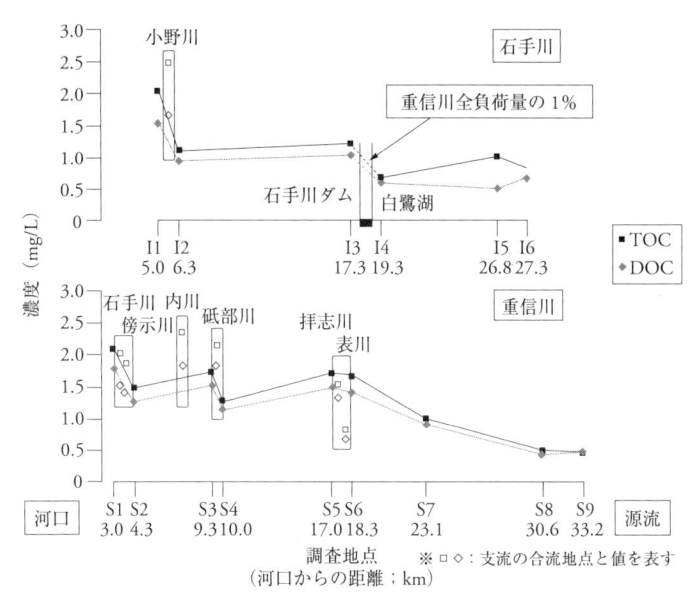

第 12 章 ダム湖群と流域の健全性

図 12-15 重信川水系における全有機炭素濃度の年平均値の変化

表 12-1 重信川小流域間における各態の窒素・リン・炭素および物理的環境と，各土地利用の割合とのステップワイズ重回帰分析の結果．

目的変量	水温	流量	田	果樹園	森林	荒地	都市部	Model R^2	Model p	n
硝酸態窒素	—	—	—	0.763	—	−0.213	—	0.786	<0.001	33
亜硝酸態窒素	—	—	—	—	—	—	0.979	0.957	<0.001	33
アンモニア態窒素	−0.289	—	—	—	—	—	0.792	0.617	<0.001	33
溶存有機態窒素	—	—	—	—	—	—	0.727	0.505	<0.001	22
粒状態窒素	—	—	—	—	—	—	0.663	0.421	<0.001	31
全窒素	—	—	—	0.915	—	—	—	0.831	<0.001	31
リン酸態リン	—	—	—	—	−0.216	—	0.783	0.934	<0.001	33
溶存有機態リン	—	—	—	—	—	—	0.765	0.563	<0.001	20
粒状態リン	—	—	—	—	—	—	0.827	0.674	<0.001	33
全リン	—	—	—	0.236	—	—	0.792	0.948	<0.001	33
溶存有機態炭素	—	—	—	0.501	—	—	—	0.227	0.003	33
粒状有機炭素	—	—	—	—	—	—	0.777	0.59	<0.001	30
全有機態炭素	—	—	—	0.565	—	—	—	0.296	0.001	31

各態窒素・リン・炭素濃度を目的変量，物理的環境および各土地利用の割合を説明変量とした．値は標準回帰係数を表す．

表12-2 重信川小流域間における付着藻類に関する変量と水温および栄養塩類とのステップワイズ重回帰分析の結果.

付着藻類に関する目的変量	水温	リン酸態リン	亜硝酸態窒素	アンモニア態窒素	Model R^2	Model p	n
有機物量	—	0.411	—	—	0.142	0.017	33
クロロフィル a 量	—	0.372	—	—	0.110	0.033	33
フェオフィチン	—	—	0.541	—	0.270	0.001	33

藻類量を目的変量, 水温および栄養塩類を説明変量とした. 値は標準回帰係数を表す.

表12-3 重信川小流域間における水生無脊椎動物の各指数と水温, 餌資源および有機物量とのステップワイズ重回帰分析の結果.

水生無脊椎動物に関する目的変量	水温	付着藻類有機物量	付着藻類クロロフィル a	付着藻類フェオフィチン	粒状有機物 (<1mm)	粒状有機物 (≧1mm)	全有機炭素量	Model R^2	Model p	n
密度	—	—	0.578	—	—	—	—	0.283	0.024	15
種数	—	—	—	—	—	—	−0.547	0.245	0.035	15
EPT	—	—	—	—	—	—	−0.558	0.256	0.031	15
多様性指数	—	—	—	—	—	—	—		ns	15
均衡度	—	—	—	—	—	—	—		ns	15

水生無脊椎動物の指数を目的変量に水温, 餌資源（藻類および粒状有機物), 全有機炭素量を説明変量とした. 値は標準回帰係数を示す. ns は回帰式が有意でないことを示す.

の生活排水の影響を取り除いた場合についても検討を行った. この場合, 溜池等を含む開水面を要因として含めて GIS 解析し, 土地利用と河川水質との相関関係を求めたのが表 12-4 である. 農業廃水はつねに河川水質と正の相関があることがわかる. さらに, 流域全体の解析では現れなかった溜池等を含む開水面が夏場に限って河川水質の中でもリン酸濃度に正の相関を示すことが明らかとなった (表 12-4). 濁水については, ここではふれることができないが (第 1 章参照), ダム湖下流側の河川環境に大きな影響を与え, 個体群サイズを減少させているのは間違いない. 第 8 章でも示したように, ダム湖内におけるクロロフィル a 濃度と全リン濃度との関係解析においてその流入量と流出量の差が大きい場合, クロロフィル a 濃度とともに濁度も低下する傾向が見られた. 流入量と放流量の差を大きくしたり, 放水に関してダ

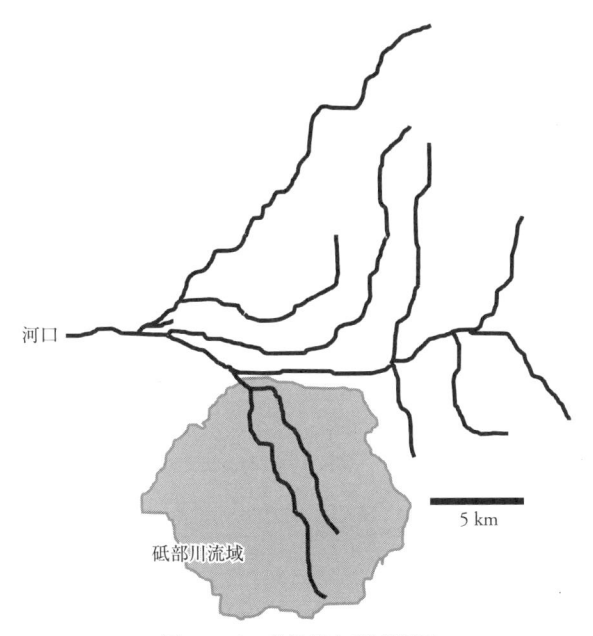

図 12-16　重信川水系流域図
重信川水系の河川を実線で示し，砥部川の流域を網掛けで表した．
この流域内に調査地点を 12 地点設定し，下流域の生活排水の影響
を除いた解析を行った．

ムの改良を行ったりすることにより，ダム湖の水を効率よく入れ替えること
ができれば，濁水の長期化も低減できる可能性が示唆されている．
　これまで述べてきた通り，流域中・下流域の河川環境悪化には，貯水池・
ダム湖の直接的な影響とともに，流域における農業等，より一般的な人間活
動による河川環境への影響も含まれており，河川生態系への影響要因解析に
は注意を要する．貯水池・ダム湖による個体群分断化効果による生息密度の
低下なのか，同じく貯水池・ダム湖による直接的な河川環境への影響なのか，
それ以外の要因によるものか，または，これらの複合なのかを明確にしてい
かないと適切な改善策を考えることはできない (福島 2010)．

表 12-4 重信川流域の一支流である砥部川水系における土地利用の割合と河川水中の栄養塩類の量とのステップワイズ重回帰分析の結果.

調査日	目的変量	人工林	果樹園	市街地	開放水面	Model R^2	Model p	n
2005年4月29日	硝酸態窒素	—	0.876	—	—	0.768	0.0002	12
	亜硝酸態窒素	—	0.850	—	—	0.722	0.0005	12
	アンモニア態窒素	—	0.769	—	—	0.592	0.0034	12
	リン酸態リン	—	0.770	—	—	0.593	0.0034	12
2005年5月11日	硝酸態窒素	—	0.819	—	—	0.671	0.0011	12
	亜硝酸態窒素	—	0.804	—	—	0.647	0.0016	12
	アンモニア態窒素	—	0.760	—	—	0.578	0.0041	12
	リン酸態リン	—	0.676	—	—	0.844	0.0002	12
2005年6月28日	硝酸態窒素	—	—	—	—	—	ns	12
	亜硝酸態窒素	—	—	—	—	—	ns	12
	アンモニア態窒素	—	—	—	—	—	ns	12
	リン酸態リン	—	0.623	—	0.395	0.866	0.0001	12
2005年8月12日	硝酸態窒素	—	—	—	—	—	ns	12
	亜硝酸態窒素	—	0.847	—	—	0.718	0.0005	12
	アンモニア態窒素	—	0.787	—	—	0.616	0.0025	12
	リン酸態リン	—	0.483	—	0.458	0.731	0.0027	12
2005年10月15日	硝酸態窒素	—	0.929	—	—	0.863	<0.0001	12
	亜硝酸態窒素	−0.440	0.544	—	—	0.778	0.0011	12
	アンモニア態窒素	—	0.811	—	—	0.657	0.0014	12
	リン酸態リン	—	1.205	−0.532	—	0.876	<0.0001	12

各栄養塩類を目的変量,土地利用割合を説明変量とした.値は標準回帰係数を表す.ns は回帰式が有意でないことを示す.

12.4 河川生態系の機能に対する影響

　河川生態系の構造に対する影響 (A), つまり群集を構成する河川生物種個体群の存続確率の変化を通して, (B) 河川生態系の機能へと影響が波及する.
　従来知られている指標生物学的な観点から述べると有機汚濁の段階が, 貧腐水性からβ中腐水性にかけて, 藻類食機能種群, 懸濁物食機能種群および堆積物食機能種群が出現し, α中腐水性段階まで進行すると主に堆積物食機

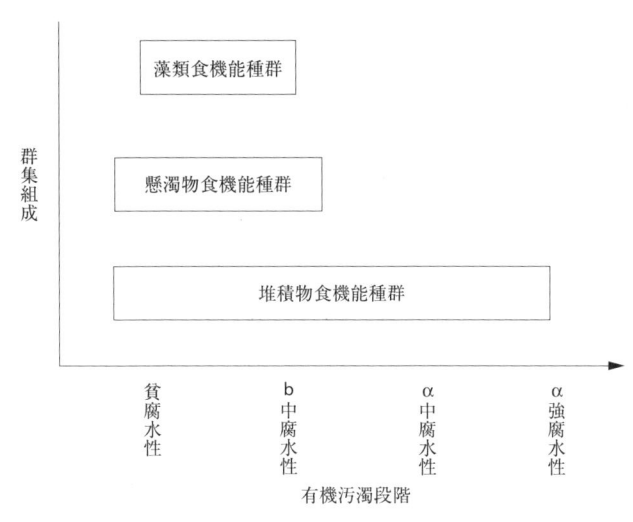

第 12 章　ダム湖群と流域の健全性

図 12-17　有機汚濁段階と群集組成の関係

能種群が優先するようになると考えられる（図 12-17）。貧腐水性から β 中腐水性にかけて，内部生産は中程度に大きくなり，内部生産物と外部からの有機物の多くが分解され，生産と分解のバランスがとれている最後の段階と考えられる。この段階を越えると，内部生産と外部からの有機物の流入量が分解能力を大きく超えるようになる（津田 1975）。ここで注意しなければならないのは，水質と生物相との関係は，水質が生物相を決めるという一方的なものではなくて，その逆の過程も存在するということである．モデル解析の第 10 章で述べたが，各種機能群により構成される河川生態系のモデル解析から，機能群の多様性が高いと河川内の有機物利用分解に関する機能が高まると予測された．つまり，生態系が河川への有機物負荷に対する緩衝機能を持つということである．おそらく β 中腐水性前後に，生態系による緩衝作用が効いていて，有機物負荷速度の増大に比して水質が比較的一定に保たれる範囲が存在すると考えられる（図 10-11 右参照）。つまり，ある与えられた有機物負荷速度と水中の懸濁態および溶存態の有機物濃度との間に，単純な比例関係が成立しなくなる，ある有機物負荷速度の範囲が存在すると推測される．このような関係があるとするとその範囲の上限にあたる有機物負荷速度

を河川生態系の健全性の上限と定義することも可能となろう．

　ダムの建設により，これらの機能群を代表する種の個体群存続が脅かされると生態系の機能が損なわれ，河川生態系がその健全性を失い，流入有機物負荷の無機化が効率よく行われなくなる．流域生態系モデルによる計算結果でも示されたように（図 10-15 (b) 参照），ダム堤体から下流にかけて流量が回復するとすべての機能群が揃い，流出物質量の中で無機栄養塩類が分解され有機物量に対して卓越するようになるのである．

12.5　山・川・海の連携：湿潤変動帯における河川生態系の特徴と沿岸域に対する影響

　ダム湖での栄養塩類の有機化による貯留が，沿岸域での生産の低下として影響を与えているとの考え方がある．第 2 章で述べたように全国のダム湖の流入水質と放流水質を比較してみると，懸濁物量（SS: Suspended Solids）や TP については通常は放流水の濃度の方がやや高いが流量が増えると（つまり，濃度が高くなると）放流水の濃度が相対的に低くなりダム湖への蓄積が進行する（図 2-5 参照）．TN ではダム湖からの放出量が多いが流量が増えると放出量が減少し流入量＝放流量となっている．クロロフィル a 量については，流量にかかわらずつねに放流濃度が高くなっている．TP は微細土壌粒子に吸着されやすく，出水時において微細粒子の堆積とともにダム湖内に蓄積している可能性がある（図 8-5 (b) 参照）．このようなダム湖の持つフィルター効果が栄養塩等の海域への流出量の変化を引き起こしている．しかし，前節で述べたように，流域内の他の人間活動による栄養塩類の負荷は相対的に大きい（表 12-1 および 12-4）．現時点では多くの場合，中・下流域での農業排水や下流域での生活排水による河川水質への有機物負荷の影響の方が大きいと思われる（A (2)）．ダム湖による栄養塩類の低減の効果は確かにあるが，それ以上に農業・生活排水による物質負荷の方が大きく，ダム湖の影響はマスクされているといえる．当然ながら，農業・生活排水による物質負荷の小さな流域においては，植物プランクトン生産を通した有機化によるダム湖での栄養塩類の貯留が，沿岸域での生産の低下として影響を与えている可能性

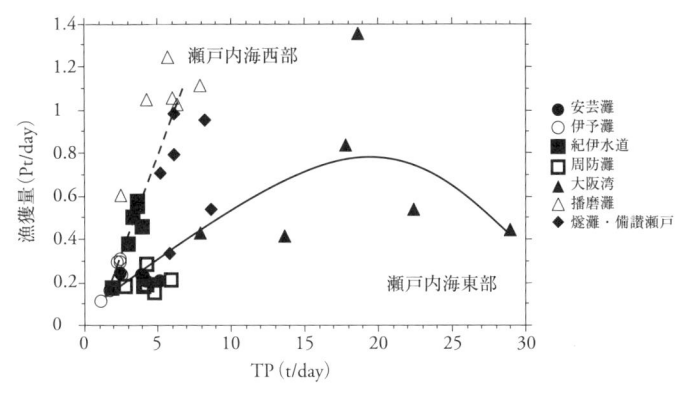

図12-18 TP流入量と漁業生産量との関係

はある.
　ここでは詳細は省くが，表層浮遊性生態系のモデル解析によると沿岸への物質負荷において，同じ栄養塩量であっても有機態よりは無機態での負荷の方が沿岸生態系の漁業生産は増大することが予測されている．瀬戸内海での実際のデータを見ると予測されたことが起こっている可能性が示唆された．流域からのTPの沿岸への流入量と沿岸の漁業生産量との間には明確な正の相関関係が見られた．さらに，瀬戸内海の東部と西部とでその傾きが異なることも明らかとなっている．東部の海域への負荷は有機態の栄養塩類負荷が多く，逆に，西部では無機態の方が多い．その結果，西部の傾きが大きくなったと推測される（図12-18）.
　日本では大河川であっても上流部の豪雨による洪水は約2日で河口まで達してしまうが，**安定大陸**大河川では1か月以上の時間がかかる（高橋 1990）．このことから，安定大陸の河川生態系で成立すると考えられている河川連続体仮説（RCC：River Continuum Concept；上流は森林生産物，中流は底生微細藻類，下流は粒状有機物および浮遊性微細藻類に支えられており，これらの生産物に対応する河川生物群集の構成になるという仮説，コラム10参照）に対して，日本では森林生産物が出水のたびに河川生態系全体に供給され，その物質循環上の重要性が相対的に高くなる可能性がある（Antonio et al. 2010；山田・中島 2010；1.5.4項参照）．これが湿潤**変動帯**における河川生態系の特徴だと考え

られる.

　流域での河川生態系の機能が働いていると河川への有機物負荷が無機化される（図10-15 (b) 参照）．さらに，その無機栄養塩が沿岸へと流出し漁業生産物となるという過程が，ダムなどの河川横断工作物の建設により，森林生産物のダム湖内貯留や機能群を構成する種個体群の存続が影響を受け，程度問題ではあるが，遮断されている可能性がある．

　海域への土砂供給に関して，上述したように，SSは流出濃度の方がやや高いが流量が増えると流出濃度が相対的に低くなりダム湖への貯留が進行する．また，天竜川について，ダムによるせき止めで海域に対する土砂流出量が，砂分で1/4に，細粒土砂で1/2に減少したと推定されている（青木 2010）．天竜川の土砂生産量は日本でも有数であり，流域のダム群によるその遮断は海岸に大きな影響を与えてきている．ただ，場所によって状況は異なる．例えば，瀬戸内海の砂堆（海中の砂山）が，40年間ほどの海砂採取によって破壊されている．砂堆への土砂供給源については，河川経由，海岸の直接侵食および海底侵食等の諸説があった．もし河川経由であれば，河川内の土砂移動（流砂）のコントロールにより砂堆の再生は可能かもしれない．しかし，砂堆は瀬戸内海形成期の海底侵食により形成されていて，ダムによる河川からの砂供給量の減少が砂堆再生不可の要因とは現在考えられていない．場所により砂供給過程は異なる場合があり注意を要する．

　山下（2011）は，近年沿岸域が河川由来の浮泥（細粒土砂）により汚染され，砂泥に生息するアサリ *Ruditapes philippinarum* やタイラギ *Atrina pectinata* などの二枚貝やヒラメ *Paralichthys olivaceus* やイシガレイ *Kareius bicoloratus* などの**異体類**稚魚にとって不適な環境が形成されるなど，沿岸生態系に大きな影響を与えているとしている．人工林の荒廃や工事などによる裸地化などいくつかの要因のうちその第一としてダムによる砂・礫の遮断と堆積微細土砂の洪水時における下流への排出を挙げている．しかし，上述したようにSSは洪水時ダム湖内に堆積すると考えられる（図2-5参照）．ダム湖そのものが新たな細粒土砂を正味発生させているわけではなく，細粒土砂排出のタイミングのずれであり，平水時における濁水の長期化につながっている（1.6節参照）．その影響は海域というよりはむしろ河川内に対する方が問題となって

いる．また，河口域までダムからの濁水が到達したとしても，平水時であれば海水と泥粒子との**フロッカレント効果**により凝集が起こり，泥粒子が河口域内で沈殿し沿岸域までは流出しない可能性もあり検討を要する．

12.6 ダム問題群解決のためのフローチャート

あるダム湖が与える河川分断化の影響解析は，流域全体の個体群に対する評価を通して行うことが可能である．その河川の分断化にはじまる，ダム湖が流域全体および沿岸域に与える影響を，図 12-1，図 10-7 に従い検討してきた．図 12-2 に描いている問題群を系統的に解決するためのフローチャートを図 12-19 に示している．

最低限の基準としては，絶滅危惧種などの重要種の流域個体群が存続すること（流域から絶滅してしまわないこと）が挙げられる．図 12-19 左では，ダムが流域個体群を分断化することに着目している．流域の個体群が複数に分割された場合，断片化されたそれぞれの個体群が存続できるか PVA 法により検討する．その結果，100 年後の個体群存続確率が 95% となる最小個体群サイズ N_{min} を超える上限サイズをもつ分断化された個体群が一つでもあれば，分断化の影響があったとしても，少なくとも流域からは絶滅しないと判断できる．このとき，個体数変動のデータが得られないときなどには，12.2.6 項で述べたように簡易的に N_{min} を 500 個体とおいてもよいだろう．また，12.2.2 項および 12.2.3 項で述べたように対象とする生物が純淡水性か回遊性かで分割時の計算対象となる個体群の範囲を変える必要がある．このチェックポイントをクリアできない場合（個体群の存続を確保できない場合）には，ダムによる分断化の影響を低減する必要がある．魚道の設置などを検討し，個体が移動できると仮定して個体群存続確率を再計算し，分断化の影響を回避できる"連結"（効果的な魚道の配置）を探らなければならない．

これらの作業により分断化によって絶滅しないと推定できれば，次にダム下流側の生息場所改変による影響を検討する（図 12-19 右側）．ここでは，ダムの影響による個体群密度低下を予測し，低下をした場合にでも，分断化さ

Part Ⅳ　流域環境の保全

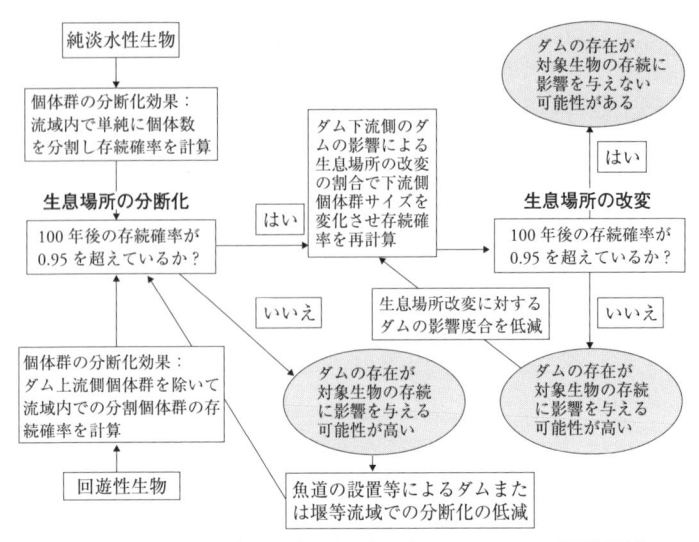

図 12-19　個体群存続確率分析 (PVA) によるダムの影響診断

れた個体群が存続可能かどうか検討する．分断化の影響判定において N_{min} を超える上限サイズをもつ分断化された個体群が少なくとも一つはある場合でも，ダムによる生息環境の改変を考慮したとき，最小個体群サイズ N_{min} を超える上限サイズをもつ分断化された個体群が一つもないということになれば，何らかの低減策を講じる必要が生じる．以上のような手順で，ダム等の流域生態系に与える影響を大まかに評価できる．

　この評価法は，流域に分布する単独の種個体群を対象としている．重要種に対する影響評価については上記の通りでよい．生態系の健全性への影響についても，各機能群を代表する種または種群の個体群に対する個体群の上限サイズ評価をそれぞれ行い判定できる．ただし，すべての代表種が存続できないと生態系としての機能は果たせないとすることで影響評価を行うこととなる．

　図 12-19 のフローチャートに沿った手続きの結果，ダム湖の存在に対しすべての重要種や機能種群の個体群の存続が保証されたとしても，次の段階として，より小さな単位での河川生態系への影響評価を行う必要が生じる．流程に沿ってダム湖下流域の河川生態系がもつ健全性への影響が低減するに

従い群集構成種が変化することが多い．ダム下流域の中で，健全な生態系を支える機能種群の個体群が一つでも出現できない河川区間があればそれを特定し，その影響度の多寡を判定する必要がある．この際,たとえ一部分であっても河川生態系の健全性の喪失を許さないのかどうかの検討が必要である．ここでは，上記したように富栄養湖化していない自然湖沼の下流側河川へ与える影響の度合いが，第一段階としての判定基準となり得るであろう．

参照文献

Antonio, M.S., Ueno, M., Kurikawa, Y., Tsuchiya, K., Kasai, A., Toyohara, H., Ishihi, Y., Yokoyama, H. and Yamashita, Y. (2010) Composition of terrestrial organic matter by estuarine mollusks determined by analysis of their stable isotopes and cellulose activity. *Estuarine, Coastal and Shelf Science* 86: 401-407.

青木伸一（2010）河川・海岸の土砂動態と土砂管理．谷田一三・村上哲生編著『ダム湖・ダム河川の生態系と管理』，pp. 229-238, 名古屋大学出版会.

Foley, P. (1994) Predicting extinction times from environmental stochasticity and carying capacity. *Conservation Biology* 8: 124-137.

Franklin, I.R. (1980) Evolutionary change in small population. In: Soule, M.E. and Wilcox, B.A. eds., *Conservation Biology*, pp. 135-149. Sinauer Associates.

福島路生（2010）ダムの分断化による淡水魚の多様性低下．谷田一三・村上哲生編著『ダム湖・ダム河川の生態系と管理』pp. 175-194, 名古屋大学出版会.

後藤　晃・塚本勝己・前川光司編（1994）『川と海を回遊する淡水魚』，東海大学出版会.

環境省（2007）哺乳類，汽水・淡水魚類，昆虫類，貝類，植物Ⅰ及び植物Ⅱのレッドリストの見直しについて．http://www.env.go.jp/press/press.php?serial=8648

環境省　自然環境保全基礎調査，河川調査．http://www.biodic.go.jp/kiso/23/23_kasen.html

川那部浩哉・水野信彦（1989）『日本の淡水魚』山と渓谷社.

風間　聡（2009）『DNA多型マーカーを用いた河川水生昆虫の流域内地域間交流の評価』河川整備基金助成事業報告書.

近藤高貴（2008）『日本産イシガイ目貝類図譜』日本貝類学会特別出版物第3号.

Lotts, K.C., Waite, T.A. and Vucetich, J.A. (2004) Reliability of absolute and relative predictions of population persistence based on time series. *Conservation Biology* 18: 1224-1232.

Nei, M. (1987) *Molecular Evolutionary Genetics*. Columbia University Press.

大森浩二・柳沢康信（2001）同所的種分化モデル：河川を舞台に．後藤　晃・井口恵一郎編『水生動物の卵サイズ：生活史の変異・種分化の生物学』海遊舎.

鈴木寿之・向井貴彦（2010）シマヒレヨシノボリとトウカイヨシノボリ：池沼性ヨシノボリ類の特徴と成育状況．『魚類学雑誌』57: 176-179.

高木基裕・矢野　諭・角崎嘉史・井上幹生・清水孝昭（2009）両側回遊型魚類オオヨシノボリのダム湖における陸封化と陸封化個体のダム降下.『応用生態工学会講演集』13：177-178.
高橋　裕（1990）『河川工学』東京大学出版会.
Takahata, N. and Nei, M. (1984) F_{ST} and G_{ST} statistics in the finite island model. *Genetics* 107: 501-504.
谷田一三（2001）水生昆虫. 森本幸裕・亀山　章編『ミティゲーション：自然環境の保全・復元技術』pp. 172-189. ソフトサイエンス社.
谷口順彦・池田　実（2009）『アユ学：アユの遺伝的多様性の利用と保全』築地書館.
津田松苗（1975）有機汚濁の生物指標. 日本生態学会環境問題専門委員会編『環境と生物指標　2　水界編』pp. 3-12，共立出版.
Vucetich, J.A., Waite, T.A., Qvarnemark, L. and Ibarguen, S. (2000) Population variability and extinction risk. *Conservation Biology* 14: 1704-1714.
Watanabe, K. and Omura, T. (2007) Relationship between reservoir size and genetic differentiation of the stream caddisfly *Stenopsyche marmorata*. *Biological Conservation* 136: 203-211.
山田佳裕・中島沙知（2010）炭素・窒素安定同位体自然存在比からみた吉野川の水質汚濁.『応用生態工学』13: 25-36.
山下　洋（2011）森・里・海とつながる生態系.『沿岸海洋』48: 131-138.
※参照した WEB サイトの URL は，本書執筆時のものである.

コラム12　大型ダムにおける魚道の課題

　大型ダムに設置される魚道（口絵12）の事例については，本シリーズ第1巻（池淵 2009）に紹介されている．堤高15mを超えるダムは日本全国に約2,800基存在するが，その中で魚道が設置されているのは，34ダムに過ぎない（ただし，2001年現在；小池・齋藤 2002）．魚道が存在するダムの堤高は，どれも50m以下で（池淵 2009に紹介されている堤高79mの庄川水系小牧ダムの魚道は，現在撤去されている），堤高の高いダムではほとんど設置されていない．これは，技術的・コスト的な問題に由来すると思われる．このコラムでは，大型ダムに設置される魚道の課題を見ていきたい．

課題1：大きな落差

　落差が大きい場合には，途中で水流を減勢するためのたまりがあるプール式魚道となる．プール式魚道は多くの場合1/10勾配以下でつくられるため，高さ30mの魚道であっても，延長300m以上となる．折り返しや螺旋，トンネルで対応が図られることもあるが，その距離の長さが生物の遡上に影響する可能性もある．一方，より勾配を緩くして距離を長くとり途中にハビタットとしての機能を持つよう自然の河川を模して瀬や淵を設置することもある．いずれにしても，設置面積やコストは大きなものとなる．底生魚やエビやカニなどの甲殻類には，アユやサケ類などの遊泳魚と違った構造が必要になり，プール式魚道の底に転石を入れたり，しがみつけるロープを渡したりすることもあるが，あらゆる種類の生物に対応できる魚道は難しい．

　エレベータや空気の泡で上昇流をつくった魚送管などによって機械的に魚などの生物を上流に引き上げる形式もある．小牧ダムに設置されていた魚道はエレベータ式魚道であるが，遡上させたアユなどの個体数に対して上流側で個体数が増加しなかった．この原因としては，川の流れを遡上してきた魚がエレベータでいきなりダム湖の止水に入ることによって減耗する可能性が指摘されている（中村 1995；高橋 2000）．

課題 2：入口への誘導

下流からの遡上に関しては，生物の移動経路に沿うように入口の位置を決定したり，入口を扇型にして幅を広げるなど構造を改変したり，魚道の脇に別の水路をつくって水を流し「呼び水」として水の流れに向かう生物を誘導しようとしたりすることがある．これらは，大型のダムであろうと，小型のダムや堰堤であろうとそれほど違いがない．

上流からの流下に関しては，発電取水・利水取水・洪水吐等への迷入や，迷入した生物の設備通過時の損傷の有無が問題視される．これらへの対策は実績も少ない．

課題 3：大きな水位変動

ダム湖では，大きな水位変動がしばしばあり，魚道の上流側はその水位変動に合わせる必要が生じる．魚道の中にゲートなど減勢工を設け，入口の高さを固定して水位変動に対応する場合もあれば，水路そのものや中の隔壁を可動させて対応する場合もある．いずれにしても，水位変動，魚道流量，魚道水深，魚道流速のすべてを安定化させることは困難である．

課題 4：大きなダム湖

ダム湖の湛水域自体が移動の障害になることも多い．とくに，稚魚で（受動的に）流下する種においては，水の滞留が流下を阻害する．大型の底生動物であるヒゲナガカワトビケラでは，堤体の高さよりも湛水域の大きさが分断に影響していることが示されている（渡辺・大村 2005）．このダム湖の存在が影響することについては，ダム湖の上流河川から直接多自然型のバイパスでつなぐことが提案されることもある（小池・齋藤 2002 参照）．この方法は，水位変動や迷入への対策にもなるが，経済的，面積（場所）の問題から実施された例はない．

参照文献

池淵周一編著（2009）『ダムと環境の科学 I　ダム下流生態系』京都大学学術出版会．

小池徳仁・齋藤　源（2002）魚類保全対策：ダム魚道の問題点と解決策.『平成13年度ダム水源地環境技術研究所所報』pp. 78-85，ダム水源地環境整備センター.
中村俊六（1995）『魚道のはなし』山海堂.
高橋剛一郎（2000）魚道の評価をめぐって.『応用生態工学』3: 199-208.
渡辺幸三・大村達夫（2005）ヒゲナガカワトビケラ（*Stenopsyche marmorata*）地域集団のRAPD解析によるダム上下流間の遺伝的分化の評価.『土木学会論文集』790/Ⅶ-35: 49-58.

コラム13　生態系の機能と生態系サービス

　Costanza et al. (1997) は「生態系の機能としては，生態系の生息場所，生物学的またシステム的な特性や過程のすべてを含み，生態系の商品（食料等）と生態系サービス（廃棄物の処理等）は，ヒト個体群が生態系の機能から直接的にまた間接的に引き出す利益を表す」と定義している．また，生態系の商品（食料等）と生態系サービス（廃棄物の処理等）をまとめて生態系サービスという場合も多い．その Costanza et al. (1997) は，生態系サービスを表 C13-1 のような 17 のカテゴリーに分けている．

　上記の中で生態系一般の機能というよりは森林生態系に特有の機能といった方がよいのが，カテゴリー3から7までと10の機能である．これらのうち3から7までの機能は，12の生息場所，つまり一般の生態系の機能の生息環境の恒常性の維持にあたると考えられる．

　残りのカテゴリー1，2，8および9と11から15までが，一般の生態系に共通の項目である．二酸化炭素，亜酸化窒素，メタン，水蒸気などの大気の化学成分の変化（カテゴリー1）が，地球温暖化ガスとして，地球の熱バランスや気候に変化（カテゴリー2）を及ぼしている．ゆえに，初めのカテゴリー1および2は，ほぼ同じ意味合いをもち生態系の機能である物質循環機能の一部を構成する．栄養塩類の循環（カテゴリー8）および排水処理機能（カテゴリー9）は，ともに，同じく生態系の主たる機能である物質循環機能にあたる．また，カテゴリー11は生物多様性と同じ意味合いをもち，生態系の機能ではなく構造の方に関わる項目であろう．それが，ヒト個体群から見たら生態系サービス機能になるということである．さらに，カテゴリー13と14は生物生産の立場から見るといずれも純生産物にかかわるものであり，本質的には同一のものである．

　結論としては，物質循環機能（大気成分の調整機能であるカテゴリー1および2，と8および9），生態系（群集）構成種群の動態の安定化（11，また，10は生物相互作用なのでここに含める），生息環境の恒常性維持（12と森林生態系特有の機能である3から7までを含む），生物生産機能（13，14）が生態系一般の持つ機能ということになる．この中でも，とくに，大気成分の調

表 C13-1　生態系サービスのカテゴリー（Costanza et al. 1997 より）

1. 大気の化学成分の調整
2. 気候の調整
3. 環境変動に対する緩衝作用
4. 流水の制御と水供給
5. 水循環の制御
6. 土壌保全機能
7. 土壌形成機能
8. 栄養塩類の循環
9. 排水処理機能
10. 花粉の送粉機能
11. 個体群の捕食被食関係による生物的制御
12. 生息場所
13. 食物としての余剰一次生産物
14. 素材としての余剰一次生産物（材木等）
15. 遺伝子源
16. レクリエーションの場
17. 非商業的（つまり文化的）利用の場

整機能（カテゴリー 1, 2）が地球規模のスケールでの物質循環機能であり，それ以外の項目のほとんどが，直接的に当該生態系周辺に関わる機能ということになる．

以上から，生態系の機能はここでは次のようにまとめ直すことができる．

A. 物質循環機能（カテゴリー 1, 2, 8, 9），
B. 生態系（群集）構成種群の動態の安定化（10 と 11），
C. 生息環境の恒常性維持（3 から 7 と 12），
D. 生物生産機能（13, 14）．

ここで，A と D は，生態系の持つ主要な物質循環とエネルギー流に関わる機能であり，B と C は，生態系の周辺物理化学的環境と生物群集の恒常性に関わる機能である．

生態系サービスは，上記した生態系の機能の延長線上にあり，加えて生態系の構造の一部である 15. 遺伝子源（生物多様性），また，生態系の構造と周辺環境に関わる生態系サービス特有の項目である 16. レクリエーショ

ンの場, 17. 非商業的 (つまり文化的) 利用の場, を含む.

　生態系の健全性の判定において, この生態系の機能の最適化とその延長としての生態系サービスの最適化とでは異なるものとなる可能性がある. この場合, どのように調整すべきであろうか. 例えば, 水域生態系において, 栄養塩類の負荷量が増大してくると種数も増大するが, あるところでピークを迎えその後低下する. しかし, 生物生産量はその限度を超えてある範囲まで増大を続けることが知られている. 生態系サービス機能のカテゴリー 13 および 14 の項は生物生産が高いほどその機能は高いといえるが, 15 や 16, 17 の項では, 生物多様性の指標の一つである種数が多いほどよいのかもしれない. また, 生態系の機能では種数が多いほど生態系が安定するという考え方もある. 一つの答えが必ずあるとは限らないのである. よって, 立場の違う市民の集合体である地域社会において, そこでの環境改変を伴う公共事業等の是非について一般的合意を得るのはなかなか困難な課題である.

参照文献

Costanza, R., d'Arge, R., de Groot, R., Farber, S., Grasso, M., Hannon, B., Limburg, K., Naeem, S., O'Neil, L.V., Paruelo, K., Raskin, R.G., Sutton, P. and van den Belt, M. (1997) The value of the world's ecosystem services and natural capital. *Nature* 387: 253–260.

第13章
流域の健全性回復と保全策

13.1 湿潤変動帯におけるダム湖環境問題群と環境保全

これまでの議論から，自然湖沼とダム湖との本質的な違いは，
　(A) 湖内・長期的スケール：ダム湖固有の湖沼遷移過程
　(B) 湖内・短期的スケール：ダム湖の持つ高い湖水交換率と大きな水位変動
　(C) 流域スケール：河川分断化（＝河川生物個体群の分断化）の効果
と考えられた（(A)と(B)は3.3節，(C)は11.4節参照）．この違いがダム湖の環境問題群を引き起こしている（図11-13）．

湿潤**変動帯**におけるダム湖陸水学という観点からみると，異なる流域特性を持つ**安定大陸**と湿潤変動帯において，上に述べた自然湖沼とダム湖との本質的な違いはその現れ方にあるといえる．湿潤変動帯における流域の特徴として，
　(1) 流域面積に対して土砂生産量が多い
　(2) 流域面積に対して河川流量が大きく，その時間的変動も大きい
　(3) 流域規模が相対的に小さい
が挙げられる（1.5.2項および3.2.3項参照，高橋 1990）．このような特性は，自然湖沼に対して上記した(A)および(B)の違いを助長する効果を持つ．(2)および(3)から森林生産物が，出水時に河川全体に行き渡りやすく，海域へのその流出も多いと考えられる（吉村 2010）．このことは，第12章でも

述べたように，RCC 仮説とは異なる湿潤変動帯における河川生態系の特徴といえよう．さらに (2) による温度成層破壊等からダム湖全体にも森林生産物が容易に広がることになる．加えて，(1) のために (A) のダム湖固有の湖沼遷移過程が引き起こされる．また，(2) に由来する (B) の特性は動物プランクトンなどの植食者の少ないダム湖固有の生態系が成立する要因となる．これらは長期的土砂堆積作用と短期的物質蓄積作用として，Ⅰ．ダム湖内への物質蓄積効果を引き起こしている (3.3 節参照)．

また，(3) から個体群上限サイズがもともと小さく，ダム湖によるその個体群の分断化は，Ⅱ．個体群存続確率の低減を引き起こす (第 12 章参照)．これらの効果は，安定大陸と比較して，湿潤変動帯のダム湖においてより顕著な形で現れることになるのである．

湿潤変動帯では，安定大陸のダム湖とはずいぶん異なる特性を持つダム湖を形成することになるのであり，それゆえダム湖の引き起こす環境問題群も異なってくる．今後，このような認識にたって湿潤変動帯に特有のダム湖環境問題群を解決していく必要がある．

13.1.1 環境保全目標

前項で述べたように，ダム湖群をもつ流域における環境保全目標は次の二つのレベルで考慮する必要がある．

（Ⅰ）ダム湖内の環境保全目標：ダム湖内物質蓄積効果の低減.
　ダム湖内の物質蓄積を低減し，下流河川には物質を無機栄養塩類の形で放出することが目標となる (10.2.2 項参照)．手法としては生物群集の管理が中心となる (第 4 章，13.1.2 項参照)．この際，(A) ダム湖固有の湖沼遷移過程を持つこと，また，(B) ダム湖の持つ高い湖水交換率と大きな水位変動に留意する必要がある．
（Ⅱ）流域環境とダム湖群全体の環境保全目標：個体群存続確率の低減からの回復.
　個体群維持を支える生息場所の量と質を保つために流域生態系の健全性の維持が目標となる (10.2.3 項参照)．手法としては (Ⅰ) の生物群集管理に基

第13章　流域の健全性回復と保全策

づく河川生態系の健全性維持とそれに由来する生息場所の質の確保や移植による（12.6節参照）．とくに（C）河川分断化（＝河川生物個体群の分断化）の効果に留意する必要がある．

　環境保全目標に関わる問題は，生態系の健全性維持と生態系サービス効果の維持との相反である．狭義の生態系の機能としては，物質循環とエネルギー転流が挙げられる．これに対して，広義の生態系の機能として生態系サービスが挙げられる（コラム13参照）．
　ダム湖生態系は，自然湖沼が持っている生態系サービス（利水・洪水低減機能）を持ちながら，堤高を高くすることによりその機能を強化しているが，その強化のゆえに一方で流域環境に与える影響において，個体群の分断化等によるネガティブな側面も持つことになる．逆にいえば，自然湖沼であっても，例えば湖の流出口に大規模な水門を構築することにより利水量を増加させることが可能である．これらの生態系サービス（利水・洪水低減機能）を強化すれば，ダム湖が持っているものと同様のよりネガティブな側面も持つようになるということである．現に多くの自然湖沼は，流出河川への水門設置（諏訪湖・十和田湖）によるかさ上げ（湖水位上昇）や湖底部放水口の設置（木崎湖）などでダム湖化している．自然湖沼も本質的にはダム湖と同じような構造と機能を持っているといっても過言ではないであろう．また，Part Iで述べたように，ダム湖の場合，総貯水容量に比べ流入水量が大きくなる（つまり（B）高い湖水交換率）ので，開発できる水量も大きい．
　上述した自然湖沼の場合とは反対にダム湖を自然湖沼のようにつくることも可能である．しかし，そうすると開発できる水資源量や治水能力が限定されてしまう．一方，これらの機能を強化すると流域環境に大きな影響を与えてしまう．つまり，ダム湖生態系において，生態系の健全性維持と生態系サービス効率の維持はトレードオフの関係にある．よって保全目標はその妥協点を探ることになる．ここでは，生態系の健全性維持について焦点を当てる．
　ダム湖の環境問題群間の関係においてもトレードオフが存在する．問題そのものは裏返せば管理目標そのものとなる．しかしながら問題相互は少なからず関係しており，矛盾する場合もある．例えば，ダム湖下流の有機物汚染

を回避するには,ダム湖での植物プランクトンを動物プランクトンによる摂食効果で低減させることが重要と考える.しかし,摂食された植物プランクトンの未消化排泄物はダム湖内に沈降し堆積する.それは,ダム湖内への有機物質蓄積となり,アオコ発生の遠因となる可能性がある.よって,栄養塩類の形で物質を下流側に放出する工夫をする必要がある.管理目標を設定する段階で妥協点を求められることもあろう.

13.1.2 生物群集の管理

流域がここまで人為的に改変されている以上,流域環境を人為的に管理する以外に自然と人間社会の両立可能な保全管理最適化への道はない.そのための工学的手法も選択肢の一つである.また,ダム湖水の管理による物理的な手法も重要である.しかし,最終的には人為的なコントロールを最小限に抑え生態系の**復元力**(レジリエンス)を高めることが生態系の健全性持続のためには必要である.また,自然湖沼の特性との比較を通して,ダム湖の特性を把握し,人工湖ゆえの操作可能性を逆に生かして生態系管理を進めることも必要である.

4.3節で示したように,自然環境の保全修復には次のような発展段階がある.

(1) 環境管理から特別な生物種の保全を行う段階:環境保全による重要種・希少種等の保全
(2) 上位種・普通種・特徴種というその生態系を特徴づける種の保全を行う段階
(3) 生物群集・生態系レベルの保全を行う段階
　　(a) 種間相互作用を利用した生物群集の保全:栄養カスケード効果(コラム3参照)等
　　(b) 生態系の復元力強化による保全:生態系内の生物群集管理による物質循環のコントロールが必要.生物群の持つ生息環境維持(生息場所構築維持)能力の保全は,本来の持続的な生態系保全管理へと結びつく.

この (3) について，ダム湖周辺水系の生物群集管理 (複数種の同時管理) による物質循環の制御は，生物による物質循環の改善や下流環境への影響低減を通して持続的な生態系管理の実現となる．

総合的な視点を基に，不確実性を念頭に置いた，実行しながらモニタリングと評価を行いフィードバックするという**順応的管理**が環境修復の鍵である．環境修復を試みるときに注意すべき点はいくつかあるが，すべてに共通する注意点は不確実性を念頭に置いた計画である．このような順応的管理は，常識的で自然に受け入れることの可能な無理のない方法といえる．しかしながら，対象となる系が**線形系**であれば問題はないが，**非線形系**でありレジームシフト (コラム 11 参照) が存在するような場合，それほど単純な話ではなくなる．レジームシフトの一方の (望ましくない) フェーズから (望ましい) 他方へ戻るとき反応のずれが生じ，効果的方法を講じることが困難な場合が生ずるであろう．逆に望ましいフェーズを維持するぎりぎりの線を決めるときにこの方法を利用すると閾値を超えて，一気に望ましくないフェーズへ落ち込む場合もあろう．順応的管理の安易な適用は注意が必要である．とくに生態系の制御と深く関わる場合，その前提として，レジームシフトが起こりうる生態系の構造を持っているかどうかをある程度明らかにしておく必要がある．河川生態系の場合は，レジームシフトが起こる可能性が高く注意を要する (図 10-11 および図 10-16 参照)．

13.1.3 流域生態系の総合管理

前項の (1) から (3) への自然環境保全修復に関する各段階は独立のものではなく重層的な評価体制である．種の保全といったとき，一般的に思い浮かべるのは対象となる地域個体群の保全であり，生息場所の質の低下による個体群サイズの変化に関する割合で評価している．それをもう一歩深めて，第 10 章における機能群の定量的な扱いや第 12 章で詳述した個体群存続の確率による評価が重要となってくるであろう．

個々の種個体群の存続について，遺伝的独立性を考慮して，流域の中でも支流単位で保全すべきという議論もあるが，最善の策はそれとして，少なくとも遺伝的交流の可能性のある範囲をその単位と考える必要がある．つまり，

流域単位である．しかし，両側回遊性の生物の場合，その存続の単位は流域を超えるのでより厳しい設定となるが，取りあえず流域単位で存続を考慮することはより現実的であろう（複数の流域を考慮する場合は，12.2.5 項参照）．流域がダム湖等で分断化された場合，分断化された集団ごとにその独立性を考慮しながら個体群存続確率の評価を行うことになる．

　以上のように，今後 (1) から (3) の重層的な生物群集管理に基づく環境影響評価体制とともに，種の保全について，個体群存続確率（またはその簡易法 12.2.6 項）による個体群評価とそれに基づく種個体群の保全へと進む必要がある．この手法を流域全体，または，保全の単位において重要な生物種群を対象に適用することにより流域生態系の総合管理となる．

　水鳥群集について，ダム湖では底生動物採食型のカモが少ないなど (7.3 節参照)，自然湖沼と比較して単調となることが一般的にいえるようである．ただし，河川環境の一部が消失し，流域にもともとなかった大規模止水面が複数形成され，水鳥類の一時的滞在場所や繁殖場所が出現することになる評価も行う必要がある．流域全体における水鳥群集の種多様性は，大規模止水面形成前よりも当然増大しているであろうし，自然湖沼に対するダム湖の水鳥群集における種多様性の低さにしても，河口堰も含め流域全体ではどのようになるかの評価が別に必要になろう．この場合は，流域の生物群集全体を対象とすることにより，真の意味での流域生態系の総合管理となる．

13.2 保全の対策

　ここでは，今後のダム湖を含めた流域保全の進む道として，本書で紹介した保全やモニタリング手法についての提案を中心にまとめる．

13.2.1　ダム湖内の保全策とモニタリング

保全策

◉流入フロントの破壊

　湖内への長期的な栄養塩類蓄積を防ぐために，流入フロントの破壊と速や

かな表層水の放流および全リン量と密接な関係を持つ濁水の湖内沈殿の回避と出水後の速やかな流下が重要である（第10章）．濁水の長期化を解決することにより，沿岸域への栄養塩供給阻害の回避にもつながる．流入フロントの破壊手法としては，流入河川水と表層水の密度差（主に温度差）をなくすため流入部での副ダムの設置等が有効と考えられる．

⦿ 堆砂除去策

ダム湖遷移（第3章参照）の第Ⅱ期（安定期）の早い段階か第Ⅳ期（遷移退行期）以降に除去対策を行う必要がある．堆砂過程が湖の遷移の進行を駆動しているのであり，第Ⅲ期（富栄養湖化期）に除去対策を行うと第Ⅲ期がその除去分延長するだけとなり，アオコ対策に苦慮することになる．

⦿ 植物プランクトン（Chl a）の増加対策

本書ではダム湖の健全性評価という観点からもデータをまとめている．第8章では，全国のダム湖で観測されたクロロフィル a 濃度と全リンとの関係と自然湖沼における同様の関係式とのずれからダム湖の健全性を評価する試みを行った．その上で，ダム湖の人為的湖水管理が高いクロロフィル a 濃度を引き起こしている可能性を指摘した．これらの結果を基に適正なダム湖管理のフローチャートを提示している（図8-7）．適正な湖水管理が，植物プランクトンの効果的な下流域への流下を促し，湖内の栄養塩類の除去効果を持つ．このことは長期的にはダム湖遷移段階の第Ⅲ期（富栄養湖化期）における植物プランクトンレベルを低下させる助けとなる．

⦿ 魚類の群集管理を通した動物プランクトン個体群の管理

ダム湖の特性である高い湖水交換率（大きな水位変動）は，動物プランクトンによる植物プランクトンへの栄養カスケード効果（＝摂食による個体群の低減化）が効かなくなる可能性を示唆している（第4章）．これに対しては，植物プランクトン密度の低減に対して表層水放流が効果的と考えられる．動物プランクトンは日周鉛直移動を行っており，中層放流では流出しやすいが，表層放流には抵抗性がある．また，動物プランクトンの摂食圧によるアオコ等の管理に対し，動物プランクトン食の魚類の増加は，その効果を相殺しアオコ等の増殖を促進することになる（栄養カスケード効果）．管理漁業による動物プランクトン食魚の適正管理を行いアオコ等の増殖を抑制する必要があ

る.また,動物プランクトン食魚を捕食する魚食魚の導入および適正管理による方法も可能であるが,栄養段階数が多くなると管理が難しくなり,また,ダム湖生態系全体に対する副次的作用の予測も困難となる.

⦿ 魚類の群集管理を通した植物プランクトンの管理

アオコ対策として,動物プランクトン食魚の除去・密度低減に加え,直接アオコを摂食する藻類食魚の維持も重要と考えられる(第4章).テラピア(*Oreochromis* spp. および *Tilapia* spp.)の養殖やハクレン *Hypophthalmichthys molitrix* などの放流である.しかし,これらは外来種でありその放流は注意を要する.ただし,テラピアの場合は,3倍体も開発されており自然界では繁殖ができないために人間による管理が容易である.また,生物生産物として利用することもでき,栄養塩類の効果的な取り出し機能も持つ.

⦿ 生物生産

魚類の群集管理を通した湖水水質管理の中で,淡水魚類の管理漁業を行うことが可能となる(第4章).漁業による生産物の取り出しは,湖内の栄養塩類の除去効果を持つ.このことは長期的には富栄養湖化期の植物プランクトンレベルを低下させる助けとなる.

⦿ 鳥類が利用できる浅瀬の造成

本書では,地形的な特性として,日本のダムはV字谷に形成される場合が多く浅い水域はあまりないことが明らかにされている.そのため,浅い水域をもつダム湖や自然湖沼とは異なり,陸上および水面採食型カモ類以外に浅い水域に潜る水底採食型のカモ類は分布できず,カモ類の種多様性が低下している.この多様性を高めるため,ここでは流入部に副ダムをつくるなど何らかの形で浅場をつくることを提案する.ただし,浅瀬の多い河口堰を保全するなど流域全体での解決も可能である(後述).

モニタリング

⦿ ダム湖の遷移段階の測定

対象となっているダム湖の遷移段階を知ることは,長期的な栄養塩類の蓄積を回避し,クロロフィル a 濃度を低減させる対策を講じる際に必要となる.過去のモニタリングデータを時間にしたがってプロットすればダム湖の遷移

段階は明らかとなる(第3章).しかし,過去のデータがないなどの場合は,ダム湖最深部の堆積物コア試料を採取し,その栄養塩や色素解析等を行うことで過去に遡りダム湖の遷移過程を知ることが可能となる.

◉安定同位体比分析

全国の複数のダム湖について,全窒素の安定同位体比とCH_4を指標としたメタボリックマップ($\delta^{15}N_{TN}$–CH_4マップ,図9-6)を基とした,栄養塩類の人為的負荷と生成された物質の分解量とのバランスの度合いを判定するダム湖生態系の健康診断の手法を提案した(第9章).

◉プランクトン同定手法の標準化

解析の中でプランクトンの同定に関するモニタリング手法の問題点が浮かび上がってきた.この問題点の解決のため,河川水辺の国勢調査[ダム湖版]や各ダムの定期観測的なモニタリングにおける種同定法の基準化を提案した(第5章).

◉底生動物および魚類

河川水辺の国勢調査[ダム湖版]や各ダムの定期観測的なモニタリングにより集積された大量のデータを有効利用すべく整理解析した.その中で,ダム湖およびその下流・上流域における魚類の出現パターンを基にダムを分類し,その特性を抽出することができた(第6章).今後のモニタリングにおけるダム湖の評価軸として利用できる手法を開発した.

13.2.2 河川・流域の保全策とモニタリング

保全策

◉河川性藻類食魚類および懸濁物食者の管理

河川生態系の重要な構成要素である藻類食魚と懸濁物食者は,以下のような生態的機能を持っている(第10章).

1) 藻類食魚による転石管理:浮遊泥+藻類の沈着の除去,懸濁物化=生産性の増加.
2) 懸濁物食者による懸濁物の無機化.

この両者の機能は,物質循環を円滑に駆動し,河川生態系の健全性を維持している.よって,これらの生物群集要素と生息場所の修復保全により,河川

環境の保全が可能となる．
◉河川魚類群集の流域管理

　流域全体のなかでのダム影響回復に対する環境管理のために生態系機能を利用すべき事案を含めて以下に述べる．種により生活史が異なり対応策は複雑になる．詳しくは 12.2.4 項を参照のこと．

　上流域ダム湖の河川分断化について，東日本ではサケ科魚類の回遊は，それに対する対応が必須であるが，少なくとも南西日本では上流域に生息するサケ科魚類の回遊頻度は相対的に低くあまり問題とはならない．また，ダム湖に対する湖沼陸封化の事例もある．しかし，大小の砂防ダムがこれら上流域に生息するサケ科魚類の個体群サイズを縮小化し，絶滅確率を増大させていることも事実である．砂防ダムの効果的な改造を含めながら，砂防ダムを越えた上下流への効果的な個体の移植が重要となろう（中村 2009）．

　逆に，河口堰は淡水魚の分断化には影響が少ないが，回遊魚にとっては遡上の大きな障害となる．しかし，河口堰で効果的な魚道などが設置されれば，容易に回避できる．ただし，アユカケ Cottus kazika などカジカ類はその遡上能力がきわめて低く魚道などの設置においても特別の配慮が必要である．また，河口堰の止水域におけるアオコ低減は，最下流ということで流入水質が悪く困難であるが，オオクチバス Micropterus salmoides やハス Opsariichthys uncirostris などの移入された大型魚食魚の除去は一定の効果を持つであろう．

　最下流に位置するダムでそれ以下には河口堰しかないものでは，天然アユ Plecoglossus altivelis altivelis やボウズハゼ Sicyopterus japonicus などの両側回遊性の藻類食魚の遡上を容易にすることによりダム下流の転石上の藻類生産を多少の濁水環境でも維持することは可能と考えられる．また，ダムによって遡上を阻害される場所では，ダム湖に湖沼陸封型のアユを定着させることで，それより上流の区間において上記と同様の効果が期待できる．反面，ダム湖内のアユ稚魚による摂食圧が動物プランクトン群集を抑え，植物プランクトンの大増殖を引き起こす可能性がある．全体のバランスを考えながら管理する必要がある．

◉鳥類の流域内ダム湖群による管理

　前述したように，地形的な特性として日本のダムはＶ字谷に形成される場合が多く浅い水域はあまりないということであるが，その下流側には河口

第 13 章　流域の健全性回復と保全策

堰がある場合も多い．流域全体での鳥類群集というように考えれば，浅瀬を必要とする渡り鳥類の生息地は下流河口堰にあると考えることもできる．河口堰周辺の鳥獣保護区化が必要である．V字谷に形成されたダム湖に無理に浅瀬をつくることは不自然であり，また別の問題を引き起こすかもしれない．何度もいうようであるが，一つのダム湖単体のみを見て環境影響の評価をし，環境負荷軽減策を講じることは対症療法に陥りがちで危険であり，高コストなものになりかねない．もっと視点を高くとり，それこそ鳥の目で見れば，流域の水系はおそらく一体のものとして映っていることであろう．

◉種個体群の存続確率分析を基とした流域管理

ダム湖が持つ河川分断化の影響とともに生息環境改変を通した影響も含めて，対象とする種個体群の流域内における存続確率分析（PVA）を基としたダム湖の流域管理手法を提案した．また，ポテンシャルハビタット分析・生息面積推定および生息密度推定による個体群存続確率の推定に関する簡便法も提案した（12.2.6 項）．

◉流域内他所からの移植手法の活用による動物相の再生

ポテンシャルハビタット分析により分布可能域を推定した生物種において，それぞれの分断化された場所の個体群が PVA により存続可能であると推定された場合（かつ，現在はその場所に生息していない場合），移植の試みにより個体群の修復維持を図ることが可能である．

モニタリング
◉流域環境の保全

流域環境と沿岸環境とは深い関係があることから（12.5 節参照），流域環境全体をモニターするのに最適な方法は，流域地先の 10m 以深の浅海底から堆積物コアを採取し，その解析を行うことである．先に，ダム湖の環境変遷をモニターするのに，最深部の堆積物コアの採取と分析を推奨した．流域としての評価は，その河川の河口近くの浅海底で評価することができる．浅海域では，年間堆積速度が 3mm 程度とすると，1m 長の堆積物コアで 300 年間の過去の記録を復元できる．流域にダムのない時期から，ダム建設等のイベントに対して，堆積物の内容（堆積速度，粒度組成，窒素・リン含量，クロ

ロフィル a 等の光合成色素濃度）がどのように変化するかで，そのイベントが流域環境全体に与えた影響の程度を判定することができる．大分県の別府湾および湾に注ぐ河川流域では，この堆積物コアに基づく流域環境の変遷史に関する解析が進んでいる (Amano et al. 2011)．ただし，どこまでの精度で影響を判定できるかとともに，すべての流域の地先で良質な（攪乱のない）堆積物コアが取れるかどうか定かではない点が問題である．

◉ダム堤体下流河川環境のパトロール

　ダム管理者による定期的パトロール時に，ダム湖内の状況とともに，ダム堤体から下流側の河川環境のモニタリングを行うことを提案したい．すでにロードキル（轢死体）調査による大型動物のモニタリングを行っているダム管理所もある．ここで河川環境とは，とくに河川水の濁りと礫底表面への微細粒子の堆積状況である．ダム堤体から下流側河川に，パトロール順路に沿って，道路上より双眼鏡等で河床や岸辺の状況がよく確認できる幾つかのモニタリングサイトを設けて行うものである．濁りや水色，微細粒子の堆積状況に大まかな段階を設けて，簡便ではあっても長期的にモニタリングすることにより下流側河川環境の大きな変遷傾向を把握することができる (10.5 節参照)．

◉流域管理スタッフによる河川生物群集管理

　ダム管理者による，ダム湖周辺上下流の生物群集モニタリングが必要と考えられる．河川水辺の国勢調査は，分類群ごとでは 5 年に一度の調査間隔となっており，調査結果はもちろん利用できるものの，それを補完する河川群集モニタリング調査が必要であろう．これによりダム湖による河川の分断化が，とくにダム湖上流側の生物群集に与える影響をモニターし，場合によっては，下流から上流へ（またはその逆）の対象種個体の移植等による手法で保全策を講じることが可能となる (12.2 節)．その際，生態学に関して十分に訓練された流域管理スタッフによる慎重な調査と判断が必要とされよう．これらのデータはまた，PVA 法による河川分断化の影響評価手法に対する検証にも利用でき，本手法の精度を上げることが可能となろう．

13.3 まとめ

本書ではさまざまな角度からダム湖特有の遷移過程の存在をデータとともに示し，ダム湖のアオコ対策等水質管理の重要性を示した（図 13-1）．アオコ対策についてはアオコ発生の基礎となる湖内への長期的な栄養塩類蓄積を防ぐことが重要である点を指摘した．

自然湖沼が河川に与える影響をダム湖の基準とし，ダム湖の影響緩和における重要な判断基準とすることを示した．少なくとも自然湖沼と同程度にダ

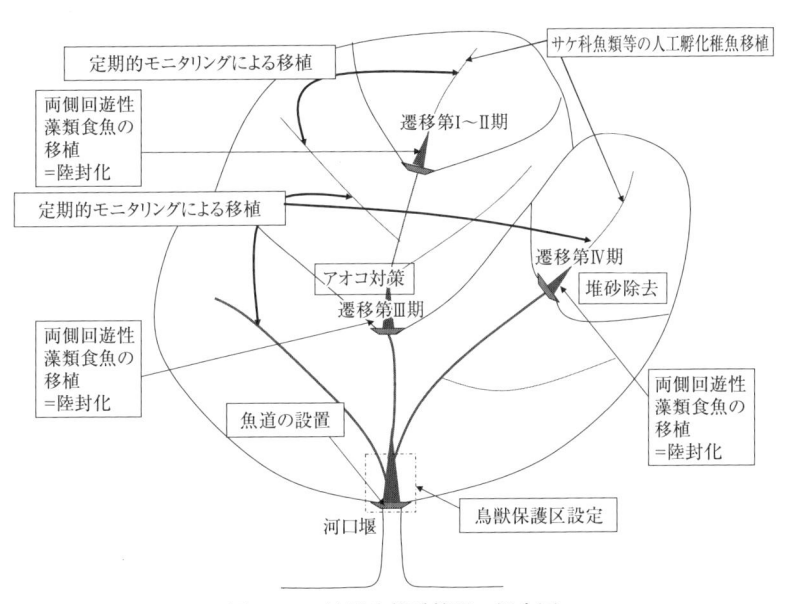

図 13-1　流域生態系管理の概念図

ダム湖の遷移過程（第Ⅰ期：初期富栄養湖化期，第Ⅱ期：安定期，第Ⅲ期：富栄養湖化期，第Ⅳ期：遷移退行期）に合わせた管理が必要となる．遷移第Ⅰ～Ⅱ期では，定期的モニタリングによる純淡水魚の小流域間移植，両側回遊性藻類食魚のダム湖への移植による陸封化の促進（藻類食魚の生態的機能活用による河川健全性の維持），サケ科魚類の孵化稚魚を上流域に放流，河口堰に両側回遊性魚に効果的な魚道設置，河口堰周辺における鳥獣保護区の設置，遷移第Ⅲ期では，ダム湖におけるアオコ対策の実施，遷移第Ⅳ期では，ダム湖における堆砂除去の実施などの対策を流域河川やダム湖のモニタリングに基づいて行う．

ム湖の影響度合を低減化する必要がある．その中で自然湖沼とダム湖との本質的な違いは，(A) 遷移過程の違いとともに (B) ダム湖の持つ高い湖水交換率と大きな水位変動，(C) 河川分断化（＝生物個体群の分断化）の効果と考えられた．高い湖水交換率は，動物プランクトンによる植物プランクトンへの栄養カスケード効果の無効化の可能性を示唆している．これに対し，表層水放流やダム湖内の動物プランクトン個体群を維持するため動物プランクトン食魚の個体数を抑える管理漁業等ダム湖生態系管理の必要性を示した．

　河川分断化について，対象とする種個体群の流域内における存続確率分析 (PVA) を基とした流域管理手法を簡便法とともに提案した（図 12-19）．

　ダム湖固有の遷移過程についての認識のもと環境保全に向けた低コストで持続可能な流域管理を実現するために，選択取水施設・魚道・副ダムの設置・運用など工学的手法を併用しながら，上記したような栄養カスケード効果に代表される生態系がもつ機能を，流域全体のなかで積極的に利用することが今後重要となる．ただし，これら生態系管理を正しく実行するには，生態学を専門とするスタッフをダム管理事務所に常駐させ，個々のダム湖の条件の中で長期的に流域を管理する必要がある．

参照文献

Amano, A., Kuwae, M., Agusa, T., Omori, K., Takeoka, H., Tanabe, S. and Sugimoto, T. (2011) Spatial distribution and corresponding determining factors of metal concentrations in surface sediments of Beppu Bay, southwest Japan. *Marine Environmental Research* (in press).

中村智幸 (2009) 天然魚の絶滅を回避する方法．中村智幸・飯田　遙編『守る・増やす渓流魚』pp. 91-95．農山漁村文化協会．

高橋　裕 (1990)『河川工学』東京大学出版会．

吉村千洋 (2010) 河川の有機物動態とダムの関係．谷田一三・村上哲生編著『ダム湖・ダム河川の生態系と管理』pp. 239-262．名古屋大学出版会．

コラム14　ダム湖の水質対策

ダム湖の水質対策としては，主に表C14-1のようなものが行われている．ここでは，冷水・温水問題，濁水長期化問題，富栄養化問題を含めて，ダム湖において行われている対策を示す（流域における対策は含まない）．効果に関する具体的な調査事例は，本シリーズ第1巻（池淵 2009）を参照してほしい．

表C14-1　ダム湖における水質対策とその原理

水質対策手法	目的・原理
浅層曝気	ダム湖中層あるいは表層から空気を吐き出し，気泡の浮力により上昇流を生じさせ，ダム湖内に循環混合層を形成させる．これにより，表層水温の低下，植物プランクトンの有光層以深への引き込み，藻類の拡散などを生じさせ，植物プランクトンの増殖・集積を抑制する．
深層曝気	成層状態を維持しながら深水層に酸素を供給し，底質からの鉄，マンガン，硫化水素及び栄養塩などの溶出を抑制することで，赤水・黒水の発生防止や，循環期における栄養塩類のダム湖全体への拡散の防止を図る．
全層曝気	ダム湖内全体を曝気循環することで，深層水を表層に強制的に移動させるもの．植物プランクトンの無光層への移動，表層水温の低下により，植物プランクトンの増殖抑制を図る．ただし，底泥の巻き上げや深層の栄養塩類の移動を引き起こすことがあるため，慎重な操作が必要である．
噴水設備	噴水の降水滴による光遮断や蒸発散，ダム湖内の水の混合などにより，表層水温の上昇を防ぎ，水温躍層を低下させることで，植物プランクトンの増殖を抑制する．
植栽	主にダム湖上流側（流入部）にヨシなどの水生植物を植栽し，植生帯への接触・沈降による懸濁物質のトラップや植物による栄養塩類の吸収をねらったもの．植物を刈り取って除去することで栄養塩を持ち出す．生物保全のためのビオトープを兼ねて造られることもある．
浮島	浮体の上に人工的に植栽を施した浮島を設置し，植物や付着藻類による栄養塩類の吸収や，多種の生物間関係による藻類制御（栄養塩の競合や動物プランクトンによる植物プランクトンの摂食など），遮光効果による光合成の抑制などにより，藻類異常増殖の抑制を図る．プランクトン食性魚類が入れない覆いをつくり，動物プランクトンの増殖による栄養カスケード効果による植物プランクトンの抑制をねらうものもある．
前貯水池	前貯水池はダム湖の上流側に副ダムを設置してできた小規模貯水池で，流入河川水をダム湖に流入する前に一時貯留するもの．河川水中の有機性懸濁物質を沈殿させる．植栽とあわせて行われることもある．必要により物理的に除去することにより系外へ栄養塩を持ち出す．
干し上げ	ダム湖の底を干し上げることを指し，還元的になった湖底を露出させることで，底泥の酸化を促進するもの．前貯水池のみが行われることもある．灌漑用の溜池において伝統的に行われてきた「池干し」を模したもの．

表 C14-1　ダム湖における水質対策とその原理（つづき）

水質対策手法	目 的 ・ 原 理
選択取水設備	水温成層が形成されているダム湖において，取水口の高さを変えることにより，任意の層から選択的に取水することで，放流水質（主に水温と濁り）を制御する．例えば，洪水時に，濁度の高い層から排出し，洪水後は濁度の低い層から排出することで，洪水期以外の放流水の濁度を低くする．また，選択取水設備の運転によってダム湖内の成層状態を変化させることにより，濁水の流入水深を制御する．これらにより，冷水現象や温水現象，濁水長期化現象の軽減を図る．
流動制御フェンス	ダム湖の流入端にフェンスを設置し，出水時の濁りや栄養塩に富んだ流入水を深層部に導入する．これにより，表層の濁りを減少させ，植物プランクトンへの栄養塩類の供給を抑制し，植物プランクトンの増殖抑制を図る．なお，栄養塩類の有光層への再浮上を防止するために，選択取水設備と併用することも効果的である．
バイパス	ダム湖内の濁度が高くなった場合に，ダム上流の濁度の低い水を下流へ放流する「清水バイパス」，貯水池内が濁水化するのを防止するために，出水期間中に濁水をバイパスさせ下流へ放流する「濁水バイパス」，ダム湖内に流入する排水などを貯水池の下流へバイパスし，ダム湖の富栄養化を防止する「富栄養化対策バイパス」などがある．バイパスによっては，土砂の一部が流れることもあり，下流のアーマーコート化の軽減につながる場合もある．

ダム水源地環境整備センター（2006）をもとに，吉田・菊池（2000），ダム水源地環境整備センター（2002），阿部・盛谷（2007），池淵（2009）により加筆して作成．

参照文献

阿部真也・盛谷明弘（2007）貯水池干し上げによる水質保全への取り組み：三春ダムの事例．『平成18年度ダム水源地環境技術研究所所報』pp. 24-31．ダム水源地環境整備センター．

ダム水源地環境整備センター編著（2002）『ダム貯水池の水環境Q&A：なぜなぜおもしろ読本』山海堂．

ダム水源地環境整備センター（2006）『水質対策事例特集』(12)：6．

池淵周一編著（2009）『ダムと環境の科学Ⅰ　ダム下流生態系』京都大学学術出版会．

吉田延雄・菊池哲志（2000）人工生態礁を用いた藻類増殖抑制の試みについて．『平成11年度ダム水源地環境技術研究所所報』pp. 38-44．ダム水源地環境整備センター．

コラム15　ダムやダム湖が流域の生物多様性を保全する？

　流域の生物多様性を保全していくことを考えたときに，ダムやダム湖を存続させた方が良い場合というのは存在するのだろうか？　ここでは，まず，ダムの撤去が議論になった場合，生物多様性保全の面からダムは撤去しない方が良いという評価になるのはどのような可能性があるのか考えてみよう．

　生物多様性保全のためのダム撤去がマイナスになるというのは，①堤体除去による土砂流出などの一時的悪影響が大きすぎると推定される場合，②外来種が在来種や群集へ侵入するバリアにダムがなっている場合，③ダムが担っている機能やダム湖が新しいハビタットとして機能している場合，の三つの場合が考えられる．

　最初の①に関しては，シリーズ1巻目（池淵 2009）に述べられているので，ここでは内容の詳細は割愛したい．

　ダムは魚類など水生生物の移動を阻害し，個体群を孤立化させることにより局所的な絶滅をさせる可能性がある（第12章参照）．実際に日本でも砂防ダムなどで孤立化した小流域のイワナ類は絶滅している可能性がある（例えば，Morita and Yamamoto 2002）．ダムによる移動阻害は，在来の生物に対しても働く一方で外来種にも働くので，河川のある場所に外来種が侵入した場合に，ダムがバリアとして働いて外来種の侵入から部分的に（主にダム上流で）守られる場所が生じる．上記の②はこういう場合である．例えば，北アメリカにおけるカットスロートトラウト *Oncorhynchus clarki* では，外来のサケ科魚類（ニジマス *Oncorhynchus mykiss* など）や同種別亜種の侵入から人為的な横断工作物によって在来個体群が維持されている例がある（Novinger and Rahel 2003）．日本でも，イワナ類の在来個体群が保持されている場所は，外来種や同種別系統群（出身地方が違うもの）の放流から砂防ダムなどで隔離されている場所である場合が多い（中村 2008）．外来生物が侵入したという背景を認めると，ダムを存続させることが生物多様性の保全に役立つという例の一つであると考えられる（もちろん，これらの在来個体群の存続にとっては，本来的には下流側の外来種が駆除された後にダムに

よる移動分断が解消されるのがもっとも望ましいが).

　③のダムが担っている機能やダム湖が新しいハビタットとして機能している場合というのは，例えば，韓国におけるカワウソ *Lutra lutra* の生息の場合が挙げられるだろう．カワウソ類は世界に住む14種のどの種も絶滅の危険性があり，日本のカワウソ *Lutra nippon*（分類学的に独立種とするかどうかは議論があるところであるが，ここでは日本カワウソを独立種としておく）はすでに絶滅したと考えられている．韓国では，まだカワウソが生息し続けており，例えば，いくつかの水系ではダム湖やその周辺でしか生息が確認されないなど，ダム湖が重要な生息地になっている（安藤 2008）．本来の生息地である沿岸や河川下流の多くが人為的に改変されてしまった現在では，河川上流にできた比較的魚類生産が高い止水域は，下流・沿岸生息域の代替として重要な役割を果たしている．近い例としては，沖縄のリュウキュウアユ *Plecoglossus altivelis ryukyuensis* が挙げられる．リュウキュウアユは，奄美・沖縄に生息していたが，河川や河口の改変により多くの河川では絶滅したり減少したりしている．とくに沖縄本島では，在来の個体群はすべて絶滅してしまった．リュウキュウアユは，河川で産卵し，孵化した仔魚・稚魚は流下し，河口で成長し，また河川へと遡上する両側回遊魚である．アユの稚魚は河口の水温が高くなると生息できないため，近年河口の人為的改変や温暖化による河口水温上昇もリュウキュウアユの衰退の一要因であると考えられている（岸野・四宮 2005）．現在，沖縄本島では，河川に再導入された個体群は生息できず，上流のダム湖に導入された個体群のみが存続している．これも背景が変化したときに，ダム湖が他ではまかなうことができないハビタットを提供している例であろう．

　ここで考えてきた例，とくに②と③は，在来種が本来の生息地で生息しているという河川生態系の本来の姿ではない．しかし，流域というスケールに視点を広げたときに，その流域で在来種や個体群が存続するという意味で，生物多様性保全に十分意味のあることだと思われる．

　もちろん，背景が変わったときに流域という広い視点でみた場合というのは，ダム撤去に際しての議論だけではなく，ダムを管理していく上でも重要な視点である．気候変動により上昇してしまった河川水の夏の水温はせめて下流だけでもダムの取水管理により上昇させすぎない工夫はできな

いだろうか？　頻発するゲリラ雷雨により減少しすぎた個体群を放流パターンの変更により維持できないだろうか？　時代の変化にあった持続性がある新しいダム管理が問われている.

参照文献

安藤元一（2008）『ニホンカワウソ：絶滅に学ぶ保全生物学』東京大学出版会.
池淵周一編著（2009）『ダムと環境の科学Ⅰ　ダム下流生態系』京都大学学術出版会.
岸野　底・四宮明彦（2005）奄美大島住用湾および焼内湾周辺におけるリュウキュウアユ仔稚魚の回帰遡上.『魚類学雑誌』52: 115-124.
Morita, K. and Yamamoto, S. (2002) Effects of habitat fragmentation by damming on the persistence of stream-dwelling charr populations. *Conservation Biology* 16: 1318-1323.
中村智幸（2008）『イワナをもっと増やしたい！』フライの雑誌社.
Novinger, D.C. and Rahel, J. (2003) Isolation management with artificial barriers as a conservation strategy for cutthroat trout in headwater streams. *Conservation Biology* 17: 772-781.

おわりに
―― 流域生態系管理スタッフの誕生へ向けて ――

「はじめに」で述べたように本書の狙いは，日本におけるダム湖生態系の特性を理解して，流域管理の新たな道を提案することにあった．そのなかで北米・ヨーロッパの安定大陸にあるダムに対するこれまでのダム湖陸水学に対して，「湿潤変動帯におけるダム湖陸水学」の確立を目指した．日本のダムを一言で表現すると，環境変動の大きな小さな流域の小さなダムといえよう．しかし，その小さなダムが流域環境に与える影響は決して小さなものではなく，それゆえ日本では特に流域全体を視野においた総合的な流域管理が必要であることを述べてきた．これまで生態学者は河川に建設されたダムを見て諦めに似た無力感を抱いてきたが，その環境への影響低減の可能性をこの総合的な流域管理の中に見出すべきなのではないだろうか．

最後に強調しておかなければならないことがある．それは，それぞれの流域の中で，個々のダム湖ごとに要求されるものが異なり，それぞれの異なる条件の下で流域生態系がもつ機能を生かす最適な管理手法を見出さなければならないということである．そのためには，十分な訓練を受けたスタッフの存在が必須である．生態学を専門とするスタッフを個々のダム管理事務所に常駐させ，流域の中の個々の条件のもとで長期的に管理する必要があるのではないか．例えば，ダム湖により流域内の種個体群分断化が起こっているのであれば，その個体群分断化の状態をモニターしながら，必要に応じて流域内での個体の移植等の処置を行い，分断化の影響を回避することも可能である（図13-1参照）．これは，大型のダムに数十億円かけて魚道を設置するよりも遙かに確実な方法である．理論を流域環境という現場で試されるのであり，このような実践の中で現代の生態学という学問も鍛えられていくであろうし，また，湿潤変動帯におけるダム湖陸水学もつくられていくのであろう．

本来生態学を専門とするものは，現場で学問をやっておれば鳥獣一般がわかる全人的な人間となっていくが，現代生態学の主流は業績主義と共に細分

おわりに

化・分子遺伝学化であり，違った方向へ向いているように感じる．科学の本質は分析と統合であるが，分析は行いやすく統合は成り難しで困難をともなう．その中で生態学の統合は現場にある．ただ現場といっても個々の事象に拘泥し全体を見なければ分析に終始してしまうであろう．ダム管理事務所という結果を要求される現場は，生態学を専門とするものにとっても分析から統合へのよき修練の場となる．また，流域生態系の管理という分野は，若き生態学研究者の働き場ともなりうるのではないだろうか．つまり，流域生態系管理スタッフの誕生である．四国のあるダム管理事務所では，管内の定期的パトロールの際に野生動物のロードキル（車に轢かれた野生動物の死骸）の記録をしている．これなどはその先駆けといえよう．

また，河川管理者もこのようなスタッフを配置し育ててこそ，個々の流域環境の全体としての日本国土の自然環境を保全する責任ある者としての意義を大きく示すことができるようになるであろう．ダムの個別問題に汲々とせず，流域環境全体を捉え，日本国土自然環境の保全というもっと広い視野に立てば，国民の強い支持を得ることができるようになろう．

ダムというものが環境破壊の権化として捉えられて久しいが，高度成長期にダムがもたらした市民への利益も大きかったことを見逃すことはできない．ダム建設そのものに対する利権がらみの問題もあったであろうが，現在でも，洪水期に入り台風が近づけばダム管理事務所は，出水に備えて山奥の現場で人知れず臨戦態勢にはいるのである．これらのことを忘れては，バランスのある正当な議論は行えない．問題を正確に捉えられなければ，その問題を解決することはできないのである．

ダムが必要でないならばつくらなくていいし壊せばよい．しかし，本当に必要であれば，得ることのできる利益に対して必ずや環境に対する負荷が生じる．ここでは最善の努力を払って折り合いをつけていく以外に道はないのである．そのような時に本書が少しでも役にたてれば，それは望外の幸せである．

なお，本書には，多くのダム湖生態系に関する見解や保全管理に向けた提案が示されている．これらの見解や提案は，著者らの間で必ずしも合意されているものではない．巻末にある編著者紹介ではそれぞれの執筆担当章を示

しているが，それぞれの著者は執筆した章のみに責任を持つことを付しておく．

2011 年 3 月
大森浩二

追記

　本書編集中の 2011 年 3 月 11 日に，東日本太平洋岸一帯で，大地震とそれに伴う大津波による未曾有の災害が起こった．多くの方々が家族を失い，また，家屋・財産そして仕事を失う悲惨な事態が生じた．著者一同を代表し，ここに謹んでお悔み申し上げる．また，未だ住むところもない中で，復興に奮闘努力されている方々に対し，一国民として最大限の共感と助力を惜しまない気持ちで一杯であるとともに，一刻も早い全面的復興を願う次第である．

　この大震災のなかで，福島県須賀川市の農業用貯水池藤沼ダム（総貯水容量約 150 万 m^3）が決壊し，8 名の死者・行方不明者を出した．国内でダム決壊による人的被害はこの 80 年間無かったものであり，大変に遺憾な事故であった．難を逃れた近隣住民の話によると，湖水は 1 回，2 回とあふれ出し，3 回目に堤体が破壊され，濁水が奔出したそうである．地震による揺れの周期が，貯水池がもつ固有振動と共振して，湖面揺動の振幅が大きくなったのかもしれない．また，以前よりダム堤体の強度不足との指摘も住民から出されていたようである．

　2011 年は，大震災のほかにも，7 月中旬の台風 6 号による大雨は四国で累積 1,200mm 近くに達しているし，7 月下旬の前線による新潟・福島の大雨は 1,000mm に達し，これらの雨は観測史上最大となった場所も多くある．

　自然は常に表裏の顔を持つ．氾濫する水は，一方で多様な生命を支える水である．人は技術を駆使して，この難問を解決しようとしてきたのであるが，地震であれ，大雨であれ，時として，その技術ではカバーできない側面があることを忘れてしまう．

おわりに

　それゆえ，防災や生活のために必要なダム・堤防建設という技術利用と自然環境保全は常に対立するものであった．しかし，地震や洪水が頻発する湿潤変動帯において，この両者は人が自然環境の中で生きていく上で必然のものである．今回の大震災や大津波，大雨を受け，防災施設整備の必然性を強く意識せざるを得ない．防災と生物多様性・生態系保全は場によって，両立しにくい場合があるかもしれない．しかし，管理の仕方によっては，防災と生物多様性・生態系保全の双方にメリットがある方法も存在するであろう．また，トレードオフがある場合でも，最適な解を導き出そうとすることが重要である（解はダム湖などの場所ごとに見るか，大きな空間スケールで見るかによって異なってくるだろう）．今，それらの必要性をさらに痛感させられている次第である．

謝辞

本書の作成にあたっては，多くの方々のご協力をいただいた．とくに以下の方々の協力なしには本書は成立しなかった．

本書は，水源地生態研究会議に属する貯水池生態研究委員会における研究を骨格としている．同会議は，2008年から新たな研究会として改変されたが，ここで取り上げた研究も発展的に行われている．同会議・研究会の事務局である財団法人ダム水源地環境整備センターは，研究活動の調整とともに，研究費の補助を行った．

多くのダム管理所には，現地調査における便宜とデータ提供，写真提供を受けた．

高村らが執筆した第5章では，解析にあたっての分類単位（タクサ）の統合化について，以下の専門家の先生方に力添えをいただいた．枝角類は田中　晋先生，ワムシ類は鈴木　實先生，カイアシ類は上田拓史先生，藍藻類は渡邊眞之先生，渦鞭毛藻は堀口健雄先生，緑藻は新山優子先生．渡邊眞之先生は2009年5月11日に永眠された．河川水辺の国勢調査やダム貯水池水質調査で実施されているダム湖の植物プランクトンの同定技術のバラツキに強い危機感を示され，ダム湖のモニタリング調査に用いる図鑑作成に意欲を示しておられた矢先の訃報で私たちは大変なショックを受けた．謹んで先生のご冥福をお祈りする．

山岸が執筆した第7章は，応用生態工学会誌3巻1号に英文で掲載された The relationship between waterfowl assemblage and environmental properties in dam lakes in central Japan: Implications for dam management practice に加筆，翻訳したものである．共著者の森　貴久，川西誠一，故 Navjot Sodhi の各氏および応用生態工学会には再掲載をご許可いただいた．

鹿野雄一，田中　靖，鳥居高明の各氏には，貴重な写真を提供していただいた．

最後に本書の編集については，京都大学学術出版会の鈴木哲也氏は本書の構成に関する重要な示唆を与えられた．同出版会の福島祐子氏には，編集作業において多大なご苦労をおかけした．

ここにお礼申し上げる次第である．

編者・執筆者一同

付表1　ダム湖が引き起こす主な問題

現象が起こる場所	項　目	内　容
ダム湖内で起こる現象	アオコ	*Microcystis*（藍藻）や *Anabaena*（藍藻）などの植物プランクトンが増殖することで，気泡をもったそれらプランクトンが水面に集積し，抹茶をまいたように水面を覆う現象．景観上の問題とともに，異臭味の原因となることもある．
	淡水赤潮	*Peridinium*（渦鞭毛藻）や *Uroglena*（黄金色藻），*Cryptomonas*（クリプト藻）などの植物プランクトンが増殖し，水が赤褐色や茶褐色に見える現象．景観上の問題とともに，異臭味の原因となることもある．
	異臭味	主にダム湖で発生した植物プランクトンにより生産される物質により，水に臭いが着く現象．藍藻，珪藻，緑藻，植物性鞭毛虫などの種類によって臭いは違うが，「カビ臭」，「腐敗臭」，「きゅうり臭」，「魚臭」などが代表的な例である．
	赤水・黒水	湖底が還元的になった場合に金属が溶出することにより水が赤や黒に染まる現象．鉄は第二鉄イオンとなった場合，赤色を示し，マンガンは2価の状態で黒色を示す．景観上の問題とともに，水の利用時に，洗濯物への着色や農作物の渋みを引き起こす．
	湖岸裸地化	ダム湖岸の水位変動帯に植生が発達せずに，水位低下時に裸地が露出する現象．景観上の問題とされる．
	外来種増殖	ダム湖やダム周辺において外来種が増加する現象．とくにオオクチバスなどの特定外来種の増加が問題とされる．
河川・流域に引き起こす現象	濁水長期化	ダム下流で起こる水の濁りが速やかに収まらずに長引く現象．一般に河川では出水時に濁水が発生するが比較的速やかに元に戻る．ダム湖があると濁水がダム湖内に貯留され，出水後徐々に下流に放流されるために濁りが長引く．
	温水・冷水	ダム下流の河川水温がダム湖湛水前に比べて，高温になったり，低温になったりする現象．ダム湖内で水が鉛直方向に異なった水温分布をし，取水口の位置により流入水とは違った温度を放流することが主たる原因である．
	流況改変	流量の変動パターン（流況）が変わる現象．河川に湖が存在することで，洪水は一時的に貯留され，徐々に放流されることで，流況が変わる．とくにダムでは運用により洪水のピークカットやそのほかの貯水，放流により，流況が改変される．また，発電ダムでは，発電用の取水から発電所まで導水されるとき，河川が無水あるいは減水となることもある．
	土砂供給遮断	ダム湖への堆砂により，下流に供給される土砂が少なくなる現象．下流河道内の粗粒化などを引き起こす．
	移動分断	ダムの堤体やダム湖により生物の移動が制限される現象．堤体の高さが水生種の上流への移動を制限するとともに，ダム湖による水の滞留が上流・下流方向への移動を妨げることもある．
	有機汚濁	主にダム湖で発生した植物プランクトンが粒状有機物として下流に供給されることで下流河川の有機物量が増加する現象．
	外来種逸出	ダム湖やダム周辺において増殖した外来種がダム湖外に流出する現象．

付表2　本書において調査解析に含んだダムおよび本文・図に登場した日本国内のダムの諸元

ダム名	ダム名（ふりがな）	水系	河川	堤体位置（都道府県）	管理者	目的[1]
相俣	あいまた	利根川	赤谷川	群馬県	国土交通省関東地方整備局	F. N. P
阿木川	あぎがわ	木曽川	阿木川	岐阜県	水資源機構	F. N. W. I
芦別	あしべつ	石狩川	芦別川	北海道	北海道開発局	A. W. P
浅瀬石川	あせいしがわ	岩木川	浅瀬石川	青森県	国土交通省東北地方整備局	F. N. W. P
安波	あは	安波川	安波川	沖縄県	沖縄総合事務局	F. N. W. I
天ヶ瀬	あまがせ	淀川	淀川（宇治川）	京都府	国土交通省近畿地方整備局	F. W. P
新川	あらかわ	新川川	新川川	沖縄県	沖縄総合事務局	F. N. W. I
荒川調節池総合開発施設	あらかわちょうせつそうごうかいはつしせつ	荒川	荒川	埼玉県	国土交通省関東地方整備局	F. W
荒瀬	あらせ	球磨川	球磨川	熊本県	熊本県	P
五十里	いかり	利根川	男鹿川	栃木県	国土交通省関東地方整備局	F. N. P
井川	いかわ	大井川	大井川	静岡県	中部電力	P
池田	いけだ	吉野川	吉野川	徳島県	水資源機構	F. N. A. W. I. P
漁川	いざりがわ	石狩川	漁川	北海道	北海道開発局	F. N. W.
石手川	いしてがわ	重信川	石手川	愛媛県	国土交通省四国地方整備局	F. A. W
石淵	いしぶち	北上川	胆沢川	岩手県	国土交通省東北地方整備局	F. A. P
市房	いちふさ	球磨川	球磨川	熊本県	熊本県	F. N. A. P
岩尾内	いわおない	天塩川	天塩川	北海道	北海道開発局	F. A. W. I. P
岩屋	いわや	木曽川	馬瀬川	岐阜県	水資源機構	F. A. W. I. P
宇奈月	うなづき	黒部川	黒部川	富山県	国土交通省北陸地方整備局	F. W. P
浦山	うらやま	荒川	浦山川	埼玉県	水資源機構	F. N. W. P
大石	おおいし	荒川	大石川	新潟県	国土交通省北陸地方整備局	F. P
大川	おおかわ	阿賀野川	阿賀川	福島県	国土交通省北陸地方整備局	F. N. A. W. I. P
大渡	おおど	仁淀川	仁淀川	高知県	国土交通省四国地方整備局	F. N. W. P
大橋	おおはし	吉野川	吉野川	高知県	四国電力	P
大町	おおまち	信濃川	高瀬川	長野県	国土交通省北陸地方整備局	F. N. W. P
大森川	おおもりがわ	吉野川	吉野川	高知県	四国電力	P
奥只見	おくただみ	阿賀野川	只見川	新潟県・福島県	電源開発	P
小里川	おりがわ	庄内川	小里川	岐阜県	国土交通省中部地方整備局	F. N. W.
嘉瀬川	かせがわ	嘉瀬川	嘉瀬川	佐賀県	国土交通省九州地方整備局	F. N. A. W. I. P
月山	がっさん	赤川	梵字川	山形県	国土交通省東北地方整備局	F. N. W. P
桂沢	かつらざわ	石狩川	幾春別川	北海道	北海道開発局	F. A. W. P
金山	かなやま	石狩川	空知川	北海道	北海道開発局	F. A. W. P
鹿野川	かのがわ	肱川	肱川	愛媛県	国土交通省四国地方整備局	F. P
鹿ノ子	かのこ	常呂川	常呂川	北海道	北海道開発局	F. N. A. W.

1) F：洪水調節・農地防災，N：不特定用水・河川維持用水，A：かんがい・特定かんがい用水，W：上水道用水，I：工業用水道用水，P：発電
2) 水質浄化施設，魚道に含め，編者・著者が把握できたものを掲載．ただし，2008年時点．水質浄化施設（A：曝気，F：噴水，V：植栽，I：浮島

竣工年(西暦)	堤 高 (m)	集水域面積 (直接流域)(km²)	湛水面積 (ha)	総貯水容量 (千m³)	有効貯水容量 (千m³)	設備等[2)
1959	67.0	110.8	98	25,000	20,000	
1991	101.5	81.8	158	48,000	44,000	A. F. R. B
1957	22.8	126.0	116	1,599	206	
1988	91.0	225.5	220	53,100	43,100	S
1983	86.0	22.5	83	18,600	17,400	
1964	73.0	352.0	188	26,280	20,000	
1977	44.5	7.4	16	1,650	1,250	
1997	—	2,021.0	118	11,100	10,600	
1955	25.0	1,721.0	123	10,137	2,420	W
1956	112.0	271.2	310	55,000	46,000	
1957	103.6	459.3	422	150,000	125,000	
1975	24.0	1,904.0	144	12,650	4,400	
1980	45.5	113.3	110	15,300	14,100	A
1973	87.0	6.4	50	12,800	10,600	S. E
1953	53.0	154.0	108	16,150	11,960	
1959	78.5	157.8	165	40,200	35,100	A. F
1971	58.0	331.4	510	107,700	96,300	
1977	127.5	264.9	426	173,500	150,000	
2001	97.0	617.5	88	24,700	12,700	
1999	156.0	51.6	120	58,000	56,000	S. E
1978	87.0	69.8	110	22,800	17,800	S
1988	75.0	825.6	190	57,500	44,500	S
1986	96.0	688.9	201	66,000	52,000	S
1939	73.5	190.0	101	24,030	19,000	
1986	107.0	193.0	110	33,900	28,900	S
1959	73.2	21.5	92	19,120	17,320	
1960	157.0	594.6	1,150	601,000	458,000	
2004	114.0	55.0	55	15,100	12,900	A. S. B
(2011年8月現在 試験湛水中)	97.0	368.0	270	71,000	68,000	
2002	123.0	239.8	180	65,000	58,000	S
1957	63.6	151.2	499	92,700	81,800	S
1967	57.3	470.0	920	150,450	130,420	
1959	61.0	455.6	232	48,200	29,800	
1983	55.5	124.0	210	39,800	35,800	

：前貯水池，D：干し上げ，S：選択取水，E：フェンス，B：バイパス，魚道（W）．

ダム名	ダム名 (ふりがな)	水系	河川	堤体位置 (都道府県)	管理者	目的[1]
釜房	かまふさ	名取川	碁石川	宮城県	国土交通省東北地方整備局	F. N. W. I. P
川治	かわじ	利根川	鬼怒川	栃木県	国土交通省関東地方整備局	F. N. A. W. I
河内	かわち	板櫃川	板櫃川	福岡県	八幡製鐵所	I
川股	かわまた	馬宿川	馬宿川	香川県	相生土地改良区	A
川俣	かわまた	利根川	鬼怒川	栃木県	国土交通省関東地方整備局	F. N. P
漢那	かんな	漢那福地川	漢那福地川	沖縄県	沖縄総合事務局	F. N. A. W
厳木	きゅうらぎ	松浦川	厳木川	佐賀県	国土交通省九州地方整備局	F. N. W. I. P
草木	くさき	利根川	渡良瀬川	群馬県	水資源機構	F. N. W. I. P
九頭竜	くずりゅう	九頭竜川	九頭竜川	福井県	国土交通省近畿地方整備局	F. P
小渋	こしぶ	天竜川	小渋川	長野県	国土交通省中部地方整備局	F. N. A. P
御所	ごしょ	北上川	雫石川	岩手県	国土交通省東北地方整備局	F. N. A. W
小牧	こまき	庄川	庄川	富山県	関西電力	P
小森	こもり	新宮川	北山川	三重県	電源開発	P
寒河江	さがえ	最上川	寒河江川	山形県	国土交通省東北地方整備局	F. N. A. W. P
佐久間	さくま	天竜川	天竜川	静岡県	電源開発, 国土交通省中部地方整備局	F. P
三国川	さぐりがわ	信濃川	三国川	新潟県	国土交通省北陸地方整備局	F. N. W
札内川	さつないがわ	十勝川	札内川	北海道	北海道開発局	F. N. A. W. P
早明浦	さめうら	吉野川	吉野川	高知県	水資源機構	F. N. A. W. I. P
猿谷	さるたに	新宮川	熊野川	奈良県	国土交通省近畿地方整備局	N. P
四十四田	しじゅうしだ	北上川	北上川	岩手県	国土交通省東北地方整備局	F. P
七ヶ宿	しちかしゅく	阿武隈川	白石川	宮城県	国土交通省東北地方整備局	F. N. A. W. I
品木	しなき	利根川	湯川	群馬県	国土交通省関東地方整備局	水質改善. P
島地川	しまぢがわ	佐波川	島地川	山口県	国土交通省中国地方整備局	F. N. W. I.
下筌	しもうけ	筑後川	津江川	大分県, 熊本県	国土交通省九州地方整備局	F. N. P
下久保	しもくぼ	利根川	神流川	群馬県	水資源機構	F. N. W. I. P
定山渓	じょうざんけい	石狩川	小樽内川	北海道	北海道開発局	F. W. P
青蓮寺	しょうれんじ	淀川	名張川	三重県	水資源機構	F. N. A. W. P
白川	しらかわ	最上川	置賜白川	山形県	国土交通省東北地方整備局	F. N. A. I. P
新宮	しんぐう	吉野川	銅山川	愛媛県	水資源機構	F. A. I. P
新豊根	しんとよね	天竜川	大入川	愛知県	国土交通省中部地方整備局	F. P
菅沢	すげさわ	日野川	印賀川	鳥取県	国土交通省中国地方整備局	F. A. I. P
摺上川	すりかみがわ	阿武隈川	摺上川	福島県	国土交通省東北地方整備局	F. N. A. W. I. P
清願寺	せいがんじ	球磨川	免田川	熊本県	熊本県	F. A
瀬戸石	せといし	球磨川	球磨川	熊本県	電源開発	P
千足	せんぞく	馬宿川	千足川	香川県	香川県	F. N. W

1) F：洪水調節・農地防災，N：不特定用水・河川維持用水，A：かんがい・特定かんがい用水，W：上水道用水，I：工業用水道用水，P：発電.
2) 水質浄化設備，魚道で，編者・著者が把握できたものを掲載．ただし，2008年時点．水質浄化設備 (A：曝気, F：噴水, V：植栽, I：浮島

竣工年（西暦）	堤 高（m）	集水域面積 （直接流域）（km²）	湛水面積（ha）	総貯水容量 （千m³）	有効貯水容量 （千m³）	設備等[2]
1970	45.5	195.3	390	45,300	39,300	A. S
1983	140.0	144.2	220	83,000	76,000	S
1927	43.1	20.0	51	7,000	7,000	
1962	26.0	7.0	4	272	272	
1966	117.0	179.4	259	87,600	73,100	
1993	45.0	7.6	55	8,200	7,800	A. S. W
1987	117.0	33.7	42	13,600	11,800	
1977	140.0	254.0	170	60,500	50,500	A
1968	128.0	184.5	890	353,000	223,000	
1969	105.0	288.0	167	58,000	37,100	
1981	52.5	635.0	640	65,000	45,000	
1930	79.2	1,100.0	145	37,957	18,858	
1965	34.0	564.0	113	9,700	4,700	
1990	112.0	231.0	340	109,000	98,000	F. S
1956	155.5	3,827.0	715	343,000	48,000	
1993	119.5	76.2	76	27,500	19,800	S
1998	114.0	117.7	170	54,000	42,000	S
1978	106.0	417.0	750	316,000	289,000	S
1958	74.0	82.9	100	23,300	17,300	
1968	50.0	1,196.0	390	47,100	35,500	
1991	90.0	236.6	410	109,000	99,500	F
1965	43.5	30.9	12	1,668	1,273	
1981	89.0	32.0	80	20,600	19,600	S. E
1973	98.0	185.0	200	59,300	52,300	
1968	129.0	322.9	327	130,000	120,000	
1990	117.5	104.0	230	82,300	78,600	S
1970	82.0	100.0	104	27,200	23,800	E
1980	66.0	205.0	270	50,000	41,000	
1975	42.0	214.9	90	13,000	11,700	
1973	116.5	136.3	156	53,500	40,400	
1968	73.5	85.0	110	19,800	17,200	S
2005	105.0	160.0	460	153,000	148,000	S
1978	60.5	17.5	19	3,302	1,958	
1958	26.5	1,629.3	124	9,930	2,230	W
1987	41.4	5.1	14	1,850	1,690	

：前貯水池，D：干し上げ，S：選択取水，E：フェンス，B：バイパス），魚道（W）．

ダム名	ダム名 (ふりがな)	水　系	河　川	堤体位置 (都道府県)	管理者	目　的[1]
薗原	そのはら	利根川	片品川	群馬県	国土交通省関東地方整備局	F. N. P
大雪	たいせつ	石狩川	石狩川	北海道	北海道開発局	F. N. A. W. P
高山	たかやま	淀川	名張川	京都府	水資源機構	F. N. W. P
滝里	たきさと	石狩川	空知川	北海道	北海道開発局	F. N. A. W. P
田子倉	たごくら	阿賀野川	只見川	福島県	電源開発	P
出し平	だしだいら	黒部川	黒部川	富山県	関西電力	P
田瀬	たせ	北上川	猿ヶ石川	岩手県	国土交通省東北地方整備局	F. A. P
玉川	たまがわ	雄物川	玉川	秋田県	国土交通省東北地方整備局	F. N. A. W. I. P
忠別	ちゅうべつ	石狩川	忠別川	北海道	北海道開発局	F. N. A. W. P
鶴田	つるだ	川内川	川内川	鹿児島県	国土交通省九州地方整備局	F. P
手取川	てどりがわ	手取川	手取川	石川県	国土交通省北陸地方整備局	F. W. I. P
寺内	てらうち	筑後川	佐田川	福岡県	水資源機構	F. N. A. W
十勝	とかち	十勝川	十勝川	北海道	北海道開発局	F. P
徳山	とくやま	木曽川	揖斐川	岐阜県	水資源機構	F. N. W. (I). P
苫田	とまた	吉井川	吉井川	岡山県	国土交通省中国地方整備局	F. N. A. W. I. P
富郷	とみさと	吉野川	銅山川	愛媛県	水資源機構	F. W. I. P
長沢	ながさわ	吉野川	吉野川	高知県	四国電力	P
長島	ながしま	大井川	大井川	静岡県	国土交通省中部地方整備局	F. N. A. W
中筋川	なかすじがわ	渡川	中筋川	高知県	国土交通省四国地方整備局	F. N. A. W. I
長安口	ながやすぐち	那賀川	那賀川	徳島県	国土交通省四国地方整備局	F. N. P
長柄	ながら	綾川	綾川	香川県	香川県	F. N
奈良俣	ならまた	利根川	楢俣川	群馬県	水資源機構	F. N. A. W. I. P
鳴子	なるこ	北上川	江合川	宮城県	国土交通省東北地方整備局	F. N. P
二風谷	にぶたに	沙流川	沙流川	北海道	北海道開発局	F. N. W. P
温井	ぬくい	太田川	滝山川	広島県	国土交通省中国地方整備局	F. N. A. W. I. P
布目	ぬのめ	淀川	布目川	奈良県	水資源機構	F. N. W.
野村	のむら	肱川	肱川	愛媛県	国土交通省四国地方整備局	F. A. W
灰塚	はいづか	江の川	上下川	広島県	国土交通省中国地方整備局	F. N. W
土師	はじ	江の川	江の川	広島県	国土交通省中国地方整備局	F. N. A. W. I. P
畑薙第一	はたなぎだいいち	大井川	大井川	静岡県	中部電力	P
蓮	はちす	櫛田川	蓮川	三重県	国土交通省中部地方整備局	F. N. W. P
八田原	はったばら	芦田川	芦田川	広島県	国土交通省中国地方整備局	F. N. W. I.
羽地	はねじ	羽地大川	羽地大川	沖縄県	沖縄総合事務局	F. N. A. W
一庫	ひとくら	淀川	猪名川	兵庫県	水資源機構	F. N. W.
比奈知	ひなち	淀川	名張川	三重県	水資源機構	F. N. W. P

1) F：洪水調節・農地防災，N：不特定用水・河川維持用水，A：かんがい・特定かんがい用水，W：上水道用水，I：工業用水道用水，P：発電
2) 水質浄化設備，魚道で，編者・著者が把握できたものを掲載．ただし，2008年時点．水質浄化設備（A：曝気，F：噴水，V：植栽，I：浮

竣工年（西暦）	堤　高（m）	集水域面積 （直接流域）(km²)	湛水面積（ha）	総貯水容量 （千·m³）	有効貯水容量 （千·m³）	設備等[2]
1966	76.5	493.9	91	20,310	14,140	
1975	86.5	291.6	292	66,000	54,700	
1969	67.0	615.0	260	56,800	49,200	A. E
1999	50.0	1,662.0	680	108,000	85,000	A. S
1959	145.0	816.3	995	494,000	370,000	
1985	76.7	461.2	35	9,010	1,657	
1954	81.5	740.0	600	146,500	101,800	
1990	100.0	287.0	830	254,000	229,000	
2007	86.0	242.0	372	93,000	79,000	
1966	117.5	805.0	361	123,000	77,500	A
1980	153.0	247.2	525	231,000	190,000	S
1980	83.0	51.0	90	18,000	16,000	A. E
1984	84.3	592.0	420	112,000	88,000	
2008	161.0	254.5	1,300	660,000	380,400	S
2005	74.0	217.4	330	84,100	78,100	S
2001	106.0	101.2	150	52,000	47,600	S
1949	71.5	91.0	140	31,900	248,430	
2002	109.0	69.7	230	78,000	68,000	F. S
1999	73.1	21.1	70	12,600	12,000	F. S
1956	85.5	494.3	224	54,278	43,497	
1953	85.5	32.0	81	4,210	4,110	
1991	158.0	60.1	200	90,000	85,000	
1957	94.5	210.1	210	50,000	33,000	
1998	32.0	1,215.0	400	31,500	17,200	S
2002	156.0	253.0	160	82,000	79,000	S
1992	72.0	75.0	95	17,300	15,400	A. R. S
1982	60.0	168.0	95	16,000	12,700	A. S
2006	50.0	217.0	354	52,100	47,700	A. V. R. S
1974	50.0	307.5	280	47,300	41,100	A. F. I. S
1962	125.0	318.0	251	107,400	80,000	
1991	78.0	80.9	120	32,600	29,400	A. S. E
1998	84.9	241.6	261	60,000	57,000	V. S
2005	66.5	10.9	115	19,800	19,200	A. S. W
1984	75.0	115.1	140	33,300	30,800	A. S. E
1999	70.5	75.5	82	20,800	18,400	A. S. E

：前貯水池，D：干し上げ，S：選択取水，E：フェンス，B：バイパス），魚道（W），

ダム名	ダム名 (ふりがな)	水系	河川	堤体位置 (都道府県)	管理者	目的[1]
日吉	ひよし	淀川	桂川	京都府	水資源機構	F. N. W.
平岡	ひらおか	天竜川	天竜川	長野県	中部電力	P
美利河	ぴりか	後志利別	後志利別	北海道	北海道開発局	F. N. A. P
福地	ふくじ	福地川	福地川	沖縄県	沖縄総合事務局	F. N. W. I
藤沼	ふじぬま	阿武隈川	江花川	福島県	福島県	A
藤原	ふじわら	利根川	利根川	群馬県	国土交通省関東地方整備局	F. N. P
二瀬	ふたせ	荒川	荒川	埼玉県	国土交通省関東地方整備局	F. N. P
普久川	ふんがわ	安波川	普久川	沖縄県	沖縄総合事務局	F. N. W. I.
別子	べっし	吉野川	銅山川	愛媛県	住友共同電力	I. P
辺野喜	べのき	辺野喜川	辺野喜川	沖縄県	沖縄総合事務局	F. N. W. I
豊稔池	ほうねんいけ	柞田川	田野口川	香川県	豊稔池土地改良区	F. A
豊平峡	ほうへいきょう	石狩川	豊平川	北海道	北海道開発局	F. W. P
前山	まえやま	鴨部川	鴨部川	香川県	香川県	F. N. W
ます渕	ますぶち	紫川	紫川	福岡県	福岡県	F. N. W
松原	まつばら	筑後川	筑後川	大分県	国土交通省九州地方整備局	F. N. W. P
真名川	まながわ	九頭竜川	真名川	福井県	国土交通省近畿地方整備局	F. N. P
丸山	まるやま	木曽川	木曽川	岐阜県	国土交通省中部地方整備局	F. P
味噌川	みそがわ	木曽川	木曽川	長野県	水資源機構	F. N. W. I. P
緑川	みどりかわ	緑川	緑川	熊本県	国土交通省九州地方整備局	F. N. A. P
三春	みはる	阿武隈川	大滝根川	福島県	国土交通省東北地方整備局	F. N. A. W. I
御母衣	みほろ	庄川	庄川	岐阜県	電源開発	P
宮ヶ瀬	みやがせ	相模川	中津川	神奈川県	国土交通省関東地方整備局	
美和	みわ	天竜川	三峰川	長野県	国土交通省中部地方整備局	F. N. P
室生	むろう	淀川	宇陀川	奈良県	水資源機構	F. N. W
矢木沢	やぎさわ	利根川	利根川	群馬県	水資源機構	F. N. A. W. P
弥栄	やさか	小瀬川	小瀬川	広島県	国土交通省中国地方整備局	F. N. W. I. P
泰阜	やすおか	天竜川	天竜川	長野県	中部電力	P
柳瀬	やなせ	吉野川	銅山川	愛媛県	国土交通省四国地方整備局	F. A. W. I. P
矢作	やはぎ	矢作川	矢作川	愛知県，岐阜県	国土交通省中部地方整備局	F. N. A. W. I. P
耶馬渓	やばけい	山国川	山移川	大分県	国土交通省九州地方整備局	F. N. W. I. P
湯田	ゆだ	北上川	和賀川	岩手県	国土交通省東北地方整備局	F. A. P
横川	よこかわ	荒川	横川	山形県	国土交通省北陸地方整備局	F. N. P. I
横山	よこやま	木曽川	揖斐川	岐阜県	国土交通省中部地方整備局	F. A. P
竜門	りゅうもん	菊池川	迫間川	熊本県	国土交通省九州地方整備局	F. N. A. I
渡良瀬遊水池総合開発施設	わたらせゆうすいちそうごうかいはつしせつ	利根川	渡良瀬川	栃木県，群馬県，埼玉県	国土交通省関東地方整備局	F. N. W

1) F：洪水調節・農地防災，N：不特定用水・河川維持用水，A：かんがい・特定かんがい用水，W：上水道用水，I：工業用水道用水，P：発電
2) 水質浄化設備，魚道で，編者・著者が把握できたものを掲載．ただし，2008年時点．水質浄化設備（A：曝気，F：噴水，V：植栽，I：浮島

竣工年(西暦)	堤高(m)	集水域面積(直接流域)(km²)	湛水面積(ha)	総貯水容量(千m³)	有効貯水容量(千m³)	設備等[2]
1998	67.4	290.0	274	66,000	58,000	A. S
1951	62.5	3,650.0	258	42,425	4,829	
1992	40.0	115.0	185	18,000	14,500	S
1974	91.7	32.0	254	55,000	52,000	S
1949	18.5	8.2	20	1,504	1,504	
1958	95.0	138.2	169	52,490	35,890	
1961	95.0	170.0	76	26,900	21,800	
1983	41.5	8.9	31	3,050	2,550	
1965	71.0	32.2	27	5,628	5,420	
1988	42.0	8.1	50	4,500	4,000	
1930	30.4	8.0	15	1,643	1,593	
1973	102.5	134.0	150	47,100	37,100	
1974	38.8	10.7	16	2,130	1,830	
1973	60.0	18.5	74	13,600	13,400	
1973	83.0	491.0	190	54,600	47,100	S
1978	127.5	223.7	293	115,000	95,000	
1956	98.2	2,409.0	263	79,520	38,390	
1996	140.0	55.1	135	61,000	55,000	
1971	76.5	359.0	181	46,000	35,200	A. S
1998	65.0	226.4	290	42,800	36,000	A. R. D. S. B
1961	131.0	442.7	880	370,000	330,000	
2001	156.0	101.4	460	193,000	183,000	A. S
1959	69.1	311.1	179	29,952	20,745	
1974	63.5	136.0	105	16,900	14,300	R. S
1967	131.0	167.4	570	204,300	175,800	
1991	120.0	301.0	360	112,000	106,000	A. F. S
1935	50.0	2,980.0	75	10,761	1,553	
1954	55.5	69.5	155	32,200	29,600	S
1971	100.0	504.5	270	80,000	65,000	S
1985	62.0	89.0	110	23,300	21,000	A. S
1964	89.5	583.0	630	114,160	93,710	
2008	72.5	113.1	146	24,600	19,100	S
1964	80.8	471.0	170	43,000	33,000	
2002	99.5	26.5	121	42,500	41,500	
2003	8.5	2,620.0	450	26,400	26,400	V. D

前貯水池, D：干し上げ, S：選択取水, E：フェンス, B：バイパス, 魚道 (W).

用語解説

EPT
　河川の無脊椎動物群集の構成的な違いを評価するために使用される指標で，カゲロウ目（Ephemeroptera），カワゲラ目（Plecoptera），トビケラ目（Trichoptera）の種数を計数したもの．この3目の頭文字をとってEPTと呼ばれる．種数とともに無脊椎動物の全種数に対するEPTの割合も指標として用いられる場合もある．河川生物群集の健全性や攪乱に対する指標として幅広く使用されている．

PVA →個体群存続確率分析

安定帯（安定大陸）
　長い地質時代を経て，侵食を受け平坦化し，地殻変動が安定している地域，または大陸．

安定同位体
　同じ元素の中で，質量数の異なるものをお互いに同位体という．このなかで，放射性同位体と違って崩壊しないものを安定同位体という．安定同位体は崩壊しないので地球上における存在比率は一定である．しかし，同位体は最外殻の電子配置が同じであるため化学的な性質は似ているが，質量が異なるので反応速度が違ってくる．そのため，化学反応において，生成物，反応物間の安定同位体比の存在比率は変化する．これを精密に測定することで，自然界における物質循環のプロセスを解析することが可能になる．

維管束植物
　緑色植物の一亜門．緑藻類から発達したもののみが維管束を持ち，そのような植物の総称である．ここで維管束とは，木部と師部とからなる茎・葉・根を通して分化した束状の組織で，水分や体内物質の移動経路となるものである．種子植物（裸子植物・被子植物），シダ植物などが含まれる．

異体類
　カレイ目の別称．体は左右不相称で側扁し，両眼とも頭の右（カレイ類）または左（ヒラメ類）にある．仔魚期には目は頭の両側にあるが，その後の変態期に片方の目が移動し不相称となる．

一次消費（者）

消費とは，外部から取り入れた有機物の大部分をより小さな物質に分解することで，消費によりエネルギーを得ている生物が消費者である．そのなかで一次消費者とは，生産者を直接食べる生物や生物遺骸やそれを分解するバクテリア・菌類を一緒に食べる生物のこと．

一次生産（者）→独立栄養（者）
一般荒廃地域→荒廃地域

遺伝的分化

幾つかの分集団（個体群）があり，その分集団間に生殖隔離が生じない（ランダム交配）と分集団間に遺伝子組成およびその頻度の違いは存在しない．しかし，分集団間にランダム交配からずれた選択交配が生じると，突然変異や浮動などにより分集団間に遺伝子組成およびその頻度の違いが生じる．これを遺伝的分化と呼ぶ．

栄養段階

生態系における構成要素の分類の一つ．無機栄養塩類から有機物を合成するものを一次生産者，それを食べる生物を一次消費者，更にそれを食べる生物を二次消費者……としている．一次生産者，一次消費者などのそれぞれが一つの栄養段階である．ただし，一つの種が一つの栄養段階に属するとは限らない．雑食者は多くの場合複数の栄養段階に属することになる．

エコトーン（ecotone）

異なった生態系（またはハビタット）が接する境界のこと．たとえば陸域と水域の境界，草地と森林の境界などである．日本語では，推移帯や移行帯とも呼ばれるが，最近ではエコトーンと片仮名書きをされることが多い．単に境界というだけでなく，水辺のエコトーンがその独特の景観的・機能的特徴を示す場合も多い．

海跡湖

内湾の一部が沿岸流・波浪作用または土地の隆起などの作用により外海から切り離されてできた湖．北海道のサロマ湖・能取湖・厚岸湖や関東の霞ヶ浦，静岡の浜名湖などがある．

回遊性生物

複数の生息場所を行き来する生物．そのうち，川と海を行き来する生物を通し回遊（性）生物と呼ぶ．それ以外を非通し回遊（性）生物といい，海水生物や淡水生物（河

川生物・湖沼生物）が含まれる．（陸封，両側回遊参照）

化学的酸素要求量（COD: Chemical Oxygen Demand）
　水中で酸素を消費する物質の量の指標．一般的には試料水に過マンガン酸カリウムを酸化剤として加え，その消費量を酸素量に換算して示す．実際には生物化学的酸素要求量（BOD）とともに，水中の有機物汚濁の目安になる．湖沼の環境基準である．（生物化学的酸素要求量参照）

夏期制限水位方式
　治水を目的とするダムの場合，洪水調節のための容量を大きくとることが有利である．洪水期（日本の場合，主に夏にあたる）には常時満水位よりも水位を低下させて，洪水調節のための容量を確保しておく管理方式のこと．なお，常に常時満水位まで貯留しておき，サーチャージ水位（洪水時に一時的に貯留できる最高水位）の間で洪水調節する方式は，オールサーチャージ方式と呼ばれる．（常時満水位参照）

火口湖
　火山の爆裂でできた噴火口に水がたまってできた湖．秋田県男鹿半島に一の目潟，二の目潟，三の目潟，また，山形県・宮城県県境に蔵王御釜などがある．

河川次数
　河川の規模を示す指数．複数の次数の算出方法が提案されているが，単に河川次数といった場合には，ストレーラーの方法を指すことが多い．ストレーラーの河川次数は，最上流部の他と合流していない河川を一次河川とし，一次河川どうしの合流で二次河川，二次河川どうしの合流で三次河川，と次数を増加させる方法である．

河川水辺の国勢調査
　河川やダム湖の状況を監視するために国土交通省が実施している調査．生物の生息状況を把握するための生物調査と人の関わり状況を把握するための利用実態調査があるが，一般には，単に河川水辺の国勢調査と記してある場合には生物調査のことを指すことが多い．生物調査は，河川版とダム湖版がある．河川版では，一級水系と主要な二級河川において，「魚類」「底生動物」「鳥類」「両生・は虫・哺乳類」「植物」「陸上昆虫類等」の6項目の調査がある．ダム湖版では，国土交通省および水資源機構が管理するダムのダム湖とその周辺において，河川版の項目に「動植物プランクトン」を足した7項目の調査がある．また，この調査のマニュアルは河川における標準的な生物調査方法として他の調査時にも用いられることが多い．

用語解説

カルデラ湖
火山の噴火後に起こる中央部の陥没により形成された著しく広い円形の凹地（いわゆるカルデラ）に水が溜まってできた湖．北海道の摩周湖・屈斜路湖，東北の十和田湖などがある．

機能群
生物群集の構成要素を，系統関係を超えて，群集内での役割（機能）で分類する際に用いられる概念．河川群集でいえば，藻類食者，堆積物食者，懸濁物食者などである．このうち藻類食者には，アユ・ボウズハゼなどの魚類やカゲロウ類など分類群を超えたグループが含まれている．

クロロフィル a (Chl a: Chlorophyll a)
植物がもつ光合成色素（緑色，葉緑素）の一つで，光エネルギーを吸収する．藻類が含有することから，藻類量の目安になる．

群集→生物群集
懸濁態有機物→粒状有機物

構造線
規模の大きな断層，または，断層群のことで，中央構造線や糸魚川—静岡構造線などのことである．

荒廃地域（荒廃地）
地質などの不安定な地域で，一般荒廃地域（全国26か所指定）と重荒廃地域（全国14か所指定）に分けられる．一般荒廃地域は，地域の延面積の1％以上の崩壊地，10％以上の禿赭地（はげ山），5％以上の滑落崖地が点在し，その地域に荒廃をもたらすとともに，下流地域に土砂氾濫及び洪水氾濫の危険を及ぼすおそれのある地域のこと．重荒廃地域は，1崩壊面積が $0.3km^2$ 以上の大規模な崩壊，1禿赭面積 $2.0km^2$ 以上の禿赭地，断続的な滑落崖に含まれる面積 $1km^2$ 以上の滑落崖地を含んだ地質および植生の不安定な地域のこと．

湖沼型
水中の有機物生産量から湖沼を分類したもの．貧栄養湖，富栄養湖などに分けられる．湖沼標識ともいう．

湖沼標識→湖沼型

個体群増加率

個体群を構成する個体数の時間的変動を表現した微分方程式で，個体数の増加が個体数に比例するとしたときの係数を個体群増加率と呼ぶ．個体群増加率＝（出生率＋移入率）−（死亡率＋移出率）という個体群特性値間の関係を持つ．

個体群存続確率分析（PVA: Population Viability Analysis）

個体群が将来にわたって存続できる（あるいは絶滅する）確率を，主に人口学的なパラメータを用いて，計算したりシミュレーションしたりして分析すること．

シェジーの公式

断面の平均流速を求める公式の一つ．$v = c\sqrt{RI}$．ここで，v: 断面内平均流速，c: シェジー係数，R: 径深（＝断面積／潤辺），I: エネルギー勾配．

試験湛水

ダム堤体が完成した後，貯水してダム堤体や周辺に安全性などに対する問題がないか確認するために試験的に水を貯めること．主要な水位ごとにチェックしながら，最高水位まで貯める．試験湛水終了後に，一般的な管理・運用に入る．

重荒廃地域→荒廃地域

集水域

分水界を境界とした領域．この範囲に降った雨が集まり，河川や地下水を形成する．ある地点における集水域とは，その上流側の雨水を集める地域であり，ダムの集水域は，ダム堤体位置で算出する．

従属栄養（者）

炭素源として外部より取り入れた有機物に依存する栄養形式が従属栄養である．従属栄養を行っている生物が従属栄養者と呼ばれ，すべての動物，クロロフィルを持たない植物および細菌類がこれにあたる．

種間競争

同じ栄養段階に所属する生物間の主要な相互作用である．とくに同じ資源（餌や生息空間）を利用するものどうしで激しくなるとされている．資源開発，直接干渉，生物的条件付けの3タイプの様式が認められている．資源開発は，資源利用能力に基づく競争で，より少ない資源で効率的に増殖できるものが生き残る．直接干渉は，物理的に競争相手の邪魔をするものを指している．生物的条件付け（biological condition-

用語解説

ing）は，代謝終産物などにより作られた忌避物質を分泌して競争者を排除しようとするものである．植物でのいや地（連作障害）などがある．

純淡水性生物

川と海を行き来しない非通し回遊性生物のうちの淡水性（河川性・湖沼性）生物のことで，淡水のみで生活する生物のこと．（回遊性生物参照）

順応的管理

生態系管理において，計画における将来予測の不確実性を考慮し，継続的なモニタリングによって計画を評価検証しつつ，随時計画をみなおしながら管理を進めていく手法．管理自体が実験として行われ，管理計画において対照区や改変区の設定が行われる．適応的管理と呼ばれることもある．

硝化

窒素化合物を酸化して微生物がエネルギーを獲得するプロセスである．アンモニア酸化細菌，亜硝酸酸化細菌が担っており，アンモニウムイオンを亜硝酸に，亜硝酸を硝酸に変換する．この反応にはある程度の溶存酸素の存在が必要である．溶存酸素が枯渇すると進行せず，硝酸が生成されなくなるため，効果的な脱窒が行われなくなる．（脱窒参照）

常時満水位

ダム湖において，平常時（非洪水時）にダム湖に貯留する最高水位．

食物網

植食連鎖やデトリタス食連鎖に対して両方の連鎖に属する生物を餌種とする雑食者が多く存在し，食物連鎖が複雑化して，連鎖のような一本鎖ではなく網の目状になったものを指す．（食物連鎖参照）

食物連鎖

異なる栄養段階に所属する生物間の主要な相互作用である食う-食われるの関係が，生態系の中で鎖のように連続的に連なっていることを指す．独立栄養者（一次生産者）から始まる食物連鎖を植食連鎖といい，デトリタス（動植物の遺骸や各種有機物から構成される有機物プール）から始まる食物連鎖をデトリタス食連鎖と呼ぶ．近年では，溶存態有機物から微生物を経由して始まる微生物連鎖（ミクロビアルループ；microbial loop）も重要視されるようになってきた．

除歪対応分析（DCA: Detrended Correspondence Analysis）
　生物の群集における各種の量的データをもとに，複数の群集を少ない軸に置きなおし配置するための分析．群集間の類似性や特徴を把握するときに用いられる．データの構造を少ない軸で再現することに関しては古典的な主成分分析と同様であるが，生物の群集に対して主成分分析し，群集を散布した際に散布形態が馬蹄のような形になってしまう問題を取り除こうとした手法であり，生物群集の分析においては主成分分析より良い結果を示すケースが多い．

水文水質データベース
　国土交通省河川局が所管する観測所における観測データに関するデータベース．WEB で公開されている (http://www1.river.go.jp/)．掲載されているデータは，雨量，水位，流量，水質，底質，地下水位，地下水質，積雪深，ダム等の管理諸量，海象．

ストークス（Stokes）式
　主に粒子がごく小さい場合（レイノルズ数が 1 を下回るような場合）において，粒子が沈降する速度を与える式．密度 ρ，粘性係数 μ の静止流体中を密度 ρ_1 の粒子（半径 a）が沈降する速度（U^0）が次の式で与えられる．$U^0 = (2/9)(\rho_1 - \rho) g\, a^2/\mu$．ここで，g は重力加速度である．

生産者→独立栄養（者）

生物化学的酸素要求量（BOD: Biochemical Oxygen Demand）
　水中の有機物を微生物が分解するときに必要な分子状酸素量（O_2）である．試料水をガラス瓶に密閉し，暗い場所で 5 日間（20℃）放置後，水中の分子状酸素濃度の減少量から求める．化学的酸素要求量（COD）と同様に水中の有機物汚濁の目安になる．河川水や工場排水の評価に使われる．（化学的酸素要求量参照）

生物群集
　ある地域に分布する複数の生物種の集まりのことである．単に群集と呼ばれることも多い．これまで生物群集の種構成がどのような環境要因や捕食被食・種間競争など生物相互作用により決定されているかの研究が多くなされてきた．その際，種多様性は生物群集を表す重要な指標の一つであった．

生物多様性
　本来は，群集の種多様性を表す用語であったが，近年，その価値も含めたより広い意味で使われるようになってきた（コラム 6 参照）．種多様性そのものは，群集を定

量化する尺度の一つであり，種数とその均衡度との二つの要素で構成されている．均衡度とは，群集を構成する種群がどのような個体数の割合で存在するかを定量化したもので，個体数が同じ程度であるほど均衡度は高くなり群集の種多様性は高いと判断される．

堰止湖
噴火や山崩れにより河川が堰止められ，くぼ地ができ水がたまったものを堰止湖と呼ぶ．東北地方日本海側にある大鳥池，福島県西部の磐梯湖沼群，長野県信濃町の野尻湖などがその代表である．

線形
$y=f(x)$ のような一次の関係式があるとすると，以下の二つの条件を満たす場合，関係は線形であるという．（1）$f(ax) = af(x)$ …比例関係．（2）$F(X_1 + X_2) = F(X_1) + F(X_2)$ …重ね合わせ．この二つの条件が満たされないとき，関係は非線形であるという．

総貯水容量
ダム湖の貯水容量は，主に，洪水調節のための常時満水位からサーチャージ水位（洪水時最高水位）までの容量である洪水調節容量，利水するための最低水位から常時満水位までの容量である利水容量，一定期間（一般には100年間）に流入すると想定される土砂を貯める容量である堆砂容量からなる．総貯水容量は，これらを全部合計したものである．また，総貯水容量から堆砂容量を除いたものを有効貯水容量という．

堆砂率
ダム湖への土砂の堆積を指標化したもの．一般には，ダムの寿命と関連して言及されることが多いので，堆砂容量に対する堆砂量の割合として表される．また，ダム湖全体に対する影響度の観点からは，総貯水容量に対する堆砂量の割合で表される場合もある．

タクサ（taxa）
タクソン（taxon）の複数形がタクサ（taxa）である．生物を分類してまとめた群のことを意味する．それには，界，門，綱，目，科，属，種という階級があり，これらの階級の間にも必要に応じて，例えば亜目などの補足的な階級を設けることが多い．

脱窒
有機物を電子供与体とし，硝酸を窒素ガスにまで還元する一連のプロセスである．

脱窒素細菌が担う．溶存酸素の少ない嫌気的雰囲気で進行する．硝酸が供給されるには溶存酸素が豊富な好気的雰囲気が必要なことから，脱窒は湖底表面など好気的雰囲気と嫌気的雰囲気の境界で活発に行われている．

ダム貯水池水質調査
　ダム湖の統一的な水質の把握，水質に関係する諸現象の解明を目的として，1970年から『ダム貯水池水質調査要領』に則って行われる調査．毎月行われる定期的な調査とともに，富栄養化などの問題に対応するための調査，異常などが発生した場合に行う調査などが含まれている．

多様性→生物多様性

抽水植物
　湖岸部の水生植物は，その生活様式により三つのグループに類型化される．そのうち最も岸辺に近いところに植物帯を形成する茎葉の一部は水中にあるものの大部分は水上に出ているものを抽水（または挺水ていすい）植物と呼ぶ．ヨシ・マコモ・ガマなどである．

沖積平野
　河川などの流水の堆積作用により川筋に形成された平野．多くの沖積平野が完新世（最終氷期以後の1万年前〜現在）に形成された．

沈水植物
　湖岸部の水生植物は，その生活様式により三つのグループに類型化される．そのうち最も岸辺から遠いところに植物帯を形成する主に水面下にあるものを沈水植物と呼ぶ．フサモ・クロモ・カナダモなどである．

堤高
　ダム堤体の高さのことで，一般には，基礎地盤から堤頂までの高さのことをいう．

デルタ
　河川河口部に上流からの土砂が堆積して，海岸線の前進により形成される堆積地形とされる．それは下流域で分岐した複数の河道と海とで囲まれた三角形の地形のことを指すが，湖に河川が流入する場合も形成される．土砂の堆積作用と波浪作用のバランスで形成される．ダム湖の場合は，堆積が旧河道に沿って生じ一次元的であることが多い．

用語解説

特定外来生物

外来生物とは，本来の生息地外に意図的・非意図的に人の行為により持ち込まれた生物である．外来生物の規制と防除のために，「特定外来生物による生態系等に係る被害の防止に関する法律」(2005年施行) が制定されている．このなかで，在来の生物や生態系に負の影響をもたらしたり，人の生命・身体，農林水産業に被害を与えたり，あるいはそれらの恐れがある種として指定されている生物が特定外来生物である．特定外来生物は，飼養，栽培，保管，運搬，輸入等について規制が行われるとともに，必要に応じて国や自治体によって防除が行われている．

独立栄養 (者)

有機物の合成を生産と呼ぶが，他の生物を取り込むことなく独立に有機物を合成することを独立栄養 (または一次生産) という．それができる生物を独立栄養者と呼ぶ．有機化合物を必要としない化学合成細菌と光合成生物とである．前者は，炭素源として炭酸を利用することができる硝化細菌・硫黄細菌・鉄細菌などで，後者は，クロロフィル色素を持つ植物および光合成細菌である．生産者，一次生産者ともいう．

トップダウン効果→ボトムアップ効果

止まりダム

ダム湖の回転率が低く，水が比較的滞留していることが多いものを止まりダム，回転率が高く，比較的流れているものを流れダムという．

流れダム→止まりダム

ニッチ (niche)

種のすみ場所のことであるとするハビタットニッチから始まる概念変遷の歴史があるが，群集内の職業にもたとえられるフードニッチを経て，現在は n 次元空間ニッチで説明されている．温度や塩分などの環境要因や餌資源それぞれを一つの次元とし，その全体から構成される n 次元空間を考える．この n 次元空間のある範囲をある種が占めそれを種のニッチと考えるというものである．このニッチ概念は，種ごとの環境耐性等から最大限生息可能な基本ニッチと，実際には種間競争などでそれよりも狭い範囲で生息することになる実現ニッチとで構成される．

発電ガイドライン

1988年に建設省 (現国土交通省) と通商産業省 (現経済産業省) が制定した「発電水利権の期間更新等における河川維持流量の確保について」の通称．発電ダムの下流

では，無水や減水区間がしばしば存在するが，河川の流量を回復し，生物の生息，水質，景観等の改善をはかるために，ダム下流に一定の河川維持流量を流すことを発電事業者に課している．

氾濫原
河川水が洪水時に河道から溢れて氾濫する河道周辺の平坦な場所のこと．洪水を繰り返す河川の下流部で発達し，河道は氾濫原で蛇行する．その際に，旧河道のなごりである三日月湖や，河川水の運ぶ土砂が氾濫原の浅場で堆積し自然堤防が形成される．土砂とともに有機物も堆積し，氾濫原は植生にとって良好な場所となる．しかし，その不安定さや地下水位の高さからヤナギ類が主な植生となることが多い．

非線形→線形

貧栄養湖
水中の有機物生産量が少ない湖．植物プランクトンが少なく，透明度が高い．窒素やリン等の流入が少ない．

富栄養湖
水中の有機物生産量が多い湖．植物プランクトンが多く，水の濁りのため透明度が低い．窒素やリン等の流入が多い．

復元力（レジリエンス；resilience）
環境変動や人間活動による攪乱に対して，生態系が現状を維持できる能力．生態系が安定する状態が複数有り，その間を環境の攪乱等により移動する現象を生態系のレジームシフトといい，湖沼生態系・海洋生態系などで不連続的な変化を示すことが報告されている．攪乱によるレジームシフトの起こりにくさ・安定性が生態系の復元力（レジリエンス）ということになる．

付着藻類
湖沼の沿岸帯においては，岩礁帯や大型水生植物が基質を提供する場所では，その表面に底生珪藻・藍藻・緑藻などの微細な藻類が付着分布する．これらの藻類を付着藻類と呼ぶ．河川では，転石などの表面に同様の微細な付着藻類が分布する．後者においては，主要な魚種であるアユの餌となっている．

浮遊砂
河道中を流れる土砂のうち，河床から流水中に持ち上げられ，流水中を浮かびなが

ら輸送される流砂をいう．一方，河床上を転動，滑動，跳躍しながら輸送される流砂は掃流砂という．浮遊砂の粒径は掃流砂より小さい．

浮葉植物
　湖岸部の水生植物は，その生活様式により三つのグループに類型化される．そのうち湖岸部の抽水植物と沖合の沈水植物にはさまれたように分布する，湖の水位の変動にも対応することができるように，葉や花を水面に浮かべ，その他の器官が水中にあるものを浮葉植物と呼ぶ．ヒシ・ハスなどで根を湖底に下ろしているものも多い．

フロッカレント効果
　河川から河口汽水域へ流れ込んできた泥粒子が，凝集して沈降する現象を指す．泥粒子は酸化アルミニウムの結晶から構成されており，負に帯電している．淡水中では負に帯電していることから泥粒子どうしが反発し懸濁状態を維持しているが，河口汽水域で海水由来のNa陽イオンなどにより泥粒子の負の電荷が中和され，泥粒子間の距離が近くなると分子間力が働くようになり，凝集して沈降する現象が起きる．

変成帯
　堆積岩や火成岩が地下深所で温度圧力等により成分が変化してできた岩石（結晶片岩，片麻岩など）を変成岩と呼ぶが，それが広域に分布する地帯のことで，フォッサ・マグナや中央構造線に沿って分布する．

変動帯
　地殻変動や地震活動が活発に起こっている地帯．大部分はプレートの境界に沿って位置するため，大陸や大洋底を取り巻くように分布している．

ボトムアップ効果
　生態系の動態を決定する要因を考えたときに，二つの見方が存在する．一つはトップダウン効果であり，高次捕食者の捕食効果を重要とする立場であり，もう一つがボトムアップ効果であり，生態系のエネルギー流を支えている一次生産者が生態系全体の動態を決定しているとするものである．多様な生態系全体が，どちらか一つの効果で説明できるというわけではなく，それぞれの効果で説明できる生態系もあるということである．

無脊椎動物
　脊索動物門の一亜門である脊椎動物は，脊椎により身体を支持する動物で，魚類・両生類・爬虫類・鳥類・哺乳類などである．一方，この無脊椎動物というのは，上記

した脊椎動物以外のすべての動物の総称である.

モニタリングサイト1000
　生物種の減少などの生態系の変化を的確に捉え，適切な保全対策につなげるために，全国およそ1000か所の生態系を継続的に監視しようと環境省が2003年から行っている「重要生態系監視地域モニタリング推進事業」のこと．森林・草原，里地里山，湖沼・湿地，サンゴ礁，沿岸域（磯，干潟，藻場，アマモ場）などの生態系ごとに，全国的な地域区分も考慮してサイトが設定されている．

モンスーン
　モンスーン自体は季節風のことであるが，モンスーン気候とは，温帯から熱帯にまたがって分布するはっきりとした季節風に由来する夏に多雨で多湿の気候のことをいう．この豊かな水に支えられてモンスーン気候帯では稲作が発達している．

有効貯水容量→総貯水容量

揚水発電
　電力の需要が少ない夜間などに，その余剰電力を利用して，上部にある貯水池に水を持ち上げ，位置エネルギーとして蓄積し，電力需要が多い時間帯にそれを利用して発電する方式．ダムでは，河川上下流に位置するダム湖間で行われること，近接する河川にあるダム湖間で行われることがある．

陸封（化）
　海と河川を移動する回遊性生物が基本的には物理的障害により河川に閉じ込められ回遊できなくなったことを陸封（化）と呼ぶ．湖沼に陸封される場合と河川に陸封される場合とあるが，後者の場合，物理的障害なしで生物の自発的な移動の回避により生じるものが多いと考えられる．

粒状有機物（POM: Particulate Organic Matter）
　水中に懸濁している有機物．主に植物プランクトンおよび細かなデトリタス（生物の遺骸）で構成される．炭素量で表されることが多い．

両側回遊
　川と海を行き来する生物の中でも，河川で成長・繁殖を行い，孵化した稚仔が海洋へ流下し一定の期間成長した後，河川を遡上し成長・繁殖を行うという回遊パターンのこと．ヨシノボリ類・テナガエビ類など．

用語解説

レジリエンス（resilience）→復元力

連携排砂
　ダム湖に堆積した土砂を排砂ゲート等から排出することを排砂という．土砂管理のためには，同一河川のダム間では，土砂を一体的に管理する必要がある．上下流に連なるダムにおいて連携し時をあわせて排砂することを連携排砂という．日本では，富山県を流れる黒部川の出し平ダムとその下流に位置する宇奈月ダムで連携排砂が行われている．

索　引

「一般事項」,「生物名」,「ダム名」に分けて,それぞれアルファベットの後に五十音順で並べた.生物名に関しては,和名と学名を扱った.学名に関しては属名を取り上げた.和名に関してはさまざまな階層の分類群名を区別せず取り上げた.各項目が出現する主要なページを示す(口絵とあるものは図版番号).ゴシック体の項目は,巻末の用語解説にも収録されている.

■ 一般事項

BOD → 生物化学的酸素要求量
Chl a → クロロフィル a
COD → 化学的酸素要求量
DO → 溶存酸素
EPT　317
FHIM　141
GIS → 地理情報システム
HIM　140
IBI　140
MHF　140
OECD 水質基準　191
PVA → 個体群存続確率分析
RCC → 河川連続体仮説
TN → 全窒素
TP → 全リン
Vollenweider モデル　48

[あ　行]
アーマーコート化　70, 244
アオコ　口絵 2・3, 48, 87, 96, 103, 175, 284, 363
赤潮　73, 363
赤水　363
空き容量　20
亜熱帯湖　9, 207
安定期　54, 343, 349
安定帯(安定大陸)　15, 55-56, 325, 337
安定同位体　口絵 18・19, 20, 34, 199-221, 345
維管束植物　86
異臭味　363
移植　347
異体類　326

一次消費者　86
一次生産(者)　10, 32, 37, 67, 85, 99, 176, 182, 214, 229
一次的生息場所　238
一般荒廃地域　25
遺伝子分化係数　297
遺伝的分化　297
浮島　351
栄養カスケード効果　84, 87, 102, 175, 182, 188, 228, 343
栄養段階　86, 99, 102, 214, 238, 253
エコトーン　170
沿岸帯　5-7, 28, 40, 86, 271
鉛直混合　199, 210
鉛直 3 層モデル　228
鉛直循環　9
温水　351, 363
温帯湖　9

[か　行]
海跡湖　4
回転率(湖水交換速度・湖水交換率)　12, 19, 23, 48-49, 54, 149, 175, 195, 285, 343
回遊魚　79, 141
回遊性生物　298
過栄養湖　37, 192
化学的酸素要求量(COD)　37, 42, 107, 158, 190
夏期制限水位方式　5
河況係数　14, 52
攪乱　269
火口湖　4
河口堰　4

387

索　引

河床構造　269
河川次数　11, 276
河川生態系モデル　227, 237-245
河川内スパイラルモデル　259
河川水辺の国勢調査　109-110, 131, 135, 145, 194, 345
河川連続体仮説（RCC）　258
カビ臭　363
カルデラ湖　4
環境影響評価法　101
環境基本法　190
環境収容量　252, 289
環境選好性　289
環境保全目標　338
貫入層　27
キーストーン種　106
気候変動　354
キネマティックウェーブ法　245
機能群　101, 241, 292, 323
きゅうり臭　363
魚臭　363
魚道　口絵 12・13, 76, 331-332
魚類　139-153, 194-198
黒水　363
クロロフィル a（Chl a）　31, 37, 44, 84, 102, 107, 149, 158, 175-188, 196
群集　85, 157
結氷　口絵 4
嫌気的分解　252
減水区間　277
懸濁細粒土砂　247
懸濁態有機物　228, 239
懸濁物食者　239, 247, 345
公害対策基本法　190
好気的分解　252
洪水時回転率　24
洪水調節容量　281
構造線　19
荒廃地　19
湖岸侵食　26
湖沼型　37
湖沼標識　157
湖水交換速度→回転率
湖水交換率→回転率
個体群増加率　289, 292
個体群存続確率分析（PVA）　96, 291-314,
　327, 328, 347
誤同定　129, 131
湖盆形態　4, 31, 51, 257

[さ　行]
再循環　226
ザザムシ　67
砂堆　326
シェジーの公式　279
試験湛水　口絵 3, 40
止水帯　26, 29, 52, 176
シノニム　129
重荒廃地域　25, 55
集水域　11-14, 207
従属栄養（者）　86, 99, 251
種間競争　169
循環期　9
純淡水性生物　299
順応的管理　96, 341
硝化　35, 202, 213
上限個体数　292
常時満水位　5, 113
消費者　202
初期富栄養湖化期　54, 349
植物プランクトン　口絵 2, 31, 37, 40, 54, 58, 60, 84, 102, 107-129, 131, 135, 176, 184, 194-199, 228, 343, 363
食物網　86, 201, 214
食物連鎖　40, 86, 175, 201, 226
除歪対応分析　109
人為的富栄養化　34
深水層　8, 35
深層水　27
水位操作　159, 210
水位変動　口絵 6・7, 5-7, 27-28, 40, 60, 74, 149, 169, 181, 195, 199, 343
水位変動帯　363
水温　7-8, 158, 177, 204
水温躍層　8, 20, 22, 207
水質基準　190
水生植物　7, 31, 40, 143, 160
水文水質データベース　113
ストークス（Stokes）式　25
制限水位　26, 61
生元素分布　205
生産者　86, 241

生食連鎖　99
成層　7, 9, 29, 58, 87
成層期　9, 27, 207
生態系サービス　154, 334-336
生態系の機能　334-336
生態系の健全性　100, 224, 251-256
精度管理　129
生物化学的酸素要求量（BOD）　37, 65, 158, 190
生物学的水質判定　140
生物群集　83-97, 227, 340
生物群集管理　92, 348
生物多様性　154
堰止湖　4
絶滅危惧種　327
絶滅リスク　292
瀬淵構造　269
遷移　31, 43, 52-57, 344
遷移帯　26, 29, 52, 176
遷移退行期　54, 343, 349
線形　96, 341
全層循環　9
選択取水　350, 352
全窒素（TN）　39, 44, 49, 149, 158, 177, 190, 205
全リン（TP）　37, 42, 44, 48, 102, 107, 158, 175, 190, 195, 205
総合管理　341
総貯水容量　11, 44, 113, 149
造網性トビケラ　口絵 17, 67
藻類食者　239, 247

[た　行]
堆砂　14-22
堆砂除去　343
堆砂率　18
堆積態有機物　239
堆積物食者　239, 247
タクサ　109
濁水　22-26
濁水長期化　22, 28, 284, 351, 363
多自然型川づくり　273
脱窒　35, 202, 213
ダム湖生態系モデル　227-237
ダム貯水池水質調査　37, 109, 111, 131, 135
ダム撤去　口絵 13, 76, 353

多様性　67, 159, 238, 318
地球サミット　154
窒素固定　35
中栄養湖　31, 61, 192, 205
抽水植物　86, 96, 143
沖積平野　56
地理情報システム（GIS）　302, 315
沈水植物　7, 86, 143
追跡法　297
堤高　3
底生生物　65, 40
底生動物　65, 93, 140, 160
デトリタス食連鎖　99
デルタ　14, 16
デンドログラム　146
動物プランクトン　54, 60, 84, 102, 107-129, 184, 194-198, 228, 343
特定外来生物　196
独立栄養者　251
土砂還元　70
トップダウン効果　106-107
止まりダム　29
トラッキング　297

[な　行]
流れダム　29, 74, 184
二次元流動モデル　228
二次的生息場所　238
日周鉛直移動　89, 343
ニッチ　308

[は　行]
バイオマニピュレーション　87, 102
排砂　22
バイパス　352
曝気　351
発電ガイドライン　74, 277
氾濫原　56
光　7-8
ヒステリシス　92
非線形　96, 341
標識法　297
表水層　8, 27, 34
表層水　58
貧栄養湖　10, 31, 37, 61, 192, 205
富栄養化　20, 31-46, 60, 199-221, 351

索　引

富栄養湖　10, 31, 37, 61, 87, 192, 205
富栄養湖化　54, 57, 175, 285
富栄養湖化期　54, 58, 175, 343, 349
復元力（レジリエンス）　94, 101, 224, 262, 340
副ダム　343-344, 351
付着藻類　7, 67, 86, 239, 247
物質回帰　226
腐敗臭　363
浮遊砂　16
浮葉植物　7, 86, 143
フラッシュ放流　70
プレートテクトニクス理論　56
フロッカレント効果　327
分解者　241
噴水　351
分別係数　211
平均絶滅時間　292
変水層　8
変成帯　19
変動帯　14, 55-56, 59, 272, 325, 337
補償深度　8
捕食者　99
母川回帰　304
保全策　342-348
ポテンシャルマップ　311
ボトムアップ効果　106-107

[ま　行]
マーキング　297
水鳥　157-170
水辺林　143
ミレニアム生態系評価　154
無機栄養塩（類）　228, 239
無光層　8

無酸素水塊　207
無水区間　277
無脊椎動物　302, 316
メタボリックマップ　219, 345
メタン　19, 22, 217
モニタリング　129, 135, 342-348
モニタリングサイト1000　129
モンスーン　14, 57

[や　行]
有光層　8
有効貯水容量　113
揚水発電　6
溶存酸素（量）（DO）　10, 31, 34, 42, 93, 158, 190, 204, 247

[ら　行]
リグニン　62, 86
陸封（化）　74, 226, 290-291, 306
流域管理スタッフ　348
流域生態系モデル　227, 245-251
流況　363
粒状有機物　316
流水帯　26, 29, 52, 176
流動制御フェンス　352
流入フロント　27, 29, 58, 227-228, 342
流量変動　278, 284
両側回遊　94, 290-291
両側回遊性生物　298
冷水　351, 363
レジームシフト　87, 92, 105, 242, 262-264, 341
レジリエンス→復元力
連携排砂　6, 22

生物名

Acanthoceras　口絵2
Acanthodiaptomus　64
Achnanthidium　116, 132-133
Acipenser　77
Aix　160
Alona　64
Alosa　77
Anabaena　103, 195, 199, 363

Anas　160
Anguilla　77, 305
Aphanizomenon　103
Asplanchna　125
Asterionella　66, 118, 120, 132-133
Atrina　326
Atteya　66
Aulacoseira　60-61, 116, 120, 132, 134

Aythya　160
Biwia　305
Bosmina　121
Bosminopsis　66
Brachionus　125
Carassius　64, 145, 152, 194
Cephalodella　125
Ceratium　64, 73
Cheumatopsyche　69
Chroococcus　61
Chrysococcus　116
Chydorus　64
Ciconia　91
Cobitis　71
Colurella　125
Conochilus　125
Coregonus　103
Cottus　303, 305, 346
Cryptomonas　363
Cymbella　131
Cyprinus　64, 194
Daphnia　87, 103–104, 195, 263
Diaphanosoma　121
Dinobryon　64, 66, 118
Discostella　口絵 2
Eichhornia　257
Elakatothrix　120
Encyonema　116, 120, 131–132
Eriocheir　305
Euchlanis　125
Eudorina　口絵 2, 66
Euglena　60
Filinia　125
Fragilaria　116
Gloeocystis　120
Gnathopogon　66, 84, 188, 194, 236
Gymnodinium　64, 116, 120
Hemibarbus　66, 194
Hypomesus　65, 104, 152, 194, 236, 304
Hyriopsis　305
Kareius　326
Kellicottia　125
Keratella　125
Lepomis　67, 194, 205
Lutra　354
Macrobrachium　303

Macrostemum　69
Margaritifera　305
Melosira　132
Mergus　160
Microcystis　口絵 2, 87, 103, 120, 195, 199, 363
Microgadus　77
Micropterus　67, 89, 102, 188, 194, 205, 236, 346
Misgurnus　64
Morone　77
Neomysis　104
Neureclipsis　69
Nipponia　91
Nipponocypris　66, 194, 306
Oncorhynchus　62, 66, 73, 76, 78–79, 104, 304, 353
Opsariichthys　346
Oscillatoria　66
Osmerus　77
Paralichthys　326
Peridinium　口絵 2, 60, 64, 363
Petromyzon　77
Phalacrocorax　160
Phoxinus　64
Pistia　257
Plecoglossus　66, 84, 188, 260, 290, 301, 346, 354
Ploesoma　125
Polyarthra　66, 125
Pseudobagrus　66
Pseudogobio　66, 194
Pseudorasbora　66, 194
Rhinogobius　71, 308
Rotaria　64
Ruditapes　326
Salmo　76
Salvelinus　64, 77, 152, 304–305
Sarcocheilichthys　66
Sicyopterus　260, 290, 346
Sphaerocystis　120
Squalidus　66, 194
Staurastrum　口絵 2
Stenopsyche　67, 306
Synchaeta　125
Synedra　61
Tachybaptus　160

索　引

Trachidermus　305
Tribolodon　64, 146, 194
Tridentiger　303
Uroglena　363
Urosolenia　116, 120
Zacco　66, 152, 194, 306

[あ 行]
アサリ　326
アブラハヤ　64
アマゴ　73, 304
アメマス　304
アメリカウナギ　77
アメリカシャッド　77
アユ　口絵 14, 66, 71, 73, 84, 94, 188, 260, 290, 301, 303, 306, 346
アユカケ　305, 346
イケチョウガイ　305
イサザアミ　104
イシガイ　305
イシガレイ　326
イトモロコ　66
イトヨ　304
イワナ　73-74, 353
ウグイ　口絵 15, 64, 66, 146, 152, 194
渦鞭毛藻　60, 64, 108, 116, 120, 135
ウナギ　305
エゾハナカジカ　303
オイカワ　66, 71, 152, 194, 306
黄金色藻　64, 66, 108, 116, 135
大型中心目　116
オオクチバス　66, 68, 89, 102, 188, 194, 205, 214, 236, 346
オオシマトビケラ　口絵 17, 69
オオヨシノボリ　308
オカヨシガモ　160
オシドリ　口絵 16, 160
オショロコマ　305

[か 行]
カイアシ類　112, 121
カイツブリ　160
カイメン　68
ガガンボ　68
カゲロウ　260
カジカ　303, 346

カジカ小卵型　303
カットスロートトラウト　353
カブトミジンコ　104
カマツカ　66, 194
カラフトマス　79
カルガモ　口絵 16, 160
カワアイサ　160
カワウ　口絵 16, 160
カワウソ　354
カワゲラ　67
カワシンジュガイ　305
カワムツ　66, 194, 306
カワヨシノボリ　71, 308
ギギ　66
キングサーモン　78
キンクロハジロ　口絵 16, 160
ギンザケ　79
ギンブナ　口絵 15, 64, 66, 145
クリプト藻　108, 135
珪藻　60-61, 66, 108, 116, 135
原生動物　112
コイ　64, 194
甲殻類　112, 121
コウノトリ　91
コウライモロコ　66
コガタシマトビケラ　69
コガモ　160
ゴギ　305

[さ 行]
サクラマス　72, 74, 304
サケ　78, 194
サツキマス　304
枝角類　112, 121, 185
シスコ　103
シマドジョウ　71
シマトビケラ　67, 69, 290
ショートノーズ・チョウザメ　77
スゴモロコ属　194
スジシマドジョウ　71
ストライプド・バス　77
ゼゼラ　305
ゾウミジンコ　104
ゾウミジンコモドキ　66

392

索　引

[た　行]
タイセイヨウサケ　76
タイヘイヨウサケ　76
タイラギ　326
タナゴ　305
タモロコ属　194
テナガエビ　303
トウヨシノボリ　71
トキ　91
ドジョウ　64, 71
トビケラ　67, 260
トムコッド　77

[な　行]
ニゴイ　66, 194
ニジマス　78, 353
ニッコウイワナ　64, 152
ヌマエビ　303
ヌマチチブ　303
ヌマムツ　194

[は　行]
ハス　346
ハリナガミジンコ　104
ヒゲナガカワトビケラ　67, 70, 273, 290, 306
ヒゲナガケンミジンコ　64
ヒドリガモ　160
ヒメマス　104, 304
ヒラメ　326
ヒルガタワムシ　64
ビワヒガイ　66
ビワマス　62, 304
フナ　64, 152, 194
ブルーギル　67-68, 194, 205
ブルック・トラウト　77
ベニザケ　78
ボウズハゼ　95, 260, 290, 303, 346

ホシハジロ　口絵 16, 160
ボタンウキクサ　257
ホテイアオイ　257
ホンモロコ　66, 84, 188, 236

[ま　行]
マガモ　口絵 16, 160
マスノスケ　78
マルミジンコ　64
マンシュウスイドウトビケラ　69
ミジンコ　64, 84, 103, 195
ミズムシ　65
ミドリムシ藻　60
ミミズ　65
ミヤベイワナ　304
モクズガニ　305
モツゴ　66, 194

[や　行]
ヤツメウナギ　77
ヤマトイワナ　304
ヤマノカミ　305
ヤマメ　66, 72-74, 304
ユスリカ　65, 290
ヨコエビ　65
ヨシガモ　160
ヨシノボリ　71, 75, 303, 305-306

[ら　行]
藍藻　61, 66, 87, 103, 108, 135, 195
リュウキュウアユ　354
緑藻　66, 108, 135
レインボー・スメルト　77

[わ　行]
ワカサギ　65, 73, 104, 152, 194, 236, 304
ワムシ　60, 66, 112, 125, 185

ダム名

[あ　行]
相俣ダム　18
芦別ダム　44
アスワンハイダム　74
浅瀬石川ダム　18
安波ダム　82

天ヶ瀬ダム　75, 158
五十里ダム　16
井川ダム　18
池田ダム　21
石手川ダム　18, 275, 318
石淵ダム　17

393

索　引

市房ダム　口絵 6-10
ヴィージーダム　口絵 13, 76
宇奈月ダム　6, 22
エドワーズダム　77
エルワダム　78
大渡ダム　18
大橋ダム　21
大森川ダム　口絵 18・19, 202
奥只見ダム　74
オシャーネシーダム　77

[か　行]
嘉瀬川ダム　口絵 3
桂沢ダム　16, 44, 182
釜房ダム　4, 174
川治ダム　18
川股ダム　口絵 18・19, 202
九頭竜ダム　158
グラインキャニオンダム　78
グレート・ワークスダム　76
小渋ダム　17-18, 44, 182
御所ダム　18
小牧ダム　72
小森ダム　68

[さ　行]
寒河江ダム　6
佐久間ダム　18, 281
早明浦ダム　口絵 1・18・19, 7, 21, 120, 202, 278, 281
猿谷ダム　66, 158
四十四田ダム　4
青蓮寺ダム　158
新宮ダム　21, 278, 282
菅沢ダム　18
清願寺ダム　口絵 5
瀬戸石ダム　口絵 12
蘭原ダム　17

[た　行]
大雪ダム　17, 74, 182
高山ダム　158
田子倉ダム　72
出し平ダム　6, 22
田瀬ダム　18
玉川ダム　63, 152

鶴田ダム　7
手取川ダム　18
十勝ダム　120, 182
徳山ダム　2, 12, 74
苫田ダム　42
富郷ダム　口絵 18・19, 21, 202

[な　行]
長沢ダム　21
長島ダム　182
長柄ダム　口絵 18・19, 202
鳴子ダム　17
二風谷ダム　17
布目ダム　158
野村ダム　16, 18

[は　行]
ハウランドダム　79
畑薙第一ダム　18
八田原ダム　275
一庫ダム　70, 158
平岡ダム　281
フーバーダム　72, 74
フォート・ハリファックスダム　口絵 13, 77
藤原ダム　6, 18
二瀬ダム　16-17
別子ダム　21

[ま　行]
前山ダム　口絵 18・19, 202
マティラダム　77
真名川ダム　158
丸山ダム　17
緑川ダム　18
三春ダム　5
御母衣ダム　72
美和ダム　16-17, 44, 182
室生ダム　158

[や　行]
矢木沢ダム　口絵 4, 120
弥栄ダム　120
泰阜ダム　281
柳瀬ダム　21, 278, 282
矢作ダム　16-17, 268
耶馬渓ダム　16

394

[編著者紹介]

大森　浩二（おおもり　こうじ）

愛媛大学沿岸環境科学研究センター准教授
　専門は，個体群生態学，群集生態学，生態系生態学．安定同位体比分析及び数理モデルによる水域生態系解析を行い，河川から沿岸にいたるまで幅広く生態系保全提案を行っている．著書に『海洋ベントスの生態学』（分担著・東海大学出版会，2003），『天草の渚にて』（分担著・東海大学出版会，2005），『環境科学と生態学のためのR統計』（監訳・共立出版，2011）など．
　執筆：はじめに，第1〜4, 8, 10〜13章，コラム1〜3, 7〜11, 13, おわりに，用語解説．

一柳　英隆（いちやなぎ　ひでたか）

財団法人ダム水源地環境整備センター嘱託研究員，九州大学大学院工学研究院学術研究員
　専門は，動物生態学．河川に生息する動物の生活史や個体群動態，保全について取り組んでいる．著書に『ダムと環境の科学Ｉ　ダム下流生態系』（共著・京都大学学術出版会，2009），『河川環境の指標生物学』（分担著・北隆館，2010）など．
　執筆：第1, 5章，コラム8, 12, 14, 15, 用語解説．

[著者紹介]（五十音順）

牛島　健（うしじま　けん）

北海道大学大学院工学研究院特任助教
　専門は，環境工学，環境水理学，環境システム．ダム貯水池で発生するアオコ及びカビ臭の実務的対策，発展途上国向けサニテーションシステムとその導入戦略について研究している．
　執筆：第1, 2章．

末次　忠司（すえつぎ　ただし）

山梨大学大学院医学工学総合研究部社会システム工学系教授
　専門は，河川防災，減災，応用生態工学．管理論的対応のため，氾濫シミュレータにより住民を避難誘導するシステム構築を行っている．著書に『図解雑学　河川の科学』（ナツメ社，2005），『河川の減災マニュアル』（技報堂出版，2009），『河川技術ハンドブック』（鹿島出版会，2010）など．
　執筆：第1章．

高村　典子（たかむら　のりこ）

独立行政法人国立環境研究所　生物・生態系環境研究センター　センター長，東京大学大学院連携併任教授
　専門は，陸水生態学．陸水生態系における生物多様性損失の定量的評価に関する研究に取り組んでいる．著書に『生態系再生の新しい視点：湖沼からの提案』（編著・共立出版，2009），『なぜ地球の生き物を守るのか』（分担著・文一総合出版，2010），『ダム湖・ダム河川の生態系と管理：日本における特性・動態・評価』（分担著・名古屋大学出版会，2010）など．
　執筆：第5章，コラム5．

辻　彰洋（つじ　あきひろ）

国立科学博物館植物研究部研究主幹
　専門は，微細藻類，特に珪藻類の分類および生態．日本の湖沼に生息する固有種を追いかけている．著書に『琵琶湖の中心目珪藻』（共著・滋賀県琵琶湖研究所，2001），『淡水珪藻生態図鑑』（共著・内田老鶴圃，2005）など．
　執筆：第5章，コラム4．

中川　惠（なかがわ　めぐみ）
独立行政法人国立環境研究所　高度技能専門員
　専門は，陸水生態学．1996年より霞ヶ浦の生物モニタリングのうちプランクトンを担当している．2011年よりGEMS / Water Japanの窓口を担当している．
　執筆：第5章，コラム5．

森下　郁子（もりした　いくこ）
社団法人淡水生物研究所所長
　専門は，指標生物学，比較河川学．日本だけでなく世界の主な河川を踏査し比較河川学を提唱する．ダム湖に関しても1955年からの長きにわたり新しくできる水域の変遷を調べて判ったことを発表してきた．著書に『川の健康診断』(NHKブックス，1977年)，『ダム湖の生態学』(山海堂，1983年)，『川のHの条件』(共著・山海堂，2000年) など．
　執筆：補遺，第6章，コラム6．

山岸　哲（やまぎし　さとし）
山階鳥類研究所名誉所長，新潟大学朱鷺自然再生学研究センター長，兵庫県立コウノトリの郷公園長
　専門は，行動生態学，保全鳥類学．著書に『保全鳥類学』（監修・京都大学学術出版会，2007），『日本の希少鳥類を守る』（編著・京都大学学術出版会，2009）など．
　執筆：第7章．

山田　佳裕（やまだ　よしひろ）
香川大学農学部准教授
　専門は陸水学，生物地球化学．貯水池及びその流域における環境容量の算出手法について研究している．著書に『岩波講座　地球環境学4　水・物質循環系の変化』（分担著・岩波書店，1999），『流域環境学：流域ガバナンスの理論と実践』（分担著・京都大学学術出版会，2009）など．
　執筆：第1, 2, 9章，用語解説．

ダムと環境の科学 II
ダム湖生態系と流域環境保全　　Ⓒ K. Omori, H. Ichiyanagi 2011

2011 年 10 月 1 日　初版第一刷発行

編著者　　大　森　浩　二
　　　　　一　柳　英　隆

企　画　　財団法人ダム水源地
　　　　　環境整備センター

発行人　　檜　山　爲次郎

発行所　　京都大学学術出版会

　　　　　京都市左京区吉田近衛町 69 番地
　　　　　京都大学吉田南構内（〒606-8315）
　　　　　電　話（075）761-6182
　　　　　FAX（075）761-6190
　　　　　URL　http://www.kyoto-up.or.jp
　　　　　振　替　01000-8-64677

ISBN 978-4-87698-580-7　　　　印刷・製本　㈱クイックス
Printed in Japan　　　　　　　　装幀　鷺草デザイン事務所
　　　　　　　　　　　　　　　定価はカバーに表示してあります

本書のコピー，スキャン，デジタル化等の無断複製は著作権法上での例外を除き禁じられています．本書を代行業者等の第三者に依頼してスキャンやデジタル化することは，たとえ個人や家庭内での利用でも著作権法違反です．